科学出版社“十四五”普通高等教育本科规划教材

电子对抗原理

（下册）

张剑云　蔡晓霞　程玉宝　主编

科学出版社

北　京

内 容 简 介

本书分上、下两册，由 5 个模块组成，共 12 章。《电子对抗原理（上册）》主要介绍电磁环境和电子对抗侦察 2 个模块，包括电子对抗的概念、技术、发展，电磁空间与电磁环境、战场电磁环境构成、电磁兼容、电磁防护，通信和雷达对抗侦察中的信号搜索与截获、侦察信号处理、无线电测向原理和无源定位原理，以及激光主动侦察和被动告警、红外告警和紫外告警等内容。《电子对抗原理（下册）》主要介绍电子干扰、电子防护和电子对抗新领域 3 个模块。电子干扰包括通信干扰、雷达干扰和光电干扰；电子防护包括通信电子防护、雷达电子防护和光电防护；电子对抗新领域包括数据链对抗、导航对抗、敌我识别对抗、航天电子对抗、电子对抗无人机、反辐射攻击、高功率微波与高能激光武器以及认知电子战等内容。

本书可作为电子对抗指挥与工程、信息对抗技术相关专业的本科生教材，也可作为雷达工程、通信工程和光电信息科学与工程等相关专业的辅助教材，还可作为其他电子类专业本科生、信息与通信工程等学科研究生及其相关专业读者的参考书。

图书在版编目（CIP）数据

电子对抗原理. 下册 / 张剑云，蔡晓霞，程玉宝主编. —北京：科学出版社，2023.9

科学出版社"十四五"普通高等教育本科规划教材

ISBN 978-7-03-076360-0

Ⅰ. ①电… Ⅱ. ①张… ②蔡… ③程… Ⅲ. ①电子对抗-高等学校-教材 Ⅳ. ①TN97

中国国家版本馆 CIP 数据核字（2023）第 177226 号

责任编辑：潘斯斯 张丽花/ 责任校对：王 瑞

责任印制：赵 博 / 封面设计：马晓敏

科 学 出 版 社 出版

北京东黄城根北街 16 号

邮政编码：100717

http://www.sciencep.com

三河市骏杰印刷有限公司印刷

科学出版社发行 各地新华书店经销

*

2023 年 9 月第 一 版 开本：787×1092 1/16

2025 年 2 月第五次印刷 印张：17 1/2

字数：426 000

定价：79.00 元

（如有印装质量问题，我社负责调换）

编写人员名单

主　编： 张剑云　蔡晓霞　程玉宝

副主编：（按姓名拼音排序）

陈　红　黄建冲　毛云祥

邵　立　沈爱国　吴　伟

编　委：（按姓名拼音排序）

毕大平　程水英　崔　瑞　董天宝

姜　丽　焦　洋　金　虎　李小波

刘春生　骆　盛　马庆力　莫翠琼

潘继飞　钱　锋　王　磊　王　伟

王　正　吴彦华　徐　云　曾芳玲

左　磊

序

电子对抗经过近 120 年的发展，从战争舞台的边缘慢慢走向了战争舞台的中心，在现代战争中发挥着至关重要的作用。电子对抗的目标从通信到雷达，从光电到水声，范围越来越广泛；电子对抗的手段从干扰到防护，从软杀伤到硬摧毁，措施越来越多；电子对抗的技术和战术从简单的噪声压制到智能精确攻击，从单装对抗到分布式协同作战，理论越来越高深。在未来信息化战争中，电子对抗作为新域新质作战力量，对取得战争的胜利将发挥至关重要的作用。

《电子对抗原理》是我的母校国防科技大学电子对抗学院集全院之力打造的一套经典教材。它从电子对抗作战角度出发，厘清了电子对抗行动、电子对抗目标、电子对抗手段以及电子对抗技术之间的关系。它以电子对抗手段为主线，以侦察、干扰、防护为核心，分 5 个模块 12 章，讲述电磁环境、电子对抗侦察、电子干扰、电子防护、电子对抗新领域，将电子对抗各种技术有机地融合到一起，其结构体系给人耳目一新的感觉。它将电子对抗的各种原理和技术分门别类地进行了全方位展示，体现了电子对抗的复杂性和多样性。全书分上、下两册，全面展现了电子对抗深而广的技术原理。无疑，这是一套不可多得的电子对抗教科书。

人工智能技术的赋能应用，将大幅提升电子战系统在复杂环境下对先进电磁目标的精准感知和敏捷对抗能力，将推动未来电子战系统向智能化、可重构、网络化方向发展，是下一代电子战技术的重要方向和关键支撑。希望电子对抗相关教材更加关注电子对抗的重要发展方向，向电子对抗领域的学者展示未来电子战的恢宏气势。

中国工程院院士　王沙飞

2023 年 2 月

前　言

电子对抗(电子战)是现代信息化战争最重要的作战形式之一，是新域新质作战力量的典型代表。它应战争而生，为战争而立。电子对抗自诞生以来就从来没有缺席过每一个战场。即使在非战争时期，电子对抗也在世界各个热点地区如火如荼地进行着。在我国周边地区，我们时刻都面临着电子对抗作战的压力。这促使我们更加深刻地思考电子对抗制胜机理问题。

党的二十大报告指出："如期实现建军一百年奋斗目标，加快把人民军队建成世界一流军队，是全面建设社会主义现代化国家的战略要求。"为此，我国要打造强大战略威慑力量体系，增加新域新质作战力量比重，深入推进实战化军事训练。

《电子对抗原理》正是在我军扎实推进深化国防和军队改革时期(2016～2020年)编写而成的。国防和军队改革为专门培养我军电子对抗人才的学院带来了脱胎换骨的变化。融合成为现阶段的一个关键词。电子对抗走向电磁频谱战，一体化融合成为必由之路。网络战和电子战融合，网电作战和基于网络的电子战是必然趋势；通信对抗、雷达对抗、光电对抗等各对抗专业融合，使电子对抗专业分化界限越来越模糊。在这样的背景下，急需一本能融合电子对抗各个细分专业的教材。

(1)本书从作战角度出发，阐述电子对抗作战的一些基本问题。在绪论中，首先描述电子对抗作战问题，讲解电子对抗行动、电子对抗作战目标和电子对抗作战手段等概念，以及它们之间的相互关系，提出电子对抗作战手段是电子对抗行动的基础，是电子对抗行动和电子对抗技术的桥梁，并从技术角度，阐述电子对抗作战的特点。

(2)详尽地介绍电子对抗的方方面面。基于国防科技大学电子对抗学院专业完善，人才济济，以及编写教材队伍的庞大，作者能够把国防科技大学电子对抗学院几十年来在电子对抗方面取得的教学成果全方位地在书中进行展示，包括通信对抗、雷达对抗、光电对抗，以及由此分化出来的数据链对抗、导航对抗、航天电子对抗和敌我识别对抗等。此外，还介绍了电子对抗无人机平台，以及电子对抗硬杀伤手段。

(3)体现出融合的思想。作者按电子对抗作战手段来编排本书结构。线性呈现电子对抗最重要的侦察、干扰和防护三方面的知识。在电子对抗侦察方面，融合通信对抗和雷达对抗专业，用4章的篇幅详细讲授电子对抗侦察搜索截获、信号处理、测向定位的知识。

(4)给读者展现电子对抗波澜壮阔的历史，充分展示电子对抗是未来高技术战争主力的前景。为此，作者结合电子对抗典型战例和电子对抗重大事件，向读者展示电子对抗是如何诞生的，电子对抗作战理论和装备技术是如何发展的。同时，通过全面介绍电子对抗各种技术的原理，体现电子对抗深奥的技术特征和宽广的专业内涵特色。通过对未来电子对抗发展的展望，揭示未来战争中电子对抗能够起到核心的作用。

《电子对抗原理》分上、下两册，共 12 章。由电磁环境、电子对抗侦察、电子干扰、电子防护和电子对抗新领域 5 个模块组成。上册 7 章，包括电磁环境、电子对抗侦察 2 个模块的内容；下册 5 章，包括电子干扰、电子防护和电子对抗新领域 3 个模块的内容。其中，电子对抗新领域的“新”是相对通信对抗、雷达对抗和光电对抗三大专业而言的，安排了数据链对抗、导航对抗、敌我识别对抗、航天电子对抗、电子对抗无人机、反辐射攻击、高功率微波与强激光武器以及认知电子战等方向的专业基础知识。

作为教材，如果上、下册所有内容都讲授，建议按 80～120 学时安排授课课时。考虑到不同专业对课程要求不尽相同，可以根据电磁环境、情报侦察、通信对抗、雷达对抗、光电对抗、电子防护等专业分类有针对性地挑选授课内容，可在 20～80 学时内调整。对专业读者来说，为深入理解书中内容，应该先行修读电子信息类专业基础课程，同时应具备通信、雷达和光电等相关专业知识。一般读者可以通过阅读第 1 章和第 12 章相关内容来了解电子对抗的基础知识。

感谢国防科技大学电子对抗学院领导和专家对本套教材出版的支持。他们在图书编写计划安排、经费保障、内容审定等方面给予很大的支持。感谢电子对抗领域院士和知名专家对教材的关注。

由于作者水平有限，书中难免存在疏漏和不足之处，恳请广大读者批评指正。

作　者

2023 年 2 月

目　　录

第8章 通信干扰

8.1 引 言

8.1.1 通信干扰的基本概念

1. 通信干扰的定义

通信干扰是无线电通信干扰的简称，是利用通信干扰设备发射专门的干扰信号，削弱或破坏敌方无线电通信效能的一种电子干扰。通信对抗中主要采用人为有意施放的有源通信干扰。

由于无线电通信是在开放的空中辐射和接收电磁波来进行信息传递的，这就给无线电通信对抗侦察和通信干扰提供了可能。干扰发射设备(简称干扰设备)与通信接收、发射设备的空间位置关系如图 8.1.1 所示。

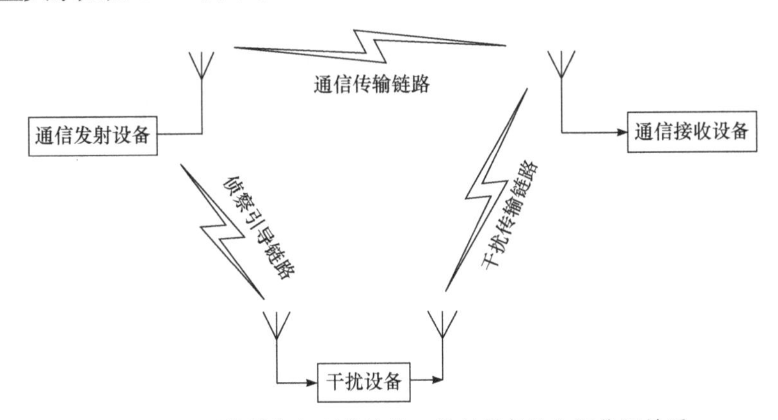

图 8.1.1 干扰设备与通信接收、发射设备的空间位置关系

通信干扰的主要目的是削弱或破坏敌方无线电通信设备的使用效能，降低敌方通过通信链路传递信息的能力。通信干扰设备辐射的电磁波与通信所载信息的电磁波具有一定的相关性，通信接收设备在接收通信信息的同时接收到了该干扰电磁波信号，即接收到了一些与信息无关的多余“成分”，干扰信号通过接收通道到达接收机输出端的过程中，由于通信接收机性能的不完善，干扰与信号之间、干扰与干扰之间产生非线性产物，干扰信号经过接收机的处理后在输出端仍有足够的干扰功率，从而造成通信系统的输出信噪(干)比下降、差错率(输出信干功率比或输出误码率)升高，接收机不能从混合信号中正确还原出通信信息或者不能分辨出其所需要的信息，当通信方不得不采用改频、重发通信信息等降低有效性的手段来换取可靠性时，通信的有效性也随之降低。因此，通信干扰就是通过降低通信系统的可靠性或有效性，达到削弱和破坏敌方无线电通信接收系统对信号的感知、截获能力以及信息的正常传输和交换能力的目的。当接收机中的干扰信号强到足以使敌方无

法从收到的信号中提取所需信息时，干扰就是有效的。显然，通信干扰是针对无线电通信系统中的接收端实施的。

2. 通信干扰的分类

人类有意施放的有源通信干扰，按干扰方式(或者干扰的作用性质)可以分为压制性通信干扰(Blanket Jamming)和欺骗性通信干扰(Deception Jamming)。

1) 压制性通信干扰分类

压制性通信干扰是通信对抗采用的主要干扰技术手段，依据不同的原则又有不同的分类方法。

(1) 按照干扰频谱与被干扰目标频谱的相对宽度分，可分为瞄准式干扰(Spot Jamming)和拦阻式干扰(Barrage Jamming)，如图 8.1.2 所示。

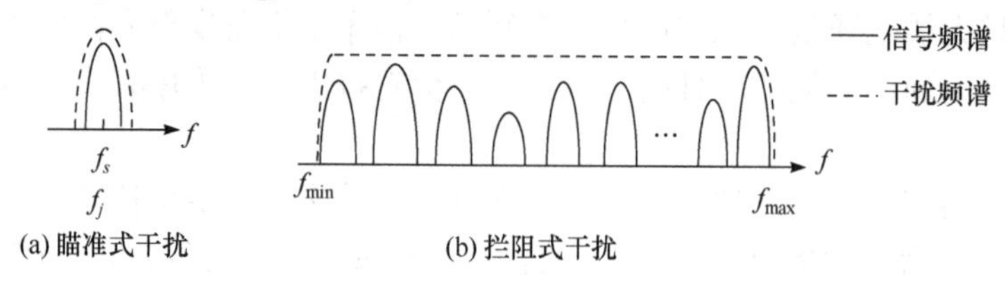

图 8.1.2 干扰频谱

瞄准式干扰是瞄准敌方通信系统、通信设备的通信信号频谱(或信道频率)施放的一种有源压制性通信干扰，干扰信号所占频谱宽度与被干扰目标频谱宽度相近。

拦阻式干扰是能同时对工作在某个干扰频段内的多个通信信道实施的一种有源压制性通信干扰，干扰信号所占频谱宽度远远大于被干扰单个目标信道的频谱宽度。

(2) 按干扰设备及被干扰目标对象的数目划分。按干扰设备的数目分为单机干扰和多机分布式干扰；按被干扰目标对象的数目分为单目标干扰和多目标干扰。

实际中，根据需求可以采用单机对单目标的干扰、单机对多目标的干扰方式，如瞄准式干扰、拦阻式干扰、一机干扰多目标等；也可以采用多机对单目标的干扰、多机对多目标的干扰方式，如分布式干扰等。

(3) 按干扰作用方式划分，可以分为连续干扰和间断干扰。

连续干扰是指从启动干扰到停止干扰整个干扰时间段内连续不断地发射干扰信号；间断干扰是指在干扰过程中周期地间断停止干扰一小段时间，供接收机监视被干扰目标信号的变化情况。假设整个干扰时间为 nT，干扰重复周期为 T，n 为重复次数，每个干扰重复周期 T 内，干扰发射时间为 T_j，用于侦收或监视的间断观察时间为 $T-T_j$，则间断干扰的占空比为 T_j/T 。

(4) 按干扰控制方式划分。按启动干扰、停止干扰的控制方式，可以分为人工、触发、定时、遥控等干扰控制方式。

除此之外，通信干扰还可按干扰频段、运载平台、干扰辐射方向、干扰强度、电磁波传输方式等方法分类。

2) 欺骗性通信干扰分类

欺骗性通信干扰是发射、转发、反射电磁波，使干扰信号与真实目标信号相似，以欺骗敌方通信设备或人员，造成敌方得出虚假信息以至于产生错误判断和错误行动的一种通信干扰。

欺骗性通信干扰按照欺骗的方式可分为冒充欺骗性干扰和伪装欺骗性干扰。冒充欺骗性干扰也称为无线电通信冒充，是模拟敌方无线电台工作并插入其通信网络进行电子欺骗的行为。干扰方通过冒充敌方的电磁信号，传递虚假信息，从而对敌无线电通信的传输信息进行欺骗。为了保证欺骗成功，干扰信号与真实目标信号之间除了通信的信息内容不同外，其他很多特征都应该与目标信号的特征(如通信频率、呼号、联络方式、通联时间等)相同。伪装欺骗性干扰是通过变换或模拟己方的电磁信号，隐真示假，从而实现对敌方无线电通信侦察的欺骗。

实施冒充欺骗性干扰，一方面，要求干扰方在接收敌方无线电通信信号后，迅速破解其信息内容，从而窜改信息内容，产生虚假消息；另一方面，还要求干扰方尽可能掌握敌方通信频率、呼号、通联时间等通信联络特点。实施伪装欺骗性干扰，主要是通过设置假通信枢纽、发假电报等一系列活跃而逼真的假通信行动，伪装己方电磁波的真实意图，造成敌方对己方兵力部署和真实作战意图的误判，达到欺骗敌方无线电侦察的目的。由于现代通信采用了编码、加密、扩频等抗干扰技术，冒充敌方虚假信息、伪装己方隐真示假等欺骗性干扰的实施难度很大，成功地实施欺骗对战术和技术两方面都有很高的要求。

3. 通信干扰的特点

从通信干扰方式看，通信干扰目前主要采用主动发射电磁波的有源积极性干扰，这点与雷达干扰不同，雷达干扰除了有源干扰方式之外还有箔条干扰、反射器干扰等无源干扰方式，因此，通信干扰具有主动性的特点，但是，从干扰实施的角度看，通信干扰又具有被动性的特点，其被动性主要体现在以下三方面。

(1) 干扰方很难准确确定被干扰目标机位置。通信干扰是针对通信接收机的，侦察测向通常是确定通信电磁波发射的方向和位置，由于通信的收、发分处两地，因此要准确确定通信接收方向还需要其他情报的支援，这点也与雷达干扰不同，雷达干扰也是针对接收机的，但雷达的收、发是在同一位置的，也就不存在这种被动性。

(2) 通信的发射和接收是一种协约的匹配关系，而干扰与通信是对抗的双方，干扰方与敌方接收之间是非协约关系，只能通过侦察获取目标信号参数，这就使得干扰信号与通信信号在时域、频域、空域、码域不完全匹配，很难全部落入通信接收机的通频带内，再加上通信调制方式的多样性、电波传播路径损耗估算的复杂性以及接收机是否采用了扩频、跳频、差错控制编码等抗干扰技术等不确定的因素，导致通信干扰难以达到预期的干扰效果。

(3) 干扰方很难准确评估干扰效果。实施干扰后，敌方接收到干扰后有什么变化？干扰效果如何？干扰方不可能知道，只能靠监视敌方、再次接收敌方的信号来评估，所以干扰效果评估的准确性是很难保证的。

8.1.2 通信干扰的有效性

1. 有效干扰

有效干扰是指在给定条件下，使接收设备的发现概率低于给定值，或跟踪误差大于给定值，或接收差错率高于给定值时的一种电子干扰。

对于通信干扰而言，只有在通信的收、发持续时间内，到达接收机输出端的干扰功率达到一定门限，使得输出干信功率比(简称干信比)达到额定值时，才有可能使信息传输的差错率高于给定值，从而对通信的接收形成有效干扰。例如，对于模拟语音通信，干扰使得通信语音的清晰度下降到一定程度而无法正确理解接收时，干扰有效；对于数字通信，干扰使得误码率达到一定值就认为通信干扰有效。总之，要使干扰有效，干扰机发射的干扰信号必须能够通过相关天线、接收机前端带通滤波器注入敌接收机，并通过接收通道到达接收机输出端。

因此，通信干扰有效的基本条件是：干扰信号在时域、频域对准通信信号，且目标接收机输出干信功率比达到额定值。若干扰信号在空域、调制域及码域等也能够对准通信信号，将进一步提高干扰发射功率的利用率，提升干扰效果。

2. 压制系数

压制系数定义为达到有效干扰时，通信接收机输入端所需要的最小干扰功率与信号功率之比：

$$k_y = \frac{P_{j\min}}{P_s} \tag{8.1.1}$$

式中，P_s为接收机输入端的信号功率；$P_{j\min}$为保证干扰有效时，接收机输入端所需要的最小干扰功率。

显然，针对不同通信目标所需的压制系数不同，即压制系数不是一个恒定不变的数值。假设某通信被有效压制的压制系数为k_y，则当进入该目标通信接收机的干扰功率P_j与信号功率P_s之比满足条件$\dfrac{P_j}{P_s} \geqslant k_y = \dfrac{P_{j\min}}{P_s}$时，干扰有效。

8.1.3 通信干扰信号特性

通信干扰信号应该满足哪些要求才能达到压制通信的目的呢？通信干扰信号在频域、时域、能量域、调制域、空域、码域等方面所具有的特性，将决定到达接收机输出端干扰功率的大小，从而影响干扰效果。

1. 频域特性

首先，干扰信号应具有丰富的频率分量。当干扰信号与目标信号一起通过接收通道时，接收机的输出不仅有信号，而且还有该干扰各种形式的输出。一方面，落入接收机通带内的干扰被接收机视为信号直接解调输出，这部分干扰输出分量称为直通干扰；另一方面，接收机包含混频器、放大器等很多非线性器件，干扰的各频率分量与信号的各频率分量由于非线性组合形成很多的组合频率分量，当这些组合频率分量满足一定条件时，就会对输出信号形成干扰。显然，干扰的频率分量越丰富，不仅直通干扰分量增加，而且非线性组合产生的干扰频率分量也增多，输出干扰的频率关系也越复杂，干扰给信号带来的畸变也将越大，所以，为了提高干扰效果，总是希望落入接收机通带内的干扰频谱分量应尽可能多一些，即要求用作干扰的信号一般应具有较丰富的频率分量。

其次，干扰信号与被干扰目标信号的频谱重合度应尽可能高。接收机输入通道的带宽总是与接收信号带宽相匹配的，从而能够尽可能地抑制信号带宽以外的干扰。因此，从干扰功率利用率的角度考虑，干扰信号的频谱分量也不是越多越好，通常，干扰的频谱分量越多，干扰信号带宽越宽，而如果干扰信号的频谱宽度超过被干扰目标接收机的通带宽度，则超出的那部分干扰分量势必会被接收通道所抑制，造成这部分干扰能量的浪费，干扰不能充分地发挥其全部作用，降低了干扰功率利用率。

由此可见，通信干扰通常应采用同频干扰，且干扰信号的频谱宽度接近但不超过被干扰目标接收机的通带宽度时有可能获得最好的干扰效果，即易使干扰奏效的干扰频谱是与目标信号频谱相重合的干扰频谱，在这种情况下，被干扰方欲把干扰和信号从频域分开是很困难的。

2. 时域特性

不同时域特性的各种信号可能具有相似的频谱特征，尽管干扰信号具有相同的频谱特征，时域特性的不同也可能会对接收机产生完全不同的作用结果。例如，窄带调频信号和常规振幅调制信号，它们具有相同的幅度频谱，都是由一个载频和两个边带组成的，而其时域特性完全不同，一个是振荡频率变化的等幅波，另一个是振幅变化的单频正弦波。当两个信号经过采用振幅检波的接收机时，前者输出的是直流电压，而后者输出的是交变电压，从而使得到达接收机输出端的干扰功率不同。再如，两个脉宽相同但脉冲出现频度不同的随机杂乱脉冲序列，它们也具有相同的频谱结构，但由于时域特性的不同，作用于接收机后其表现各不相同。频度低的输出为单个脉冲，其很难对信号形成干扰，而频度高的由于接收机响应的时延效应，其输出很可能连成一片而对信号形成干扰。由此可见，为了全面描述干扰信号的特性，除了频域特性之外，还必须了解干扰信号的时域特性。那么，干扰信号应具有什么样的时域特性呢?

一方面，用于干扰的信号应该具有随机、不规则的特点。从理论上讲，任何规则的干扰信号都有可能被理想接收机所排除，例如，对于已知频率、振幅和相位的正弦波干扰，只要同时送入接收机一个与其频率、振幅相同，相位相反的正弦波，就可以消除它对信号接收的影响。显然，当干扰信号随时间随机变化时，它就不易被接收机所抑制。因此，干扰信号的时域特性应该是不规则的、不可预知的，也就是随机的。

常见的基带信号有单音、噪声、话音、音乐、脉冲、点符号、伪随机码、人工按键、莫尔斯电码等。其中，噪声、伪随机码常常用来作为干扰的基带信号，原因就在于噪声、伪随机码具有很强的随机性，而且试验也证明噪声对语音的掩蔽效应要比纯音对语音的掩蔽效应好，因此，针对模拟通信，常常采用随机噪声调制的干扰样式，针对数字通信通常选择伪随机码键控的干扰样式。

另一方面，干扰信号与目标信号同时进入接收机，如果两个信号在时域波形的起伏变化上很相似，将能更好地扰乱信号的接收。反映信号时域波形上下起伏程度的物理量叫峰值因数α，定义为该信号电压的最大值(峰值)U_m与它的均方根值U之比，即

$$\alpha = \frac{U_m}{U}$$

一般要求干扰信号的峰值因数应与被干扰目标信号的峰值因数相接近，这时它们时域波形的起伏程度接近，很难区分干扰和信号。

峰值功率和平均功率是常用的两种信号功率表示方法。信号的峰值功率P_m与其平均功率P之比定义为信号的峰平(功率)比(Peak-to-Average Power Ratio，PAPR)，也称为信号的波峰系数或波峰因子，用γ来表示：

$$\gamma = \frac{P_m}{P} = \alpha^2$$

显然，当信号的峰值功率一定时，峰值因数越小，峰平比越低，则其平均功率越大。通常把$\alpha < 3$的干扰叫平滑干扰，把$\alpha \geqslant 3$的干扰叫脉冲干扰。

对于给定的干扰/通信发射机而言，由于信号峰值功率受限于发射机的放大器，信号的峰值功率一定，发射机的平均功率就取决于信号峰值因数的大小，峰值因数越小，峰平比就越低，发射的平均功率越大。实际应用中，当发射设备一定时，峰值功率就确定了，这就要求相同条件下，应该尽可能地选择峰值因数小的干扰发射信号(如噪声调频干扰样式)，以获取较大的干扰平均功率，从而提高干扰功率的利用率。此外，可以采用一些技术降低干扰信号的峰平比。目前，降低 PAPR 的技术主要有剪波法、相位优化法、峰值相消法、编码方法和压缩扩展方法等。

3. 能量域特性

压制性通信干扰方式中，接收机输出端干信功率比的大小对于干扰是否奏效起决定性作用。有些情况下，当落入被干扰目标接收机中干扰信号的功率足够大、输出干信功率比达到额定值时，即使干扰信号的频域、时域特性不满足要求，干扰也可能奏效。

干扰方针对欲干扰的通信目标，依据侦察情报确定压制该通信目标所需要的压制系数k_y，根据使得干扰有效必须满足的条件$P_j \geqslant k_y P_s$，计算进入该目标接收机的干扰功率，再考虑干扰电波的传输损耗、干扰方式引起的滤波损耗等因素，估算干扰发射设备应该发射的最小干扰功率。

4. 调制域特性

针对同一个目标信号，采用不同调制特性的干扰信号即不同的干扰样式时，达到有效干扰所需要的输入干扰功率不同。因此，为了提高干扰功率利用率，应针对不同的信号形式及接收方式，相应地选择不同的干扰样式。干扰发射方在发射干扰之前，总是希望选用最佳的干扰样式。那么，什么是最佳干扰样式？如何选取呢？

最佳干扰样式是指在实施有源干扰时，干扰机产生同等辐射功率的各种干扰样式中，对被干扰目标产生最大干扰效果的干扰样式。或者说，干扰机对被干扰目标实施有源干扰时，达到相同干扰效果时付出干扰代价最小，即压制系数最小的干扰样式。通常，干扰效

果可用接收机输出干信功率比、误码率等参数衡量。显然，最佳干扰样式是针对该目标给定接收方式下的衡量结果的比较。通信系统在接收过程中一旦受到干扰，可能改用另一种抗干扰接收方式，使得干扰从有效转为无效。由此引出绝对最佳干扰样式的概念，绝对最佳干扰样式就是针对某种已知目标信号形式所有可能的接收方式都有比较小的压制系数的干扰样式。

假设接收机对某目标信号具有三种不同的接收方式，干扰方可以提供四种不同的干扰样式针对该信号实施干扰，不同接收方式下各种干扰样式所需的压制系数如表 8.1.1 所示。表中，针对该目标信号的接收方式一而言，干扰方采用干扰样式二所需压制系数最小，为 0.15，因此，干扰样式二是针对该目标采用第一种接收方式时的最佳干扰样式；但如果接收方改用接收方式二，所需压制系数变为 2.1，那么干扰样式二就不是最佳干扰样式了，即针对该目标第二种接收方式的最佳干扰样式是干扰样式四。可见，最佳干扰样式是针对某种信号以某一特定接收方式接收时比较得到的，当信号形式不同或者接收方式改变时，最佳干扰样式可能都不一样。

表 8.1.1 不同干扰样式对某信号不同接收方式的压制系数

接收方式	干扰样式			
	一	二	三	四
一	0.8	0.15	0.3	1.1
二	0.6	2.1	0.5	0.3
三	1.5	0.8	0.25	2.5

站在接收机抗干扰性能角度来看，接收机采取不同的接收方式时，对不同干扰样式的抗干扰能力各不相同。就干扰样式四而言，当采用接收方式三时，压制系数最大，故在三种接收方式中，接收方式三对干扰样式四具有最强的抗干扰能力。一般来说，接收方一旦受到干扰，就会重新选择抗干扰能力强的接收方式，从而改善接收性能。

此外，当被干扰的目标接收机具有多种接收方式或者干扰方不能获取目标接收方式等方面的情报时，应该选择对所有接收方式都有较好干扰效果的绝对最佳干扰样式。表 8.1.1 中，干扰样式三是对该信号三种可能接收方式的绝对最佳干扰样式。虽然就每一种接收方式而言，干扰样式三可能不如其他干扰样式，但对所有三种接收方式，干扰样式三都有相对较小的干扰压制系数，所以说干扰样式三是针对该信号三种可能接收方式的绝对最佳干扰样式。

可见，绝对最佳干扰样式是在信号形式一定的情况下，针对接收机可能存在的多种接收方式都具有较好干扰效果的干扰样式，而最佳干扰样式则是针对某一特定接收方式而言具有最好干扰效果的干扰样式。

5. 空域特性

干扰信号与通信接收之间如果满足空域匹配的要求，将进一步提高干扰发射功率利用率。

首先，干扰发射天线的方向应该对准敌接收机的接收天线方向。从干扰方看，如果能够确定目标接收机的方向，应该选择强方向性干扰，使干扰辐射功率集中在一个很小的扇形区域(一般小于60°)内，干扰功率利用率高。实际中，干扰方很难准确确定被干扰目标接收机的位置，只能借助测向、定位来估计被干扰目标接收机的位置信息(通信台站常常同时具有收、发功能)。从接收方看，如果敌接收机采用了有向天线，通常接收天线的主瓣方向会对准通信的发射方向，而对干扰发射方向可能是弱接收。因此，干扰发射天线与敌接收天线方向的不匹配，将降低落入接收机通带内的干扰功率。其次，干扰机发射干扰信号的电波极化方式应该与目标信号电波极化方式相匹配，由于天线不能接收与其正交的极化分量，极化失配就意味着功率损失，从而产生极化损耗，降低接收天线接收的干扰功率。

此外，针对抗干扰能力很强的直接序列扩频、跳频等扩频通信系统，还应该对干扰信号提出码域特性匹配的要求，即要求干扰信号的伪随机码与通信信号采用的伪随机码相匹配。直接序列扩频通信系统中，射频端接收的信号必须经过相关解扩才能够进行解调到达输出端，跳频通信系统中，其工作频率随时间伪随机跳变，射频端接收的信号必须按照发射信号的跳频图案跳变，才能够完成解跳、解调到达输出端，这都要求干扰方侦察获取扩频通信系统的伪随机扩频码，从而产生伪码匹配的干扰信号。

综上所述，如果干扰方能够从频域、时域、能量域、调制域、空域以及码域等方面合理地选择并产生满足要求的干扰信号，将进一步提高干扰功率利用率，从而在相同的条件下达到更好的干扰效果。

8.2　通信干扰系统

8.2.1　基本组成

通信干扰系统主要由侦察引导接收机、干扰激励信号产生器、干扰发射通道、整机控制四个部分组成，如图8.2.1所示，也称为通信干扰设备或通信干扰机。

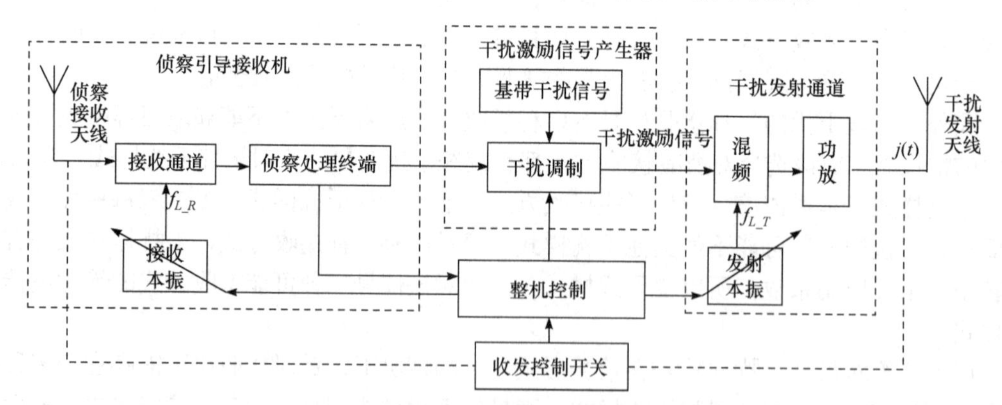

图8.2.1　通信干扰系统的基本组成框图

1. 侦察引导接收机

侦察引导接收机主要用于对目标信号进行侦察截获，对信号参数进行测量，对信号特征进行分析和提取，对信号进行分类与识别，为干扰激励器提供干扰样式和干扰参数，必要时进行方位引导，并根据通信对抗需求和作战任务对目标信号进行监视，检测其信号参数和工作状态的变化，便于及时调整干扰策略和参数。当干扰设备工作在某些干扰方式时，如拦阻干扰方式对侦察引导的要求不高，引导接收机可以不参与工作。

2. 干扰激励信号产生器

干扰激励信号产生器用于产生实施干扰所需要的各种干扰样式并形成干扰发射通道中功率放大级所需要的激励信号。

基带干扰信号的产生方法主要有两种：外部接口输入和内部产生。操作员可以将外部接口输入话音、人工按键等模拟信号作为基带干扰信号，也可以选用设备内部数据库中已存储的信号数据包作为基带干扰信号。现代通信干扰设备常常采用数字干扰激励信号产生器，即在一个可扩展的通用硬件平台上，采用软件来实现各种干扰样式的调制与产生，具有软件可编程、快速免调谐、参数自适应等特点。

3. 干扰发射通道

干扰设备中的发射通道主要是对干扰激励器产生的信号进行频率迁移、功率放大、滤波等处理，从而使干扰信号能够在频域及能量域上满足有效压制目标的要求。通常干扰激励器形成的干扰激励信号频率比较低，因此，干扰激励信号被送至干扰发射通道上通过变频迁移到被干扰目标频率上或频段内，此外，干扰激励信号的功率比较小，必须通过干扰发射通道中的功率放大器进行功率放大，再通过滤波尽可能滤除带外的谐波和杂散分量，形成射频干扰信号，通过发射天线发射出去。干扰发射通道应具有快速改频工作的能力，以满足干扰实时性的要求。

4. 整机控制

整机控制单元具有对整个干扰系统各个部分的指挥控制功能，从引导接收、干扰信号产生到发射干扰的干扰实施全过程，在整机控制单元的统一协调下完成；同时，整机控制单元还应该具有对被干扰目标通信状态的显示监控功能，以监视干扰效果，从而为干扰样式及参数的选择调整提供依据。

监视干扰效果的主要方法是对目标信号的再接收。需要特别注意的是，通过观察接收信号进行干扰效果监视必须克服本身干扰机对接收机的影响，即解决收发隔离问题。因为干扰发射的强功率信号会被本地引导接收机接收，该干扰信号不仅会淹没目标信号，使得监视接收设备无法正常工作，甚至可能会烧毁引导接收机。解决收发隔离问题的方法有时分隔离、相关抵消技术、自适应天线阵调零技术以及空间隔离等。显然，相关抵消技术、自适应天线阵调零技术以及空间隔离等措施虽然在理论上可行，但隔离效果会受到很多技术条件的制约，实现难度非常大，并且设备复杂、价格昂贵，所以实际应用较少。

目前，解决收发隔离这一问题的通常做法是采用时分隔离的方式，也称为间断观察或间断干扰，即在干扰的过程中间断地停止干扰一小段时间，供接收机接收信号来观察被干扰目标的变化情况，对干扰效果的监视是间断进行的。采用间断干扰方式时，通信干扰设备在整机控制单元的作用下，通过收发控制开关按照间断干扰占空比交替地工作在引导接收和干扰发射状态。间断观察可以采用周期性的间断方式，但间断规律容易被敌方侦察获取，从而采取措施躲避干扰。为了防止敌方掌握周期性的间断规律，可以采用伪随机控制的间断观察方式。

8.2.2　主要技术指标

主要技术指标如下。

1) 工作频率范围

工作频率范围指干扰设备在规定的工作条件下，与工作频率有关的技术参数均符合指标要求的载频覆盖范围。显然，对于干扰设备来说，被干扰的目标信号频率一定要在干扰机的工作频率范围内，干扰设备能正常发射其工作频率范围内的干扰信号。

2) 输出功率及功率平坦度

输出功率是指干扰设备在规定的工作条件下，输出到干扰天线上的射频功率。通常，一部干扰设备可以有多个输出功率挡。

输出功率平坦度是指干扰设备在规定的工作频率范围内输出功率随频率起伏的程度，通常用工作频率范围内输出功率的最大幅度分贝值和最小幅度分贝值之差来表示。

3) 干扰方式

干扰方式指干扰设备实施电子干扰时采取的方法和形式。通信干扰方式主要分为欺骗性干扰和压制性干扰，压制性干扰又包括瞄准干扰方式、拦阻干扰方式、多目标干扰方式等。通常每部干扰设备都具有两种以上的干扰方式供选择使用。

4) 干扰样式

干扰样式是指干扰设备所发射干扰信号的调制方式，由基带调制信号的类型及其对干扰载频的调制方式共同决定，如噪声调频干扰样式、随机相位键控干扰样式等。一般要求干扰设备能够提供尽可能多的干扰样式，并且干扰参数可以灵活调整，以便实施干扰时可以灵活地选用各种不同的最佳干扰样式，达到理想的干扰效果。

5) 射频干扰带宽

射频干扰带宽是指干扰设备输出射频干扰信号的有效频带宽度。瞄准干扰方式的射频干扰带宽通常与被干扰目标信道的带宽相匹配，拦阻干扰方式的射频干扰带宽也称为拦阻带宽。

6) 谐波抑制与杂散抑制

谐波抑制是指干扰设备对所发射干扰信号带宽以外的无用谐波输出频率分量的抑制能力，通常用基波电平分贝值与谐波电平分贝值之差来表示。

杂散抑制是指干扰设备对所发射干扰信号带宽以外的杂散输出频率分量的抑制能力，通常用基波电平分贝值与最大杂散电平分贝值之差来表示。

干扰设备发射的无用谐波与杂散频率不仅浪费有效发射功率，还可能对非目标信道造成干扰。因此，通常希望干扰设备发射的无用谐波与杂散频率越小越好。

7) 频率稳定度

频率稳定度是指干扰设备输出射频干扰信号频率的稳定程度，一般指相对频率稳定度。其衡量方法与侦察接收设备频率稳定度指标一致，为干扰信号频率在规定时间内最大变化量的1/2与干扰信号频率之比。现代干扰设备采用高稳定度的频率合成器作为本振频率源，频率稳定度通常在10^{-8}～10^{-6}数量级。

8) 频率瞄准误差

干扰设备工作在瞄准干扰方式时，干扰信号载频f_j与被干扰目标信号载频f_s之间的差

值称为频率瞄准误差$\Delta f_{js}=|f_j-f_s|$，也称为频率重合度。

9) 干扰反应时间

干扰反应时间是指干扰设备从侦察引导接收机截获到目标信号开始到干扰设备发射出干扰所需要的时间。

10) 干扰作用方式

干扰作用方式是指干扰设备实施干扰的作用方式，分为连续干扰和间断干扰。连续干扰方式只需要设置连续干扰时间，比较简单，但存在一定的盲目性，干扰资源利用率低，适用于对重点目标的点频干扰；间断干扰方式需要设置干扰时间及干扰占空比。

11) 干扰控制方式

干扰控制方式包括干扰的启动方式和停止方式，如人工、自动、遥控、定时、触发等。

12) 连续工作时间

连续工作时间是指干扰机一次启动后能够保证连续正常工作的最短时间。

除了以上这些主要技术指标外，还有一些指标，如天线性能，包括天线形式、输入阻抗、驻波系数、天线增益、极化方式等；扫频搜索或扫频干扰的频率步进间隔；梳状拦阻式干扰的谱线间隔等。

8.3 典型干扰方式

8.3.1 瞄准干扰方式

1. 瞄准干扰的定义及特点

瞄准干扰是干扰设备瞄准敌方通信系统、通信设备的某信号频谱(或信道频率)施放的一种有源压制性通信干扰，射频干扰带宽等于或稍大于被干扰目标信号带宽。

瞄准干扰方式的主要优点是干扰信号频谱集中作用于所瞄准的信道上，针对性强，干扰功率利用率高，容易达到预期的干扰目的，而且可以根据通信调制方式，选择相应的干扰样式实施最佳干扰，也不会影响到其他信道的通信。其缺点主要体现在：瞄准干扰方式需要侦察引导接收机的实时引导，有时还需要电子支援措施的支援；瞄准干扰方式的干扰效果与频率瞄准程度密切相关，操作人员应该实时监控目标变化情况、及时调整干扰样式及参数，以保证干扰信号与被干扰目标信号在时域、频域等的重合程度，这就要求干扰机具有快速反应能力，从而增加了干扰设备的复杂性；此外，在一段时间内，瞄准干扰只能应用于干扰一个或少量通信信道的场合，这就限制了干扰设备的利用率，从而造成干扰资源的浪费。

2. 瞄准干扰方式工作状态

瞄准干扰方式工作状态的形成与干扰激励信号以及发射本振的状态有关。干扰激励信号产生器根据侦察引导接收机或整机控制提供的要求，产生一个与被干扰目标信号相匹配的干扰激励信号，通过干扰发射通道上变频到所需干扰的目标信号频率上，干扰该目标的过程中，干扰发射本振频率固定不变，从而瞄准敌方某通信系统或通信设备的信号频谱(或信道频率)实施干扰，是一种典型的压制性干扰方式。

根据干扰频率引导方式的不同，瞄准干扰方式常见的工作形式主要有点/定频瞄准式干扰、转发式干扰、扫频搜索式干扰和跟踪瞄准式干扰等。

1) 点/定频瞄准式干扰

点/定频瞄准式干扰是通过预先设定干扰频率、针对某一固定信道的目标信号持续进行的一种强有力的干扰方式，通常用来对重点目标实施点频守候干扰。点频干扰简单易行，其缺点是干扰资源利用率比较低，但是为了确保对重点目标的有效干扰，采用点频干扰还是必不可少的。

值得注意的是，点频干扰的频率并不是一成不变的，只是与其他干扰相比，它的干扰频率相对稳定一些，一般由侦察引导或上级指挥部提供。

2) 转发式干扰

转发式干扰是将收到的敌方辐射源信号放大，经延迟或存储后，加上虚假信息调制后再发射出去所形成的一种电子干扰。干扰设备工作在转发干扰方式时，引导接收机侦察截获到信号后，不再进行分析处理，接收通道输出的中频信号直接经过存储器延时再加上虚假信息后，经过干扰发射通道发射出去，如图 8.3.1 所示，这种干扰方式快速、简单、实时性好，是最早使用的一种瞄准干扰方式。

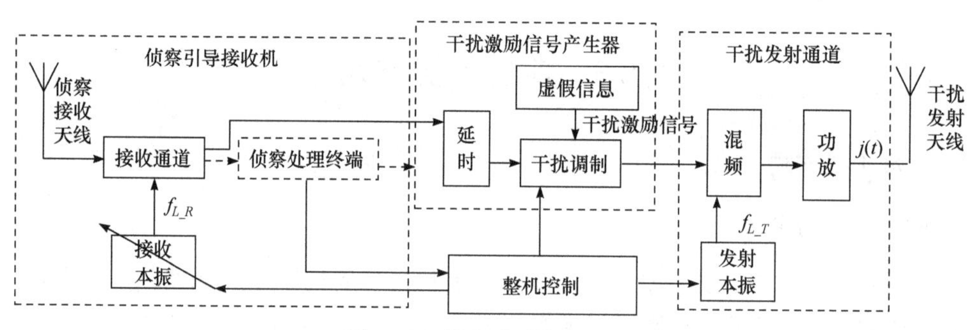

图 8.3.1　转发式干扰原理图

可见，转发式干扰相当于在目标接收机处模拟一个延迟一定时间的多径干扰。由于干扰频率与目标信号频率准确重合，所以与目标信号相关性很大，接收机无法对其进行抑制，干扰容易奏效，应用较为广泛。转发式干扰还具有以下特点。

(1) 频率重合准确度高。

接收本振与发射本振是在整机统一控制下工作的，若忽略本振的频率漂移即 $f_{L\_T}=f_{L\_R}$，则信号载频 $f_j=f_{L\_T}-f_i=f_{L\_T}-(f_{L\_R}-f_s)=f_s$，与目标信号载频 f_s(前一时刻的)准确重合。由于本振都采用频率稳定度很高的频率合成器，因此，收、发交替工作期间由目标信号或本振的频率漂移带来的频率重合误差一般很小，可以忽略。

(2) 对引导接收机接收信号时调谐准确度的要求不高。

转发式干扰允许引导接收机接收目标信号时存在一定的失谐，只要失谐量在整机的通频带内，就不会影响频率重合的准确度。设调谐失谐量为 Δf_L，则 $f_i=(f_L+\Delta f_L)-f_s$，但干扰信号载频 $f_j=(f_L+\Delta f_L)-f_i=(f_L+\Delta f_L)-[(f_L+\Delta f_L)-f_s]=f_s$，仍然等于目标信号载频。当然，要注意失谐量一定要在接收机通带内，而且失谐总会降低信号的幅度，所以实际操作中还要尽量保证调谐准确度。

(3) 具有自动跟踪目标信号频率的能力。

当目标信号的载频在干扰机带宽内发生漂移时，经一个收、发转换周期后，仍可以自动跟踪目标信号载频。设在通带内信号目标载频偏移了 Δf_s，偏移后的目标信号载频为 $f_s+\Delta f_s$，干扰信号载频 $f_j=f_L-f_i=f_L-[f_L-(f_s+\Delta f_s)]=f_s+\Delta f_s$，等于频率偏移后的目标信号载频。显然，对于在通带内目标信号频率的漂移，转发式干扰最多经过一个收、发转换周期后就可自动跟踪上信号频率。

3) 扫频搜索式干扰

扫频搜索式干扰是利用引导接收机自动对预先设置的频段或频道进行循环侦察，发现目标信号时按设定的参数自行启动干扰设备进行的电子干扰，如图 8.3.2 所示。显然，扫频搜索式干扰需要引导接收机的实时频率引导，即引导接收机的本振工作在扫频状态，通过对预置频段或预置信道进行扫描搜索，遇到需干扰的目标信号则锁定在这个信道频率上，对此目标信号实施干扰，直至目标信号消失或收到停止干扰指令结束干扰，而后重新进行扫描搜索。

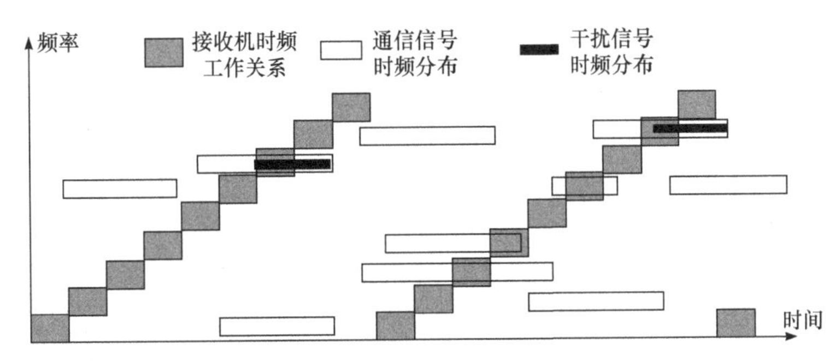

图 8.3.2 扫频搜索式干扰工作示意图

扫频搜索式干扰可以预置扫描频段或信道，避开保护频段或信道，节省扫描时间。此外，扫频搜索式干扰还应该根据侦察情报提供的被干扰目标的威胁等级，预先设置其干扰优先等级，当同时存在多个待干扰的目标信号时，优先干扰威胁等级高的某个目标信号或几个目标信号。

4) 跟踪瞄准式干扰

跟踪瞄准式干扰主要是针对通信持续时间很短的新通信体制，如突发通信、跳频通信等提出来的，简称跟踪式干扰。跟踪式干扰要求干扰信号在时域、空域和频域上跟随目标信号变化，可以看作智能化、自动化程度要求更高的一种扫频搜索式干扰。干扰方必须通过快速测量目标信号的工作频率，引导干扰机在该通信频率的剩余驻留时间内实施瞄准式干扰。图 8.3.3 是针对跳频通信电台实施跟踪瞄准式干扰的工作示意图。可见，跟踪式干扰对引导接收机的实时分析处理能力要求很高，要求干扰机从引导接收机搜索截获到信号至发出干扰，必须有极高的反应速度，尽可能地保证干扰时间与跳频驻留时间的重合度大于 1/2。

3. 瞄准干扰方式实施

瞄准干扰方式的实施有以下两个基本要求。

(1) 应尽可能减小频率瞄准误差、提高干扰信号频谱与被干扰目标信号频谱的重合程度。

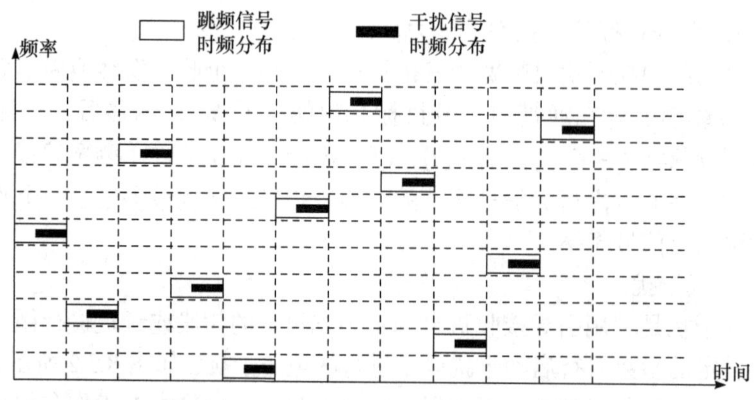

图 8.3.3　跟踪瞄准式干扰工作示意图

理论上说，频率瞄准误差等于 0、干扰信号带宽等于被干扰目标信号带宽时，干扰频谱与信号频谱达到100%的重合，干扰信号全部落入接收机带宽内，干扰功率利用率最高，但实际上，要求达到100%的重合是不容易的，也是很不易实现的。干扰试验表明，对频率瞄准误差的要求如下。

① 当被干扰目标信号一定时，干扰频率重合度越高，通信的差错率越高，即干扰效果越好，但是当频率重合度达到一定数值时，继续减小频率重合度对干扰效果的影响不大，而且需要更多的瞄准时间，这时的频率重合度可作为一个最佳参数值。

② 针对不同的被干扰目标信号，对频率重合度的要求不同，即频率重合度的最佳参数的数值不同，通常，目标信号的带宽越窄，对频率重合度的要求就越高。

③ 当频率重合度最佳参数值的要求不能满足时，可以采取适当增大干扰频谱的宽度或适当增加干信电压比等措施，使得落入接收机带宽内的干扰功率多一些。

实际中，通常要求干扰频谱与被干扰目标信号频谱相重合的成分大于 85%，如图 8.3.4(a)所示。当干扰频谱与被干扰目标信号频谱相重合的成分小于 85%时，如图 8.3.4(b)所示，落入接收机带通滤波器的干扰功率减小，干扰功率利用率降低。

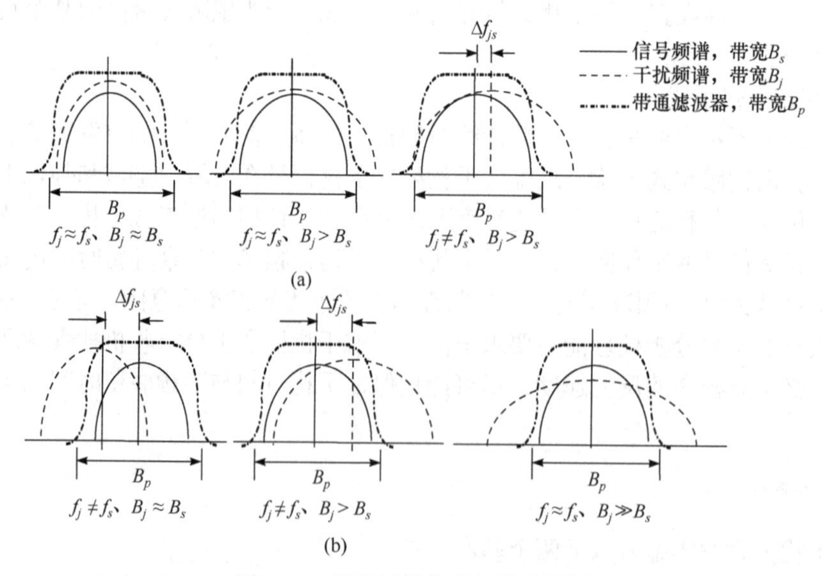

图 8.3.4　瞄准干扰方式频谱示意图

(2) 应尽可能缩短干扰反应时间、提高干扰信号与被干扰目标信号的时间重合程度。

图 8.1.1 中，设通信发射机和通信接收机的传输距离为 r_s，干扰机到通信发射机和通信接收机的传输距离分别为 $r_{s\to j}$ 和 r_j。显然，干扰信号到达通信接收机的时刻总是滞后于通信信号到达接收机的时刻，假设干扰反应时间为 T_r，则干扰的延迟时间就等于路径差带来的时间差 Δt 与干扰反应时间 T_r 之和，其中 $\Delta t=\dfrac{(r_{s\to j}+r_j)-r_s}{c}$，因此，通信未受干扰的时间为 $\dfrac{(r_{s\to j}+r_j)-r_s}{c}+T_r=\Delta t+T_r$，$c$ 为电波传播速度。图 8.3.5 给出了通信持续时间与实际受干扰时间关系的示意图。

设目标信号的通信持续时间为 T_d，那么敌方通信实际受到干扰的时间为 $T_d-(\Delta t+T_r)$，则 $T_d-(\Delta t+T_r)\geqslant \eta T_d$，式中，$\eta$ 表示通信受干扰的时间占整个通信持续时间的比例系数，显然 η 越大，敌通信受到干扰的时间就越长，干扰效果越好，一般要求 η 大于或等于 0.5，即要求引导接收机必须在通信的一半持续时间内完成搜索截获、引导干扰，从而保证剩下一半以上的通信时间受到干扰。

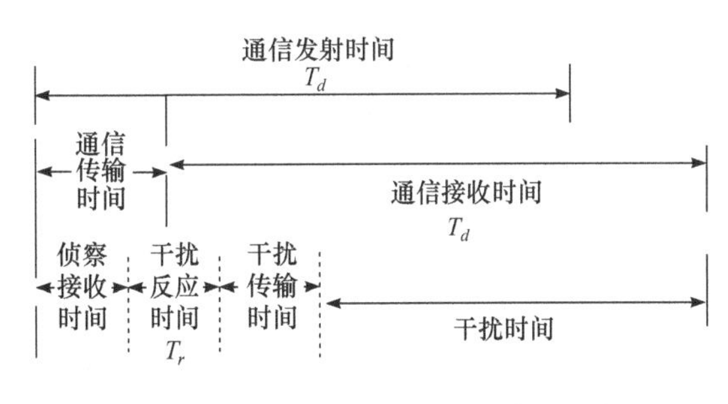

图 8.3.5 通信时间与干扰时间关系示意图

当目标信号通信持续时间 T_d 一定时，干扰方为了提高干扰时间与通信持续时间 T_d 的时间重合度，一方面，应尽可能缩短干扰反应时间 T_r，另一方面，要尽可能减小路径差带来的时间差 Δt。

8.3.2 拦阻干扰方式

1. 拦阻干扰方式的定义及特点

拦阻干扰方式是能同时对工作在某个干扰频段内的多个通信信道实施的一种有源压制性通信干扰，该干扰频段就称为拦阻带宽，也就是拦阻干扰信号的频谱宽度，通常，拦阻带宽远远大于单个被干扰目标信道的频谱宽度，拦阻干扰信号的总功率被扩展到被干扰拦阻带宽内的所有信道上，从而干扰拦阻带宽内所有同时工作目标信号的通信。

实施拦阻干扰方式要预先设置拦阻带宽，但它不需要像瞄准式干扰那样必须预先侦察到目标信号及参数以后才进行干扰，也不需要复杂的频率瞄准、引导设备，对电子支援措施的支援要求也不高，是一种更为积极主动、实时性更好的干扰方式。

拦阻干扰方式的最大缺点是干扰功率太大。由于拦阻干扰频谱覆盖整个拦阻频段，若要保证分配到频段内每个信道上的干扰功率都大到足以压制通信，则要求干扰机具有非常大的输出功率。其次，从被干扰的目标数目看，拦阻干扰方式是对某拦阻频段(包含多个通信信道)实施的干扰，如果此时拦阻频段内只有少数信道在通信，其他信道不工作，那么覆盖在这些信道上的干扰功率就浪费了，干扰功率利用率很低，因此，拦阻干扰方式存在盲目性比较大的缺点。此外，针对拦阻频段内全部信道的拦阻干扰方式，有可能影响到该频段内的己方通信，使每个信道不容易达到最佳干扰效果。

2. 拦阻干扰方式工作状态

拦阻干扰方式工作状态的形成同样与干扰激励信号的带宽、数目以及发射本振的状态有关，通常不需要侦察引导接收机的实时引导。根据形成宽带拦阻干扰信号方法的不同，常见的拦阻干扰方式的工作形式主要有宽带噪声拦阻式干扰、窄脉冲拦阻式干扰、扫频拦阻式干扰等。

1) 宽带噪声拦阻式干扰

宽带噪声拦阻式干扰是直接利用随机噪声信号形成的宽频带频谱实施宽带噪声拦阻式干扰，如图 8.3.6 所示。干扰激励信号产生器利用基带噪声源产生随机噪声，根据拦阻干扰参数要求进行滤波，产生一个满足拦阻带宽要求的宽带随机噪声干扰激励信号，通过干扰发射通道上变频到所需干扰的目标频率范围，干扰过程中干扰发射本振频率固定不变。

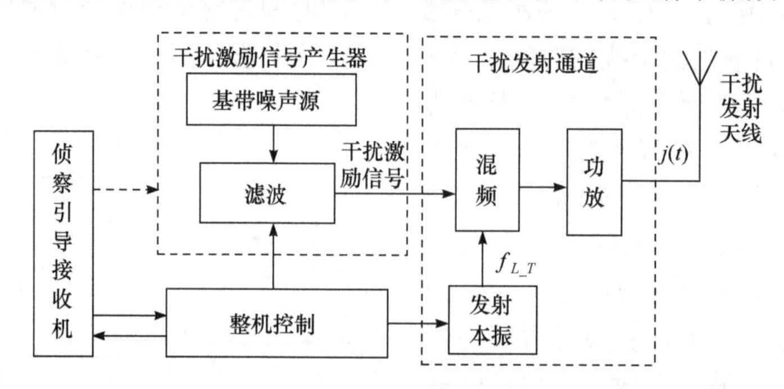

图 8.3.6　宽带噪声拦阻式干扰原理图

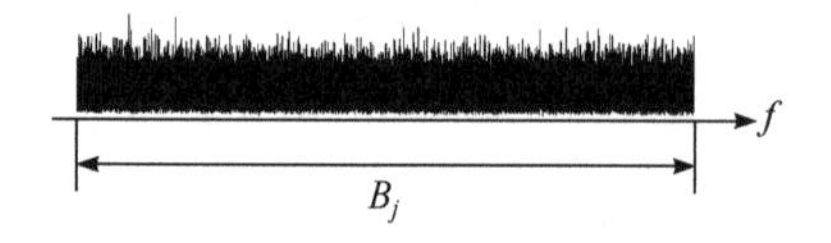

图 8.3.7　宽带噪声拦阻式干扰频谱示意图

宽带噪声拦阻式干扰频谱示意图如图 8.3.7 所示，由于噪声在频率轴、时间轴上都是连续的，因此宽带噪声拦阻式干扰属于连续拦阻式干扰，是一种简单易行的干扰方式，应用非常广泛。

2) 窄脉冲拦阻式干扰

窄脉冲拦阻式干扰是直接利用时域周期窄脉冲信号形成的宽频带频谱实施宽带拦阻干扰，干扰激励器是由周期窄脉冲信号产生器产生一个宽带干扰激励信号，通过干扰发射通道上变频到所需干扰的目标频率范围，干扰过程中干扰发射本振频率固定不变，如图 8.3.8 所示。

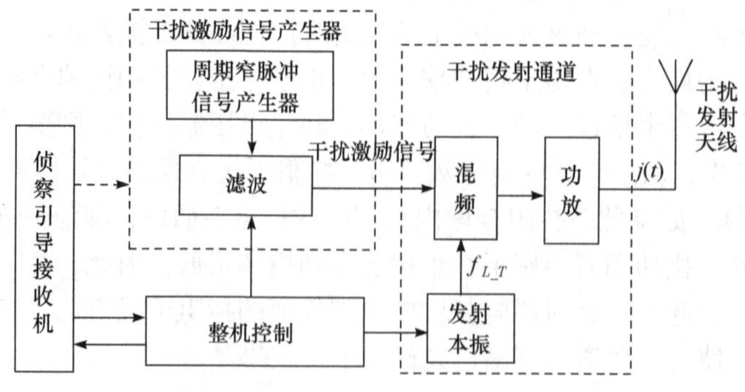

图 8.3.8　窄脉冲拦阻式干扰原理图

由于周期窄脉冲信号的频谱能量主要集中在主瓣内，且主瓣宽度(即第一谱零点带宽)与窄脉冲的宽度成反比，脉冲宽度越窄，第一谱零点带宽越宽，通过减小脉冲宽度就可以获得很宽的拦阻干扰频谱，通常选择主瓣宽度作为拦阻带宽，如图 8.3.9 所示。因此，可以通过发射脉冲宽度极窄的窄脉冲来形成拦阻式干扰，又称为火花拦阻式干扰。这种干扰方式结构简单，实现方便，是最早用于实战的拦阻干扰方式，早在第二次世界大战中，美国就曾使用短促的电火花干扰实施近距离的拦阻干扰。

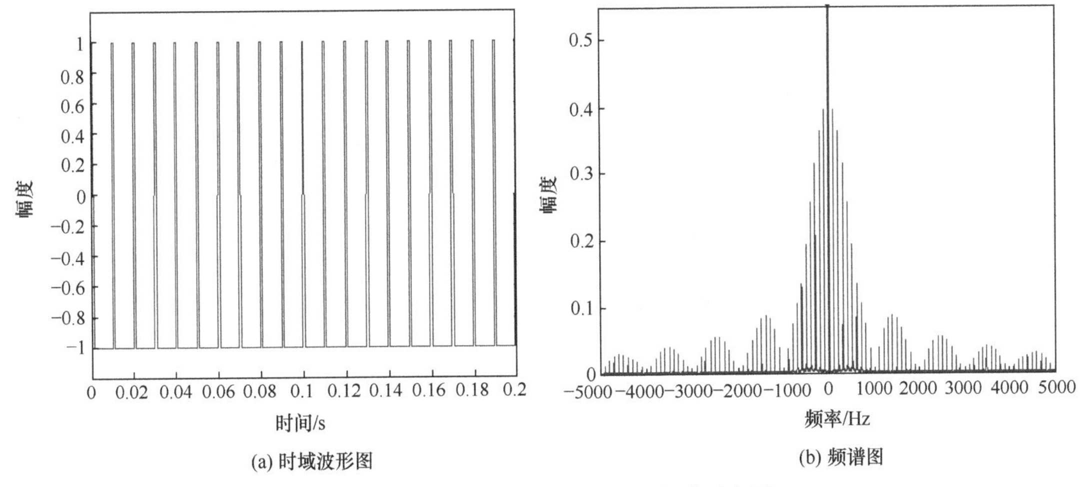

(a) 时域波形图 (b) 频谱图

图 8.3.9 窄脉冲信号时域波形、频谱示意图

窄脉冲拦阻式干扰也存在明显的缺点：

(1) 拦阻带宽不可能太大，因为窄脉冲的宽度不可能太小，不能小于信号在接收机中的建立时间，拦阻带宽的宽度已远远不能满足现在宽带的要求了。

(2) 拦阻干扰带宽内频谱分量不够均匀，对拦阻带宽内各信道的干扰强度不一致，不满足拦阻带宽内频谱分量均匀分布的要求。

(3) 脉冲波形的峰值因数很高，所以这种窄脉冲干扰的干扰发射功率利用率很低，而且强脉冲容易被通信接收机发现并抑制。

目前在通信对抗领域，窄脉冲拦阻式干扰已经较少应用。

3) 扫频拦阻式干扰

扫频拦阻式干扰是一种窄带激励加宽带扫频的拦阻干扰方式，干扰激励器产生一个窄带的干扰激励信号(如噪声调频信号或噪声)，但干扰发射通道的本振频率在预干扰的拦阻带宽范围连续扫频变化，从而产生一个扫频范围等于拦阻带宽的均匀宽带的扫频干扰频谱，对扫频频谱带宽内的所有信号形成准实时的宽带拦阻干扰，如图 8.3.10 所示。

假设发射本振的频率时间特性是正斜率的，最低和最高频率分别用 $f_{\min}$、$f_{\max}$ 表示，本振的最小频率步进间隔为 ΔF，则拦阻带宽就等于扫频频率范围，即 $B_j = f_{\max} - f_{\min}$。若扫频频率点数为 N，在每个频率点上的驻留时间均为 T_z，忽略频率合成器的换频时间，则扫频周期为 $T=N\times T_z$，如图 8.3.11 所示。

扫频信号的归一化时域波形及频谱如图 8.3.12 所示，具有如下特点。

(1) 以扫频范围的中心频率为中心，两边各频率分量的振幅对称相等，能量主要集中在扫频带宽范围内，带内频谱基本均匀，带外频谱幅度很小，可以忽略。

(2) 频谱带宽取决于扫频范围，改变频率合成器的扫频范围，即可控制拦阻带宽。

(3) 带内谱线间隔等于最小频率步进间隔 ΔF ，改变最小频率步进间隔，可以控制拦阻干扰频谱谱线间隔的疏密程度。

(4) 扫频波的峰值因数较低，干扰功率利用率比较高。

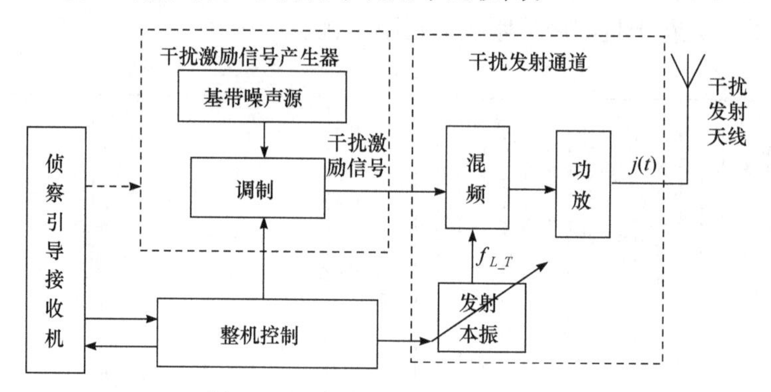

图 8.3.10　扫频拦阻式干扰原理图

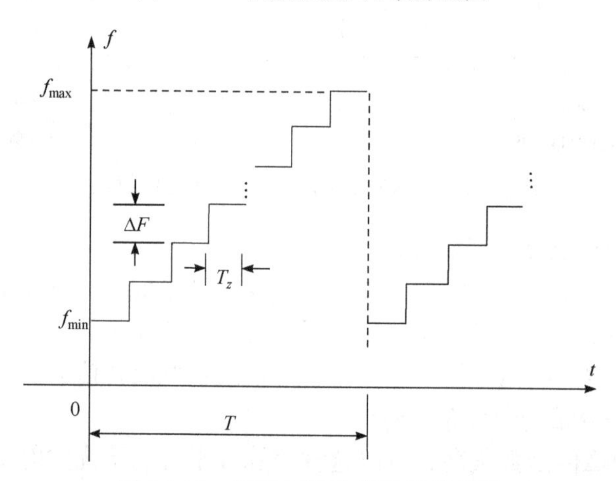

图 8.3.11　扫频本振时-频关系示意图

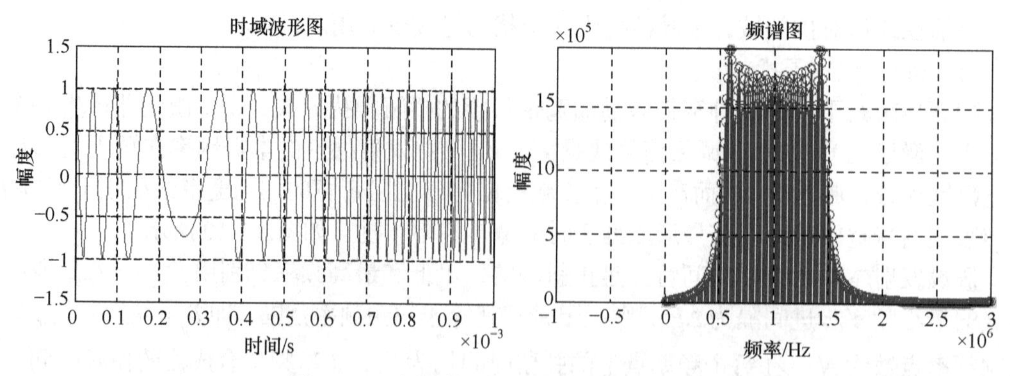

图 8.3.12　扫频信号时域波形、频谱示意图

扫频拦阻式干扰信号(窄带干扰激励信号分别采用噪声调频信号或噪声)的幅度-时间-频率特性如图 8.3.13 所示。显然，扫频拦阻式干扰实际上就是一种时分的拦阻干扰方式，

对每一个被干扰信道来说，它都是一种间断的周期干扰，每个扫频周期内受一次干扰，干扰效果并不好，其干扰效果受扫频速度、拦阻带宽等因素的制约。

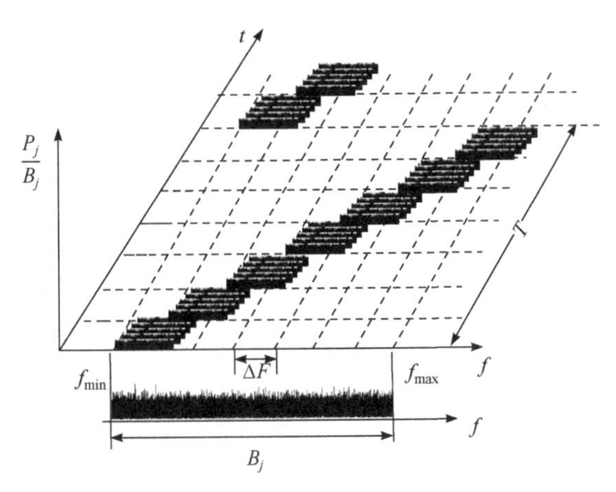

图 8.3.13　扫频拦阻式干扰信号的幅度-时间-频率特性示意图

一方面，扫频速度不能太快，若驻留时间小于信号建立时间，必然影响干扰效果，甚至干扰无效。另一方面，拦阻带宽越宽，每一个被干扰信道的干扰间断时间越长，也会影响干扰效果，甚至干扰无效。

3. 拦阻干扰方式实施

由于拦阻干扰方式的滤波损耗很大，需要的干扰发射功率太大，当干扰设备无法满足干扰发射功率要求时，必须根据具体情况采取相应的措施，如缩小拦阻带宽、调整干扰频谱分量的疏密程度等，从而保证实施宽带拦阻式干扰的有效性。

1) 合理设置拦阻带宽

缩小拦阻带宽是减小滤波损耗、降低对干扰发射功率要求的措施之一。按拦阻带宽与所需拦阻频率范围之间的相对关系，拦阻式干扰可分为全频段拦阻式干扰(图 8.1.2)和部分频段拦阻式干扰(图 8.3.14)的实施方案，部分频段拦阻式干扰又可分为连续的部分频段拦阻式干扰和不连续的部分频段拦阻式干扰。当一部干扰机不能满足对整个拦阻带宽压制功率的要求时，可以选择部分频段拦阻干扰方式，再采用多部干扰机分频段覆盖整个拦阻带宽。

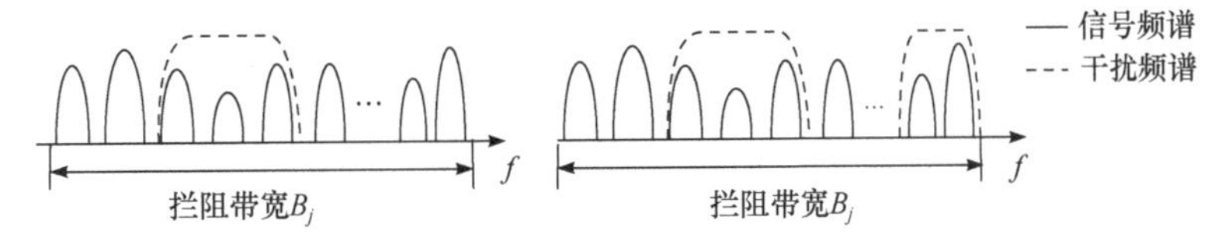

图 8.3.14　部分频段拦阻式干扰示意图

干扰发射设备中，可以通过调整参数设置拦阻带宽的大小。例如，窄脉冲拦阻式干扰中，拦阻带宽由窄脉冲的脉冲宽度决定；扫频拦阻式干扰中，拦阻带宽由扫频频率变化范围决定。

2) 连续拦阻干扰方式和梳状拦阻干扰方式

拦阻干扰方式按干扰频谱分量的疏密程度不同，又可划分为连续拦阻干扰方式和梳状拦阻干扰方式。

连续拦阻干扰方式就是典型的拦阻干扰方式，如图 8.3.15(a)所示，干扰频谱分量非常密集，能对整个干扰频段内所有通信信号产生干扰作用，被拦阻的频段内没有通信的可能。由于功率分散在整个干扰频段上，要使频段内所有被干扰信道都得到有效的干扰功率，干扰机需要具有非常大的功率，或者要求拦阻带宽不是很大。

梳状拦阻干扰方式是一种改进的拦阻干扰方式，干扰频谱分量相对稀疏些，相邻频率分量之间有一定间隔，该间隔通常与被干扰目标信道间隔相匹配，如图 8.3.15(b)所示。梳状拦阻干扰方式只在拦阻频率范围内的各特定信道中出现干扰，干扰功率能够以规定间隔、强度相等的方式集中在各个被干扰的目标信道内，因此，在被干扰信道的有效干扰功率相同的情况下，梳状拦阻干扰方式总功率比连续拦阻干扰方式总功率要小。显然，采用梳状拦阻干扰方式时，需要预先侦察、确定被干扰拦阻带宽内各通信电台的工作频率和信道间隔，以便正确设置梳齿间隔，使得各个梳齿分量能够分别对拦阻带宽内各通信电台形成准确瞄准式干扰。梳状拦阻干扰方式的另一个优点是可以为己方通信留有保护信道，干扰一方在施放干扰的同时可以利用梳状干扰频谱的已知“齿间”进行通信。

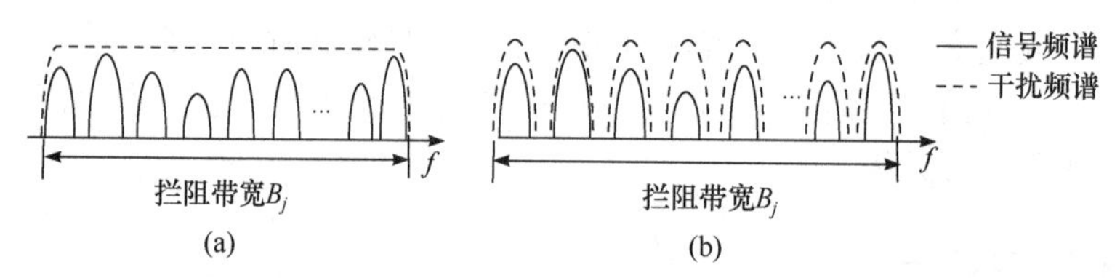

图 8.3.15　拦阻干扰方式频谱示意图

当然，疏密是相对被干扰目标接收机通带宽度而言的，当干扰频谱各频率分量的频率间隔小于被干扰目标接收机通带时，每个被干扰目标接收机的通带内会落入两个以上的干扰频率分量，从而构成连续拦阻干扰方式；当干扰分量的频率间隔等于或大于被干扰目标信号的信道间隔时，构成梳状拦阻干扰方式。通过调整干扰发射机的相关参数，可以设置并调整带内谱线间隔的大小，控制拦阻干扰方式频谱的疏密程度。例如，窄脉冲拦阻式干扰中，带内谱线间隔由窄脉冲的重复周期决定，重复周期越长，谱线越密集；扫频拦阻式干扰中，带内谱线间隔由扫频频率步进间隔决定，设置频率步进间隔即可控制频谱疏密程度，当步进间隔与被干扰目标信道间隔相匹配时，形成梳状扫频拦阻式干扰；噪声拦阻式干扰中，如果利用多个噪声源分别产生多个不同频段的噪声频谱后再相加合成，通过选择各噪声源的频谱范围即可控制频谱分量的疏密，从而形成梳状噪声拦阻式干扰。

8.3.3　多目标干扰方式

1. 多目标干扰方式的定义及特点

多目标干扰(Multi-Target Jamming)方式就是用一部干扰设备同时或快速交替地对多个目标信号实施压制的一种干扰方式，也叫一机干扰多目标方式。

与单目标瞄准干扰方式相比，多目标干扰方式仍然保留了瞄准干扰方式频谱集中、针对性强的优点，只是被干扰的目标数目是多个，由于是一机干扰多个目标信道，从而能够更有效地利用有限的干扰资源。

与宽带拦阻干扰方式相比，多目标干扰方式有针对性地干扰正在工作的多个目标信号，而不是对一个频段的拦阻，从而克服了拦阻式干扰方式的盲目性，提高了干扰功率利用率，只是受干扰的多目标数目一般要比拦阻带宽内覆盖的信道数目少很多，除了被干扰的这几个信道外，其他信道不受干扰，这样可以避免影响己方通信。

目前，多目标干扰的实现方式主要分为时分多目标干扰、频分多目标干扰两大类。频分多目标干扰是同时对多个目标信号实施干扰，时分多目标干扰实质上是交替地(准同时)对多个目标信号实施干扰。

2. 时分多目标干扰

1) 干扰状态的形成

时分多目标干扰也称为时序干扰或分时干扰，使用一部干扰机在预定时段内按时间分割，依次快速对多个不同频率的目标信号进行电子干扰。当干扰激励器产生一个或多个与被干扰目标信号相匹配的窄带干扰激励信号，且干扰发射通道的本振频率非连续改变时，将依次对多个目标形成时分干扰。因此，时分多目标干扰需要预先把预干扰的几个信道频率存入干扰设备的控制器，用一部干扰设备对几个信道依次轮流施放干扰，是瞄准多个目标信号频谱(或信道频率)实施的时分瞄准干扰方式，从而能够在一段时间内达到干扰多个信道的目的，提高干扰设备的利用率。

时分多目标干扰的干扰激励信号产生器可以由单个激励器产生单一样式的干扰激励信号，也可以由多个激励器分别针对多个预干扰目标产生相应干扰样式的多个干扰激励信号，如图 8.3.16 所示，多路选择开关在时序控制下按照时间顺序选择干扰激励信号，送入干扰发射通道，发射本振频率 f_{L_T} 按照预干扰目标信道频率非连续改变。通过混频将干扰激励信号的发射频率分别迁移到预干扰的多个信道频率上，实现时分干扰。

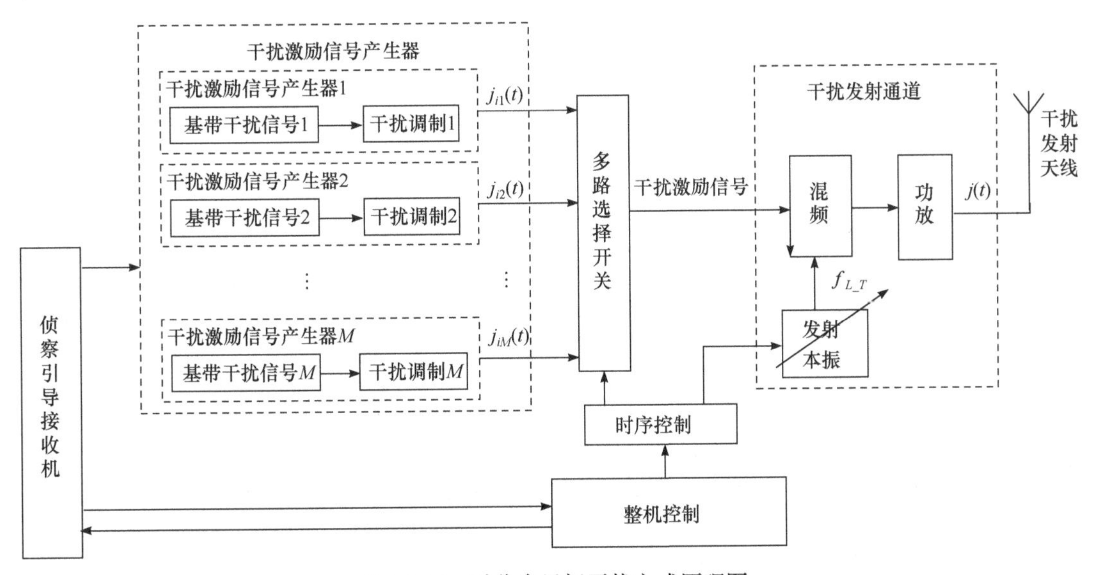

图 8.3.16 时分多目标干扰方式原理图

以时分干扰 $M=3$ 个信道为例，间断观察期间在频率范围内侦察搜索，假设发现信道 1、3 和 4 有信号，则在其后的干扰时间内，对这 3 个信道按时间顺序实施干扰，如图 8.3.17

所示。间断观察时间 T_s 、干扰时间 T_j 、间断观察频率范围、搜索方式、信道威胁等级以及干扰方式是可以预先设置的。如果间断观察期间发现共有 5 个信道有信号，则在其后干扰时间内，优先干扰威胁等级较高的 3 个信道。

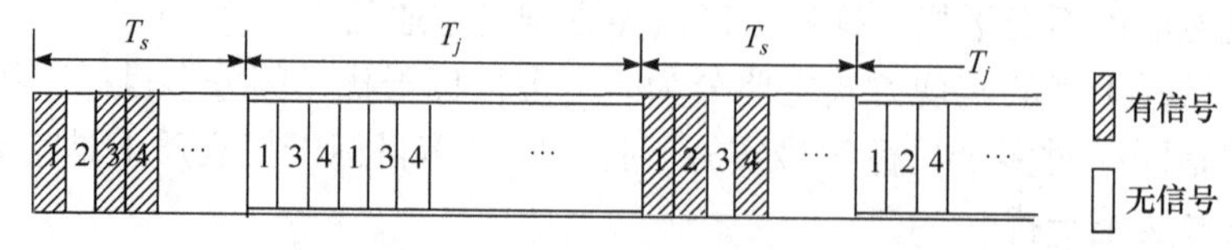

图 8.3.17　时分多目标干扰方式工作示意图

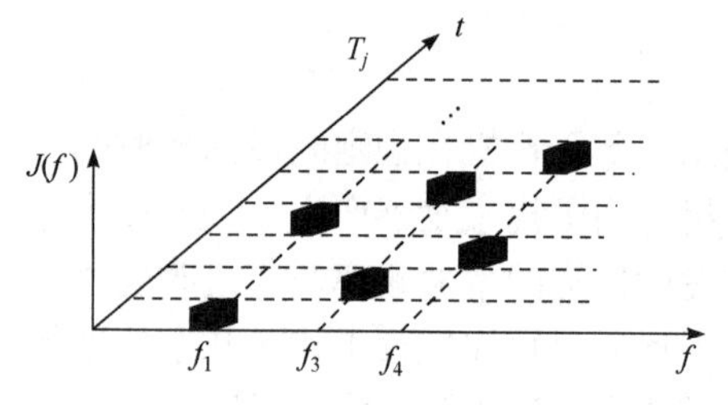

图8.3.18　时分多目标干扰方式幅度-时间-频率特性示意图

显然，在每个干扰发射时间 T_j 内需要时序干扰这 3 个目标(频率分别为 f_1、f_3、f_4)，因此每一个信道受到干扰的时间为 $T_j/3$，相当于间断的脉冲干扰，每一瞬间仅是对一个信道的干扰，如图 8.3.18 所示。

2) 局限性分析

时分多目标干扰是准同时地干扰多个目标，但被干扰的目标数目不能太多。显然，在 T_j 一定的情况下，同时干扰的信道数目越多，对每一个信道的干扰持续时间越短，未受干扰的间隔时间越长，必将影响对该信道的干扰效果；实际中，对每个信道的干扰持续时间还必须远大于该信道所要求的信号建立时间，如果干扰发射的持续时间与被干扰目标接收机中的信号建立时间相比拟，那么，即使忽略频率合成器的换频时间，干扰发射时间减去干扰信号在接收机中的建立时间后，留给干扰实施的时间就会明显缩短，这必然引起干扰效果的减弱，甚至导致干扰无效。因此，同时被干扰的多目标信道数目不宜太多。试验表明：一机干扰多目标的信道数目为 2 个或 3 个较合适。

时分多目标干扰的局限性还表现在：当被干扰的多个目标分布地域较分散时，不宜对每个目标都采用方向性强的天线，这会带来空域的不匹配，降低干扰功率的利用率。

3) 随机时分多目标干扰

时分多目标干扰能够适当缓解现代电子战中目标数多和干扰资源不足之间的矛盾，在被干扰信道数目不多的条件下，这是一种行之有效的干扰方式。但时序干扰对每一个被干扰的目标信号都是周期性的间断干扰，易于被有经验的话务员察觉而采取抗干扰措施，例如，系统各接收端采用自动间歇关闭接收、利用干扰的间断期进行正常接收，能够消除时序干扰的影响，这个问题通常采用随机时分多目标干扰来解决。

如果时序控制改为随机变化的时序，受干扰信道的排列时序是随机变化的，这就是随机时分多目标干扰，其基本思想是用伪随机序列去控制受干扰的多个信道的时间顺序随机变化，这样，对每一个被干扰的目标信号来说，间断的周期是随机变化的。

3. 频分多目标干扰

1) 干扰状态的形成

频分多目标干扰是在一部干扰机中有多个干扰源激励器，根据预干扰的信道数目和信道频率分别产生多个与被干扰目标信号相匹配的窄带干扰激励信号，这些信号经过相加合成后送入干扰发射通道，干扰发射通道的本振频率固定不变，合成后的干扰激励信号经上变频、功放滤波发射出去，从而实现对多个目标的同时干扰，也称为相加合成干扰，如图 8.3.19 所示。

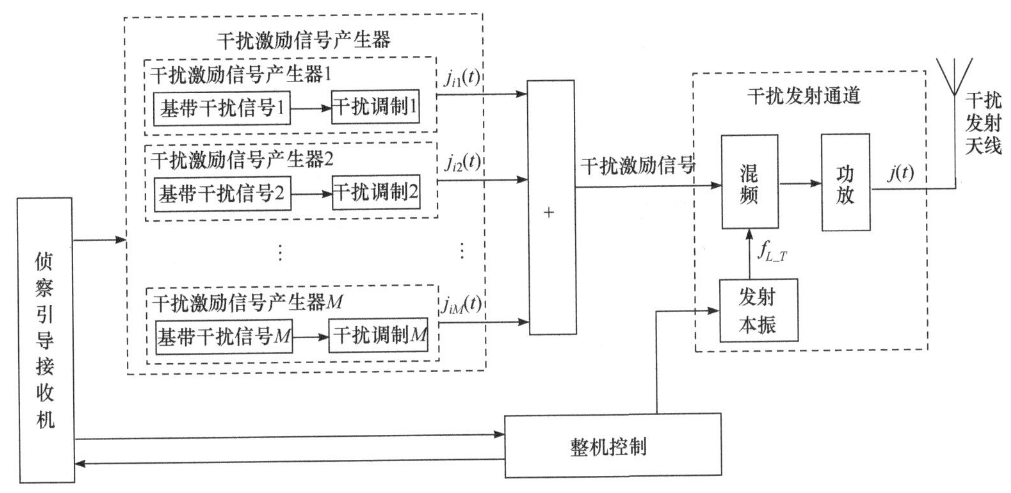

图 8.3.19　频分多目标干扰方式原理图

直接相加合成干扰存在着时域波形上信号峰平比大、干扰功率利用率低的缺点，信号源数目越多，峰平比越大，干扰功率利用率越低，所以实际应用中必须采取措施尽可能地降低峰平比，改善多干扰源叠加后的合成波形，即波形优化技术。

2) 波形优化

多目标干扰激励信号通常采用数字波形合成技术来实现。针对相加合成干扰中合成信号峰平比大、功率利用率低的缺点进行改进后的波形优化干扰，就是利用数字存储技术，通过数值优化算法对多个干扰激励源的合成波形进行优化的一种频分多目标干扰方式，如图 8.3.20 所示。

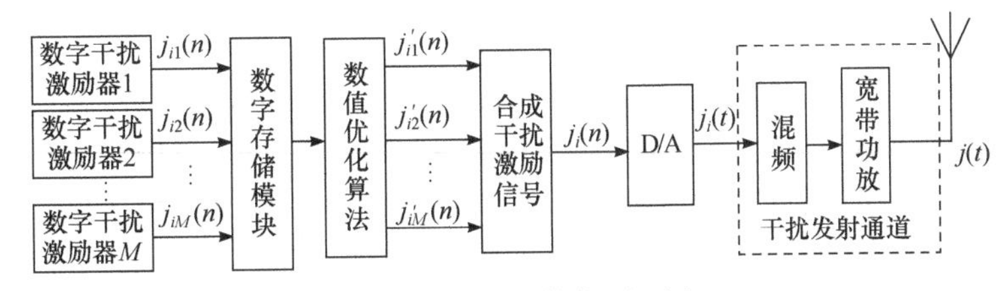

图 8.3.20　波形优化原理图

波形优化的过程一般包括建立优化模型、确定优化参数、选择目标函数、确定约束条件、设置初始状态、确定目标函数优化点及检验优化结果等。考虑到干扰实时性的要求，实现波形优化的数值优化算法不仅要好，而且要快。目前，波形数值优化算法最直观也最有效的方法就是采用相位优化组合方法，即通过对各路干扰源的初始相位添加合适的相位扰动以优化各路干扰信号的相位，从而使合成后信号的峰平比最小。

8.4　通信干扰方程及干扰功率估算

8.4.1　通信干扰方程

通信干扰方程就是反映目标接收机处干信功率比与压制系数之间关系的方程。通信发射设备、通信接收设备和干扰设备三者之间的空间位置关系如图 8.1.1 所示，下面首先推导落入目标接收机的信号功率 P_s 和干扰功率 P_j，然后建立通信干扰方程。

假设通信发射机的输出信号功率为 P_{sT}，通信电波传播路径上的路径损耗为 L_s，通信接收、发射设备之间的距离(简称通信作用距离)为 r_s。干扰发射机的输出信号功率为 P_{jT}，干扰电波传播路径上的路径损耗为 L_j，干扰发射机到目标接收机之间的距离(简称干扰作用距离)为 r_j。通常，可以认为目标接收机对于通信发射机而言是最佳接收，因此落入目标接收机的信号功率 P_s 主要与通信电波传输路径上的损耗 L_s 以及通信收、发设备的天线增益有关，则落入目标接收机的信号功率 P_s 为

$$P_s = \frac{P_{sT}G_{sT}G_{sR}}{L_s} \tag{8.4.1}$$

式中，G_{sT} 为通信发射机到目标接收机方向的天线增益；G_{sR} 为目标接收机到通信发射机方向的天线增益。

与信号功率 P_s 不同，落入目标接收机的干扰功率 P_j 除了与干扰传输路径上的损耗 L_j 以及干扰发射机、目标接收机的天线增益有关以外，还存在滤波损耗 F_b，滤波损耗是由目标接收机的带通滤波器对干扰信号的抑制而引起的干扰功率损失。因此，落入目标接收机通带内的干扰功率 P_j 为

$$P_j = \frac{P_{jT}G_{jT}G_{jR}}{L_j}F_b \tag{8.4.2}$$

式中，G_{jT} 为干扰机到接收机方向的天线增益；G_{jR} 为目标接收机到干扰机方向的天线增益；F_b 为滤波损耗。

由于干扰发射与敌通信接收之间的非协约、不匹配关系，落入接收机的干扰功率除了滤波损耗带来干扰功率损失之外，还可能存在时间、空间以及电波极化方式不匹配等因素带来的干扰功率损失，从而进一步降低了干扰功率利用率，影响干扰效果。下面将对影响通信干扰效果的因素进行分析讨论。

落入目标接收机的干扰功率与信号功率之比，即干信比为

$$\frac{P_j}{P_s} = \frac{P_{jT}G_{jT}G_{jR}}{P_{sT}G_{sT}G_{sR}}\frac{L_s}{L_j}F_b \tag{8.4.3}$$

由压制系数 k_y 的定义可知，当干扰有效时，落入目标接收机的干信比应满足：

$$\frac{P_j}{P_s} \geqslant k_y \tag{8.4.4}$$

此时，干扰能有效压制目标信号的通信，即

$$\frac{P_j}{P_s}=\frac{P_{jT}G_{jT}G_{jR}}{P_{sT}G_{sT}G_{sR}}\frac{L_s}{L_j}F_b \geqslant k_y \tag{8.4.5a}$$

用分贝表示为

$$(P_{jT}-P_{sT})_{(\mathrm{dB})}+[(G_{jT}+G_{jR})-(G_{sT}+G_{sR})]_{(\mathrm{dB})}+(L_s-L_j)_{(\mathrm{dB})}+F_{b(\mathrm{dB})}\geqslant 10\lg k_y \tag{8.4.5b}$$

式(8.4.5)就称为通信干扰方程。

通信干扰方程反映了通信接收、发射设备和干扰设备之间的空间能量关系。当通信发射设备、目标接收设备和干扰设备的战术配置关系一定时，依据通信干扰方程可以估算压制某通信目标所需要的最小干扰发射功率，干扰设备发射的干扰功率越大，干扰效果越好；当干扰机的干扰发射功率一定时，依据通信干扰方程可以求得估算压制某通信目标所允许的最大干扰作用距离，干扰作用距离越近，干扰效果越好。

8.4.2 滤波损耗分析

由于干扰与敌接收之间的非协约、不匹配关系，到达目标接收机输入端的干扰功率不一定能够全部落入接收机的通频带内，滤波损耗 F_b 就定义为落入目标接收机通带内的干扰功率与到达目标接收机输入端的干扰总功率之比，即

$$F_b=\frac{\text{落入目标接收机通带内的干扰功率}}{\text{到达目标接收机输入端的干扰总功率}} \tag{8.4.6}$$

滤波损耗反映了落入目标接收机通带内的干扰功率占干扰总功率份额的多少，是小于或等于 1 的参数，滤波损耗数值越小，损耗越大，功率利用率越低，F_b 越趋近于 1 越好，当干扰功率全部落入目标接收机时，滤波损耗 $F_b=1$。显然，滤波损耗的数值与瞄准、拦阻、多目标等通信干扰方式密切相关。

1. 针对单目标的瞄准干扰方式的滤波损耗

假设干扰信号带宽内频谱分量均匀分布，滤波损耗可以用被干扰目标接收机带宽与干扰信号总带宽之比来近似计算，即 $F_b=B_R/B_j$。若干扰与信号的频谱重合程度很高，则针对单目标的瞄准干扰方式的滤波损耗近似等于 1，若干扰与信号的频谱重合程度下降，则滤波损耗小于 1，也就是损耗增大。

2. 针对多目标的瞄准干扰方式的滤波损耗

对于时分多目标瞄准干扰，每个时间段只干扰一个信道，该时间段内所有干扰功率都瞄准这个信道进行干扰，则滤波损耗与单目标瞄准干扰方式相同。

若采用频分多目标瞄准干扰方式，假设针对 N 个目标施放的干扰功率是均匀分布的，则落入每个目标接收机的干扰功率近似为干扰总功率的 $1/N$，滤波损耗也近似为多目标数目 N 的倒数。同样，当干扰与多个目标的频谱重合程度下降时，实际滤波损耗的数值将进一步减小，损耗增大。

3. 拦阻干扰方式的滤波损耗

通信干扰设备实施拦阻干扰时，可以通过控制干扰频谱频率分量的间隔分别构成连续

拦阻干扰方式或梳状拦阻干扰方式，滤波损耗是不同的。

假设拦阻带宽内干扰信号频谱分量均匀分布，则连续拦阻干扰方式的滤波损耗近似为被干扰目标接收机带宽与拦阻带宽之比：$F_b=\dfrac{B_R}{B_j}=\dfrac{B_R}{f_{\max}-f_{\min}}$。由于拦阻带宽远大于被干扰目标接收机带宽，因此，连续拦阻干扰方式的滤波损耗远小于 1，当拦阻干扰信号频谱分量非均匀分布时，落在各个信道的干扰功率不同，有些信道的滤波损耗数值会更小。

对于梳状拦阻干扰方式，假设拦阻带宽内干扰频谱各梳齿分量均匀分布，那么，梳状拦阻干扰方式的总功率就是所有梳齿所占功率之和，如果每个梳齿都能够瞄准被干扰目标信号，则滤波损耗近似为拦阻带宽内梳齿数目 N 的倒数，即 $F_b\approx\dfrac{1}{N}=\dfrac{\Delta F}{B_j}$。显然，梳状拦阻干扰方式的滤波损耗小于连续拦阻干扰方式的滤波损耗。

可见，滤波损耗会导致干扰功率利用率降低，干扰方应该尽可能选择滤波损耗小的干扰方式。

8.4.3 路径损耗估算

通信干扰方程中，最关键也最困难的是对电波传播路径损耗的估算。无线电波经过不同的传播路径时，传播介质不同，传播方式不同，产生的路径损耗也不同。

1. 自由空间传播路径损耗

自由空间严格来说应指真空，是一种理想情况，具有各向同性、电导率为零、相对介电系数和磁导率都恒为 1 的特点，实际中的自由空间通常是指充满均匀、无耗介质的无限大空间。假设自由空间中，一点源天线(即无方向性天线)的辐射功率为 P_r，它均匀地分布在以点源天线为中心的球面上，则离开天线 r 处的电场强度有效值 E_0 为

$$E_0=\frac{173\sqrt{P_r(\text{kW})}}{r(\text{km})}\ (\text{mV/m}) \tag{8.4.7a}$$

考虑到天线的方向性，即发射天线的方向增益为 G_T，若发射天线的输入功率为 P_T，则

$$E_0=\frac{173\sqrt{P_T(\text{kW})G_T}}{r(\text{km})}\ (\text{mV/m}) \tag{8.4.7b}$$

由天线理论可知，接收天线接收空间电磁波的功率 P_R 为

$$P_R=\left(\frac{\lambda}{4\pi r}\right)^2 P_T G_T G_R \tag{8.4.8}$$

P_R 也就是当天线与接收机匹配时送至接收机的输入功率。

电波通过传输介质时功率的损耗情况一般用传输路径损耗来表示，电波传播路径损耗的定义是：当发射天线与接收天线的方向增益都为 1 时，发射天线的输入功率 P_T 与接收天线的输出功率 P_R 之比，记为 L：

$$L = \left.\frac{P_T}{P_R}\right|_{G_T=1,G_R=1} \tag{8.4.9}$$

则自由空间电波传播的路径损耗 L_f 为

$$L_f = \frac{P_T}{P_R} = \left(\frac{4\pi r}{\lambda}\right)^2 \tag{8.4.10a}$$

通常，L_f 用分贝(dB)表示：

$$L_f(\text{dB}) = 20\lg\frac{4\pi r}{\lambda} = 32.45(\text{dB}) + 20\lg f(\text{MHz}) + 20\lg r(\text{km}) \tag{8.4.10b}$$

式(8.4.10)表示任一传输路径上，路径损耗为无方向性发射天线的输入功率与无方向性接收天线输出功率之比，说明路径损耗 L 与天线增益无关。

自由空间是一种理想介质，它是不会吸收电磁能量的。自由空间的路径损耗，是指电磁波在传播过程中，随着传播距离的增大，发射天线的辐射功率分布在半径更大的球面上，从而导致能量的自然扩散，它反映了球面波的扩散损耗。从式(8.4.10)可见，自由空间的路径损耗 L_f 只与频率 f 和传播距离 r 有关，当电波频率提高 1 倍或传播距离增加 1 倍时，自由空间的路径损耗分别增加 6dB。

2. 实际空间传播路径损耗

实际中，电波总是在有能量损耗的介质中传播的。这种能量损耗可能由大气对电波的吸收式散射引起，也可能由电波绕过球形地面或障碍物的绕射而引起。这些损耗都会使接收点场强小于自由空间传播时的场强。

在传播距离、工作频率、发射天线和发射功率相同的情况下，接收点的实际场强 E 和自由空间场强 E_0 之比，定义为该传播路径的衰减因子 β，即

$$\beta = \frac{|E|}{|E_0|} \quad 或 \quad \beta(\text{dB}) = 20\lg\frac{|E|}{|E_0|} \tag{8.4.11}$$

则实际传播路径上接收点的场强 E 和功率 P_R 为

$$E = E_0\beta = \frac{\sqrt{30P_T(\text{W})G_T}}{r(\text{m})}\beta\ (\text{V/m}) \tag{8.4.12}$$

$$P_R = \left(\frac{\lambda}{4\pi r}\right)^2 \beta^2 P_T G_T G_R \tag{8.4.13}$$

一般情况下，有 $|E| < |E_0|$，故 $\beta < 1$，其分贝值为负数。

由路径损耗的定义式(8.4.9)得到实际空间电波传播的路径损耗 L 为

$$L = \left.\frac{P_T}{P_R}\right|_{G_T=1,G_R=1} = \left(\frac{4\pi r}{\lambda}\right)^2 \frac{1}{\beta^2} = \frac{L_f}{\beta^2} \tag{8.4.14a}$$

用分贝(dB)表示为

$$L(\text{dB}) = 20\lg\left(\frac{4\pi r}{\lambda}\right) - \beta(\text{dB}) = L_f(\text{dB}) - \beta(\text{dB}) \tag{8.4.14b}$$

因为衰减因子 β 总是小于 1，即介质对电波能量的吸收作用使得传输损耗增加。

可见，任一传输路径的路径损耗可由自由空间的路径损耗加上该路径上的衰减因子得到。显然，不同的电波传播路径，衰减因子是不同的，电波衰减程度与电波工作频率，电波传播路径的地形、环境、介质，以及发射、接收天线的高度等因素有关，在天波传播时，还与电离层的状态有关。

1) 地面波传播路径损耗分析

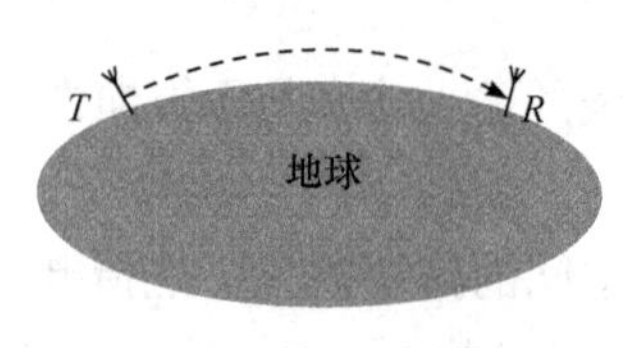

图 8.4.1　地面波传播示意图

地面波传播方式是短波 HF(3～30MHz)频段的主要电波传播模式之一。地面波传播方式要求天线的最大辐射方向沿着地球表面，因此又称表面波传播，主要采用垂直极化方式。实际中，当天线低架于地面(天线的架设高度比波长小得多)时，其最大辐射方向沿地球表面，这时电波主要是地面波传播方式，如图 8.4.1 所示。

设地面波衰减因子为 β_d，则接收点的场强为

$$E = E_0\beta_d = \frac{173\sqrt{P_T(\text{kW})G_T}}{r(\text{km})}\beta_d \ \text{m(V/m)} \tag{8.4.15}$$

地面衰减因子(即传播损耗)与地面的电特性密切相关，由于地面衰减因子 W_d 的定量分析计算比较复杂，因此工程上通常依据布雷默曲线近似计算地面波传播场强。

为了定性分析地面波传播场强与地面衰减因子 β_d 及地面电特性的关系，引入辅助参量 ρ，ρ 称为数值距离，无量纲，ρ 与地面电特性的关系为

$$\rho = \frac{\pi r}{\lambda}\frac{\sqrt{(\varepsilon_\text{r}-1)^2+(60\lambda\sigma)^2}}{\varepsilon_\text{r}^2+(60\lambda\sigma)^2} \tag{8.4.16}$$

式中，λ 为波长，m；r 为传播距离，m；σ 为地面电导率，S/m；ε_r 为地面相对介电常数，不同地面介质的电参数不同。工程上通常利用贝鲁兹公式(8.4.17)来近似估算：

$$\beta_d = \frac{2+0.3\rho}{2+\rho+0.6\rho^2} \tag{8.4.17}$$

显然，地面波传播有以下特点。

(1) 当 ρ 值很小时，$\rho \to 0$，$\beta_d \to 1$，β_d 受地面导电性能的影响不大，不论何种传播介质，电波的衰减都很小。

(2) 当 $60\lambda\sigma \ll \varepsilon_\text{r}$ 时，大地具有良导体性质，$\rho \approx \dfrac{\pi r}{60\lambda^2\sigma}$，$\rho$ 越大，β_d 值越小，电波衰减越大。

(3) 随着 ρ 的增大，$\beta_d \to \dfrac{1}{2\rho}$ 为 $\beta_d \approx \dfrac{1}{2\rho}$，电波衰减随 ρ 的增大而增大，则接收功率 P_R 和路径损耗 L_d 分别为

$$P_R=\left(\frac{\lambda}{4\pi r}\right)^2\beta_d{}^2P_TG_TG_R \tag{8.4.18}$$

$$L_d(\text{dB})=L_f(\text{dB})-\beta_d(\text{dB}) \tag{8.4.19}$$

式(8.4.18)表明：接收功率 P_R 与传播距离 r 的四次方成反比，电波的衰减将随传播距离的增大而迅速增加。

表 8.4.1 给出了不同频率电波在不同地面传播介质中传播距离 $r=10\text{km}$ 时的数值距离ρ。

表 8.4.1　不同地面的介电性能

介质	频率/波长					
	3kHz/100km	30kHz/10km	300kHz/1km	3MHz/100m	30MHz/10m	300MHz/1m
海水($\varepsilon_r=80$，$\sigma=4$)	1.3×10^{-8}	1.3×10^{-6}	1.3×10^{-4}	1.3×10^{-2}	1.3	124
湿土($\varepsilon_r=20$，$\sigma=10^{-2}$)	5.2×10^{-6}	5.2×10^{-4}	5.2×10^{-2}	4.9	144	1490
干土($\varepsilon_r=4$，$\sigma=10^{-3}$)	5.2×10^{-5}	5.2×10^{-3}	5.2×10^{-1}	40	587	5890
岩石($\varepsilon_r=6$，$\sigma=10^{-7}$)	4.36×10^{-2}	4.36×10^{-1}	4.36	43.6	436	4363

可见，相同频段条件下，几种传播介质中，海水的传播性能最好；同一传播介质，路径损耗(数值距离)随着电波频率的增大而迅速增大，因此，地面波传播方式不适宜超短波频段的传播。

当通信距离较远，即 $r\geqslant\dfrac{80}{\sqrt[3]{f(\text{MHz})}}(\text{km})$ 时，必须考虑地球曲率的影响，此时到达接收地点的地面波是沿着地球弧形表面绕射传播的。对沿着有限电导率球形地面传播的地波场强计算非常复杂，一般工程计算是通过查表方法进行的，可根据国际无线电咨询委员会(International Radio Consultative Committee，CCIR)推荐的一套曲线近似计算地面波场强。

2) 天波传播路径损耗分析

天波传播是指电波由发射天线向高空辐射，经电离层反射而折回地面后到达接收点的传播方式，也称为空间波传播、电离层传播。因此，天波传播方式的传播特性主要受电离层的影响，其主要特点是传输损耗小，可利用较小的功率进行远距离通信，但信号不稳定，传播时会产生多种效应。其主要用于短波远距离通信，如图 8.4.2 所示。

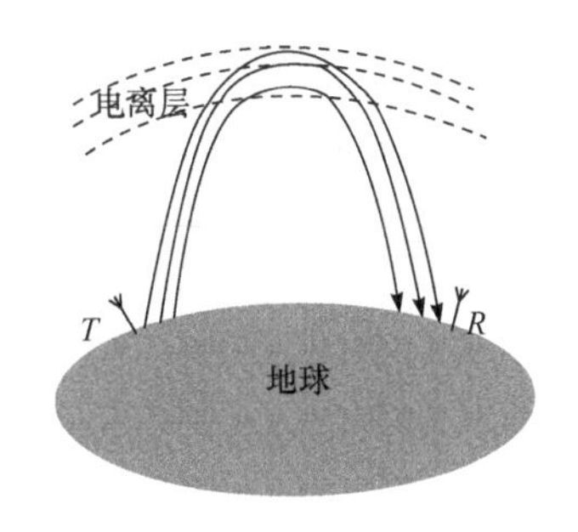

图 8.4.2　天波传播示意图

利用电离层反射的天波传播也是军用短波远距离通信的主要电波传播模式之一，由于电离层的随机变异性，HF 天波传播路径损耗尚未获得一种严格准确的计算方法。我国电波研究人员根据国际无线电咨询委员会(CCIR)第 252-2 号报告，估算 2～30MHz 天波场强和路径损耗的暂行方法及我国上空电离层状况提出了一种天波传播路径损耗的工程计算方法，短波天波传播的路径损耗可表示为

$$L(\text{dB})=L_f(\text{dB})+L_a(\text{dB})+L_g(\text{dB})+Y_p(\text{dB})$$

式中，L_f 为自由空间路径损耗；电离层吸收损耗 L_a 通常指电离层 D 区、E 区的吸收损耗，也称为非偏移吸收或穿透吸收，与工作频率、工作点经纬度、太阳黑子数以及射线仰角有关；大地反射损耗 L_g 指在多跳模式传播情况下，电波经地面反射后引起的损耗，与电波的极化、频率、射线仰角以及地质情况等因素有关；除了这三种损耗以外的其他所有原因引起的损耗用额外系统损耗 Y_p 表示，主要包括电离层的偏移吸收、E_s 层附加损耗、极化耦合损耗以及电离层聚集与散焦效应等。短波天波传播的路径损耗是工作频率、传输模式、通信距离和时间的函数，要准确地计算是极其困难的，近似估算方法参阅相关参考文献。

3) 视距传播路径损耗分析

视距传播是指发射天线和接收天线之间能相互“看见”的距离内或者说无障碍物的一条路径上，电波直接从发射点传播到接收点的一种传播方式，又称为直接波传播。视距传播大体可分为三类，如图 8.4.3 所示，第一类是地面目标间的地-地视距传播，其电波传播路径可分为两路：一路由发射天线直接到达接收天线，称为直射波；另一路经由地面反射到达接收天线，称为反射波。第二类是地面与空中目标的空-地视距传播，第三类是空中目标间的空-空视距传播，这两类都只有直射波传播方式。

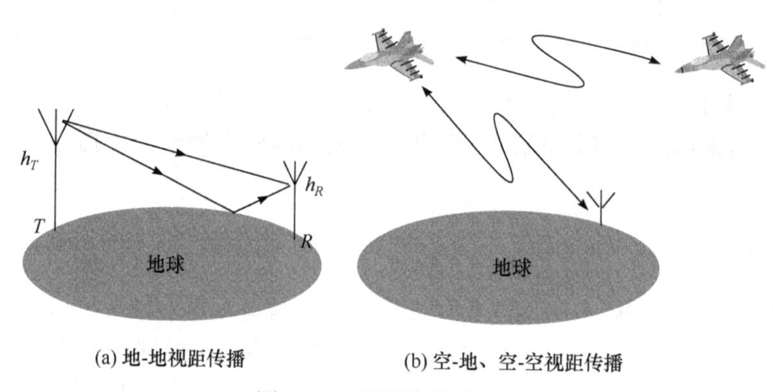

图 8.4.3　视距传播示意图

在超短波 VHF(30～300MHz)频段，电波传播大多数都使用地-地视距传播模式，UHF(300～3000MHz)频段还有空中与地面目标的空-地视距传播模式及空中的空-空视距传播模式。视距传播的特性主要受对流层的影响，地-地视距传播还要受到大地电特性影响。视距传播方式的主要特点是方向性强，信号较稳定，主要用于超短波以上频段的通信。

对于空-地视距传播模式和空-空视距传播模式，由于其不受地形的影响，且天线又多具有较强的方向性，故可直接使用自由空间传播模式，即 $L_{k-d} = L_{k-k} = L_f$。地-地视距传播模式则要考虑地形的影响，它的路径损耗与发射机和接收机间的路径逼近无线电视距的程度有关。下面讨论地-地视距传播的路径损耗。

根据相关文献中地-地视距传播场强的计算方法，可以得到光滑平面地条件下地-地视距传播接收点场强近似为

$$E = E_1 \cdot 2\sin\left(\frac{2\pi h_T h_R}{\lambda r}\right) \tag{8.4.20}$$

式中，E_1 为直射波场强，等于自由空间传播的场强 E_0；r 为传播距离，m；h_T、h_R 分别为干扰发射天线的架设高度、目标接收天线的架设高度。

则地-地视距传播时，衰减因子 β_{d-d} 为

$$\beta_{d-d} = 2\sin\left(\frac{2\pi h_T h_R}{\lambda r}\right) \tag{8.4.21}$$

当 $r \gg h_T$、h_R 时，有

$$\beta_{d-d} \approx \frac{4\pi h_T h_R}{\lambda r} \quad 或 \quad \beta_{d-d}(\text{dB}) = 20\lg\left(\frac{4\pi h_T h_R}{\lambda r}\right) \tag{8.4.22}$$

此时，地-地视距传播的路径损耗为

$$\begin{aligned} L_{d-d}(\text{dB}) &= L_f(\text{dB}) - \beta_{d-d}(\text{dB}) = 20\lg\left(\frac{4\pi r}{\lambda}\right) - 20\lg\left(\frac{4\pi h_T h_R}{\lambda r}\right) \\ &= 20\lg\left(\frac{r^2}{h_T h_R}\right) = 40\lg r(\text{m}) - 20\lg[h_T(\text{m})h_R(\text{m})] \end{aligned} \tag{8.4.23}$$

$$P_R = \left(\frac{\lambda}{4\pi r}\right)^2 \beta_{d-d}^2 P_T G_T G_R = \left(\frac{\lambda}{4\pi r}\right)^2 \left(\frac{4\pi h_T h_R}{\lambda r}\right)^2 P_T G_T G_R \tag{8.4.24}$$

可见，地-地视距传播的路径损耗与传播距离的四次方成正比，随传播距离增加，损耗迅速增大；接收功率 P_R 与传播距离 r 的四次方成反比，电波的衰减随传播距离的增大而迅速增加。在光滑平面地条件下，必须考虑地球曲率的影响，天线的架设高度 h_T、h_R 应修正为天线等效高度 h_{eT}、h_{eR}，另外，粗糙地面时以及对流层大气对视距传播的影响均可以进行相应修正。

4) 散射传播路径损耗分析

散射传播主要是由于电磁波投射到低空大气层或电离层的不均匀电介质时产生散(反)射，其中一部分到达接收点的超视距传播方式。散射传播示意图如图 8.4.4 所示。

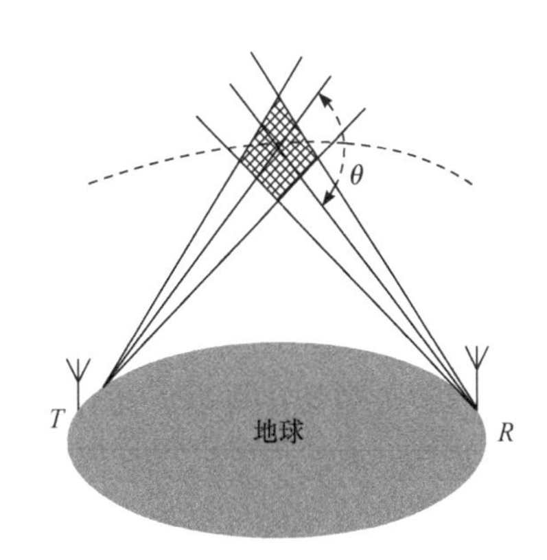

图 8.4.4 散射传播示意图

散射传播有对流层散射、电离层散射、流星余迹散射及人造反射层等传播方式，其中，以对流层散射应用最为普遍。这种传播方式，通信容量较大，可靠性较高，单跳跨距可达 300～800km，一般用于无法建立超短波、微波中继站的地区。

散射传播的路径损耗主要包括传播路径上的自由空间路径损耗 L_f 和散射介质引起的吸收损耗 L_b，表示为 $L(\text{dB}) = L_f(\text{dB}) + L_b(\text{dB})$，显然，$L_b$ 与电波工作频率、散射介质以及射线仰角有关。

5) 不同传播介质路径损耗分析

地面波传播情况下，经常会遇到地面波在几种不同传播介质中传播的情形。例如，舰船与岸上基站之间的通信，电波传播路径一部分经过海面，一部分经过陆地，而陆地、海水两种传播介质的电参数有明显差异，下面讨论这种电波经过不同传播介质时路径损耗的估算问题。

假设电波传播经过了两段不同传播介质的路径，第一段路径的地面电参数为ε_{r1}、σ_1，传播距离为r_1，衰减因子为$\beta_{d1}(r_1)$，第二段路径的地面电参数为ε_{r2}、σ_2，传播距离为r_2，衰减因子为$\beta_{d2}(r_2)$，两段路径的衰减和损耗互不相关，且满足$r \leqslant \dfrac{80}{\sqrt[3]{f(\text{MHz})}}(\text{km})$的条件，不考虑地球曲率的影响，如图 8.4.5 所示。

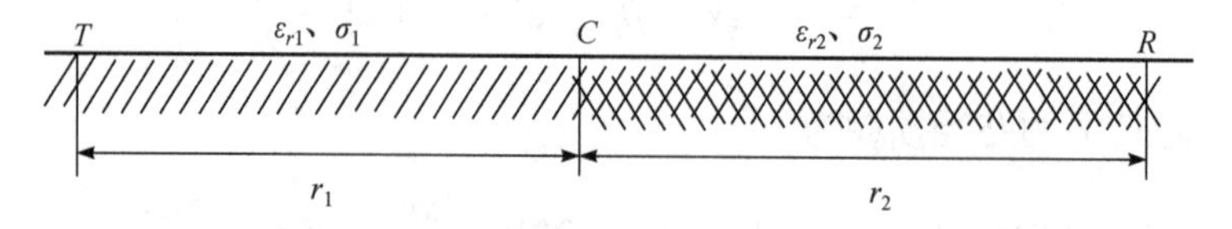

图 8.4.5　不同传播介质地面波传播示意图

电波从发射机T处，传播到接收机R处的衰减因子$\beta_d(r_1+r_2)$为

$$\beta_d(r_1+r_2)=\frac{\beta_{d1}(r_1)\beta_{d2}(r_1+r_2)}{\beta_{d2}(r_1)} \tag{8.4.25}$$

式中，$\beta_{d2}(r_1)$是把第一段路径用与第二段路径相同特性的路径代替后的衰减因子；$\beta_{d2}(r_1+r_2)$则为整个传播路径均为相同传播介质ε_{r2}、σ_2的衰减因子，则发射机T发射的电波到达接收机R处的场强E_{TR}为

$$E_{TR}=\frac{173\sqrt{P_T(\text{kW})G_T}}{r_1+r_2(\text{km})}\frac{\beta_{d1}(r_1)\beta_{d2}(r_1+r_2)}{\beta_{d2}(r_1)}(\text{mV/m}) \tag{8.4.26}$$

需要注意的是，由于地面波所经过的不同传播介质的路径彼此间互有影响，用以上方法计算的场强不满足互易原理，因此，电波经过不同传播介质到达接收点的场强可以根据密林顿(Millington)提出的几何平均法近似计算。此外，电波在多段不同传播介质的路径上传播时，邻近发射和接收点区域的传播介质特性对整个路径衰减的影响大于中间区域，实际应用中应注重发射天线和接收天线附近传播介质特性的选择。

8.4.4　干扰功率估算

在干扰机配置位置确定的情况下，干扰机的发射功率以及干扰电波的传播方式对干扰效果有很大影响；而当干扰机发射功率一定时，如何在战术上所允许的区域内更合理地配置干扰机、有效地降低干扰损耗就成为影响干扰效果的主要因素。

1. 干扰发射功率估算

当干扰发射机与被干扰目标之间的距离一定时，通常需要估算压制该通信目标所需要的最小干扰发射功率。

根据通信干扰方程可以得到

$$P_{jT} \geqslant P_{sT}\frac{G_{sT}G_{sR}L_j}{G_{jT}G_{jR}L_s}\frac{k_y}{F_b} \tag{8.4.27a}$$

对应的分贝表达式为

$$P_{jT} \geqslant P_{sT}+[(G_{sT}+G_{sR})-(G_{jT}+G_{jR})]+(L_j-L_s)+10\lg k_y-F_b \tag{8.4.27b}$$

首先，根据通信电波和干扰电波的传播模式，分别计算通信电波和干扰电波的路径损耗，计算路径损耗差。若通信电波和干扰电波传播的衰减因子分别表示为β_s和β_j，则路径损耗差的表达式为

$$L_j - L_s = 20\lg\left(\frac{r_j}{r_s}\right) + 20\lg\left(\frac{\beta_s}{\beta_j}\right) \tag{8.4.28}$$

式中，r_s为通信电波传播距离；r_j为干扰电波传播距离。

例如，通信电波采用地面波传播模式，且$\beta_s \approx \dfrac{1}{2\rho}$，干扰电波采用地-地视距传播模式，且$r_j \gg h_{jT}$、$h_R$，则$\beta_j \approx \dfrac{4\pi h_{jT} h_R}{\lambda r}$，求得路径损耗差为

$$L_j - L_s = 20\lg\left(\frac{r_j}{r_s}\right) - 20\lg\left(\frac{4\pi h_{jT} h_R}{\lambda r_j}\right) + 20\lg\left(\frac{1}{2\rho}\right)$$

将其代入式(8.4.27)从而完成干扰发射功率估算。

2. 干扰作用距离估算

当干扰发射机的干扰功率一定时，通常就需要估算压制该通信目标所允许的干扰作用距离。根据通信干扰方程可以得到

$$\frac{L_j}{L_s} \leqslant \frac{P_{jT} G_{jT} G_{jR}}{P_{sT} G_{sT} G_{sR}} \frac{F_b}{k_y} \tag{8.4.29a}$$

对应的分贝表达式为

$$L_j - L_s \leqslant (P_{jT} - P_{sT}) + [(G_{jT} + G_{jR}) - (G_{sT} + G_{sR})] + F_b - 10\lg k_y \tag{8.4.29b}$$

计算得到压制该通信对应的路径损耗差后，根据干扰和通信电波的传播模式及相应的路径损耗，即可估算干扰作用距离。

例如，通信电波和干扰电波均采用地-地视距传播模式，且$r \gg h_T$、h_R，则

$$40\lg r_j = L_j - L_s + 40\lg r_s + 20\lg\left(\frac{h_{jT}}{h_{sT}}\right)$$

即可完成干扰作用距离估算，式(8.4.29)取等号时可以得到干扰作用距离的最大值。

干扰作用距离是衡量干扰机干扰能力的重要指标，显然，干扰作用距离不仅与干扰发射功率和信号发射功率差、天线增益差等因素有关，还与通信作用距离有关，也就是说，使干扰有效的干扰作用距离不是孤立的绝对数值，而是对应于某一具体的通信作用距离才给出的，所以在比较或评价干扰设备的干扰能力时，只讲干扰距离的绝对数值是没有意义的，不同的通信作用距离必然带来不同的干扰作用距离，通常把干扰有效压制通信的条件下，干扰作用距离的最大值与通信作用距离之比定义为干通比，用符号κ表示：

$$\kappa = \left.\frac{r_j}{r_s}\right|_{\max} \tag{8.4.30}$$

干通比数值越大，表明该干扰设备的干扰能力越强。干通比给出了干扰有效压制通信时，干扰作用距离与通信作用距离之比的临界值，当干扰作用距离满足 $r_j \leqslant \kappa r_s$ 条件时，干扰才可能有效。

3. 干扰配置区分析

干通比给出了干扰作用距离与通信作用距离之比的最大值，是干扰有效压制通信时的临界值，显然，满足式(8.4.30)条件的不只是一个点，而应该是一个区域，该区域的大小和形状与敌我双方站址的配置、电波传播模式和天线形式等因素有关。以通信发射机(简称发信机)和通信接收机(简称接收机)连线为 x 轴、连线中点为坐标原点建立直角坐标系，如图 8.4.6 所示。

设干扰发射机(简称干扰机)的坐标为 $J(x,y)$，通信接收机采用全向天线，则有效干扰时的边界方程为

$$\left(x-\frac{r_s}{2}\right)^2+y^2=r_j^2=(\kappa r_s)^2 \tag{8.4.31}$$

这是一个以通信接收机 $R\left(\dfrac{r_s}{2},0\right)$ 为圆心，以 κr_s 为半径的圆，干扰机位于该圆内时，干扰作用距离都能够满足 $r_j \leqslant \kappa r_s$ 条件，因此，通信干扰机的有效配置区是以通信接收机为圆心，以 κr_s 为半径的圆形区域，如图 8.4.7 的阴影区域。

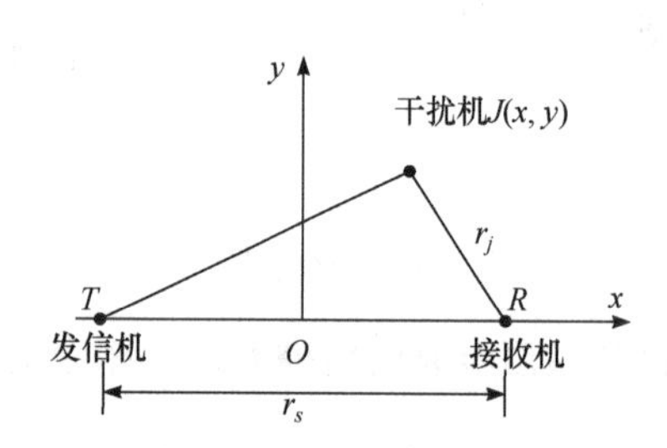

图 8.4.6　敌我站址配置示意图

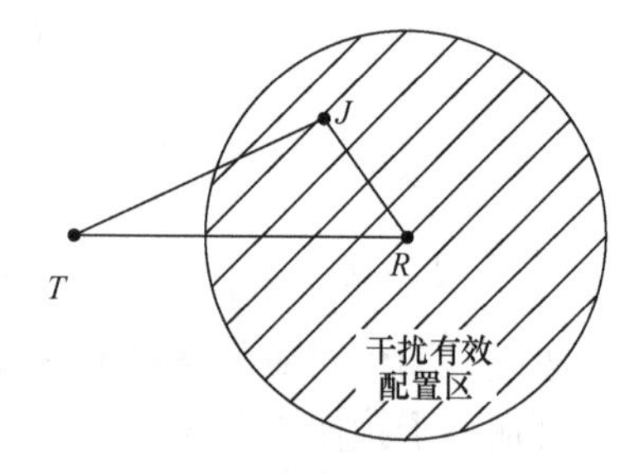

图 8.4.7　有效配置区示意图

实际上，考虑到干扰设备从截获信号到通信受到干扰总是存在时间延迟，要尽可能减小路径差带来的时间差，因此，通信干扰机的有效配置区应该是保证干通比满足条件的情况下路径差最小的区域。此外，通信接收机采用有向天线时，干扰机的配置区不再是圆形区域，说明接收机采用有向天线可以提高其抗干扰性能，同时也对干扰机的正确配置提出了更高的要求。

4. 提高干扰发射功率利用率的措施

进入目标接收机干扰功率的大小与干扰发射功率、干扰电波传播路径损耗、滤波损耗等因素有关，在干扰发射功率一定的情况下，就需要通过减小路径损耗、滤波损耗以及改善天线增益等措施来提高干扰发射功率的利用率，主要措施如下。

1) 缩短干扰距离

无论是哪种电波传播方式，电波传播的路径损耗都随着传播距离的增大而明显增大，

因此，缩短干扰距离是提高干扰发射功率利用率的最有效途径之一，如摆放式干扰、投掷式干扰等。

2) 采用升空干扰方式

相同条件下，自由空间电波传播方式的路径损耗最小，实际空间传播中，空-地、空-空视距传播方式的路径损耗可以按自由空间电波传播方式估算，因此，降低干扰发射功率的另一种有效措施就是改变干扰电波的传播模式，即升空干扰。

当干扰机升空到一定高度后，电波传播不再受地形地物的影响，干扰机与接收机间的电波传播模式变为空-地或空-空视距传播模式，其路径损耗可以按照自由空间的路径损耗估算，这时干扰电波路径损耗与距离的平方成正比，则目标接收机处的干信比与干扰机至接收机之间距离的平方成反比，与采用地波传播模式相比，路径损耗大大减少，干信比大大提高。由此带来的好处，称为升空增益。升空增益定义为发射设备升至空中一定高度后，电波传播至接收设备的路径损耗，较其置于升空时的地面投影点，传播到接收设备的路径损耗有所减少，这种减少相当于发射机置于地面时功率的增加，把由此得到的功率增加倍数称为升空增益，记为 G_h。

$$G_h = \frac{L_{地}}{L_{升}} \tag{8.4.32}$$

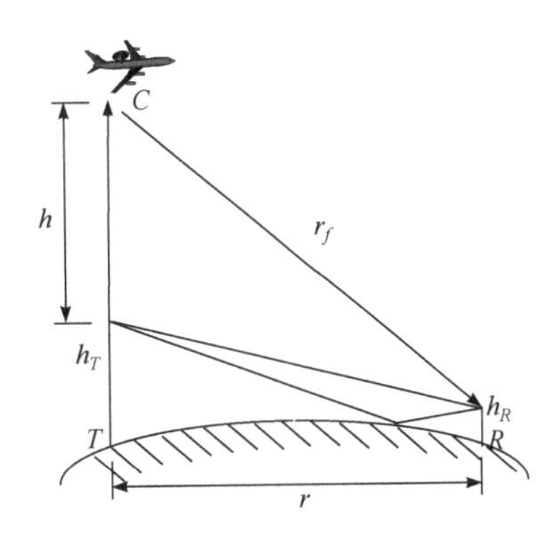

图 8.4.8 升空干扰示意图

如图 8.4.8 所示，假设发射机从地面 T 点到 R 点的传播距离为 r，发射设备升至空中 C 点，升空高度为 h，传播距离为 r_f。

如果升空前电波以地-地视距传播模式传播，h_T、h_R 分别为干扰发射天线的架设高度、目标接收天线的架设高度，则地-地视距传播的路径损耗为

$$\begin{aligned} L_{d-d}(\mathrm{dB}) &= L_f(\mathrm{dB}) - \beta_{d-d}(\mathrm{dB}) = 20\lg\left(\frac{4\pi r}{\lambda}\right) - 20\lg\left(\frac{4\pi h_T h_R}{\lambda r}\right) \\ &= 20\lg\left(\frac{r^2}{h_T h_R}\right) = 40\lg r(\mathrm{m}) - 20\lg[h_T(\mathrm{m})h_R(\mathrm{m})] \end{aligned}$$

升空后的传播距离为

$$r_f^2 \approx [h + (h_T - h_R)]^2 + r^2$$

路径损耗为

$$L_f = 20\lg\left(\frac{4\pi r_f}{\lambda}\right)$$

则升空增益为

$$G_h = \frac{L_{d-d}}{L_f} = \left(\frac{\lambda}{4\pi h_T h_R}\right)^2 \frac{r^4}{[h + (h_T - h_R)]^2 + r^2} \tag{8.4.33a}$$

$$
\begin{aligned}
G_h(\mathrm{dB}) &= 20\lg\frac{\lambda}{4\pi h_T h_R} + 40\lg r - 10\lg\{[h+(h_T-h_R)]^2 + r^2\} \\
&= -22.6\mathrm{dB} + 20\lg\left(\frac{\lambda}{h_T h_R}\right) + 40\lg r - 10\lg\{[h+(h_T-h_R)]^2 + r^2\}
\end{aligned}
\tag{8.4.33b}
$$

设 $h_T = 20\mathrm{m}$、$h_R = 10\mathrm{m}$、$\lambda = 10\mathrm{m}$，画出不同升空高度下升空增益与传播距离的关系曲线，如图 8.4.9 所示。

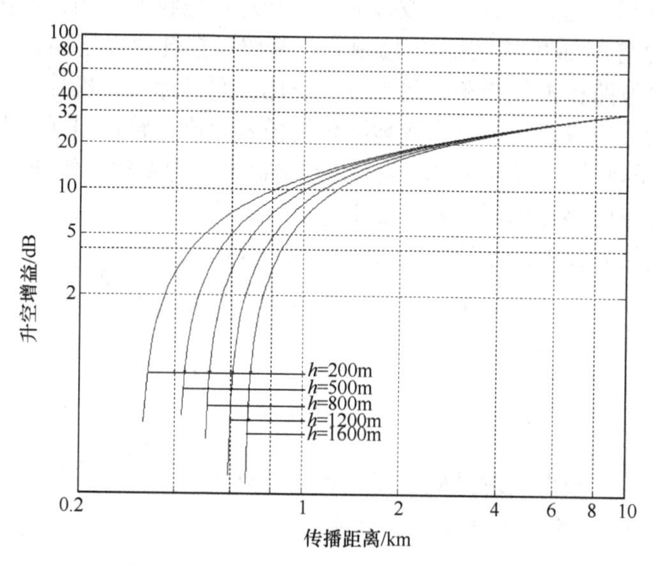

图 8.4.9　升空增益与传播距离的关系曲线

可见，随着传播距离的增大，升空增益增大，说明升空干扰适用于传播距离较远的场合，此外，传播距离较近时，升空高度对升空增益有一定影响，但升空高度的影响随着传播距离的不断增大逐渐趋缓，甚至升空高度的变化对升空增益没有明显的影响，这时，升空高度可以相对固定下来。由于升空干扰带来的明显效益，大力发展机载干扰或无人机干扰是当今通信干扰的主要发展趋势之一。

3) 降低干扰滤波损耗

在到达目标接收机输入端的干扰功率一定的情况下，进入目标接收机的干扰功率与滤波损耗的大小直接相关。因此，降低干扰滤波损耗是提高干扰发射功率利用率的有效措施。

针对瞄准式干扰，主要通过提高干扰与信号频谱的重合程度来降低滤波损耗，一般，瞄准式干扰的滤波损耗很小，可以忽略。

但在拦阻式干扰中，滤波损耗的影响一般来说都比较大，需要考虑其影响。在拦阻带宽不变的条件下，由于梳状拦阻干扰方式的滤波损耗低于连续拦阻干扰方式，应尽量采用梳状拦阻干扰方式；就单部干扰机来说，如果滤波损耗太大，以至于单部干扰机的发射功率无法达到时，缩小拦阻带宽也能降低滤波损耗，也就是部分频段的拦阻式干扰。

除了以上三种主要措施外，提高干扰发射功率的利用率还可以采取其他一些措施。例如，增大干扰机与发信机的天线增益差，也会直接影响干扰功率和干信功率比。一方面，应尽可能地采用高增益的干扰天线；另一方面，尽可能地确定被干扰目标的地理位置，从而采用方向性干扰天线并将干扰发射天线的主瓣对准被干扰目标。但由于接收机天线的主瓣是对着发信机的，所以在天线增益上，干扰一般总是吃亏的。

针对干扰、通信都采用地波视距传播的情况，影响路径损耗的另一个因素是天线高度之比的平方。因此，干扰方应尽可能使干扰发射天线的架设高度高于发信机天线的架设高度，从而使干扰机与接收机间的路径损耗更低，增大干信比。

8.5　通信干扰效果及干扰资源运用

8.5.1　通信干扰效果

1. 通信干扰效果的定义

通信干扰效果是指实施通信干扰之后，对敌方通信信息系统、通信设备或人员产生的直接与间接破坏效应的总和。

显然，干扰效果应该站在被干扰的接收方角度来衡量，通常选择通信系统的可靠性作为通信干扰效果的评定指标，例如，对模拟通信系统的干扰效果直接用受到干扰后解调器输出干信功率比的变化量作为评定指标来衡量，对数字通信系统的通信干扰效果就是用受到干扰后解调器输出误码率的变化量作为评定指标来衡量。进行通信干扰效果分析与评估的意义主要表现在以下几方面：首先，通信干扰效果的理论分析，可以为干扰方选取合适的干扰样式、估算所需干扰功率提供理论依据，从而为通信干扰设备的论证、研制提供理论支撑；其次，通信干扰效果评估，可以指导干扰试验的实施，从而为通信干扰设备的定型、训练提供评价指标；最后，在通信干扰设备的战术运用阶段，通信干扰效果评估可以监视、判断被干扰目标的工作状态，从而为制定对抗策略提供依据。

2. 影响通信干扰效果的因素

在通信干扰的实施过程中，影响干扰效果的因素很多，如干扰功率(包括干扰发射功率及各种损耗)、干扰样式及干扰参数、干扰信号与目标信号在时域、频域、空域等方面的重合度关系，以及被干扰目标接收机的技术性能等。

1) 干扰功率

对于压制性通信干扰，干扰功率的大小是干扰能否奏效的决定性因素。已知干扰机发射的功率要经过信道传输到敌接收机，最后起压制作用的干扰功率必须是落入敌接收机并到达输出端的那部分干扰功率，只有接收机输出端干信功率比达到额定值，才能达到压制敌通信的目的。因此，干扰方应能发射足够的干扰功率，并通过采用升空干扰、投掷干扰来减小路径损耗，选择合适的干扰方式来降低滤波损耗等措施尽可能地提高干扰发射功率的利用率。

2) 干扰样式

干扰样式是影响干扰效果的主要因素之一，在干扰实时性允许的情况下，干扰方应该依据侦察情报、针对不同的干扰目标尽可能选择合适的干扰样式。实际应用中，还应考虑采用这种干扰样式的复杂程度、技术实现的可行性，以及经济代价等多种因素。由于通信的调制方式很多，所以通常要求通信干扰设备应该具有多种干扰样式可供选择，干扰样式是由干扰基带信号及干扰调制方式共同决定的，可供选择的干扰基带信号、干扰调制方式越多，能产生的干扰样式越多，越易选用最佳的干扰样式，通信方的抗干扰越困难，因为通信接收机很难具备能同时对抗多种不同干扰样式干扰的能力。

针对特定通信信道的瞄准式干扰，一般情况下，都应该选择最佳干扰样式或绝对最佳干扰样式来尽可能地获取最好的干扰效果。针对某个拦阻频段内的多个通信信道的宽带拦阻式干扰，由于多个通信信道不可能采用相同的调制样式，在有限的侦察时间内也无法获知各信道的调制及解调方式，因此，不可能实现对各个通信信道的最佳干扰，可以选择绝对最佳干扰样式，如窄带噪声调频干扰样式。

3) 时域重合度

时域重合度是指目标通信受到干扰的时间与通信持续时间的重合程度。显然，有效的干扰一定是在目标通信信号工作持续时间内的干扰，时域重合度越高，干扰效果越好。如果时域重合度不高，即使干扰方在重合的时间段能够压制通信，也不能保证对这次通信的干扰效果就很好。时分多目标、扫频拦阻等时分的干扰方式必将导致时域重合度的明显下降，从而影响干扰效果。侦察引导设备的侦察时间和干扰设备的干扰反应时间是衡量干扰实时性的主要指标，希望侦察、干扰的反应速度越快越好，即反应时间越短越好，以获取尽可能高的时域重合度。

4) 频域重合度

频域重合度是指射频干扰信号频谱与被干扰目标信号频谱的重合程度。干扰信号只有落入接收机通带内到达输出端，才能对通信接收形成干扰。因此，无论是瞄准干扰方式还是拦阻干扰方式、多目标干扰方式，干扰信号频谱与目标信号频谱的重合度越高，则落入接收机通带内的干扰频谱分量越多，干扰输出功率越大，干扰效果越好。即使拦阻干扰方式，也应该尽可能地使拦阻干扰频谱的分量与各信道频谱相重合，如梳状拦阻干扰方式，从而降低滤波损耗，提高干扰发射功率的利用率。频域重合度不仅与频率瞄准误差有关，还与带宽的匹配情况有关，详细分析参见瞄准干扰方式的实施。

5) 空域重合度

空域重合度是指干扰天线的发射方向与目标接收天线的接收方向的重合程度，空域重合度越高，干扰发射功率的利用率越高，当然这对干扰方而言，很不容易做到，因为干扰方很难准确地确定被干扰目标机的位置，即使能够确定被干扰目标机的位置，如果目标接收机的接收天线采用方向性天线，将其主瓣接收方向对准通信的发射方向、副瓣对准干扰的发射方向，导致空域重合度大大降低。

此外，接收天线的极化与入射平面波极化不一致时，会产生接收损耗。干扰机可能不是以合适的极化电波发射干扰信号的，造成干扰电波与目标信号电波极化方式的不匹配，从而在被接收天线接收时产生极化损耗，降低干扰发射功率利用率。实际中，由于信号电波的极化方式很难确定，因此，极化损耗很难估计，在干扰功率估算时一般可把它作为设计容量考虑。

6) 被干扰目标接收机的技术性能

被干扰目标接收机的技术性能包括调制、解调方式，以及是否采用了扩频、跳频、差错控制编码、自适应天线、自适应增益控制等抗干扰技术，也是确定压制系数、影响通信干扰效果的主要因素。对干扰方而言，这些因素都是未知的、不确定的，这就对侦察情报的支援提出了更高的要求，如果干扰方能够获取接收方的这些情报，就能够准确地确定压制系数、估算干扰发射功率，达到有效干扰的目的。

3. 通信干扰效果监视与评估

实际对抗过程中，干扰方并不能获悉被干扰接收机的受扰情况，很难准确确定所施放干扰的效果，只能通过监测敌方来评估干扰效果。如果干扰是有效的，就会出现受干扰的电磁环境变化、敌方通信被迫做出相应改变，如改变工作频率、增大通信发射功率甚至停止通信等现象。此外，由于频率源不稳定性等因素的影响，在通信、干扰的持续时间内，发射机、接收机的工作频率都可能会产生频率偏移。为此，干扰方应在干扰持续期间内随时监视、评估被干扰目标信号的通信状态以及所处通信电磁环境的变化情况，及时调整干扰措施及参数。可见，通信干扰效果监视与评估是干扰设备进行有效干扰不可缺少的重要环节。通信干扰设备在实施干扰的过程中对被干扰目标及通信电磁环境变化的监视就称为"通信干扰效果监视"。

通信干扰效果监视的内容主要包括对被干扰目标通信状态的监视及通信链路所处电磁环境变化的监视两个方面，具体包括：

(1) 被干扰目标信号是否改频工作；

(2) 被干扰目标信号的发射功率是否增大；

(3) 被干扰目标是否出现通信中断、重发信息内容等现象；

(4) 被干扰通信链路所处电磁环境是否变化、是否发现新信号等。

如果干扰方监测发现了电磁环境变化、被干扰目标改频工作或者增大发信功率等标志性的信息，说明施放的干扰可能正在破坏敌方的通信，如果几经观察，目标信号没有动静，则要考虑这个干扰是否是有效的，当然，应当注意到，被干扰方可能会故意改频或保持现状以迷惑干扰机，也可以把通信机设计为能周期地改变工作频率，如跳频通信，此时干扰方很难判别干扰是否有效。

8.5.2　压制系数分析

1. 分析思路

压制系数 k_y 是引导干扰设备实施有效干扰的重要参数，压制系数分析模型如图 8.5.1 所示。图中，$s(t)$ 为到达通信接收机输入端的通信信号，功率为 P_s；$j(t)$ 为到达通信接收机输入端的干扰信号，功率为 P_j，进行理论分析时，假设瞄准重合程度很高，则到达通信接收机输入端的干扰信号功率能够全部落入接收通道的带通滤波器，否则也会增加滤波损耗；$n(t)$ 表示随机噪声，则到达目标接收机输入端的信号可表示为 $r(t)=s(t)+j(t)+n(t)$。对通信接收方而言，除了目标信号 $s(t)$ 外，其他 $j(t)+n(t)$ 都是干扰，进行压制系数分析时，暂不考虑噪声的影响，即 $r(t)=s(t)+j(t)$。

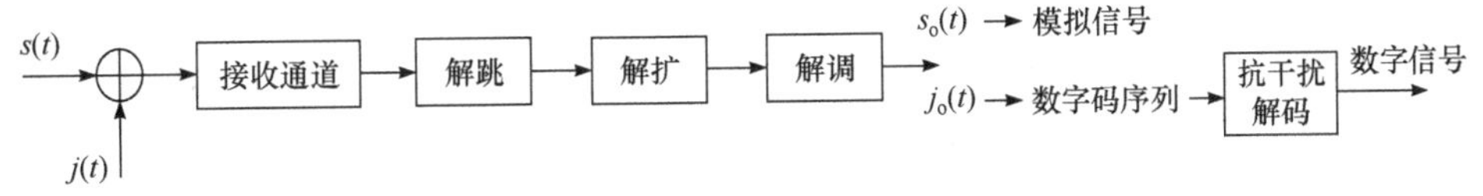

图 8.5.1　压制系数分析的模型

到达通信接收机输入端的所有信号经过接收通道滤波、放大、变频、中放等处理，扩频体制通信系统还要经过解扩、解跳等处理，再经解调到达输出端，设解调器输出端信号为$r_o(t)=s_o(t)+j_o(t)$，其中$s_o(t)$表示接收机输出有用目标信号，功率为P_{so}；$j_o(t)$表示接收机输出的所有干扰，功率为P_{jo}。模拟通信系统输出干信功率比P_{jo}/P_{so}达到额定值$(\mathrm{JSR})_o$、数字通信系统输出误码率P_e达到额定值$(P_e)_o$所需的最小输入干信功率比即为压制系数。

显然，各种通信系统的性能指标不同，针对不同目标所需的压制系数是不同的，即压制系数不是一个恒定不变的数值，它与干扰及被干扰目标接收机的战术技术性能都密切相关。针对不同的通信系统，不同的通信调制方式、不同的接收解调方式所需要的压制系数都不同；针对同一通信系统，干扰方选择不同干扰样式时，接收端对各种干扰样式的处理结果不同，所需要的压制系数也就不同；如果数字通信系统常用纠错编码技术，接收端的抗干扰解码必然使得达到额定输出误码率所需的输入干信功率比增大，即压制系数增大；如果通信接收机采用了扩频、跳频、差错控制编码、自适应天线等抗干扰技术，必然使得压制通信所需的最小干信功率比增大，压制系数将进一步增大。下面主要分析解调、解扩、解跳对压制系数的影响。

2. 解调对压制系数的影响分析

通信调制方式很多，而且对于不同调制方式，接收端都有对应的解调方式，信号即使能够进入接收机，如果解调方式不匹配，输出端也不能正确地恢复通信信息，只能输出噪声。类似推理，如果干扰调制方式与被干扰目标信号调制方式不相同，干扰就不能被正确解调，相同干扰输入功率的情况下，到达接收机输出端的干扰功率会大大降低，或者说，到达相同输出干信功率比的情况下，所需要的干扰输入功率增大，压制系数变大。因此，针对某种调制方式，以及给定的解调方式，采用不同干扰样式所需的压制系数不同。理论上，针对某一已知调制方式的常规通信体制，通常选取与被干扰目标信号相同调制方式的干扰样式，实际中，由于调频信号具有峰值因数小、干扰功率利用率高的优点，随机噪声调频干扰是常用的一种绝对最佳干扰样式。

1) 对模拟通信的压制系数分析

对于模拟通信，当输出干信功率比达到额定值$(\mathrm{JSR})_o$时所需的输入干信功率比即压制系数。以干扰常规调幅(AM)通信为例。AM 信号可表示为

$$s_{\mathrm{AM}}(t)=[A_{cs}+m_s(t)]\cos(\omega_s t+\varphi_s) \tag{8.5.1}$$

式中，$m_s(t)$为基带调制信号；A_{cs}、ω_s、φ_s分别为载波信号的幅度、频率、初始相位。信号功率为

$$P_s=\frac{1}{2}\left[A_{cs}^2+\overline{m_s^2(t)}\right] \tag{8.5.2}$$

干扰信号的一般形式可表示为

$$j(t)=J(t)\cos[\omega_j t+\varphi_j(t)] \tag{8.5.3}$$

式中，$J(t)$为干扰信号幅度；ω_j为干扰载频；$\varphi_j(t)$为干扰相位。干扰功率为

$$P_j = \overline{J^2(t)\cos^2\left[\omega_j t + \varphi_j(t)\right]} = \frac{1}{2}\overline{J^2(t)} \tag{8.5.4}$$

若采用包络检波器，即非相干解调，检波器输入信号可表示为

$$\begin{aligned} u_i(t) &= s_{\mathrm{AM}}(t) + j(t) = [A_{cs} + m_s(t)]\cos\omega_s(t) + J(t)\cos[\omega_j t + \varphi_j(t)] \\ &= R(t)\cos[\omega_s t + \theta(t)] \end{aligned} \tag{8.5.5}$$

式中，$R(t)$ 是输入合成信号的包络，其瞬时值相对 $\omega_s(t)$ 缓慢变化，即

$$\begin{aligned} R(t) &= \{[A_{cs} + m_s(t)]^2 + J^2(t) + 2[A_{cs} + m_s(t)]J(t)\cos[(\omega_j - \omega_s)t + \varphi_j(t)]\}^{1/2} \\ &= [A_{cs} + m_s(t)]\left\{1 + 2\frac{J(t)}{A_{cs} + m_s(t)}\cos[(\omega_j - \omega_s)t + \varphi_j(t)] + \frac{J^2(t)}{[A_{cs} + m_s(t)]^2}\right\}^{1/2} \end{aligned} \tag{8.5.6}$$

$$\theta(t) = \arctan\frac{J(t)\sin[(\omega_j - \omega_s)t + \varphi_j(t)]}{A_{cs} + m_s(t) + J(t)\cos[(\omega_j - \omega_s)t + \varphi_j(t)]} \tag{8.5.7}$$

理想情况下，包络检波器的输出与 $R(t)$ 成正比，即 $s_o(t) = k \cdot R(t)$，k 为包络检波器的系数。利用泰勒级数展开公式 $(1+x)^{\frac{1}{2}} \approx 1 + \frac{x}{2} - \frac{x^2}{8} + \cdots$ 对 $R(t)$ 进行截短，只保留展开式的前两项，当 $2J(t) \leqslant A_{cs} + m_s(t)$ 时，这种截短带来的误差较小，此时，包络检波器的输出近似简化为

$$s_o(t) \approx A_{cs} + m_s(t) + J(t)\cos[(\omega_j - \omega_s)t + \varphi_j(t)] \tag{8.5.8}$$

输出信号经过隔直流电容器后，直流成分 A_{cs} 被抑制，第二项 $m_s(t)$ 为解调器输出的所需信号，即 $s_{so}(t) = m_s(t)$，则输出信号的功率为 $P_{so} = \overline{m_s^{\,2}(t)}$。

第二项是解调器输出的干扰项：

$$s_{jo}(t) = J(t)\cos[(\omega_j - \omega_s)t + \varphi_j(t)] \tag{8.5.9}$$

得到输出干扰功率为

$$P_{jo} = \overline{J^2(t)\cos^2[(\omega_j - \omega_s)t + \varphi_j]} = \frac{1}{2}\overline{J^2(t)} \tag{8.5.10}$$

式中，“—”表示对确知信号的时间取平均，即信号的自相关函数 $R(0)$ 等于信号的平均功率，对于具有各态历经性的随机信号，统计平均完全可以由时间平均来代替，因此，随机信号的平均功率也可以用时间平均计算。

解调器输出干信比为

$$\frac{P_{jo}}{P_{so}} = \frac{1}{2}\frac{\overline{J^2(t)}}{\overline{m_s^{\,2}(t)}} \tag{8.5.11}$$

$J(t)$ 为干扰信号幅度，与干扰样式有关，干扰的基带调制信号 $m_j(t)$ 通常都采用随机白噪声。

(1) 采用双边带噪声调幅干扰样式。

设双边带干扰信号时域表达式为 $j_{\mathrm{DSB}}(t) = A_{cj}m_j(t)\cos(\omega_j t + \varphi_j)$，$J(t)$=$A_{cj}m_j(t)$，干扰

功率为 $P_j = \frac{1}{2}A_{cj}^2\overline{m_j^2(t)}$，则输入干信比为

$$\frac{P_j}{P_s} = \frac{\frac{1}{2}A_{cj}^2\overline{m_j^2(t)}}{\frac{1}{2}\left[A_{cs}^2 + \overline{m_s^2(t)}\right]} = \frac{A_{cj}^2\overline{m_j^2(t)}}{A_{cs}^2 + \overline{m_s^2(t)}} \tag{8.5.12}$$

由式(8.5.9)得解调器输出干扰主要为 $s_{jo}(t) = A_{cj}m_j(t)\cos[(\omega_j - \omega_s)t + \varphi_j(t)]$，输出干扰功率为

$$P_{jo} = \overline{A_{cj}^2 m_j{}^2(t)\cos^2[(\omega_j - \omega_s)t + \varphi_j]} = \frac{1}{2}A_{cj}^2\overline{m_j{}^2(t)} \tag{8.5.13}$$

解调器输出干信比为

$$\left(\frac{P_{jo}}{P_{so}}\right)_{\text{DSB}} = \frac{\frac{1}{2}A_{cj}^2\overline{J^2(t)}}{\overline{m_s^2(t)}} = \frac{1}{2}A_{cj}^2\frac{\overline{m_j^2(t)}}{\overline{m_s^2(t)}} = \frac{1}{2}\left[1 + \frac{A_{cs}^2}{\overline{m_s^2(t)}}\right]\frac{P_j}{P_s} \tag{8.5.14}$$

则输出干信比达到额定值 $(\text{JSR})_\text{o}$，即干扰有效时所需的压制系数为

$$k_{y\text{-DSB}} = \frac{P_{j\min}}{P_s} = (\text{JSR})_\text{o} \cdot \frac{2\overline{m_s^2(t)}}{A_{cs}^2 + \overline{m_s^2(t)}} \tag{8.5.15}$$

(2) 采用噪声调频干扰样式。

调频干扰时域表达式为 $j_{\text{FM}}(t) = A_{cj}\cos\left[\omega_j t + k_{fj}\int_{-\infty}^{t} m_j(\tau)\mathrm{d}\tau\right]$，$J(t)=A_{cj}$，干扰功率为 $P_j = \frac{1}{2}\overline{J^2(t)} = \frac{1}{2}A_{cj}^2$，则解调器输入干信功率比为

$$\frac{P_j}{P_s} = \frac{\frac{1}{2}A_{cj}^2}{\frac{1}{2}\left[A_{cs}^2 + \overline{m_s^2(t)}\right]} = \frac{A_{cj}^2}{A_{cs}^2 + \overline{m_s^2(t)}} \tag{8.5.16}$$

解调器输出干扰的主要成分为 $s_{jo}(t) = A_{cj}\cos[(\omega_j - \omega_s)t + \varphi_j(t)]$，输出干扰功率为

$$P_{jo} = \overline{A_{cj}^2\cos^2[(\omega_j - \omega_s)t + \varphi_j(t)]} = \frac{1}{2}A_{cj}^2 \tag{8.5.17}$$

输出干信比为

$$\left(\frac{P_{jo}}{P_{so}}\right)_{\text{FM}} = \frac{1}{2}\frac{A_{cj}^2}{\overline{m_s^2(t)}} = \frac{1}{2}\frac{A_{cs}^2 + \overline{m_s{}^2(t)}}{\overline{m_s^2(t)}}\frac{\overline{A_{cj}^2}}{A_{cs}^2 + \overline{m_s^2(t)}} = \frac{1}{2}\left[1 + \frac{A_{cs}^2}{\overline{m_s^2(t)}}\right]\frac{P_j}{P_s} \tag{8.5.18}$$

则输出干信比达到额定值 $(\text{JSR})_\text{o}$，即干扰有效时所需的压制系数为

$$k_{y\text{-FM}} = \frac{P_{j\min}}{P_s} = (\text{JSR})_\text{o} \cdot \frac{2\overline{m_s^2(t)}}{A_{cs}^2 + \overline{m_s^2(t)}} \tag{8.5.19}$$

(3) 采用噪声调幅干扰样式。

调幅干扰时域表达式为 $j_{\mathrm{AM}}(t)=[A_{cj}+m_j(t)]\cos(\omega_j t+\varphi_j)$，$J(t)=A_{cj}+m_j(t)$，干扰功率为

$$P_j=\frac{1}{2}\overline{J^2(t)}=\frac{1}{2}A_{cj}^2+\frac{1}{2}\overline{m_j^2(t)} \tag{8.5.20}$$

则解调器输入干信功率比为

$$\frac{P_j}{P_s}=\frac{\frac{1}{2}\left[A_{cj}^2+\overline{m_j^2(t)}\right]}{\frac{1}{2}\left[A_{cs}^2+\overline{m_s^2(t)}\right]}=\frac{A_{cj}^2+\overline{m_j^2(t)}}{A_{cs}^2+\overline{m_s^2(t)}} \tag{8.5.21}$$

解调器输出干扰的主要成分为 $s_{jo}(t)=m_j(t)\cos[(\omega_j-\omega_s)t+\varphi_j]$，输出干扰功率为

$$P_{jo}=\overline{m_j^2(t)\cos^2[(\omega_j-\omega_s)t+\varphi_j(t)]}=\frac{1}{2}\overline{m_j^2(t)} \tag{8.5.22}$$

$$\frac{P_{jo}}{P_{so}}=\frac{1}{2}\frac{\overline{m_j^2(t)}}{\overline{m_s^2(t)}} \tag{8.5.23}$$

解调器输出干信比为

$$\begin{aligned}\left(\frac{P_{jo}}{P_{so}}\right)_{\mathrm{AM}}&=\frac{1}{2}\frac{\overline{m_j^2(t)}}{\overline{m_s^2(t)}}=\frac{1}{2}\frac{A_{cs}^2+\overline{m_s^2(t)}}{\overline{m_s^2(t)}}\frac{\overline{m_j^2(t)}}{A_{cj}^2+\overline{m_j^2(t)}}\frac{A_{cj}^2+\overline{m_j^2(t)}}{A_{cs}^2+\overline{m_s^2(t)}}\\&=\frac{1}{2}\left[1+\frac{A_{cs}^2}{\overline{m_s^2(t)}}\right]\frac{1}{\left[1+\frac{A_{cj}^2}{\overline{m_j^2(t)}}\right]}\frac{P_j}{P_s}\end{aligned} \tag{8.5.24}$$

则输出干信比达到额定值 $(\mathrm{JSR})_{\mathrm{o}}$，即干扰有效时所需的压制系数为

$$k_{y\text{-AM}}=\frac{P_{j\min}}{P_s}=(\mathrm{JSR})_{\mathrm{o}}\cdot\frac{2\left[1+\frac{A_{cj}^2}{\overline{m_j^2(t)}}\right]}{1+\frac{A_{cs}^2}{\overline{m_s^2(t)}}}=(\mathrm{JSR})_{\mathrm{o}}\cdot\frac{2\overline{m_s{}^2(t)}}{\overline{m_j{}^2(t)}}\frac{\overline{m_j^2(t)}+A_{cj}^2}{\overline{m_s^2(t)}+A_{cs}^2} \tag{8.5.25}$$

当 $A_{cs}+m_s(t)\leqslant 2J(t)$ 时，解调器输出中将没有独立的信号项，只有受到干扰调制的信号项 $m_s(t)\cos[(\omega_s-\omega_j)t-\varphi_j(t)]$，有用信号被扰乱，不能被解调，解调器性能急剧下降，干扰有效。

图 8.5.2 分别是对 AM 通信施加三种干扰样式时，解调器输出干信比与输入干信比、输入峰值干信比的关系曲线，设 AM 信号和 FM 干扰都是满调幅，干信载频差等于 0。

可见，相同输出干信比的情况下，采用 FM 干扰和 DSB 调制干扰所需的输入干信比更小，但由于调频信号的峰值因数最小，同样的干扰峰值功率采用 FM 干扰将获得更大的干扰平均功率，达到相同干扰效果时所需要的压制系数更小。因此，采用调频干扰样式的干扰效果最好，调幅干扰样式次之，双边带干扰样式最差。在实际应用中，如果接收机解调

器输入端有限幅器，那么采用调幅干扰样式时，由于占绝大部分功率的载波频率分量将受到限幅器的作用，得到输出端的干扰功率大大降低，干扰效果变差。

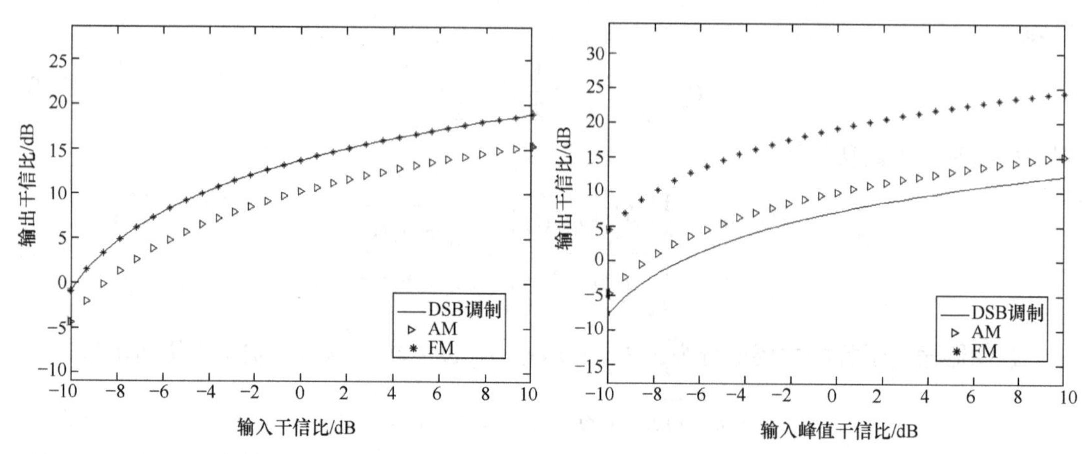

图 8.5.2　对 AM 通信施加三种干扰样式时，解调器输出干信比与输入干信比、输入峰值干信比的关系曲线

除了理论分析外，干扰参数可以参考干扰试验的结果进行选取。

对话音调幅信号的干扰试验表明，采用噪声调频干扰样式干扰时，干扰参数可参考以下试验结果进行选择：

① 噪声频谱范围为 30～350Hz，峰值因数取 1.3 左右为宜；

② 频率瞄准误差 $\Delta f_{js} < 300\text{Hz}$；

③ 干扰调频频偏为1～1.8kHz；

④ 接收机输入峰值干信电压比为 0.7 以上。

此时，可达有效干扰。若改用噪声调幅干扰样式，在载频差不变的情况下，接收机输入峰值干信电压比应增大到 1.3 以上，可达有效干扰；若干扰与信号的载频差 Δf_{js} 未能满足要求，可以适当增大干扰调频频偏或增大输入干信比，以达到有效干扰。

对其他模拟通信压制系数的理论分析可参阅相关文献。

对话音调频信号的干扰试验表明，采用噪声调频干扰样式干扰时，干扰参数可参考以下要求进行选择：

① 噪声频谱范围为 30～1000Hz，峰值因数取 1.3 左右为宜；

② 频率重合度 Δf_{js} 为1～2kHz；

③ 干扰调频频偏为信号频偏的 1～1.2 倍；

④ 接收机输入峰值干信电压比大于 1。

此时，可达有效干扰。此外，对 FM 信号采用调频干扰样式时，接收机的输出干信比随干扰频偏及干信载频差的增加而增大，但是干扰频偏和干信载频差都不宜过大。如果干扰频偏太大，超出接收机的通带范围或者超出鉴频器的线性范围，继续增大干扰频偏时，干扰效果不再提高，甚至会下降。如果载频差太大，干扰频谱与信号频谱重合度明显降低，导致干扰功率利用率降低，影响干扰效果。

对话音单边带信号的干扰试验表明，采用噪声调频干扰样式瞄准 SSB 信号频谱中心干扰时，干扰参数可参考以下要求进行选择：

① 噪声频谱范围为100～1000Hz，峰值因数取1.3左右为宜；

② 干扰载频与信号频谱中心的频率差小于400Hz；

③ 干扰调频频偏为0.8～1kHz；

④ 接收机输入峰值干信功率比为1～2。

此时，可达有效干扰。

2) 对数字通信的压制系数分析

对于数字通信，当输出误码率达到额定值$(P_e)_o$时所需的输入干信功率比即压制系数。以干扰未编码的二进制振幅键控通信(2ASK)为例，2ASK信号时域表达式为

$$s_{2ASK}(t)=\begin{cases}U_s\cos(\omega_s t+\varphi_s), & 发“1”\\ 0, & 发“0”\end{cases} \tag{8.5.26}$$

到达接收机输入端的合成信号为$u_i(t)=s_{2ASK}(t)+j(t)+n(t)$，信道噪声$n(t)$为均值为0、方差为$\sigma_n^2$的加性高斯白噪声，经过解调器后的输出$s_o(t)$送入抽样判决器，抽样判决器在定时脉冲的控制下对$s_o(t)$进行抽样得到各码元的抽样值，根据抽样值$V$，依据接收判决准则进行传输码元判决，统计出误码率。对2ASK信号的接收判决准则如下：当$V>b$时，判为传号“1”，当$V\leqslant b$时，判为空号“0”，b为判决门限。下面以相干解调为例，分析不同干扰样式对2ASK通信的干扰。

(1) 采用随机相位键控干扰样式。

采用二进制随机相位键控干扰样式时，无论是绝对相位键控方式，还是相对相位键控方式，都相当于受到相位随机变化的单频正弦波干扰，时域表达式为$j_{cw}(t)=U_j\cos(\omega_j t+\varphi_j)$，假设$\omega_j=\omega_s$、初相位差为0，合成信号为

$$u_i(t)=\begin{cases}[U_s+U_j+n_c(t)]\cos(\omega_s t)-n_s(t)\sin(\omega_s t), & 发“1”\\ [U_j+n_c(t)]\cos(\omega_s t)-n_s(t)\sin(\omega_s t), & 发“0”\end{cases} \tag{8.5.27}$$

相干解调器的输出信号为

$$u_o(t)=\begin{cases}U_s+U_j+n_c(t), & 发“1”\\ U_j+n_c(t), & 发“0”\end{cases} \tag{8.5.28}$$

该输出波形仍为高斯随机过程，其一维概率密度函数分别为

$$f_1(V)=\frac{1}{\sqrt{2\pi}\sigma_n}e^{-\frac{(V-U_s-U_j)^2}{2\sigma_n^2}}，\quad 发“1” \tag{8.5.29}$$

$$f_0(V)=\frac{1}{\sqrt{2\pi}\sigma_n}e^{-\frac{(V-U_j)^2}{2\sigma_n^2}}，\quad 发“0” \tag{8.5.30}$$

设判决门限为b，分别得到传输“1”码、“0”码的错误判决概率为

$$P(0/1)=P(V\leqslant b)=\int_{-\infty}^{b}f_1(V)\mathrm{d}V=1-\frac{1}{2}\mathrm{erfc}\left(\frac{b-U_s-U_j}{\sqrt{2}\sigma_n}\right) \tag{8.5.31}$$

$$P(1/0)=P(V>b)=\int_b^{\infty} f_0(V)\mathrm{d}V=\frac{1}{2}\mathrm{erfc}\left(\frac{b-U_j}{\sqrt{2}\sigma_n}\right) \tag{8.5.32}$$

总的错误接收概率为 $P_e=P(0)P(1/0)+P(1)P(0/1)$，假设信号发送“0”码、“1”码的概率相等，则

$$P_e=\frac{1}{2}P(1/0)+\frac{1}{2}P(0/1)=\frac{1}{2}-\frac{1}{4}\mathrm{erfc}\left(\frac{b-U_s-U_j}{\sqrt{2}\sigma_n}\right)+\frac{1}{4}\mathrm{erfc}\left(\frac{b-U_j}{\sqrt{2}\sigma_n}\right) \tag{8.5.33}$$

令 $\dfrac{\partial P_e}{\partial b}=0$，即可求得最佳判决门限 b^* 为

$$b^*=U_j+\frac{U_s}{2} \tag{8.5.34}$$

可见，当2ASK通信系统受到干扰时，最佳判决门限不再是 $\dfrac{U_s}{2}$，这不仅与2ASK信号幅度有关，还与干扰信号幅度相关。

如果通信系统能够采用最佳判决门限 b^*，则误码率为

$$\begin{aligned}P_e&=\frac{1}{2}-\frac{1}{4}\mathrm{erfc}\left(\frac{b^*-U_s-U_j}{\sqrt{2}\sigma_n}\right)+\frac{1}{4}\mathrm{erfc}\left(\frac{b^*-U_j}{\sqrt{2}\sigma_n}\right)\\&=\frac{1}{2}-\frac{1}{4}\left[2-\mathrm{erfc}\left(\frac{U_s}{2\sqrt{2}\sigma_n}\right)\right]+\frac{1}{4}\mathrm{erfc}\left(\frac{U_s}{2\sqrt{2}\sigma_n}\right)\\&=\frac{1}{2}\mathrm{erfc}\left(\frac{U_s}{2\sqrt{2}\sigma_n}\right)=\frac{1}{2}\mathrm{erfc}\left(\sqrt{\frac{r_s}{4}}\right)\end{aligned} \tag{8.5.35}$$

式中，$r_s=\dfrac{U_s^2}{2\sigma_n^2}$ 为信号噪声功率比，可见，如果2ASK通信系统能够依据干扰信号选择最佳判决门限 b^*，误码率将与干信比无关，即干扰始终无效。

若判决门限仍为 $b=\dfrac{U_s}{2}$，则误码率为

$$\begin{aligned}P_e&=\frac{1}{2}-\frac{1}{4}\mathrm{erfc}\left(\frac{-U_s/2-U_j}{\sqrt{2}\sigma_n}\right)+\frac{1}{4}\mathrm{erfc}\left(\frac{U_s/2-U_j}{\sqrt{2}\sigma_n}\right)\\&=\frac{1}{2}-\frac{1}{4}\mathrm{erfc}\left(-\frac{\sqrt{r_s}}{2}-\sqrt{r_j}\right)+\frac{1}{4}\mathrm{erfc}\left(\frac{\sqrt{r_s}}{2}-\sqrt{r_j}\right)\\&=\frac{1}{4}\mathrm{erfc}\left\{\frac{\sqrt{r_s}}{2}\left[1+2\sqrt{(\mathrm{JSR})_\mathrm{i}}\right]\right\}+\frac{1}{4}\mathrm{erfc}\left\{\frac{\sqrt{r_s}}{2}\left[1-2\sqrt{(\mathrm{JSR})_\mathrm{i}}\right]\right\}\end{aligned} \tag{8.5.36}$$

式中，$r_j=\dfrac{U_j^2}{2\sigma_n^2}$ 为干扰噪声功率比；$(\mathrm{JSR})_\mathrm{i}=\dfrac{U_j^2}{U_s^2}$ 为接收机输入干信功率比。可见，2ASK通信系统在受到干扰的情况下，如果仍然选择判决门限 $b=\dfrac{U_s}{2}$，误码率将与输入干信比有

关，误码率达到额定值$(P_e)_o$时所需的输入干信功率比$(\text{JSR})_i$即为压制系数。

若判决门限取$b=U_j$，则误码率变为

$$P_e=\frac{1}{2}-\frac{1}{4}\text{erfc}\left(\frac{-U_s}{\sqrt{2}\sigma_n}\right)+\frac{1}{4}\text{erfc}(0)=\frac{1}{4}\text{erfc}\left(\sqrt{r_s}\right)+\frac{1}{4} \tag{8.5.37}$$

此时，误码率也与干信比无关，但它是大于最佳门限b^*时的误码率。

(2) 采用随机振幅键控干扰样式。

2ASK 干扰时域表达式为

$$j_{2\text{ASK}}(t)=\begin{cases}U_j\cos(\omega_j t+\varphi_j), & \text{发“1”}\\ 0, & \text{发“0”}\end{cases} \tag{8.5.38}$$

假设$\omega_j=\omega_s$、初相位差为0，因此，干扰与信号的所有码元之间保持同步。随着信号和干扰码元状态的不同，合成信号有四种不同的状态，分别为

$$u_\text{i}(t)=\begin{cases}n_c(t)\cos(\omega_s t)-n_s(t)\sin(\omega_s t), & \text{信号“0”码，干扰“0”码}\\ [U_j+n_c(t)]\cos(\omega_s t)-n_s(t)\sin(\omega_s t), & \text{信号“0”码，干扰“1”码}\\ [U_s+n_c(t)]\cos(\omega_s t)-n_s(t)\sin(\omega_s t), & \text{信号“1”码，干扰“0”码}\\ [U_s+U_j+n_c(t)]\cos(\omega_s t)-n_s(t)\sin(\omega_s t), & \text{信号“1”码，干扰“1”码}\end{cases} \tag{8.5.39}$$

相干解调器的输出信号为

$$u_\text{o}(t)=\begin{cases}n_c(t), & \text{信号“0”码，干扰“0”码}\\ U_j+n_c(t), & \text{信号“0”码，干扰“1”码}\\ U_s+n_c(t), & \text{信号“1”码，干扰“0”码}\\ U_s+U_j+n_c(t), & \text{信号“1”码，干扰“1”码}\end{cases} \tag{8.5.40}$$

对应一维概率密度函数分别为

$$f_{00}(V)=\frac{1}{\sqrt{2\pi}\sigma_n}\text{e}^{-\frac{V^2}{2\sigma_n^2}},\quad \text{信号“0”码，干扰“0”码} \tag{8.5.41}$$

$$f_{01}(V)=\frac{1}{\sqrt{2\pi}\sigma_n}\text{e}^{-\frac{(V-U_j)^2}{2\sigma_n^2}},\quad \text{信号“0”码，干扰“1”码} \tag{8.5.42}$$

$$f_{10}(V)=\frac{1}{\sqrt{2\pi}\sigma_n}\text{e}^{-\frac{(V-U_s)^2}{2\sigma_n^2}},\quad \text{信号“1”码，干扰“0”码} \tag{8.5.43}$$

$$f_{11}(V)=\frac{1}{\sqrt{2\pi}\sigma_n}\text{e}^{-\frac{(V-U_s-U_j)^2}{2\sigma_n^2}},\quad \text{信号“1”码，干扰“1”码} \tag{8.5.44}$$

设判决门限为b，则错误接收概率分别为

$$P(1/0)_0=P(V>b)=\int_b^\infty f_{00}(V)\text{d}V=\frac{1}{2}\text{erfc}\left(\frac{b}{\sqrt{2}\sigma_n}\right) \tag{8.5.45}$$

$$P(1/0)_1 = P(V > b) = \int_b^{\infty} f_{01}(V)\mathrm{d}V = \frac{1}{2}\mathrm{erfc}\left(\frac{b-U_j}{\sqrt{2}\sigma_n}\right) \tag{8.5.46}$$

$$P(0/1)_0 = P(V \leqslant b) = \int_{-\infty}^{b} f_{10}(V)\mathrm{d}V = 1-\frac{1}{2}\mathrm{erfc}\left(\frac{b-U_s}{\sqrt{2}\sigma_n}\right) \tag{8.5.47}$$

$$P(0/1)_1 = P(V \leqslant b) = \int_{-\infty}^{b} f_{11}(V)\mathrm{d}V = 1-\frac{1}{2}\mathrm{erfc}\left(\frac{b-U_s-U_j}{\sqrt{2}\sigma_n}\right) \tag{8.5.48}$$

假设信号和干扰发送“0”码、“1”码的概率都相等，则总误码率为

$$\begin{aligned} P_e &= \frac{1}{4}P(1/0)_0 + \frac{1}{4}P(1/0)_1 + \frac{1}{4}P(0/1)_0 + \frac{1}{4}P(0/1)_1 \\ &= \frac{1}{2} + \frac{1}{8}\mathrm{erfc}\left(\frac{b}{\sqrt{2}\sigma_n}\right) + \frac{1}{8}\mathrm{erfc}\left(\frac{b-U_j}{\sqrt{2}\sigma_n}\right) \\ &\quad - \frac{1}{8}\mathrm{erfc}\left(\frac{b-U_s}{\sqrt{2}\sigma_n}\right) - \frac{1}{8}\mathrm{erfc}\left(\frac{b-U_s-U_j}{\sqrt{2}\sigma_n}\right) \end{aligned} \tag{8.5.49}$$

令 $\frac{\partial P_e}{\partial b}=0$，可以得到最佳判决门限 $b^* = \frac{U_j}{2}+\frac{U_s}{2}$。显然，接收端判决门限的选取将直接影响误码率的大小。读者可以自行推导不同判决门限下、误码率与输入干信功率比 $(\mathrm{JSR})_\mathrm{i}$ 的关系，分析达到误码率额定值 $(P_e)_\mathrm{o}$ 时所需的压制系数。

(3) 采用二进制随机频移键控干扰样式。

假设 2FSK 干扰的一个载频瞄准 2ASK 信号载频，即 $\omega_{j1}=\omega_s$ 或 $\omega_{j0}=\omega_s$，此时等同于受到了 2ASK 干扰，但干扰功率利用率明显降低；假设 2FSK 干扰频谱中心瞄准 2ASK 信号频谱中心，如果 $|\omega_{j1}-\omega_s|=|\omega_{j0}-\omega_s|<R_B$，无论干扰是发“1”码还是发“0”码，都相当于受到了一个没有瞄准的单频正弦波干扰，干扰效果不好；如果 $|\omega_{j1}-\omega_s|=|\omega_{j0}-\omega_s|\geqslant R_B$，干扰将被接收通道所抑制，干扰无效。

图 8.5.3 为 2ASK 相干解调通信系统分别受到随机相位键控干扰样式、随机振幅键控干扰样式干扰时，不同判决门限情况下误码率与输入干信比的关系曲线，设频率瞄准误差等于 0，信噪比取 10dB。

结果表明，2ASK 通信系统判决门限的选取对压制系数或干扰效果有直接影响。比较发现，判决门限取 $\frac{U_s}{2}$ 时，采用随机相位键控干扰样式的误码率总是比随机振幅键控干扰样式的误码率高一倍，这是由于 2ASK 干扰等概发送“1”“0”，通信受干扰的时间缩短一半，但实际中，类似单频正弦波的随机相位键控干扰样式易被接收机抑制，而且通信系统能够通过调整判决门限使得误码率明显下降，甚至与干扰无关；而采用随机 2ASK 干扰时，干信比大于 1 的误码率总是大于 25%，系统很难通过调整门限来改善其接收性能，干扰效果很好。

若频率瞄准误差不等于 0，一方面，干扰功率的利用率降低，另一方面，干扰与信号码元之间不再保持同步，在信号的每一个码元持续时间内，都可能出现干扰从“0”码转变

为“1”码或从“1”码转变为“0”码的情况，从而导致一个码元的判决结果出现随机变化，可能从正确判决变为错误判决，也可能从错误判决变为正确判决，当然也有可能保持不变。若载频差能够满足条件 $\Delta f_{js} \leqslant B_S/4 = R_B/2 = 1/(2T_B) = F_{ms}$，其中，$R_B$ 为信号码元速率，T_B 为信号码元宽度，$F_{ms} = R_B/2$ 为信号键控频率，B_S 为 2ASK 信号带宽，$B_S = 2R_B = 2/T_B$。虽然干扰频谱与信号频谱不能完全重合，但仍有绝大多数干扰频谱分量落在接收通道内，近似认为载频差对干扰效果产生的影响不大。

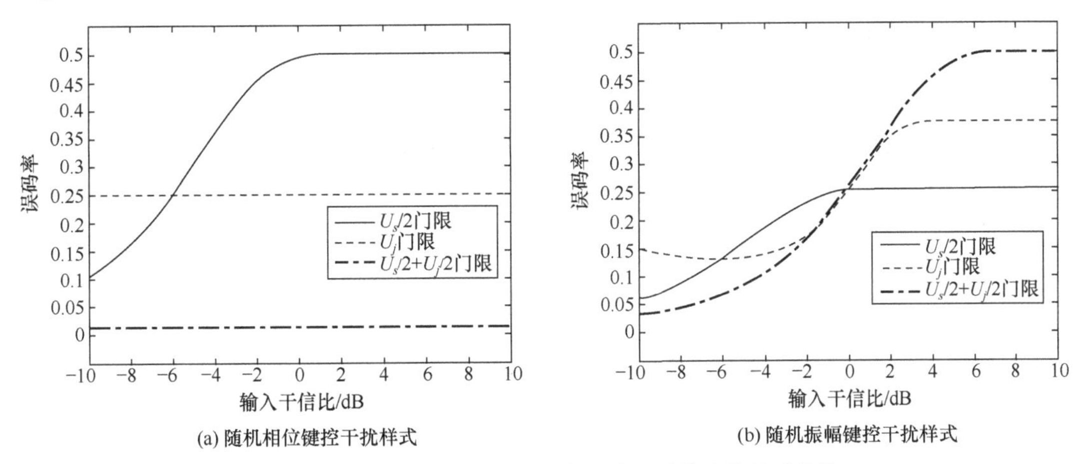

图 8.5.3　不同判决门限下误码率与输入干信比的关系曲线

上述理论分析表明，对 2ASK 的最佳干扰样式为随机振幅键控干扰样式。干扰参数的选取可以参考干扰试验的结果进行选择：

① 干信比 $\dfrac{U_j}{U_s} \geqslant 1$；

② 载频差 $\Delta f_{js} \leqslant \dfrac{1}{2T_B} = F_{ms}$；

③ 干扰键控频率 F_{mj} 近似等于或略小于信号键控频率 F_{ms}。

试验表明，满足以上参数要求的情况下，随机振幅键控干扰是最佳的，但在以上要求不能够满足的情况下，也可以采用连续的噪声调频干扰样式。

对其他数字通信压制系数的理论分析可参阅相关文献。

对频移键控信号的最佳干扰样式是随机键控的频移键控干扰样式，主要干扰参数可参考以下要求进行选择：

① 干信比 $\dfrac{U_j}{U_s} \geqslant 1$；

② 载频差 $\Delta f_0 = \left| f_{j0} - f_{s0} \right| \leqslant \dfrac{1}{2T_B} = F_{ms}$，$\Delta f_1 = \left| f_{j1} - f_{s1} \right| \leqslant \dfrac{1}{2T_B} = F_{ms}$；

③ 干扰键控频率 F_{mj} 近似等于或略小于信号键控频率 F_{ms}。

同样，以上要求不能够满足的情况下，可以采用连续的噪声调频干扰样式。

对相移键控信号的最佳干扰样式是随机相移键控干扰样式，主要干扰参数可参考以下要求进行选择：

① 干信比$\dfrac{U_j}{U_s} \geqslant \sqrt{2}$；

② 载频差$\Delta f_{js} \leqslant \dfrac{1}{2T_B} = F_{ms}$；

③ 干扰键控频率F_{mj}近似等于或略小于信号键控频率F_{ms}。

同样，以上要求不能够满足的情况下，也可以采用连续的噪声调频干扰样式。

3. 解扩对压制系数的影响分析

直接序列扩频(DS，简称直扩)通信系统中，接收端采用一个与发送端相同的伪随机序列对接收信号进行相关处理，称为相关解扩，如图 8.5.4 所示，正是对接收信号的相关处理可以获得性能改善，即获得处理增益G_p，该处理增益近似等于扩频码速率与信息码速率的比值，使得 DS 通信系统具有很强的抗干扰能力，必然导致压制 DS 通信系统所需的压制系数增大。

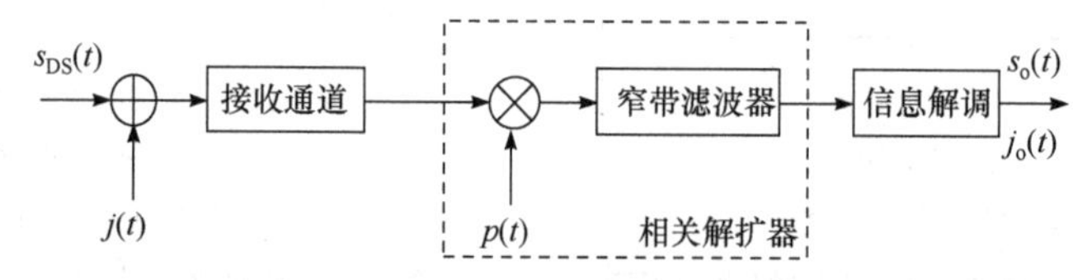

图 8.5.4　DS 通信系统接收机原理图

叠加了干扰的 DS 信号经接收通道送入相关解扩器，如果干扰信号不具有与目标信号相关的扩频码，其将不能被正确解扩，相关解扩器输出干扰功率大大降低。

设相关解扩器的输出信干比与输入信干比分别为P_{so}/P_{jo}和P_s/P_j，则 DS 系统对干扰的处理增益为$G_j = \dfrac{P_{so}/P_{jo}}{P_s/P_j} = \dfrac{P_j}{P_{jo}}$。$G_j$越高，表示 DS 系统的抗干扰能力越强，干扰效果越差，或者说达到额定输出干扰功率所需要的输入干扰功率将增大，压制系数变大。若未扩频时所需压制系数为k_y，则干扰扩频体制通信系统所需的压制系数为

$$k_{y\text{-DS}} = k_y G_j \quad \text{或} \quad k_{y\text{-DS}}(\text{dB}) = k_y(\text{dB}) + G_j(\text{dB}) \tag{8.5.50}$$

直扩通信信号的带宽很宽，但载频在通信过程中是固定不变的，因此，可以将直扩通信看成一种特殊的定频通信，采用常规的瞄准干扰方式实施干扰。干扰样式主要分为与 DS 信号相同样式的相关伪码干扰和具有一定带宽的非相关干扰样式。

1) 相关伪码干扰样式

相关伪码干扰是指干扰信号也采用直接序列扩频样式，且干扰信号的扩频码与目标信号的扩频码相关。根据扩频码序列的瞄准或相关程度，相关伪码干扰又分为完全相关伪码干扰和部分相关伪码干扰两类。完全相关伪码干扰是指干扰方通过预先侦察，掌握了欲干扰某特定信道直扩通信的伪码序列图案，并采用此伪码序列调制的 DS 干扰信号对该直扩通信实施的瞄准式干扰。此时，干扰在频域上瞄准了信号的载频和频宽；在时域上，干扰和信号不仅伪码速率相同、伪码序列图案相同，且两者精确同步，即时域波形完全相同，故完全相关伪码干扰又称为波形瞄准式干扰。

显然，完全相关的伪码干扰一旦进入接收机，就能够像有用信号一样被相关解扩和解调恢复，此时，干扰与 DS 信号一样不被抑制，有 $P_{jo}=P_j$。在无损耗系统和不考虑噪声的情况下，直扩接收机对其处理增益为

$$G_j = 10\lg\frac{P_j}{P_{jo}} = 0\,(\mathrm{dB}) \tag{8.5.51}$$

可见，直扩接收系统对该干扰无处理增益，无疑完全相关伪码干扰是一种最佳的干扰样式。然而，采用此干扰样式需要完全掌握通信系统所使用的扩频码，并保证进入接收机的干扰和有用信号的扩频码同步，这显然是十分困难的。一方面，由于扩频系统的伪码序列都有一定长度，破译伪码序列是十分困难的；另一方面，即使掌握了伪码序列，保证与接收机的伪码保持同步仍然是不易做到的，尤其是通信发射机和干扰发射机离接收机距离不同而带来的相位差使得同步更加困难。

如果干扰方无法掌握敌方的伪码序列，但通过预先侦察能够获取该系列直扩通信电台所采用的伪码序列产生器的类型，即伪码序列的类型，则可采用一种与其有一定相关性的码序列调制的 DS 干扰，这种干扰就称为部分相关伪码干扰。显然，这两个伪码序列存在一定的互相关性，互相关性越大的干扰信号经过相关解扩处理后，干扰能量越集中于中心频率处，通过窄带滤波器的干扰能量越多，当同步较好、频率瞄准误差较小时，也能达到令人满意的干扰效果，当然，采用部分相关伪码干扰的处理增益通常会大于 0dB，干扰效果要低于完全相关干扰，但对获取伪码情报的要求较低，实现的可行性更大。

2) 非相关干扰样式

除了直接序列扩频样式以外的干扰样式统称为针对 DS 通信的非相关干扰样式。设干扰信号的一般表达式为 $j(t)=J(t)\cos[\omega_j t+\varphi_j(t)]$，其中，$J(t)$ 为干扰信号幅度，ω_j 为干扰载频，$\varphi_j(t)$ 为干扰相位。其功率谱密度为 $S_j(f)$，干扰信号带宽为 B_j，为了分析方便，将干扰信号的能量按带内均匀谱来近似处理，设均匀功率谱密度为 j_0，则

$$S_j(f)=\begin{cases} j_0, & |f|\leqslant B_j \\ 0, & |f|>B_j \end{cases} \tag{8.5.52}$$

相关解扩器输入干扰信号功率可表示为 $P_j = j_0 B_j$。

经过接收机相关解扩后，DS 信号解扩还原为仅受信码调制的窄带信号，而干扰信号与本地相关伪码相乘被展宽，根据频域卷积定理，输出干扰的功率谱密度为

$$S_{jo}(f)=S_j(f)*S_p(f)=\int_{-\infty}^{\infty}S_j(v)*S_p(f-v)\mathrm{d}v \tag{8.5.53}$$

$S_p(f)$ 为本地相关伪码 $p(t)$ 的功率谱密度，当扩频码为码长很长的 m 序列时，其功率谱密度近似为

$$S_p(f)=T_p\left[\frac{\sin(\pi f T_p)}{\pi f T_p}\right]^2 = T_p Sa^2(\pi f T_p) \tag{8.5.54}$$

相关解扩输出被展宽后，干扰信号带宽近似等于伪码序列带宽与输入干扰信号带宽之和，即 $B_j' \approx B_{\mathrm{DS}} + B_j$，再经过窄带滤波器，大部分的干扰频谱分量将被滤除，显然，输出

的干扰功率与滤波器带宽 B_m 有关。设窄带滤波器的中心频率为 f_c，带宽为 B_m，则相关解扩后的输出干扰功率为

$$P_{jo}=\int_{f_c-\frac{B_m}{2}}^{f_c+\frac{B_m}{2}} S_{jo}(f)\mathrm{d}f \tag{8.5.55}$$

若 $j(t)$ 为单频干扰，其功率谱密度可表示为 $S_{ji}(f)=\frac{P_j}{2}[\delta(f-f_j)+\delta(f+f_j)]$，与本地伪码相关的结果是将相关伪码的频谱在频率上搬移一个 f_j，则相关输出干扰的功率谱密度为

$$S_{jo}(f)=S_{ji}(f)*S_p(f)=\frac{1}{2}P_jT_p\mathrm{Sa}^2[\pi(f-f_j)T_p] \tag{8.5.56}$$

相关解扩后的输出干扰功率为

$$P_{jo}=\int_{f_c-\frac{B_m}{2}}^{f_c+\frac{B_m}{2}} S_{jo}(f)\mathrm{d}f=\frac{1}{2}\int_{f_c-\frac{B_m}{2}}^{f_c+\frac{B_m}{2}} P_jT_p\mathrm{Sa}^2[\pi(f-f_j)T_p]\,\mathrm{d}f<\frac{1}{2}P_jT_pB_m \tag{8.5.57}$$

带宽为 B_j 的干扰信号经过相关解扩后的输出干扰功率近似为

$$P_{jo}=\int_{f_c-\frac{B_m}{2}}^{f_c+\frac{B_m}{2}} S_{jo}(f)\mathrm{d}f<B_m\frac{P_j}{B_{\mathrm{DS}}+B_j} \tag{8.5.58}$$

令 K 为干扰信号带宽 B_j 与滤波器带宽 B_m 之比，即 $\frac{B_j}{B_m}=K$，则 $P_{jo}<\frac{P_j}{N+K}$，当干扰频谱中心瞄准 DS 信号频谱中心时，直扩系统的干扰处理增益近似为

$$G_j=\frac{P_{so}/P_{jo}}{P_s/P_j}=\frac{P_j}{P_{jo}}>\frac{P_j}{P_j/(N+K)}=N+K$$

或

$$G_j=10\lg\frac{P_j}{P_{jo}}>10\lg(N+K)>10\lg N\ (\mathrm{dB}) \tag{8.5.59}$$

单频干扰就是 $K=0$ 的特例。

若干扰信号带宽 B_j 很宽，大于或等于 DS 信号带宽，即 $B_j>B_{\mathrm{DS}}$，必须考虑干扰信号功率受前端接收通带抑制的情况，干扰功率利用率将下降。

4. 解跳对压制系数的影响分析

跳频(FH)通信系统中，接收端首先将在宽频段跳变的载频变换到窄带中频上，即解跳，只有当干扰频率与信号频率同步跳变时，干扰信号才能完成解跳、解调，到达输出端形成干扰，如图 8.5.5 所示。因此，FH 通信系统具有很强的抗干扰能力，从而导致压制 FH 通信系统所需的压制系数增大。

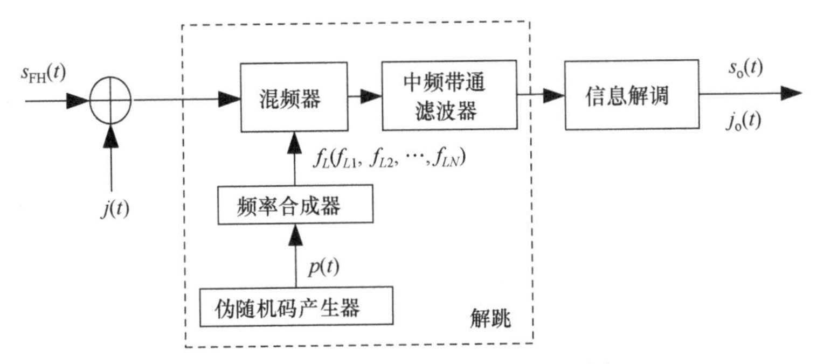

图 8.5.5 FH 通信系统接收机原理图

FH 通信系统处理增益即跳频频道数仅反映其抗干扰能力的一个方面，FH 通信系统的抗干扰能力还与跳频图案、跳频带宽及跳频速率等有关，尤其是载频跳变的伪随机性及跳频图案的时变性，使得跳频图案很难被侦察截获，跳频速率较低时，可以采用跟踪瞄准式干扰，但跳频速率较高时，瞄准干扰就很难奏效了，必须采用拦阻干扰方式。因此，FH 通信系统的压制系数与通信干扰方式密切相关。

1) 瞄准干扰方式

对跳频通信的瞄准干扰方式是指瞄准所有跳频点或大部分跳频点实施干扰的干扰方式。根据先验知识和实现途径的不同，瞄准干扰方式又分为相关瞄准干扰方式、跟踪瞄准干扰方式。

如果能够侦察获知或预测跳频图案，干扰方就能够按照其跳变规律同频、同步地针对每个跳频频率点施放窄带瞄准式干扰，这种干扰称为相关瞄准干扰方式，也称为波形瞄准干扰方式，如图 8.5.6 所示。相关瞄准干扰方式处理增益为 $G_j = 0\text{dB}$，是针对跳频通信的最佳干扰样式，干扰压制系数等于压制定频通信所需的压制系数。显然，这种干扰方式是以快速、准确获取跳频图案为前提的。目前，为了提高抗干扰性能和保密性能，多数战术跳频电台的跳频图案采用了多重加密技术，即由系统的时间信息(Time of Day)、原始密钥(Prime Key)和伪随机码共同确定跳频图案。由于跳频图案的实时性、随机性、复杂性，再加上现代电磁环境复杂多变和通信战术应用等因素，战场实时进行跳频网台分选和破译跳频图案是非常困难的，即使已知频率集和跳频图案，干扰伪码序列与接收机本地码序列建立很好的同步也是很困难的，所以，这种方法理论上可行，实际中很难实现。

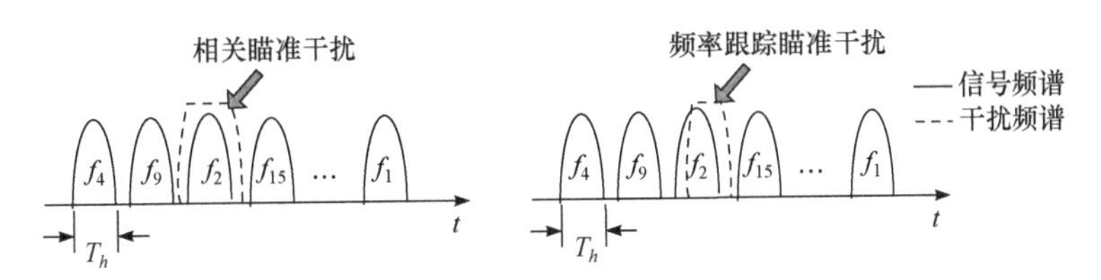

图 8.5.6 对 FH 的瞄准干扰方式示意图

如果干扰方不能获取跳频图案，可以采取跟随跳频频率变化的跟踪瞄准干扰方式，这时，干扰信号与通信信号的时间重合度尤为关键，因为跳频驻留时间很短，要求引导接收机必须在小于 1/2 跳频驻留时间内完成搜索截获、引导干扰，从而尽可能保证还有 1/2 驻留时间受到干扰，这对干扰设备的反应速度提出了极高的要求，随着跳速的加快，跟踪瞄准干扰方式难以获得预期的干扰效果。

2) 拦阻干扰方式

如果跳频速率很高，又不能预先获取跳频图案，就只能采取拦阻干扰方式。通常侦察能够获知敌跳频通信的频率范围、频率集以及最小频率间隔，可以采取瞄准跳频点的梳状拦阻干扰，如图 8.5.7 所示。

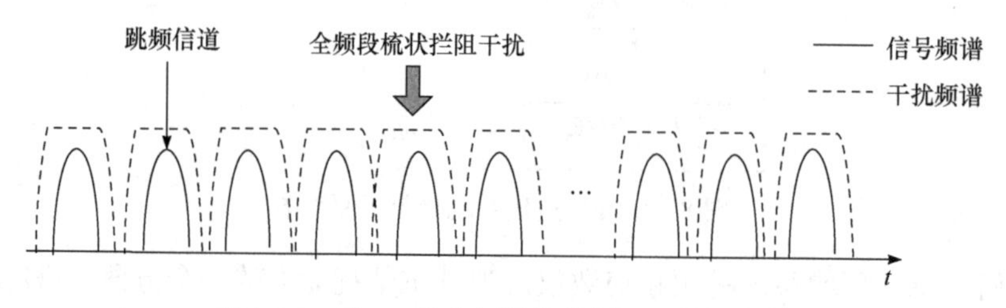

图 8.5.7　对 FH 的全频段梳状拦阻干扰示意图

假设跳频带宽内的跳频信道数目为 N，若跳频通信系统对干扰的处理增益为 $G_j = \dfrac{P_{so}/P_{jo}}{P_{si}/P_{ji}} = \dfrac{P_{ji}}{P_{jo}} = N$，与直扩系统一样，采用全频段梳状拦阻式干扰跳频通信时，G_j 将使得压制跳频通信所需要的输入干扰功率增大、压制系数变大。若未跳频时所需压制系数为 k_y，则干扰跳频体制通信系统所需的压制系数变为

$$k_{y\text{-FH}}=k_y G_j \quad \text{或} \quad k_{y\text{-FH}}(\text{dB})=k_y(\text{dB})+G_j(\text{dB}) \tag{8.5.60}$$

如果跳频通信的带宽很宽，采用全频段拦阻式干扰是不可能、不切实际的。对跳频通信的干扰试验结果已经表明，采用部分频段拦阻式干扰是可行的，当被压制的部分信道数目占跳频通信系统全部信道数的比例大到一定程度时，完全能够达到对跳频通信有效干扰的目的。另外，有些跳频通信的整个频段也不是连续的，其中某些频率区间有其他作用，如 Link-16 数据链的跳频频率变化范围为 960～1215MHz，但其中的 1030MHz 和 1090MHz 是用于敌我识别的频率，不应该受到干扰。因此，对跳频通信系统的拦阻干扰应根据具体情况合理设置拦阻带宽，还可以通过多部干扰机的分频段拦阻来实现全频段拦阻。

需要注意的是，对跳频通信的干扰效果不仅与跳频带宽、跳频信道总数、跳频速率、跳频图案等因素有关，还受到可被阻断的信道数、阻断时间与通信时间比等因素的制约。对跳频通信的干扰试验表明。

(1) 当每个跳频频率驻留时间内，受干扰时间与跳频驻留时间的比值大于某一比例时，跳频通信就无法正常进行，且跳频速率不同，这个比例也不同。

(2) 对跳频频率集中的全部频点，并不要求全部被阻断，只要有部分频率(信道)受到有效干扰，通信就可能无法正常进行，这个比例的大小也与跳频速率有关。

(3) 受干扰时间的比例与受干扰信道数有一定的依赖关系。当受干扰信道数只占总信道数的 50%时，受干扰时间必须大于 90%的通信时间，当受干扰信道数占总信道数的 75%时，受干扰时间必须大于 50%的通信时间，当所有信道都受到干扰时，受干扰时间大于 30%的通信时间即可。

8.5.3 干扰资源运用

1. 空间功率合成技术

对于压制性通信干扰，射频干扰功率的大小是干扰发射机的主要性能指标。传统的单路发射管功率放大很难获得满意的干扰功率，尤其是宽带拦阻式干扰需要干扰机能提供宽频带的极大发射功率，当需要的发射功率超过单个电子器件所能输出的功率时，就需要采用功率合成技术。功率合成(Power Synthesis)就是将 N 个较小的功率叠加起来，组合形成更大的输出功率，按照功率合成的位置分为设备内功率合成和空间功率合成。其中，设备内功率合成以固态功率合成为主。固态功率合成技术是将多个功率放大器的输出通过一些混合网络在设备内直接合成来增加输出功率的一种功率合成技术，如魔 T 网络、90°混合接头等，是当前通信对抗领域获得射频干扰功率的主要手段，但该技术受到设备通道的承受功率和数量的限制，存在合成效率较低的问题，限制了干扰机的发射功率。空间功率合成技术是 20 世纪 80 年代发展起来的一种功率合成技术，具有很高的合成效率，理论上所能获得的合成功率近于无限，是获取极大干扰发射功率的有效途径。下面主要介绍空间功率合成技术。

1) 基本原理

空间功率合成技术就是采用多个有源天线构成的天线阵列，通过控制天线阵列各单元天线辐射信号的相位，使空间某指定方向上接收到的信号场强近似等于各单元天线辐射信号场强同相叠加，从而在该方向上获得极大的等效合成功率的一种功率合成技术。空间功率合成设备的基本组成通常包括干扰激励源、分路器、相位控制器、N 个移相器、N 个功率放大器(简称功放)和 N 元天线阵等，其原理方框图如图 8.5.8 所示。

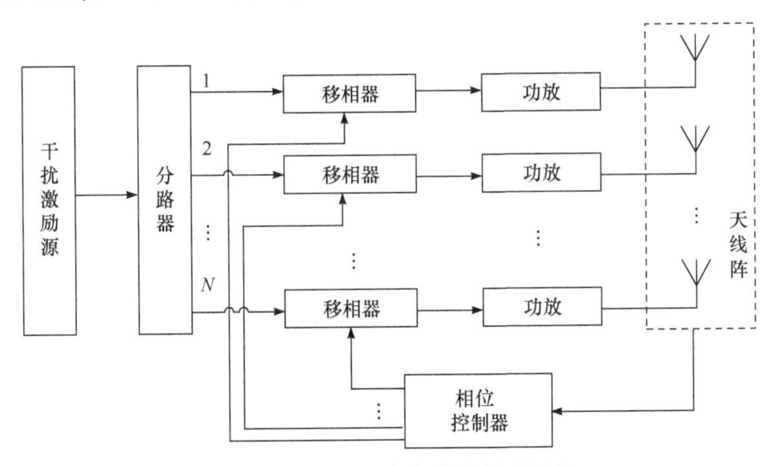

图 8.5.8 空间功率合成设备原理图

空间功率合成的基本原理是：干扰激励源在干扰设备整机控制的作用下提供所需的干扰激励信号，由分路器将干扰激励信号分为 N 路，分别经移相器、功率放大器后，再由天线阵的 N 个单元天线同时向空中辐射出去， N 个移相器通过相位控制器分别调整馈入 N 个单元天线信号的相位，使得 N 个信号到达目标接收点时相位一致、场强同相叠加，从而实现空间功率合成。

可见，空间功率合成主要依靠移相器对每条通道的相位调整，灵活地控制天线阵各个单元的相位，从而获得最佳的空间辐射特性。因此，快速准确的相位控制是实现空间功率合成的关键技术之一。相位控制器的主要功能是：针对某种确定的天线阵阵型，采用特定的相位控制算法，自动计算出各个单元信号需要的相移值、产生相应的控制信号，分别调整各路移相器的相移，最终使得天线阵的辐射信号在指定的接收方向上同相叠加，获得最大的空间合成功率。

2) 等效辐射功率

假设天线阵的阵元数目为N，各单元天线具有相同的天线增益G_T和相同的输入功率P_T，则均匀传播介质中，N单元天线阵辐射信号到达距离该阵r处某点的合成场强应为各单元天线在该点辐射场强的矢量叠加，即

$$\boldsymbol{E}=\sum_{i=1}^{N}\boldsymbol{E}_i \tag{8.5.61}$$

$\boldsymbol{E}_i=E_{im}\mathrm{e}^{\mathrm{j}\theta_i}$为第$i$个单元天线辐射信号到达目标接收点处的场强，$E_{im}$为第$i$个单元天线辐射信号到达目标接收点处场强的最大值，$\theta_i$为第$i$个单元天线辐射信号到达目标接收点处的相位。因各天线元等幅馈电且满足远区场条件，如果忽略各阵元在该接收点距离上的微小差别对振幅的影响，则可以认为各阵元在目标接收点处场强的幅度近似相等，即E_{im}=E_m，$\boldsymbol{E}_i=E_m\mathrm{e}^{\mathrm{j}\theta_i}$。

若以1号天线元的相位为基准，则N单元天线阵辐射信号到达距离该阵r处的合成场强可表示为

$$\begin{aligned}\boldsymbol{E}&=E_m\left(\mathrm{e}^{\mathrm{j}\theta_1}+\mathrm{e}^{\mathrm{j}\theta_2}+\cdots+\mathrm{e}^{\mathrm{j}\theta_N}\right)\\&=E_m\mathrm{e}^{\mathrm{j}\theta_1}\left[1+\mathrm{e}^{\mathrm{j}(\theta_2-\theta_1)}+\mathrm{e}^{\mathrm{j}(\theta_3-\theta_1)}+\cdots+\mathrm{e}^{\mathrm{j}(\theta_N-\theta_1)}\right]\\&=E_m\mathrm{e}^{\mathrm{j}\theta_1}\left(1+\mathrm{e}^{\mathrm{j}\Delta\theta_{21}}+\mathrm{e}^{\mathrm{j}\Delta\theta_{31}}+\cdots+\mathrm{e}^{\mathrm{j}\Delta\theta_{N1}}\right)\\&=E_m\mathrm{e}^{\mathrm{j}\theta_1}\left(1+\sum_{i=2}^{N}\mathrm{e}^{\mathrm{j}\Delta\theta_{i1}}\right)\end{aligned} \tag{8.5.62}$$

式中，$\Delta\theta_{i1}=\theta_i-\theta_1$为第$i$个单元天线相对于第一个单元天线辐射信号到达接收点处场强的相位差。

在接收天线负载阻抗一定的条件下，接收天线的输出功率应与接收天线所在处场强幅值$|E|$的平方成正比，因此，接收天线的输出功率，即接收机的输入功率为

$$P_R\propto|E|^2=E_m^2\left|1+\sum_{i=2}^{N}\mathrm{e}^{\mathrm{j}\Delta\theta_{i1}}\right|^2 \tag{8.5.63}$$

令$\eta=\dfrac{\left|1+\sum_{i=2}^{N}\mathrm{e}^{\mathrm{j}\Delta\theta_{i1}}\right|^2}{N^2}$，称为空间功率合成效率。显然，$\eta\leqslant 1$，当$\Delta\theta_{i1}=0$时，$\eta=1$，合成效率最高，接收机输入功率$P_R$达到最大值$E_m^2N^2$，此时，$N$个天线元的辐射功率在接收点处同相叠加，可获得最大的空间合成功率。

在自由空间传播条件下，若接收天线增益为G_R，则接收机的输入功率为

$$P_R=\left(\frac{\lambda}{4\pi}\right)^2\frac{|E|^2}{30}G_R=\left(\frac{\lambda}{4\pi r}\right)^2P_TG_TG_RN^2\eta \tag{8.5.64}$$

式(8.5.64)表明：N元天线阵在接收点处的合成场强较单个天线元在接收点处的辐射场强增大了$N^2\eta$倍，相当于发射天线输入端的辐射功率增大了$N^2\eta$倍，将该功率称为等效辐射功率，记为$P_{T\Sigma}$，即

$$P_{T\Sigma}=P_TN^2\eta \tag{8.5.65}$$

可见，等效辐射功率与阵元数N的平方及空间功率合成效率η成正比。随着阵元数的增加，等效辐射功率将迅速增大，当阵元数达 32 以上时，若P_T = 100W，$\eta=0.9$，有$P_{T\Sigma}=92.16\text{kW}$，如此大的合成功率是固态功率合成难以达到的，所以说空间功率合成技术为超大功率干扰开辟了一条崭新的途径，使得远距离支援干扰作战也能满足干扰功率的要求。例如，服役美国空军、绰号“罗盘呼叫”的 EC-130H 型电子干扰飞机，经过升级换代后，采用了 144 元天线阵的空间功率合成，其等效辐射功率达到了数兆瓦，可在目标区120km 以外对敌方通信实施干扰，既能达到干扰目的，又能保证本机安全。

空间功率合成效率越高，等效辐射功率越大，而η的大小与阵元数目、天线元之间的相位差直接相关，表 8.5.1 给出了空间功率合成效率η与天线阵元数 N、天线元相位差$\Delta\theta$之间的关系，假设相位差满足均匀分布的条件。

表 8.5.1　合成效率η与阵元数N、相位差$\Delta\theta$之间的关系

阵元数N	相位差$\Delta\theta$			
	± 10°	± 20°	± 30°	± 45°
8	98.7%	94.7%	88.2%	74.3%
16	98.6%	94.3%	87.4%	72.5%
32	98.5%	94.1%	87.0%	71.6%

可见：

(1) 虽然合成效率随着阵元数目的增加而降低，但在相位差不大的情况下，降低的幅度很小，而等效辐射功率与阵元数目的平方成正比，所以从等效辐射功率的角度来看，天线阵元数目越多越好。

(2) 合成效率随着各天线元相位差的增大而降低，但总体来说，合成效率还是非常高的，当各天线元相位差小于 30°时，合成效率都达到 80%以上，当各天线元相位差达到 45°时，合成效率才降到 80%以下，这说明空间功率合成对天线阵元相位一致性的要求并不高。

如果N元天线阵各阵元在目标接收点处场强的幅度不相等，合成效率会有所降低，而且差异越大，合成效率越低。引起各阵元在目标接收点处场强的幅度不相等的原因可能是多方面的，天线阵的配置不同，可能使各阵元到达接收点距离上的差别不能忽略，那么，即使各天线元等幅馈电，到达目标接收点处场强的幅度也有一定差异。

此外，辐射信号的调制方式和带宽不同也可能引起各阵元在目标接收点处场强的幅度有一定差值。

3) 关键技术

理论上，空间功率合成技术是一项很有发展前途的新技术，它为超大功率干扰开辟了一条新途径，但该技术付诸实际应用并获得预期效果还有赖于进一步研究和解决以下几个关键技术。

(1) 宽频带快速相位控制及移相技术。

合成效率随着各天线元相位差的增大而明显降低，因此，空间功率合成付诸实施的关键在于尽可能减小相位差。假设第 i 个单元天线辐射信号的初相位为 φ_i，第 i 个单元天线到达目标接收点处的距离为 r_i，则第 i 个单元天线辐射信号到达目标接收点处的相位应为 $\theta_i = \varphi_i - kr_i - \varphi_i - \frac{2\pi r_i}{\lambda}$，$N$ 个单元天线辐射信号到达目标接收点处的相位一致性是由相位控制器设计合适的初相位 φ_i 并控制移相器进行相位调整实现的。阵元数目越多，对相位一致性的要求越高，设计过程就越复杂，反应速度也将越慢，因此，对相位控制算法的要求是不仅要准，而且要快。

此外，大功率干扰通常是用于频带较宽的拦阻式干扰，相对带宽越宽，相位控制算法越复杂，同时，移相器的实现难度也越大，而移相器是实现相位调整的执行部件。

因此，宽频带快速相位控制及移相技术都是实现空间功率合成并获得预期效果的关键技术。

(2) 多元天线阵的布阵及消互耦技术。

随着阵元数目的增多，天线阵的总体尺寸增大，阵元间的互耦影响增大且更加复杂。因此，多元天线阵的合理布阵，以及消除阵元间的互耦影响是实现空间功率合成并获得预期效果的关键技术。

天线阵列布阵方式很多，阵面可以是直线、矩形、圆形或其他形状，不同的阵面形状，阵元之间间距不同，各阵元到达同一接收点距离上的差别情况就不同，必然引起各阵元在目标接收点处场强的幅度和相位之间的差异，合成效率会有所不同。不同的布阵方式也会使阵元间的互耦影响不同，从而会破坏原有的相位关系，使得合成效率有所变化。

(3) 阵元天线的设计技术。

空间功率合成是通过天线组阵来实现的，阵元数目越多，等效辐射功率越大，但天线阵也越庞大。如果阵元天线的尺寸太大，不仅阵元数目难以增加，而且会给安装造成困难。因此，阵元天线的尺寸应尽可能小型化，但是阵元天线的增益不能因小型化而降低，否则会影响等效合成功率而达不到预期效果，同时，还应尽可能减小阵元天线之间的互耦系数。总之，在阵元天线的设计或选用过程中应该兼顾天线类型、尺寸、增益及互耦等多方面问题。

2. 分布式干扰技术

若单部干扰机发射功率不能满足压制敌方通信的要求，或者从降低单部干扰机的发射功率要求以防御己方的角度考虑，可以通过增加干扰机数目来提高到达目标接收机的干扰功率，即采用多机分布式干扰技术，达到有效压制敌方通信的目的。同时，随着现代军事通信技术的发展，针对采用自适应调零天线的软件化、网络化、低功率的自适应通信系统，传统的远距离、高功率、采用定向天线的集中式通信干扰系统的干扰效能大大降低，也不利于己方的电子防御，难以适应现代战争的发展需要。

分布式干扰(Distributing Jamming)是多部小功率干扰机或器材合理配置在被干扰目标活动的区域内，以近距离、多数量、多方位对选定目标所实施的一种压制性干扰。通常使用飞机、火炮、无人机等运载平台将多部小功率干扰机灵活部署到敌方通信(网)系统所在的空域或地域内，甚至可以直接部署到通信网的各节点附近，抵近目标实施干扰，因此，分布式干扰方式可以适应网络对抗的要求。同时，随机分布的多部干扰机能够从不同的方向对敌方通信网施加干扰，即使通信系统采用了自适应调零天线等抗干扰技术，也难以把来自各个方向的众多干扰都抑制掉。因此，分布式干扰是对付自适应调零天线等抗干扰通信技术的有力措施。此外，部署到敌方区域的分布式干扰系统，远离己方阵地，可以避免对己方通信造成影响，解决了传统的大功率集中式通信干扰系统所带来的电磁兼容问题。分布式干扰根据实现方式的不同可以分为投掷式干扰、摆放式干扰等。投掷式干扰是使用运载工具干扰设备投放到指定区域，按照预设的干扰样式与干扰参数对作用区域范围内的目标信号进行的电子干扰。摆放式干扰是将干扰设备预先放置在指定地域，按照预编程序或遥控方式启止，削弱或破坏敌通信系统使用效能的电子干扰。

由于投掷式干扰的特殊性，实施投掷式干扰后，干扰机不可能被收回，因此，通常采用多部一次性使用小型干扰机，它们具有功率小、成本低、能自毁等特点。根据投掷后干扰机的位置不同，投掷式干扰又分为投掷悬空式干扰和投掷落地式干扰两种。投掷悬空式干扰利用降落伞、气球等作为悬浮工具，使干扰机悬浮在空中一定高度施放干扰。投掷落地式干扰是指干扰机落到地面再施放干扰，当干扰机撞击地面时，借助干扰机下部的尖锥扎入地面，使干扰机矗立在地上，自动伸出天线施放干扰。此外，干扰方实施投掷分布式干扰之前，必须解决这样一个问题：当干扰机功率一定时，对于某一区域、确定带宽内的所有信道，应投掷多少部干扰机，才能达到有效干扰目的，也就是进行投掷概率密度(每平方公里内干扰机的数目)的估算。参考文献(蔡晓霞，等)以投掷落地式干扰为例，分析推导了有效压制目标通信所需要的投掷概率密度估算公式。

世界主要军事强国非常重视分布式干扰装备的研制和发展。20 世纪 70 年代，美国研制了 XM867 式 155mm 通信干扰弹，该弹内装 6 部电子干扰机，频率覆盖范围为 2～1000MHz，属于宽频带拦阻式干扰。1991 年，美国研制出新型 XM982 式 155mm 远程子母弹，其内装有 4 个电子干扰机，干扰机上安装有降落伞，离开母弹后降落伞展开，使干扰机漂到目标区上方实施干扰。美军的一种被称为“狼群(Wolfpack)”的分布式干扰系统，频谱覆盖范围为 20MHz～20GHz 的通信和雷达频段。“狼群”系统是指按照狼群攻击猎物的战术思想而设计的地面电子战系统，其目标是采用对抗设备联网技术破坏敌方的通信网络。“狼”就是无人值守、智能化程度很高的电子侦察、电子干扰等地面传感器，而“狼群”就是由这些“狼”构成的网络化的分布式综合电子战系统。“狼群”系统有“陆基狼群”、“海上狼群”和“空中狼群”等多种应用形式和战术使用功能。

随着战场电磁频谱环境的日益复杂，新型智能化的分布式干扰设备(类似美国的“狼群”系统)将是通信对抗装备的主要发展方向。未来新一代的智能化分布式干扰设备能被远程投放到敌纵深区域，充分利用无线传感器网络的技术优势，通过干扰设备之间的自适应组网协同，自动进行侦察、分析识别和定位，并对敌方指挥通信网实施干扰。在未来信息化战场上，分布式干扰是对抗预警机、分布式雷达网、通信网和导航网的有力手段。

为了推进分布式干扰设备的发展与应用，应大力开展以下关键技术的研究。

(1) 自适应快速组网侦察技术。未来智能化的分布式干扰设备自身应该具有一定的侦察能力，干扰器被投放到目标区域后，利用无线传感器网络进行自适应快速组网，并对目标信号进行搜索截获、分析识别和测向定位。

(2) 干扰器运载平台及投掷技术。分布式干扰器主要是火炮(包括榴弹炮、火箭炮、迫击炮等)投射，存在投送距离近、手段少的弱点。为了适应未来战争立体化、大纵深及多兵种协同作战的需要，要加强分布式干扰器运载平台及投掷技术的研究，除了各种火炮外，还可以包括直升机、无人机、远程火箭炮，甚至轰炸机及歼击轰炸机等，增大投掷距离及投掷的灵活性，充分发挥分布式干扰的作战效能。

(3) 干扰器部署算法或干扰优化算法研究。大量干扰器被投放到目标区域后，其随机分布的情况对干扰效果有一定影响。因此，分布式干扰设备应能根据要求实时计算干扰源的最佳部署位置，从而实现对干扰目标区域的无缝覆盖。

(4) 干扰器姿态控制及天线展开技术。投掷后干扰器的姿态及天线的方向性对干扰效果都会有一定的影响。例如，留空型分布式干扰装备以伞降为主，伞降方式有一个很大的弱点，即受到气象条件的很多约束，受风力的影响，降落伞会随风飘移，因此对地面的作用区域不固定，作用效果也不固定，而且干扰器的天线系统在投掷之前都是处于收拢状态，在投放之后应该能够自动、程控或遥控展开。

(5) 小型高效干扰机功率放大技术。分布式干扰机通常不可回收，因此要求干扰机小型化，即尺寸小、质量轻、成本低，这样才能在作战时灵活使用，但发射功率却不能降低，因此，必须发展小型高效干扰机功率放大技术，提高功率放大效率，延长干扰作用时间。

(6) 小型高容量供电技术。分布式干扰必须解决由于设备体积小以及电量有限而引发的矛盾，干扰器的供电系统应能为干扰机提供持续高效的能源，供电方式可采用高性能耐储存电池，或研制使用太阳能电池或利用风能发电等。

3. 灵巧式干扰技术

1) 基本思路

灵巧式干扰是针对目标通信过程中某些关键信号或特定信号实施干扰的一种干扰策略。其基本想法是：不是针对整个通信信号的传输实施干扰，而是设法以较小的代价扰乱通信过程中某关键信号的传输和接收。关键信号一般是指能够导致通信不能正常接收甚至中断的那部分信号，这时，达到有效干扰所需要付出的代价会小得多，干扰功率代价低还能够带来干扰不易被敌方发觉、隐蔽性好、防御能力强等特点，但需要预先掌握关键信号或特定信号的相关信息。因此，实施灵巧式干扰的前提条件就是寻找通信关键信号并获取其相关信息。例如，数字通信系统为了能正常地运行而必须同步，没有精确的同步就不能对传送的数据进行可靠的恢复，同步就是数字通信的关键信号，因此，针对数字通信实施灵巧式干扰的目标之一就是系统的同步信道。显然，能否实施灵巧式干扰主要取决于对通信关键信号的侦察，如果能够获取关键信号的相关信息，就能以最小的代价、采取不同寻常的巧妙思路或手段达到干扰的目的。当然，作为通信方，它会极力确保其关键信号的安全传输，因此，对通信关键信号的侦察并不是很容易的，实施灵巧式干扰也是有一定难度的，然而一旦干扰成功，将会获得意想不到的效果，所以灵巧式干扰是既有难度，又很有潜力的干扰技术。

值得说明的是，灵巧式干扰并不是一种新的干扰方式，其实施方法和常规的干扰方法相同，既可以采用欺骗性干扰，也可以采用压制性干扰，例如，对数字通信系统同步信道的灵巧式干扰，可以压制同步信号的传输使其无法实现同步；也可以通过发送假同步信息对同步信道实施欺骗性干扰，从而实现错误的同步或者贻误同步的时机。

2) 对直扩同步的灵巧式干扰

直扩同步是直扩通信系统正常工作的前提，也是直扩通信的致命弱点之一，因此，对直扩同步的干扰属于高效率的灵巧式干扰。直扩同步主要包括网同步、伪码同步、位同步、帧同步等。其中，伪码同步指收、发双方的扩频码序列的精确同步，是直扩通信能否实现解扩的关键所在，因此，对直扩伪码同步的干扰能够以较小代价获取有效干扰，是对 DS 通信系统实施灵巧式干扰的主要目标之一。

直扩通信接收系统的相关解扩，不仅要求信码比特间的码元同步，还要求收、发双方的扩频码序列的“起点”对齐，即相位同步，相位同步要求收发双方的伪码相位差必须在 1bit 以内，这样相关检测器才有解扩信号输出。实现了相关解扩，即完成了伪码同步后，就可以像常规的数字通信系统一样，通过可靠的位同步、帧同步实现有效的信息解调和解帧。一旦对直扩伪码同步的干扰有效，接收机的本地扩频码序列同步被破坏，接收机不能有效地对扩频信号进行解扩，也不可能实现解调、解帧，输出端无有用信息输出，此时的 DS 接收系统对该干扰无处理增益，因此，可以认为对直扩伪码同步的灵巧式干扰是一种绝对最佳干扰样式。

直扩通信系统的伪码同步分为两个基本过程：同步捕获和同步跟踪。其中，同步捕获又称起始同步，是实现伪码同步的关键环节，只有达到起始同步，系统才能进入跟踪状态。在同步捕获阶段，通信接收端没有发送端扩频码的相位先验信息，必须通过不断改变本地伪码信号的相位来对码相位的不确定区域进行扫描搜索，这就给对同步捕获的干扰提供了可能。当本地伪码信号的相位与接收到的 DS 信号扩频码序列的相位基本一致时，即相位误差落入了跟踪范围内(一般该误差小于码片宽度的一半)，说明捕获成功，同步系统停止搜索进入跟踪状态。

DS 通信系统采用的伪随机序列最基本的特征就是具有尖锐的自相关特性和尽可能小的互相关特性，扩频码捕获就是利用其尖锐的自相关特性来完成的。通常，将接收到的 DS 信号与本地扩频码序列进行相关运算，由同步判决电路不断地检测相关器的输出，如果相关器输出相关峰信号超过判决门限，说明本地参考信号可能已经与接收到的扩频信号同步。如果干扰方施加的干扰信号能够进入接收机的相关器，那么相关峰的检测出现“漏检”(当相位对齐时判决为同步)、“虚警”(当相位未对齐时判决为同步)的概率增加，或者捕获时间延长，都可以认为对直扩通信系统伪码同步的干扰有效。对同步捕获的干扰方式也分为压制性干扰和欺骗性干扰两大类。

(1) 对同步捕获的压制性干扰。

滑动相关器搜索法是直扩通信系统实现同步捕获的基本方法，如图 8.5.9 所示。

接收机在同步搜索的过程中，通过调整本地伪码产生器的时钟速率，使之产生的伪码速率与发射端的伪码速率不同，这就使得收、发两端的伪码之间产生相对“滑动”。若接收端伪码速率大于发射端伪码速率，则接收端伪码相对于发射端伪码滑动超前；反之，若接收端伪码速率小于发射端伪码速率，则接收端伪码滑动滞后。一旦达到同步，即两个伪码序列重合时，相关器就会产生较大的相关峰信号输出。同步判决电路不断将相关器输出与判决门限相比较，如果相关峰值超过判决门限，控制电路便停止伪码滑动，启动同步跟踪电路。

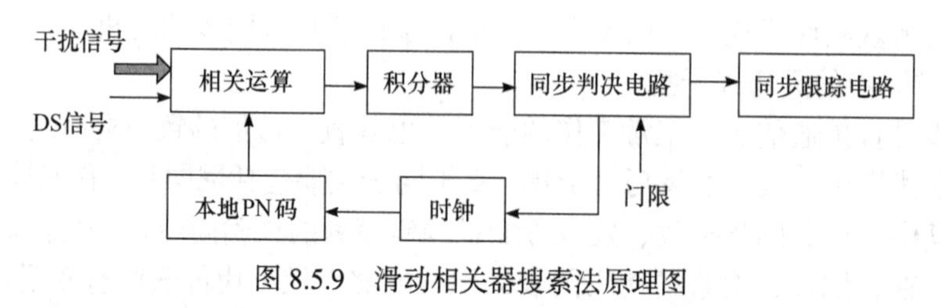

图 8.5.9　滑动相关器搜索法原理图

正是这种滑动搜索的方式，给对同步捕获的压制性干扰提供了可能。如果干扰方施放一个瞄准程度较高的压制性干扰信号，并使其进入接收机的相关器，这时只要干扰功率达到一定要求，相关峰的检测电路必然工作异常，出现“漏检”“虚警”的概率明显增大，或者捕获时间明显变长，干扰有效。

滑动相关器搜索法的最大优点是电路简单、技术成熟，缺点是同步时间长，因为它是一个码元一个码元地滑动过去的，当码相位的不确定性较大时，搜索相当费时间，很难满足快速同步的要求。

(2) 对同步捕获的欺骗性干扰。

滑动相关器搜索法的搜索时间如果过长，就失去了实用价值。目前，在滑动相关器的基础上出现了一些改进的同步捕获方法，以降低序列的不确定性，缩短滑动相关的时间。例如，目前普遍采用同步头法(同步引导法)来完成起始同步，这种方法使用了一种特殊的码序列，称为“同步头”，通常，这种同步头的码长很短，使得完成起始同步的搜索时间缩短。发射机在发出数据信息之前先发同步头，供每一个用户接收，建立起同步，并且一直保持住，然后发信息数据。

正因为同步码组很短，同步头法有一个明显的弱点，就是同步建立时间和抗干扰能力之间有矛盾。因为短码可以迅速地建立同步，但是短码也容易被敌人破获，受到敌方干扰，引起假同步的可能性较大，从而给对同步捕获的欺骗性干扰提供了可能。

干扰方根据破获的同步码及码速率，引入一定偏差后重新调制到估计的载波频率上再生出欺骗性干扰信号发射出去。为了保证欺骗性干扰有效，可以采用相位微扫技术或步进相位技术，使得干扰信号的初相周期性地滑动，如每周期移动半个码元宽度，从而保证干扰信号码与扩频接收机本地码的相位差小于一个码元，扩频接收机在进行同步捕获、跟踪调整的过程中，原本不同步的两路伪码经过一定时间后，干扰码可能在某一时刻会与本地码相位同步。这时只要干扰功率达到一定要求，扩频接收机将会出现与信号本地码同步、与欺骗性干扰信号同步(“虚警”)或者直接将欺骗性干扰信号解扩等多种随机情况，从而周期性地破坏接收机的同步环路，延长捕获时间，其结果一方面可能造成接收机同步被破坏(使得“漏检”或者“虚警”概率增大)，另一方面也可能使接收机接收到的信息因受到干扰而被破坏(“误码率”增大)，甚至迫使其与欺骗性干扰信号同步，从而达到以低功率实现对直扩系统灵巧式干扰的目的。直扩通信系统中，伪码同步是实现相关解扩、进行信息解调的关键前提，只有实现了伪码同步、完成了相关解扩，才能进行信息解调和解帧，因此，对直扩通信可以采用针对同步信号的灵巧式干扰方式。

3) 对跳频同步的灵巧式干扰

跳频同步是建立跳频通信和跳频组网的前提，也是跳频通信的致命弱点之一，因此，对跳频同步的干扰属于高效率的灵巧式干扰。跳频同步涉及的内容很多，包括跳频网间同步、跳频码同步、帧同步、位同步等，其中，跳频码同步也就是解跳，是指通信收发双方必须在同一时刻同步地跳变到同一频道，即本地参考跳频序列和接收 FH 信号的跳频序列在时间和相位上严格一致，是同一跳频网内的各用户从未同步状态进入跳频通信状态的过程，是跳频同步最重要的环节，只有完成了解跳，才能实现信息解调和解帧。因此，对跳频码同步的干扰能够以较小代价获取有效干扰，是对 FH 通信系统实施灵巧式干扰的主要目标之一，一旦对跳频初始同步的干扰有效，跳频接收系统无法完成正确解跳，也不可能实现信息的解调、解帧，输出端无有用信息输出，此时的 FH 接收系统对该干扰无处理增益，因此，可以认为对跳频码同步的灵巧式干扰是一种绝对最佳干扰样式。

通常，跳频信号的频率按伪随机序列变化，即跳频图案受控于伪随机码 PN 序列，存在着频率和时间两方面的不确定性，跳频码同步的关键是要解决收发双方伪码发生器的同步，不仅要求收发两端跳频发生器的 PN 码相同，且码元速率一样，码元的起止时刻匹配。实际的 FH 通信系统中，跳频图案随着伪随机码序列随机产生，但是无论跳频收发信机具有多少种跳频图案，某一次跳频通信的跳频图案是确定的，将控制并产生跳频图案的信号称为初始同步信息。因此，跳频码同步就是获取初始同步信息后，使通信双方在某一时刻、某一个频率上同时起跳，并按同一个跳频图案同步跳变的过程，即收发两端跳频频率集相同、跳频图案一致、跳频速率和每个跳频点的相位都相同。

在跳频码同步的过程中，接收端首先必须完成跳频初始同步信息的正确接收与检测，这给干扰方对跳频码同步实施干扰提供了可能。通常，实现跳频码同步的方法有同步字头法、通用定时法和自同步法等几种。同步字头法是由发射机使用一组特殊的码字携带初始同步信息，接收机根据初始同步信息的特点从跳频信号中识别并提取出同步信号，从而实现收发双方的同步跳频；通用定时法是采用高精度的时钟源或精确的时间分配和保持系统作为时间标准，将跳频序列时序与基准时间相对应，实时地控制收发信机的频率同步跳变；自同步法则是由接收机从接收的跳频信号中直接提取初始同步信息，发信机不必传送专门用于跳频同步的初始同步信息。

目前，传输跳频初始同步信息通常采用以下两种方法：第一种方法是在预先约定的固定初始同步信道上传输跳频初始同步信息；第二种方法是在跳变的频率上发送跳频初始同步信息。由此，对跳频码同步的干扰策略如下。

(1) 对跳频初始同步信息的瞄准式干扰。

如果采用第一种跳频初始同步信息的传输方法，即在预先约定的固定信道上传输跳频初始同步信息，那么干扰方一旦能够侦察获取发送跳频初始同步信息的固定信道频率值，就可以采用瞄准式干扰针对该固定信道实施压制，如果干扰有效，敌方接收端将无法接收跳频初始同步信息，也就不可能完成跳频码同步。

当然，这种干扰的可行性主要取决于侦察获取的情报，由于发送同步信息的信道基本固定，即使变化也有规可循，一般不随机变化，因此，对跳频初始同步信息的瞄准式干扰是可行的，在相同干扰效果的情况下，所需的干扰功率一定小于对跳频通信的其他瞄准式干扰方式。

(2) 对跳频初始同步信息的拦阻式干扰。

如果采用第二种跳频初始同步信息的传输方法，即在跳变的频率上发送跳频初始同步信息，实际中，由于发送跳频初始同步信息的跳频点数目比跳频通信频率集的频率点数目少很多，因此，采用拦阻式干扰针对传送同步信息的跳频信道实施干扰比拦阻整个跳频通信频率集所需的干扰功率小得多。

(3) 对跳频初始同步信息的欺骗性干扰。

跳频通信无论采取何种跳频码同步方案，其初始同步信息一般都与通信信号不同，以便于通信接收方识别和提取，初始同步信息通常具有以下特点：

①为了提高正确同步概率，同步码一般比较固定，且定时发送；

② 发送时间通常会比通信信号的驻留时间长；

③ 信号格式也与通信信号有所不同。

这些特点给针对跳频初始同步信息的侦察和欺骗性干扰提供了可能，如果通过侦察能够获取同步码的特征信息，则干扰方可以通过发送欺骗性的同步码干扰信号，使跳频通信的码同步不能实现或实现错误同步，即与欺骗性干扰信号同步。

此外，在正交频分复用(Orthogonal Frequency Division Multiplexing，OFDM)系统中，由于多个正交子载波的输出信号是多个子信道信号的叠加，对定时和频率偏移比较敏感，载波频偏和符号定时不精确就会引入载波间干扰，从而破坏子载波之间的正交性，因此OFDM 系统中正确可靠的同步就显得尤为重要；通信网络的初始网同步中，为了使新成员能够加入网络，如 Link-16 数据链，必须接收基准电台发送的网同步信号，因此，可以在捕获网同步信号的过程中实施灵巧式干扰；蜂窝通信系统和个人通信系统采用带外信令来触发呼叫，对这个带外信令信道实施灵巧式干扰能阻止其在通信系统中建立呼叫，从而干扰系统的正常通信。

思考题和习题

1. 压制性通信干扰是如何定义和分类的？实施有效的压制性干扰应该具备哪些基本条件？

2. 分析压制性通信干扰信号一般应具有哪几方面特性。

3. 压制系数是如何定义的？已知某接收机输入端的干扰平均功率是信号平均功率的 2 倍时，通信正好被干扰压制。假设该接收机接收到某信号的峰值功率是 1.2mW，峰值因数是 1.7，测得输入端干扰信号的峰值功率为 3.5mW，试求所选择干扰信号的峰值因数满足什么条件时，才可能压制该通信？

4. 什么是最佳干扰和绝对最佳干扰？假设针对某信号共有四种接收方式，对其施加四种不同干扰样式所需的压制系数如题表 8.1 所示，试问：

① 分别针对干扰样式一、干扰样式三的理想接收为何种接收方式？

② 分别针对接收方式 2、接收方式 4 的最佳干扰为何种干扰样式？四种接收方式的绝对最佳干扰是何种干扰样式？

题表 8.1　施加四种不同干扰样式所需的压制系数

接收方式	干扰样式一	干扰样式二	干扰样式三	干扰样式四
1	2.8	0.5	0.23	1
2	0.3	1.3	0.6	0.4
3	0.22	0.8	0.5	2.5
4	1.6	2.1	0.35	0.5

5. 画出通信干扰系统的基本组成框图，简述各部分的作用。通信干扰系统有哪些主要技术指标？

6. 什么是间断观察？为什么要进行间断观察？

7. 瞄准干扰方式的工作状态是如何形成的？有哪几种常见的工作形式？

8. 什么是转发式干扰？转发式干扰有什么特点？

9. 实施瞄准干扰方式有哪些基本要求？对频率重合度是如何要求的？

10. 拦阻干扰方式的工作状态是如何形成的？有哪几种常见的工作形式？

11. 实施拦阻式干扰有什么要求？以扫频拦阻干扰方式为例，说明如何构成连续拦阻式干扰和梳状拦阻式干扰？

12. 已知某通信系统工作频率范围为 20～60MHz，信道间隔为 1MHz，接收机通带为 40kHz，分别选择对该通信系统实施连续拦阻干扰和梳状拦阻干扰的参数。

13. 什么是多目标干扰，有哪些实现方式？

14. 推导通信干扰方程，解释各参数的物理含义。

15. 升空干扰有什么优点？什么叫升空增益？其大小与传播距离和升空高度有什么关系？

16. 提高干扰发射功率利用率的主要措施有哪些？

17. 设敌方通信发射机的发射功率为 100W，通信距离为 10km，在敌方接收机方向上的天线增益为 4，电波衰减因子为 0.02。己方干扰机输出功率为 1600W，在接收机方向上的天线增益为 1，电波衰减因子为 0.05，敌方接收机采用全向天线接收，试求 $K=1$ 时，干扰机有效干扰的最大作用距离为多少？

18. 已知某通信系统发信机发射功率为 15W，工作频率为 50MHz，通信距离为 8km，通信收发天线增益均为 8dB，已知在此路径上的衰减因子为 10dB。若要干扰此通信系统，已知干扰机天线增益为 10dB，而接收机对干扰机方向的天线增益为−1dB，干扰路径上的衰减因子为 15dB，假设保证干扰有效的压制系数等于 1.5，求干扰与通信接收机之间距离为 15km 时，干扰机应发射多大的功率才能够压制该通信？若其他条件不变，求干扰机发射功率为 1000W 时的干通比是多少？

19. 己方干扰站接受上级命令，欲对某短波频段施放拦阻式干扰，用地波干扰敌方地波通信。假设敌方收发信机和拦阻式干扰机的天线增益均相同，经侦察获知敌方发射机功率为 2W，敌方接收机带宽为 30kHz，最小通信距离为 6km，通信路径电波衰减因子约 10dB，敌方接收机与干扰机距离为 12km，干扰路径电波衰减因子约 12dB，若拦阻带宽为 30MHz，压制系数 $k_y=2$，试估算压制通信所需要的干扰机发射功率。

20. 通信干扰效果是如何定义的？影响通信干扰效果的因素有哪些？

21. 以模拟调幅通信、非相干解调为例，分析采用 AM 干扰样式、FM 干扰样式、DSB 干扰样式时，解调器输出干信比与接收机输入干信比的关系。

22. 针对常规通信体制，在侦察获取了信号调制方式的情况下，通常如何选择干扰样式及干扰参数？

23. 针对采用了扩频体制通信系统的干扰，压制系数的要求有什么变化？对直扩通信系统可以采取哪些干扰方式？对跳频通信系统可以采取哪些干扰方式？

24. 什么是空间功率合成技术？实施空间功率合成需要依赖哪几项关键技术？

25. 什么是分布式干扰？简述灵巧式干扰的基本思路。

第9章 雷达干扰

9.1 引 言

9.1.1 雷达干扰的概念

当获取了敌方雷达的有关信息后，若敌方的雷达对己方有威胁，则必须采取措施加以应对。对付敌方雷达的措施通常有三种：火力消灭、告警和回避以及雷达干扰。

实施火力消灭是最有效的办法，但不是经常可以实现的，它受客观条件的限制，尤其是对敌纵深的雷达、隐蔽的雷达，就很难进行火力消灭。

采用告警和回避的方法是不得已的方法，是被动的措施，这也是运动目标为保护自己经常采取的措施。这种措施对敌方雷达没有影响，在很多情况下，告警和回避是不能采取的措施，如被保护的目标是非运动的，或为了完成特定的任务必须通过敌方雷达的监护区时。

无论防御还是进攻，雷达干扰都是对付敌方雷达常用的有效措施。

雷达干扰就是辐射、转发、反射或吸收电磁能量，削弱或破坏敌方雷达探测和跟踪目标等能力的电子干扰。

本书所讲的“雷达干扰”都是指有意的干扰，若考虑到无意干扰，对雷达而言，一切除回波信号外的信号都是干扰信号，一切产生这些干扰信号的措施都是干扰。

9.1.2 雷达干扰的分类

图 9.1.1 列出了雷达干扰的分类。对于雷达对抗来说，对雷达的干扰总是有意的，然而，对于雷达来说，除了有意干扰以外，经常存在大量的各种无意干扰。无意干扰也存在有源、无源之分，还有自然界形成与人工产生之分。

有源雷达干扰是通过发射干扰信号或转发雷达信号对敌方雷达实施的电子干扰，如噪声压制干扰、频率瞄准式干扰和射频转发式干扰。

无源雷达干扰是通过反射、散射或吸收敌方发射的雷达信号，削弱或扰乱雷达效能的电子干扰，如角反射器干扰、箔条干扰、烟幕干扰。

压制性雷达干扰是使敌方电子设备接收到的有用信号模糊不清或完全被遮盖的电子干扰，分为有源压制性干扰和无源压制性干扰。

欺骗性雷达干扰是使敌方电子设备接收虚假信息，以致敌产生错误判断和采取错误行动的电子干扰，分为有源欺骗性干扰和无源欺骗性干扰。

自然界的有源无意干扰主要来自宇宙干扰和雷电干扰，自然界的无源无意干扰由山、岛、林木、海浪、雨、雪、云、鸟群等形成。人为的有源无意干扰有工业干扰、友邻雷达干扰以及电台和电视台干扰等，人为的无源无意干扰主要来自建筑物、电力线等地物。

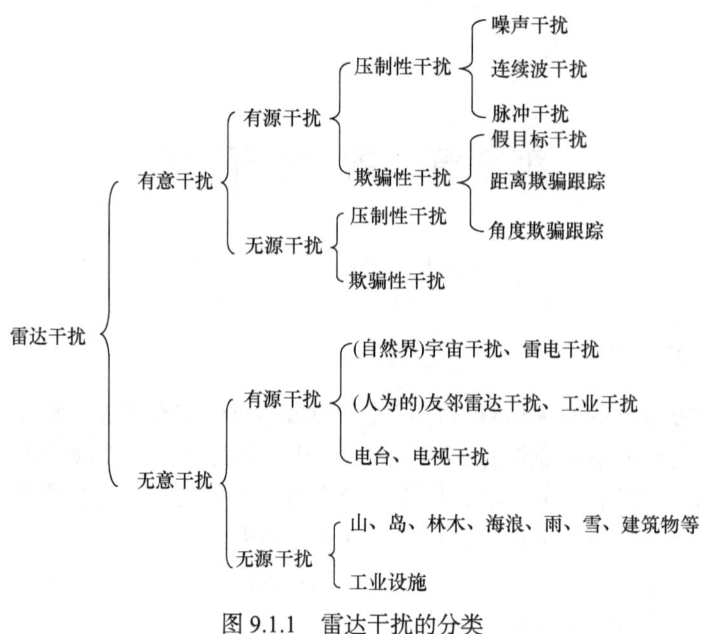

图 9.1.1　雷达干扰的分类

9.2　雷达干扰方程

干扰机的基本任务是压制雷达使其不能探测和跟踪被保卫目标，这涉及雷达、被保卫目标(简称目标)和干扰机三个因素。干扰方程就是反映雷达、目标和干扰机三者之间空间能量关系的方程。干扰机的空间能量计算的基本任务有两个：一是在设计干扰机时，根据战术要求、干扰对象和目标的性质，计算确定干扰机应具有的功率、干扰天线参数、侦察机灵敏度及侦察天线参数等；二是在战术使用干扰机时，根据目标、干扰对象计算出有效干扰区和选定干扰机的配置方案。

干扰机的空间能量计算包括压制性干扰机的空间能量计算和欺骗性干扰机的空间能量计算。压制性干扰广泛用于飞机及舰船的自卫干扰、随队掩护干扰、远距离支援干扰和保卫地面重要目标时的对空干扰。欺骗性干扰广泛用于飞机及舰船等的自卫干扰。

9.2.1　干扰方程的一般形式

设雷达、目标和干扰机空间关系如图 9.2.1 所示，雷达天线主瓣指向目标，干扰机天线主瓣指向雷达。

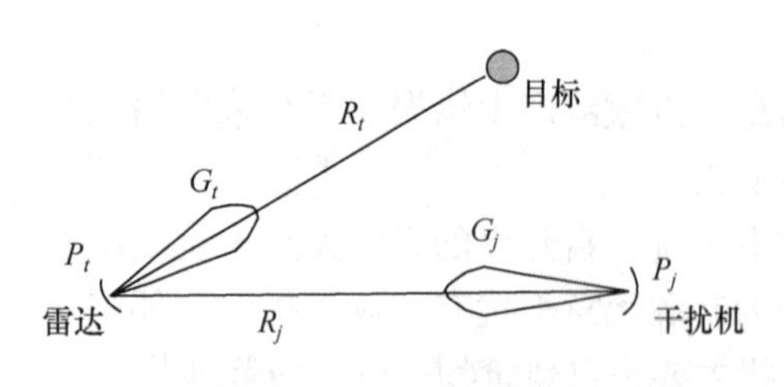

图 9.2.1　雷达、目标和干扰机的空间关系

此时，雷达接收到的目标回波信号功率为

$$P_{rs}=\frac{P_tG_t\sigma A}{(4\pi R_t^2)^2}=\frac{P_tG_t^2\sigma\lambda^2}{(4\pi)^3R_t^4} \tag{9.2.1}$$

式中，P_t为雷达的发射功率；G_t为雷达天线主瓣方向上的增益；σ为目标有效反射面积；R_t为目标至雷达的距离；λ为雷达的工作波长；A为雷达天线有效接收面积。

$$A=\frac{\lambda^2}{4\pi}G_t \tag{9.2.2}$$

雷达接收到的干扰信号功率为

$$P_{rj}=\frac{P_jG_jA'\gamma_j}{4\pi R_j^2} \tag{9.2.3}$$

式中，P_j 为干扰发射功率；G_j 为干扰天线增益；R_j 为干扰机至雷达的距离；γ_j 为干扰信号对雷达天线的极化系数；A' 为雷达天线在干扰方向上的有效接收面积。

$$A'=\frac{\lambda^2}{4\pi}G_t' \tag{9.2.4}$$

G_t' 为 A' 对应的雷达天线增益，将式(9.2.4)代入式(9.2.3)得雷达接收到的干扰功率为

$$P_{rj}=\frac{P_jG_jG_t'\lambda^2\gamma_j}{(4\pi)^2R_j^2} \tag{9.2.5}$$

雷达接收的干扰信号功率与回波信号功率比为

$$\frac{P_{rj}}{P_{rs}}=\frac{P_jG_j}{P_tG_t}\cdot\frac{4\pi\gamma_j}{\sigma}\cdot\frac{R_t^4}{R_j^2}\cdot\frac{G_t'}{G_t} \tag{9.2.6}$$

当这个比值大于或等于压制系数 K_j 时(压制系数的定义将在 9.4 节压制性干扰具体介绍)，即可得到干扰方程的一般形式：

$$\frac{P_jG_j}{P_tG_t}\cdot\frac{4\pi\gamma_j}{\sigma}\cdot\frac{R_t^4}{R_j^2}\cdot\frac{G_t'}{G_t}\geqslant K_j \tag{9.2.7}$$

式中，P_jG_j 称为等效干扰功率；P_tG_t 称为等效雷达功率。

式(9.2.6)是干扰信号全部进入雷达接收机的理想情况，只适用于瞄准式干扰的情况。当干扰机带宽比雷达接收机带宽大时，干扰机产生的干扰功率无法全部进入雷达接收机。因此，在频率瞄准时，雷达干扰方程在考虑带宽因素的影响后如式(9.2.8)所示。

$$\frac{P_jG_j}{P_tG_t}\cdot\frac{4\pi\gamma_j}{\sigma}\cdot\frac{R_t^4}{R_j^2}\cdot\frac{G_t'}{G_t}\cdot\frac{\Delta f_r}{\Delta f_j}\geqslant K_j \tag{9.2.8}$$

式(9.2.8)是一般形式的雷达干扰方程，即干扰机不配置在目标上，而且干扰机的干扰带宽大于雷达接收机的带宽。实际中，当干扰机带宽比雷达接收机带宽小时，$\Delta f_r/\Delta f_j$ 取1。需要指出的是，在以上所给出的雷达干扰方程中，没有考虑大气衰减、系统损耗和地面反射等因素的影响，即上述干扰方程是自由空间的简单干扰方程，实际应用时要考虑这些因素。根据干扰方程计算出的干扰压制区是一种估算值，但干扰方程反映出干扰机、雷达和雷达目标三者之间的空间能量关系是明确的。由干扰方程可以看出：

(1) 当干扰距离一定时，干扰等效功率 P_tG_t 大的雷达所需的等效干扰功率 P_jG_j 要大，反之亦然；

(2) 被掩护目标的有效反射面积 σ 越大，所需的等效干扰功率 P_jG_j 也越大；

(3) 压制系数越大，所需的等效干扰功率 P_jG_j 越大；

(4) 实施旁瓣干扰时 G_t' 越小，所需的等效干扰功率 P_jG_j 越大，实施主瓣干扰时 G_t 越大，等效干扰功率 P_jG_j 要求越小。

9.2.2 自卫干扰方程

在给定干扰机、雷达及被保卫目标参数后，可以根据干扰方程计算并画出有效干扰区。满足干扰方程的空间，称为有效干扰区。有效干扰区又称为有效压制区。

当干扰机配置在被保卫目标上时，从干扰方程式中解出 R，得

$$R \geqslant \left(\frac{K_j}{\gamma_j} \cdot \frac{P_t G_t \sigma}{4\pi P_j G_j} \right)^{\frac{1}{2}} \tag{9.2.9}$$

式(9.2.9)右端，在雷达、目标及干扰机参数给定情况下，为一常数，以 R_0 表示，即

$$R_0 = \left(\frac{K_j}{\gamma_j} \cdot \frac{P_t G_t \sigma}{4\pi P_j G_j} \right)^{\frac{1}{2}} \tag{9.2.10}$$

因而，式(9.2.9)可写为

$$R \geqslant R_0 \tag{9.2.11}$$

在干扰机用作对点目标进行自卫干扰时，在 $R > R_0$ 的区域，都是有效干扰区。当 $R = R_0$ 时，是有效压制区的边界。在 $R < R_0$ 的区域，干扰功率不满足干扰方程，称为暴露区。R_0 就是最小干扰距离，R_0 也称为烧穿距离，或雷达自卫距离。

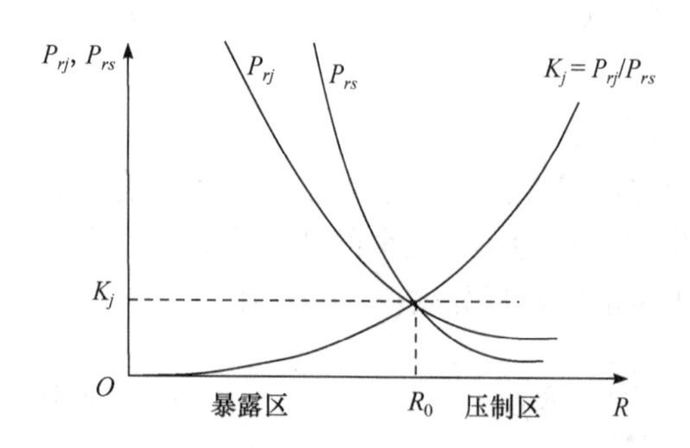

图 9.2.2　雷达接收的目标信号功率与干扰信号功率

利用图 9.2.2 所示的雷达接收的目标信号功率与干扰信号功率的曲线可以很清楚地看出烧穿距离、有效干扰区和暴露区的物理概念。在暴露区中，虽然干扰信号功率以二次方继续增大，但目标信号功率以四次方增加，使干扰不能遮盖住目标回波。

在干扰方程中，虽然求得的是最小干扰距离，但实际上，由于直视距离及干扰天线的仰角方向图的影响，还存在一个最大有效干扰距离。

9.2.3 干扰扇面及有效干扰扇面

1. 干扰扇面

干扰信号在环形显示器上打亮的扇形区称为干扰扇面。

当自卫干扰时，应使其干扰扇面足以遮盖住目标，使雷达难以发现和跟踪目标。干扰扇面大小可以通过干扰方程求得。在雷达 P 型显示器上，干扰要打亮荧光屏，则进入雷达接收机的干扰电平必须大于接收机内部噪声电平一定倍数。干扰要打亮宽度为 $\Delta\theta_B$ 的干扰

扇面，则干扰机功率必须保证在雷达天线方图的θ角($\theta=\Delta\theta_B/2$)方向上进入雷达接收机的干扰信号电平大于接收机内部噪声电平一定倍数。以P_n表示折算到接收机输入端的内部噪声电平，m表示倍数，则进入接收机输入端的干扰信号电平应为

$$P_{rj}\geqslant mP_n \tag{9.2.12}$$

由图9.2.1的空间关系可求得P_{rj}，故有

$$P_{rj}=\frac{P_jG_j}{4\pi R_j^2}\cdot\frac{G_t'\lambda^2}{4\pi}\varphi\gamma_j\geqslant mP_n \tag{9.2.13}$$

(1) 在主瓣区，即$-\theta_{0.5}/2\leqslant\theta\leqslant+\theta_{0.5}/2$范围内，天线增益在$G_t$的3dB范围内变化，约为常数$G_t$。

当$P_{rj}<mP_n$时，干扰将无法打亮荧光屏。

当$P_{rj}\geqslant mP_n$时，荧光屏将出现夹角为$\Delta\theta_j=\theta_{0.5}$的干扰扇面，$\Delta\theta_j$随着$R_j$的减小而略有增大，这时在雷达主瓣内就有可能遮盖目标。

(2) 在旁瓣区，即$\theta_{0.5}/2<\theta<60°$范围内，$G_t'$变化较大。首先，旁瓣区内存在多个旁瓣，各旁瓣增益的最大值随着θ增大而递减，通常，各旁瓣增益值按经验公式得

$$\frac{G_t'}{G_t}=K\cdot\left(\frac{\theta_{0.5}}{\theta}\right)^2 \tag{9.2.14}$$

实际雷达天线增益曲线如图9.2.3所示，对于高增益天线，K取大值，即$K=0.07\sim0.10$；对于增益较低、波束较宽的天线，K取小值，即$K=0.04\sim0.06$。

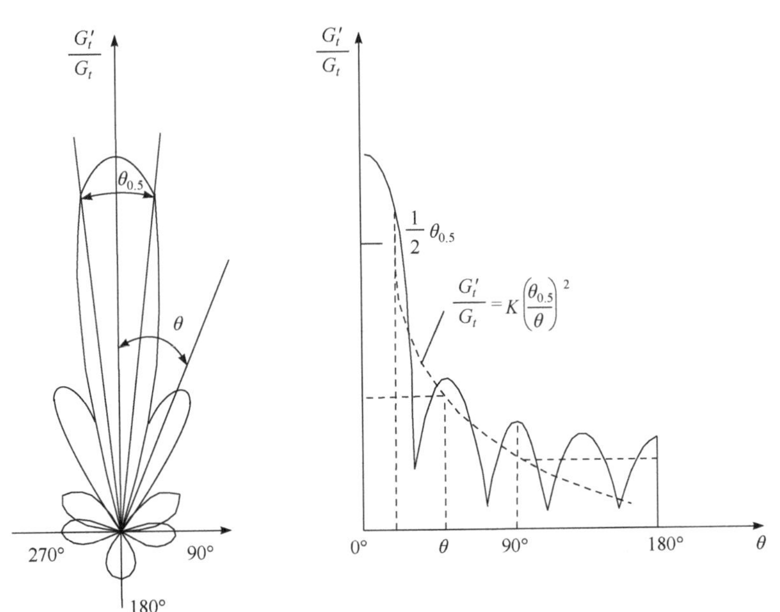

图9.2.3 雷达天线增益曲线

第一旁瓣在P型显示器上打亮的角度范围要小于主瓣在P型显示器上打亮的角度范围，原因是第一旁瓣的最大值比主瓣最大值低18～40dB；其次，瓣与瓣之间存在着增益零

点，通常比主瓣增益低75～95dB，这造成主瓣和第一旁瓣之间客观存在一个豁口，干扰很难打亮该角度范围。

(3) 在尾瓣区，各瓣增益最大值与最低旁瓣增益最大值相当，且变化不大。

由上述三点分析可见，要实施雷达的旁瓣和尾瓣干扰压制，需要提高18～95dB的干扰功率，这是非常困难的事情，因此，压制性雷达干扰通常尽量考虑对雷达实施主瓣干扰。干扰扇面$\Delta\theta_j$是以干扰机方向为中心，宽度约为$\theta_{0.5}$的辉亮扇面。若干扰功率特别强，或干扰机离雷达特别近，则在干扰扇面上会出现旁瓣辉亮区。$\Delta\theta_j$与R_j成反比，距离越近，$\Delta\theta_j$越大；$\Delta\theta_j$与$\sqrt{P_jG_j}$成正比，P_jG_j增加一倍，$\Delta\theta_j$增加$\sqrt{2}$倍。

2. 有效干扰扇面

干扰扇面描述了干扰信号在P型显示器上打亮的扇面有多大，并不能保证在干扰扇面中干扰信号一定能压制住回波信号。因此，有效干扰扇面($\Delta\theta_{je}$)是指在最小干扰距离上干扰能压制回波信号的扇面，在此扇面内雷达完全不能发现目标。

有效干扰扇面比上述打亮显示器的干扰扇面对干扰功率的要求更高，即干扰信号功率不仅大于接收机内部噪声功率一定倍数，而且比目标回波信号大K_j倍，故称为有效干扰扇面。显然，接收机输入端的干扰信号功率应满足：

$$\frac{P_jG_j}{4\pi R_j^2}\cdot\frac{G_t\lambda^2}{4\pi}\cdot\gamma_j \geqslant K_j\frac{P_tG_t^2\sigma\lambda^2}{(4\pi)^3R_t^4} \tag{9.2.15}$$

或

$$P_jG_j \geqslant \frac{K_j}{\gamma_j}\cdot\frac{P_tG_t\sigma}{4\pi}\cdot\frac{R_j^2}{R_t^4} \tag{9.2.16}$$

可以看出，$\Delta\theta_{je}$与很多因素有关，既与干扰参数P_jG_j、K_j有关，还与雷达参数P_tG_t、$\theta_{0.5}$以及目标的有效反射面积σ有关，另外，$\Delta\theta_{je}$还与R_j和R_t有关。

由于雷达接收到的目标回波电平总是比接收机内部噪声电平高很多，因此，在干扰功率一定情况下，干扰信号在荧光屏上打亮的干扰扇面$\Delta\theta_j$比它能有效压制雷达信号的扇面$\Delta\theta_{je}$要大得多。通常所说的雷达干扰扇面是指干扰实际打亮的扇面，而不是有效干扰扇面。

9.3　雷达干扰系统

9.3.1　雷达干扰系统概述

1. 雷达干扰系统的功能

雷达干扰系统的功能包括两个方面：一是通过使用电子干扰设备，发射干扰信号，达到扰乱或破坏敌方雷达正常工作的目的，从而削弱和降低其作战效能。例如，对于搜索雷达而言，强烈的压制性干扰能够使雷达对目标的发现概率下降，目标坐标的测量精度降低，甚至使雷达完全丧失作用；二是转发、吸收电磁信号，传递错误信息，使敌雷达接收设备因收到虚假信号而真伪难辨，例如，产生虚假场景，模拟作战机群等假目标，同时，干扰所产生的大量虚假信号还增加了雷达接收设备的信息量，从而影响雷达信号处理速度甚至使雷达信号处理系统饱和。

2. 雷达干扰系统的分类

雷达干扰系统可分为有源干扰系统和无源干扰系统两大类。有源干扰系统是利用专门的干扰机，主动发射或转发干扰信号，以压制、扰乱或欺骗敌方雷达，使其无法正常工作，又称为积极干扰。无源干扰系统是通过利用箔条、角反射器等特制器材，反射、衰减或吸收雷达辐射的电磁波，扰乱雷达电磁波的传播特性，改变目标的雷达散射特性或形成雷达假目标和干扰屏障，以掩护真实目标，又称消极干扰。具体分类如下。

按照战术应用方式及用途的不同分类，雷达干扰系统又可分为支援干扰和自卫干扰。支援干扰是为支援进攻兵力遂行作战任务，在距攻击目标一定距离上对敌方雷达系统实施电子干扰。支援干扰又可分为近距离支援干扰和远距离支援干扰等，支援干扰往往是旁瓣干扰。自卫干扰是指为保护自身安全，飞机、舰艇等武器平台使用携带的电子干扰设备和器材实施的电子干扰，自卫干扰往往是主瓣干扰。

按照干扰效果的区别分类，雷达干扰系统又可分为压制性干扰系统和欺骗性干扰系统。压制性干扰系统是通过人为发射噪声干扰信号或大量投放无源干扰器材，使敌方雷达接收到的有用信号模糊不清或完全被遮盖的电子干扰系统。欺骗干扰系统是通过人为发射、转发或反射与目标回波信号相同或相似的信号，以扰乱或欺骗雷达系统，使其难以鉴别真假信号，以致产生错误信息的电子干扰系统。在一个实际的干扰系统中，可能既有压制干扰方式，也有欺骗干扰方式。

按照干扰设备装载平台的不同分类，雷达干扰系统也可分为地面干扰系统、机载干扰系统和舰载干扰系统等。地面干扰系统既可用于支援干扰，以掩护飞机或军舰完成作战任务，也可用于干扰来袭飞机等作战平台的雷达，完成地域防空任务；机载干扰系统的典型应用是远距离支援干扰和自卫干扰；舰载干扰系统则主要是用于自卫干扰。

按照干扰体制的不同分类，雷达干扰系统可分为引导式干扰机和回答式干扰机。这两种干扰机从功能上讲，都可以用来施放压制性干扰或欺骗性干扰。但实际上，在现有的干扰机中，引导式干扰机多用来施放压制性干扰，其中主要是复合调制的噪声干扰，而回答式干扰机多以脉冲工作方式来施放欺骗性干扰。

当前，雷达干扰系统一般同时具有一种或者多种干扰样式。

9.3.2 雷达干扰系统的组成

1. 雷达干扰系统的基本组成

雷达有源干扰系统分为侦察接收分系统、干扰引导与控制分系统、发射分系统以及显示控制分系统四大部分，典型组成如图 9.3.1 所示。

侦察接收子系统主要包括雷达信号的截获、测量、分析处理及跟踪，其组成与雷达对抗 ESM 系统类似，典型组成包括天线、微波接收机、信号处理机三部分。例如，设备配置可分为测频天线、测向天线、副瓣抑制天线、测频接收机、测向接收机、参数测量与控制、预处理、主处理、辅助分选等模块。

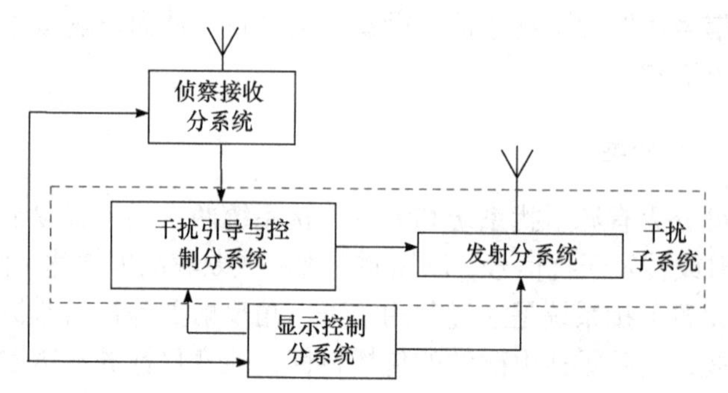

图 9.3.1　雷达有源干扰系统的典型组成

干扰引导与控制分系统包含传统意义上的引导控制分系统、干扰波形生成分系统以及系统管理分系统三大部分，是系统的核心。

显示控制分系统提供信息综合处理与显示以及与各主要分机的接口，为操作员提供一个友好的人机交互界面，具备发射控制、伺服控制、战术决策和对抗资源管理、目标识别和威胁告警等功能，显示控制分系统对分选结果进行目标识别，对高威胁目标进行告警和干扰决策，引导干扰机对高威胁目标进行干扰，能够独立或配合其他各分系统完成相应的战术功能。

发射分系统主要包括功率放大器和发射天线两部分，完成干扰信号的调制放大和定向辐射。

2. 雷达干扰系统的工作流程

雷达有源干扰系统的基本工作流程如下。

(1) 干扰系统开机后，首先对各功能组合、接收支路进行检测，然后自动进入侦收状态。

(2) 通信分系统接收上级的命令，对指定的空域或目标进行侦察和干扰。

(3) 伺服控制单元接收显示控制分机中的综合处理计算机命令，对天线的转动系统进行驱动，将侦察天线(测频测向天线)和发射天线转到指定空域。

(4) 当雷达信号进入侦察接收分系统后，分别进入测频接收机、测向接收机及参数测量模块，完成雷达脉冲参数的测量，形成脉冲描述字(Pulse Description Words，PDW)数据，接收机完成全部数据编码后，通知信号处理机进行处理。

(5) 信号处理机得到各个独立的雷达信号特征参数描述字，送信号识别模块进行目标识别和威胁等级判定。

(6) 干扰子系统中干扰引导与控制分系统完成与显示控制分系统的通信，对干扰雷达信号进行时域、频域和空域跟踪，完成相关时序控制，采用相关技术产生干扰激励信号。

(7) 发射分系统将干扰引导与控制分系统产生的干扰激励射频信号进行调制放大，通过发射天线辐射出去，从而实现对威胁目标的有效干扰。

(8) 通信分系统将本级系统获取的情报信息和工作参数反馈回上级指挥系统。

9.3.3 主要性能指标

雷达干扰系统的主要性能指标如下。

1. 工作频率范围

工作频率范围是指雷达干扰系统对雷达实施有效干扰的最低频率和最高频率范围。由于雷达对抗系统面临的雷达频率是未知的，因此，雷达干扰系统应尽可能地具有较宽的工作频率范围。工作频率范围决定了干扰系统的作战用途，干扰机的频率范围应能覆盖整个被干扰雷达的频率范围(包括跳频范围)，频率引导的侦察机频率范围应不小于干扰机的频率范围。

2. 适应信号密度

信号密度是指干扰系统在单位时间内能正确测量并分析雷达脉冲信号的最大脉冲个数，通常用每秒多少万脉冲来表示。该指标表征了干扰系统适应密集信号环境的能力。干扰系统面临的信号密度取决于侦察系统波束宽带、雷达部署数量和瞬时工作频率范围等因素。

3. 系统灵敏度

系统灵敏度是干扰系统正常工作时所需要的最小雷达信号功率。雷达干扰系统通常包含侦察分系统和干扰分系统。因此，系统灵敏度可分为侦察引导灵敏度和干扰跟踪灵敏度。起引导作用的侦察分系统通常用于在较远的距离上截获和分析雷达信号，应具有较高的灵敏度；对雷达方位和俯仰角起跟踪作用的跟踪分系统，由于干扰距离相对较近，其灵敏度通常低于侦察分系统的灵敏度。

4. 干扰机发射功率与有效辐射功率

干扰机发射功率是指在干扰机的发射输出端口上测得的射频干扰信号功率。有效辐射功率(Effective Radiated Power，ERP)则是指干扰机发射功率与干扰发射天线增益的乘积。对干扰系统而言，有效辐射功率决定了干扰系统的实际干扰功率，在某种程度上也决定了干扰系统的作用距离和威力范围。

5. 干扰空域与有效干扰扇面

干扰空域是指干扰系统能实施有效干扰的空间范围。干扰空域的方位面由干扰天线的水平面扫描范围决定，而干扰俯仰面则由干扰天线的垂直扫描范围决定。干扰空域包括干扰距离和干扰角度。干扰空间范围的大小根据干扰机的用途和战术要求决定。例如，舰载干扰机要求全方位干扰，而机载自卫干扰机的干扰角度范围主要是飞机前方一定角度范围(如 120° × 60°)和后方一定角度范围(如 90° × 60°)。

干扰系统的另一个重要指标是瞬时干扰空域，瞬时干扰空域是指干扰系统瞬时覆盖的干扰空间范围，它由干扰天线的水平波束宽度和垂直波束宽度决定。

有效干扰扇面是指雷达干扰系统对雷达实施干扰时，雷达在多大的方位扇面内不能发现被保护的目标。

6. 测向精度与测频精度

测向精度是干扰系统测量雷达方向精确程度的反映，通常用测量方位(或俯仰)与雷达真实方位(或俯仰)之差的均方根表示，故也称测向误差。

测频精度是干扰系统测量雷达信号频率精确程度的反映。通常也用频率测量值与雷达信号真实频率之差的均方根表示，因此也称测频误差。

对于干扰系统而言，测向和测频精度涉及测向接收机和测频接收机的技术体制与系统的总体方案选择。

7. 频率瞄准精度

频率瞄准精度又叫频率引导精度，是指干扰系统发射的干扰信号的中心频率与被干扰雷达信号频率的差值。

8. 角跟踪精度

角跟踪精度是指干扰系统的跟踪天线指向与雷达真实的方向之差的均方根值。角跟踪精度可分为方位角跟踪精度和俯仰角跟踪精度。

9. 最小干扰距离与最大暴露半径

最小干扰距离是指在干扰有效时，被干扰系统保护的目标与雷达之间的最小距离。当雷达与目标之间的距离小于这个距离时，目标回波功率大到使干扰信号不起作用，好似回波烧穿干扰形成的纸片一样，故也称雷达烧穿距离。

地面干扰机用以保护地面目标，干扰机与被保护目标通常不配置在一起。空中轰炸机从不同方向进入时，雷达干扰系统对雷达目标的有效干扰距离范围也不同。能对雷达实施有效干扰的区域称为有效干扰区，不能实施有效干扰的区域称干扰暴露区。通常干扰暴露区是一个鞋底形状，被保护目标到暴露区边界的最大距离称为最大暴露半径。显然，对于确定的干扰机配置，当轰炸机从不同方向进入时，最小干扰距离也不同。

10. 雷达干扰波形

噪声干扰波形和转发干扰波形是雷达干扰的两种最基本波形。最佳的噪声干扰波形是与雷达接收机内部噪声相似的高斯型白噪声；而最佳的转发式干扰波形则是与雷达发射波形相似的相干波形。

11. 同时干扰目标数

同时干扰目标数是指在特定时间内雷达干扰系统能同时有效干扰的雷达部数，它与被干扰目标的特性及瞬时干扰空域等有关。

12. 干扰雷达的类型

干扰雷达的类型是指干扰系统能对哪些类型的雷达实施有效干扰。由于现代雷达体制的不断出现，如频率捷变、脉冲压缩和脉冲多普勒雷达等，干扰多种体制雷达的能力成为衡量雷达干扰系统的重要指标之一。

13. 系统反应时间及系统延迟时间

系统反应时间是指干扰系统从接收到第一个雷达脉冲到对雷达施放出干扰之间的最短时间。系统反应时间取决于对雷达信号的参数测量与分选识别时间、频率引导与参数调整时间、干扰信号产生时间、干扰天线瞄准及干扰信号发射时间。

系统延迟时间则是指干扰系统瞄准目标后从收到雷达脉冲到发射干扰信号之间的延迟时间。对于转发式干扰机，这项指标尤为重要。

9.4 压制性干扰

9.4.1 压制性干扰的分类

压制性干扰是以强烈的干扰使雷达不能发现目标或者使雷达信号处理设备过载饱和，难以获取目标的信息。压制性干扰一般按照干扰能量的来源分为有源压制性干扰和无源压制性干扰。具体分类见图 9.4.1。

1. 有源压制性干扰

有源压制性干扰也叫主动压制性干扰，是发射或转发干扰信号遮盖或淹没有用回波信号，妨碍或阻止敌方雷达检测、跟踪或识别目标，是主动性目标电子防护。

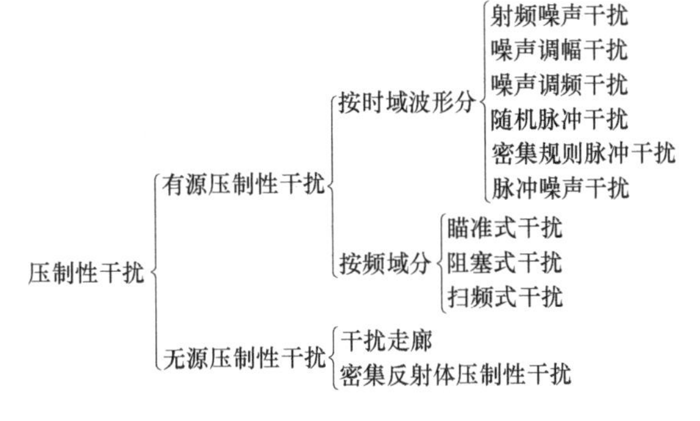

图 9.4.1 压制性干扰的典型分类

(1) 有源压制性干扰按时域波形形式的不同，即干扰信号样式的不同可进一步分为射频噪声干扰、噪声调幅干扰、噪声调频干扰、随机脉冲干扰、密集规则脉冲干扰和脉冲噪声干扰等。

① 射频噪声干扰，又叫纯噪声干扰，也称直接放大的噪声干扰样式，其干扰波形是射频带限噪声。

② 噪声调频干扰是干扰信号的幅度不变，干扰信号的高频载波频率随低频噪声幅度的随机变化而变化的干扰样式。

③ 噪声调幅干扰是干扰信号的高频载波频率不变，干扰信号的幅度随低频噪声幅度的随机变化而变化的干扰样式。

④ 随机脉冲干扰是干扰脉冲的幅度、宽度或间隔随机变化的干扰样式。

⑤ 密集规则脉冲干扰是指规则脉冲间隔连续小于或等于雷达分辨单元的干扰样式。这种干扰主要为复制转发回答式干扰。

⑥ 脉冲噪声干扰为组合波形干扰。

(2) 有源压制性干扰在频域可进一步分为瞄准式干扰、阻塞式干扰和扫频式干扰，这是一种相对值，是按干扰频谱宽度相对于被干扰雷达接收机带宽之比来划分的。

① 瞄准式干扰一般满足：

$$\Delta f_j = (2\sim5)\Delta f_r,\quad f_j \approx f_s \tag{9.4.1}$$

式中，Δf_j 为干扰带宽；Δf_r 为接收机带宽；f_j 为干扰中心频率；f_s 为接收机中心频率。

当自主发射干扰时，瞄准式干扰需要频率引导；当复制雷达信号转发密集脉冲干扰时，瞄准式干扰不需要频率引导。前者是引导式干扰，后者是转发回答式干扰。瞄准式干扰的优点是能量集中，易于产生很高的功率密度。其缺点是某一时刻只能干扰一部频率固定的雷达。

② 阻塞式干扰一般满足：

$$\Delta f_j > 5\Delta f_r, \quad f_s \in \left[f_j - \frac{\Delta f_j}{2}, f_j + \frac{\Delta f_j}{2} \right] \tag{9.4.2}$$

阻塞式干扰的优点是频率引导设备简单或不需要频率引导设备，能同时干扰波段内的几部不同工作频率的雷达，也能干扰频率分集和频率捷变雷达，但缺点是干扰功率密度低，不易形成强的干扰。

③ 扫频式干扰一般满足：

$$\Delta f_j = (2\sim5)\Delta f_r, \quad f_j = f_s(t), \quad t \in [0, T] \tag{9.4.3}$$

扫频式干扰具有窄的瞬时干扰带宽，但其干扰频带能在宽的频率范围内快速而连续地调谐，可对雷达造成周期性间断的强干扰，能在宽带内干扰频率分集雷达、频率捷变雷达和几部频率不同的雷达，但缺点是干扰在时域上不连续。

可见，上述基本干扰形式存在着各自的缺陷，采用它们的变形可改善干扰效果，如多频率点瞄准式干扰、分段阻塞式干扰、扫频锁定式干扰等。

2. 无源压制性干扰

无源压制性干扰是用杂乱反射体反射雷达信号而形成的随机干扰或密集反射体反射雷达信号而形成的密集干扰，遮盖或淹没有用的雷达回波，妨碍或阻止敌方雷达检测雷达目标，是被动性目标电子防护。

无源压制性干扰在时域和频域都容易满足干扰的需求，因此，通常按照被防护目标所在空域细分为空中干扰走廊和地面密集反射体压制性干扰。

(1) 空中干扰走廊，常称为箔条走廊，是指由在空中大量抛撒一定长度、宽度和厚度的云状箔条干扰物对雷达目标形成遮盖的干扰空域，也有利用等离子体形成的干扰走廊。

(2) 地面密集反射体压制性干扰是指在指定地面或水面密集安置反射器，在雷达显示器上形成亮线或亮斑，对雷达目标形成遮盖的干扰。这种通过打亮敌方雷达显示器来遮挡地面或水面目标检测的干扰，有时称为遮盖干扰型反雷达伪装。

9.4.2 射频噪声干扰

射频噪声干扰，又叫纯噪声干扰，它是通过高频放大器对正态白噪声进行放大产生的干扰信号。由于放大器的中心频率与雷达的载波频率一致，而且放大器的频带宽度是一定的，所以放大器的输出是高频、带限正态噪声干扰信号。

1. 射频噪声干扰的信号特征

射频噪声为窄带线性系统输出的随机信号，统计理论分析表明，它的瞬时值 $u_n(t)$ 为正态分布。

$$W(u_n)=\frac{1}{\sqrt{2\pi}\sigma}\mathrm{e}^{-\frac{u_n^2}{2\sigma^2}} \tag{9.4.4}$$

而包络$U_n(t)$为瑞利分布：

$$W(U_n)=\frac{U_n}{\sigma^2}\mathrm{e}^{-\frac{U_n^2}{2\sigma^2}} \tag{9.4.5}$$

相位$\phi(t)$在$[-\pi,\pi]$内均匀分布：

$$W(\phi)=\frac{1}{2\pi} \tag{9.4.6}$$

式中，σ^2为输出噪声的方差(起伏功率)。

目标回波信号为一确知信号，设$u_s(t)=U_s\sin(\omega_0 t)$，当$u_s(t)$与$u_n(t)$同时输入线性系统时，根据线性系统的叠加定理，它的输出应为两信号单独作用时的响应之和，则合成信号的包络的概率密度服从广义瑞利分布或RICE分布，即

$$W(U_i)=\frac{U_i}{\sigma_i^2}\mathrm{e}^{-\frac{U_i^2+U_s^2}{2\sigma_i^2}}\mathrm{I}_0\left(\frac{U_iU_s}{\sigma_i^2}\right),\quad U_i\geqslant 0 \tag{9.4.7}$$

式中，U_i为合成信号包络；σ_i^2为合成信号的方差；$\mathrm{I}_0(x)$为零阶虚辐角贝塞尔函数。输出包络分布如图9.4.2所示。

当$x=0$时，$\mathrm{I}_0(x)=1$，当x很大时，$\mathrm{I}_0(x)$可用下列级数近似：

$$\mathrm{I}_0(x)=\frac{\mathrm{e}^x}{\sqrt{2\pi x}}\left(1+\frac{1}{8x}-\frac{6}{128x^2}+\cdots\right) \tag{9.4.8}$$

这样可以讨论不同U_s时，信号加噪声的合成包络的概率分布。

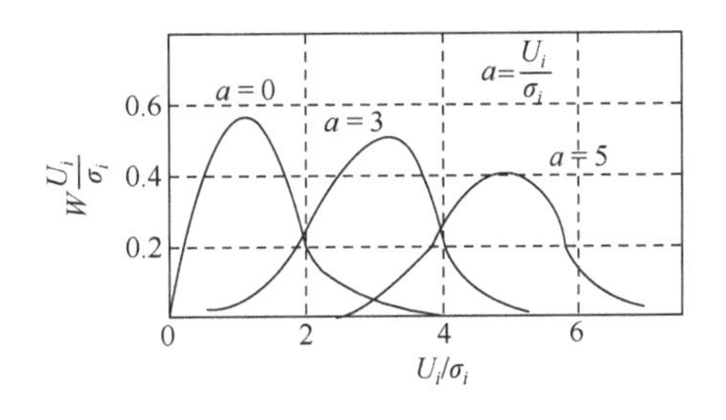

图9.4.2 合成信号包络概率分布和相位概率分布曲线

当$U_s=0$时，幅度瞬时值分布退化为瑞利分布，当U_s/σ_i增大时，该分布逐渐由瑞利分布过渡到高斯分布，当$U_s/\sigma_i\gg 1$时，近似为以U_s为均值、σ_i^2为方差的高斯分布。

采用类似于噪声作用于检波器的分析方法，可以求出信号和噪声同时作用时，检波器输出视频信号$U_v(t)$的概率分布为

$$W(U_v)=\frac{1}{K_d}W(U_i)=\frac{U_v}{\sigma_v^2}\mathrm{e}^{-\frac{U_v^2+U_{s0}^2}{2\sigma_v^2}}\mathrm{I}_0\left(\frac{U_vU_{s0}}{\sigma_v^2}\right),\quad U_v\geqslant 0 \tag{9.4.9}$$

式中，σ_v^2为检波后视频信号方差；$\sigma_v=K_d\sigma_i$；$U_{s0}=K_dU_s$。

雷达信号检测的基本方法是：设置一个门限电平U_T，将接收机输出的视频信号U_v与U_T比较，当$U_v\geqslant U_T$时，判定为有目标；当$U_v<U_T$时，判定为无目标。表现雷达信号检

测的主要指标是 P_{fa} 和 P_d。根据上述事件的定义，在射频噪声干扰时的虚警概率是接收机输出的干扰信号包络超过门限 U_T 的概率，也就是图 9.4.3 中输出噪声的电平分布曲线下超过 U_T 部分的面积。

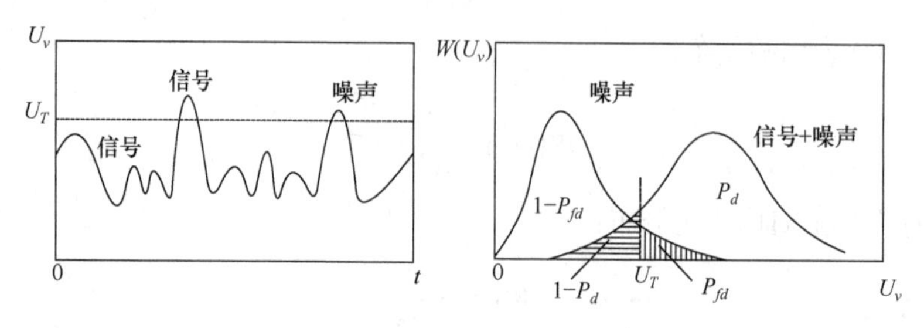

图 9.4.3　噪声背景下的信号检测

$$P_{fa}=\int_{U_T}^{\infty}\frac{U_v}{\sigma_v^2}\mathrm{e}^{-\frac{U_v^2}{2\sigma_v^2}}\mathrm{d}U_v=\mathrm{e}^{-\frac{U_T^2}{2\sigma_v^2}} \tag{9.4.10}$$

根据奈曼-皮尔逊准则，对于给定的虚警概率 P_{fa}，可由式(9.4.10)确定检测门限 U_T：

$$U_T=\sqrt{-2\ln P_{fa}}\,\sigma \tag{9.4.11}$$

发现概率 P_d 是虚警概率 P_{fa} 和信噪比 $r=\dfrac{S}{N}=\dfrac{U_{s0}^2}{2\sigma_v^2}$ 的函数：

$$P_d=\int_{U_T}^{\infty}\frac{U_v}{\sigma_v^2}\mathrm{e}^{-\frac{U_v^2+U_{s0}^2}{2\sigma_v^2}}\mathrm{I}_0\left(\frac{U_vU_{s0}}{\sigma_v^2}\right)\mathrm{d}U_v \tag{9.4.12}$$

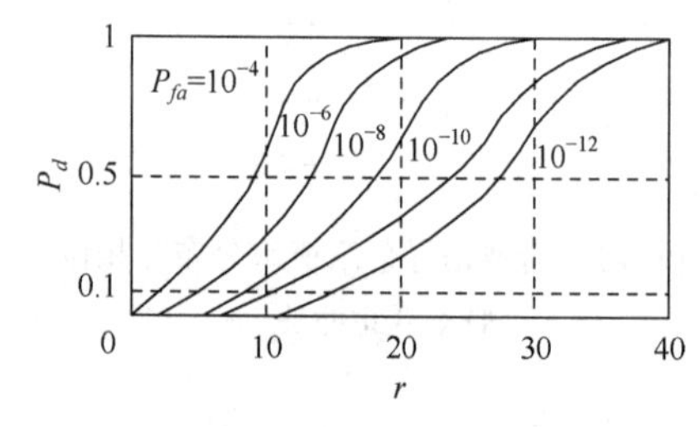

图 9.4.4　雷达信号检测特性

图 9.4.4 画出了不同 P_{fa} 下 P_d 与信噪比 r 的关系。

通常，雷达的发现概率选在 0.5 以上，因此，当干扰能使发现概率降到 0.5 以下，就能够对雷达进行有效压制了，但是继续增大干扰，发现概率会快速下降至 0.1，以后，P_d 的下降就变得缓慢了。这样从干扰功率的有效利用观点出发，取 P_d=0.1 作为压制性干扰有效干扰的衡量标准。

2. 压制系数的定义

在确定了有效干扰标准后，可得到有效干扰下的干扰-信号比。这个比值就称为压制性干扰的压制系数。

$$K_j=\left(\frac{P_j}{P_s}\right)_{\mathrm{IF},\min,P_d=0.1} \tag{9.4.13}$$

式(9.4.13)表示使发现概率 P_d 下降到 0.1 时，接收机输入端中放通带内的最小干扰功率和信号功率之比。

3. 影响压制系数的因素

压制系数的大小与进入雷达接收机中放的干扰样式、雷达的抗干扰措施以及信号检测的方法等有关。

1) 干扰信号样式对 K_j 的影响

遮盖性最好的是正态白噪声，当干扰信号与正态白噪声存在差别时，其遮盖性能将变差，其遮盖性能将下降 η_n，$\eta_n = P_{j0} / P_j$ 为噪声质量系数，P_{j0} 为高斯噪声功率，P_j 为实际干扰功率，为了达到与高斯噪声相同的遮盖效果，其干扰功率需要提高 $1/\eta_n$ 倍。

2) 雷达的抗干扰能力对 K_j 的影响

用同一种干扰样式对不同体制的雷达进行干扰时，雷达抗干扰性能越强，压制系数就越大，所以 K_j 还可以作为衡量雷达抗干扰性能的指标。例如，对脉冲压缩雷达进行干扰时的压制系数比对常规雷达进行干扰时的压制系数高许多倍。

3) 雷达信号检测方法对 K_j 的影响

雷达信号检测方法对压制系数也有影响。当雷达采用自动门限检测时，所需的信噪比较高，而由于操纵员在显示器上人工发现目标所需的信噪比较低，故在自动门限检测时，对雷达实现有效干扰所需的 K_j 值较低，而人工检测时，对雷达实现有效干扰所需的 K_j 值较高。

综上所述，压制系数与多种因素有关。对于施放干扰者来说，被压制雷达的虚警概率、发现概率、抗干扰技术、信号检测方法等都是未知的，故实际雷达的压制系数难以通过计算得出。压制系数的实际值只能通过对被干扰对象进行实际的试验才能得出。试验的干扰对象通常用同类型国内雷达或缴获的敌方雷达充。

9.4.3 噪声调幅干扰

射频噪声干扰具有和接收机内部噪声相似的结构，干扰效果较好，但是射频噪声干扰的干扰功率不易做得很大。因此，为了提高干扰功率，同时又要产生较好的遮盖性效果，通常采用低频噪声对载波信号进行调制的干扰信号样式。这里将重点讨论噪声调幅干扰和噪声调频干扰。

1. 噪声调幅干扰的信号特征

当利用低频噪声对载波进行调幅时，可以得到噪声调幅信号。设调制噪声 $u_n(t)$ 为零均值的正态噪声，功率谱为矩形：

$$G_n(f) = \begin{cases} N_0 = \dfrac{\sigma^2}{\Delta F_n}, & 0 \leqslant f \leqslant \Delta F_n \\ 0, & \text{其他} \end{cases} \tag{9.4.14}$$

则已调波为

$$u_j(t) = [U_0 + U_n(t)]\cos(\omega_j t + \varphi) \tag{9.4.15}$$

式中，调制噪声 $U_n(t)$ 为均值为零、方差为 σ_n^2、在区间 $[-U_0, \infty)$ 分布的广义平稳随机过程；φ 为 $[0, 2\pi]$ 上的均匀分布，且为与 $U_n(t)$ 独立的随机变量；U_0 和 ω_j 为常数。噪声调幅干扰的调制噪声及噪声调幅信号的波形和频谱如图 9.4.5 所示。

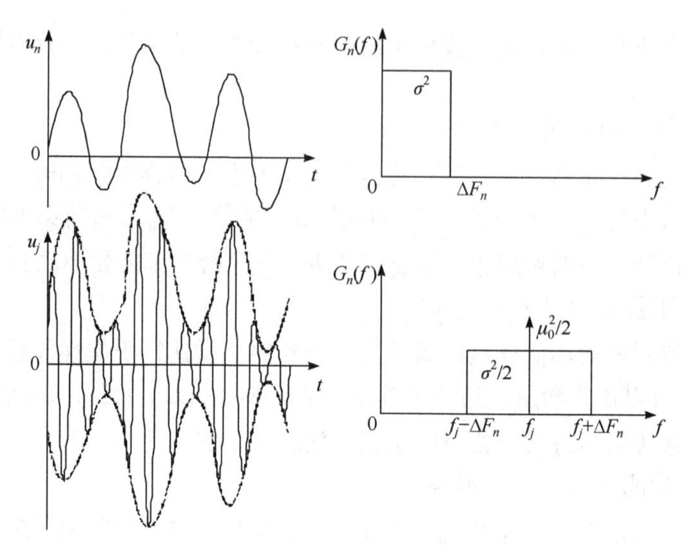

图 9.4.5　噪声调幅信号的波形和频谱

因为$U_n(t)$与φ相互独立，所以其联合概率密度分布函数为$W(U_n,\varphi)$与各自的概率密度分布函数$W(U_n)$、$W(\varphi)$之间存在下列关系：

$$W(U_n,\varphi)=W(U_n)\cdot W(\varphi) \tag{9.4.16}$$

噪声调幅信号的总功率为

$$P_t=B_j(0)=\frac{U_0^2}{2}+\frac{1}{2}B_n(0)=\frac{U_0^2}{2}+\frac{\sigma_n^2}{2} \tag{9.4.17}$$

它等于载波功率$U_0^2/2$与调制噪声功率$\sigma_n^2/2$的和。式(9.4.17)也可改写成：

$$P_t=\frac{U_0^2}{2}\left[1+\left(\frac{\sigma_n^2}{U_0}\right)^2\right]=P_0(1+m_{Ae}^2) \tag{9.4.18}$$

式中，$P_0=U_0^2/2$为载波功率；$m_{Ae}=\sigma_n/U_0$为有效调制系数。

设m_A为最大调制系数，即

$$m_A=\frac{U_{n\max}}{U_0} \tag{9.4.19}$$

则m_{Ae}与m_A的关系如下：

$$m_A=\frac{U_{n\max}}{\sigma_n}\frac{\sigma_n}{U_0}=K_c m_{Ae}\quad 并且\quad K_c=\frac{U_{n\max}}{\sigma_n} \tag{9.4.20}$$

式中，K_c为噪声的峰值系数。

一般$m_A\leqslant 1$，当$m_A>1$时将产生过调制。因此，当$m_A=1$时，对于正态噪声，一般有

$$K_c=2.5\sim 3 \tag{9.4.21}$$

噪声调幅信号的功率谱为

$$P_n=\frac{\sigma_n^2}{2}=P_0 m_{Ae}^2 \quad 或 \quad P_n=P_0\left(\frac{m_A}{K_c}\right)^2 \tag{9.4.22}$$

由于雷达接收机检波器的输出正比于噪声调制信号的包络，因此，起遮盖干扰作用的主要是旁频功率。如果不对调制噪声 $U_n(t)$ 加限幅处理，在不产生过调制条件下 $(m_A \leqslant 1)$，旁频功率仅为载波功率的很小一部分，且

$$P_n=(0.1\sim 0.16)P_0 \tag{9.4.23}$$

由式(9.4.23)可得，旁频功率只占载波功率很小的部分。因此，用增加载波功率的方法是不经济的。所以增加载波功率的有效方法是减小峰值系数，即对调制噪声进行限幅放大后，再对载波进行调幅。

提高干扰有效功率的主要办法是提高噪声调幅信号的旁频功率，根据式(9.4.22)可得，提高旁频功率的方法主要有两种：一是增大载波功率 P_0；二是增大有效调制系数 m_{Ae}。第一种方法就是提高干扰机的发射功率，但发射功率的增加将受到发射功放等的限制；第二种方法是对 $U_n(t)$ 适当限幅，提高旁频功率在发射功率中的比例，在实际干扰机中，经常会采用这种方法。

2. 噪声调幅干扰信号通过雷达接收机

设接收机线性部分 1(超外差接收机高、中频部分)的带宽为 Δf_r，放大量为 K_0，接收机具有矩形的频率特性，噪声调幅干扰的功率谱为均匀的功率谱，干扰带宽为 Δf_j，显然进入接收机的干扰功率，在干扰总功率、干扰带宽、接收机带宽确定的情况下，与频率瞄准误差 δf 的大小及 $\dfrac{\Delta f_j}{\Delta f_r}$ 有关。

1) 频率瞄准误差 $\delta f=|f_j-f_s|=0$

当 $\delta f=0$ 时，干扰的载波频率与雷达的工作频率一致，干扰载波成分及部分旁频噪声功率可以进入接收机，进入接收机的干扰功率：

$$P_{ji}=P_0+\frac{P_n}{\Delta f_j}\Delta f_r \tag{9.4.24}$$

式中，P_n 为噪声调幅干扰的旁频功率。

中放输出功率：

$$P_{jL}=K_0^2 P_{ji}=P_{0L}+P_{nL} \tag{9.4.25}$$

式中，$P_{0L}=K_0^2 P_0$ 为中放输出的载波功率成分；

$$P_{nL}=K_0^2\frac{P_n}{\Delta f_j}\Delta f_r \tag{9.4.26}$$

中放输出的干扰功率谱宽度与接收机的带宽 Δf_r 相等，载波成分位于功率谱中央。

2) 频率瞄准误差 $\delta f=\dfrac{\Delta f_r}{2}$

当频率瞄准误差 $\delta f=\dfrac{\Delta f_r}{2}$ 时，干扰的载波成分刚好能够进入接收机，如果干扰带宽

$\Delta f_j > 2\Delta f_r$，则干扰功率谱可以覆盖整个接收机带宽，此时进入接收机的干扰功率及中放输出的干扰功率仍与 $\delta f = 0$ 时相同，即 $P_{jL} = P_{0L} + P_{nL}$，但这时中放输出的功率谱与 $\delta f = 0$ 时不同，此时载波成分位于中放输出的干扰噪声功率谱的边沿。

3) 频率瞄准误差 $\delta f > \dfrac{\Delta f_r}{2}$

当频率瞄准误差 $\delta f > \dfrac{\Delta f_r}{2}$ 时，干扰的载波成分不能进入接收机，如果 δf 不太大，接收带宽仍然落在干扰频带内，进入接收机的功率只是噪声调幅干扰的旁频噪声成分，中放输出的干扰功率：

$$P_{jL} = P_{nL} \tag{9.4.27}$$

中放输出的功率频谱仍为矩形。

当然，如果 δf 太大，以致接收频带落到干扰频带之外，则进入接收机的干扰功率将等于 0，中放输出的干扰功率也将等于 0。

噪声调幅信号在不同瞄准误差下通过接收机的信号功率变化如图 9.4.6 所示。

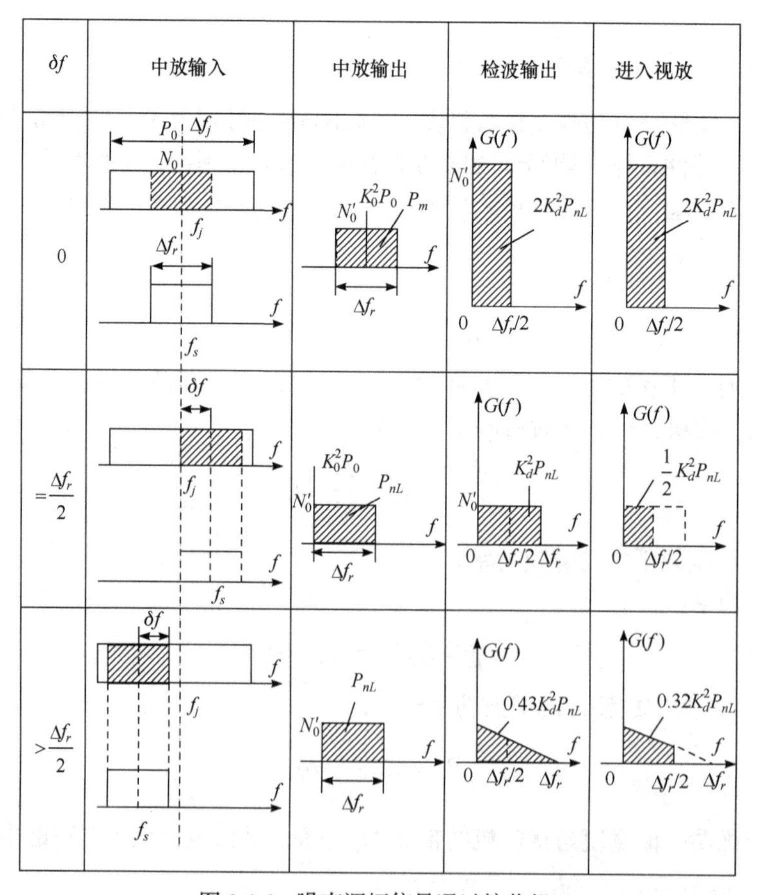

图 9.4.6　噪声调幅信号通过接收机

3. 影响噪声调幅干扰效果的因素

噪声调幅干扰效果的好坏跟三个因素有关：一是干扰载波能否进入接收机；二是进入接收机的噪声质量；三是噪声功率的大小。而噪声质量则与噪声限幅程度等因素有关，进入接收机的功率与频率瞄准误差δf有着密切的关系。

1) 频率瞄准误差

频率瞄准误差(δf)的大小对干扰载波成分能否进入接收机以及进入视放的噪声功率有着直接的关系。

当$\delta f \leqslant \Delta f_r / 2$时，干扰载波成分可以进入接收机，强功率的载波成分本身对回波信号有压制作用。另外，载波能否进入接收机，对检波后的噪声功率及进入视放的噪声功率影响很大。就进入视放的噪声功率来说，$\delta f = 0$时进入视放的噪声功率是$\delta f = \Delta f_r / 2$时进入视放的噪声功率的四倍，是$\delta f > \Delta f_r / 2$时进入视放的噪声功率的六倍。

可见，δf越大，进入视放的噪声功率越小，为了使载波功率能够进入接收机，为了使进入视放的噪声功率不至于太小，δf应小于或等于$\Delta f_r / 2$，即

$$\delta f \leqslant \Delta f_r / 2 \tag{9.4.28}$$

2) 干扰带宽

从干扰效果出发，Δf_j不能太小，因为在实施干扰的过程中，频率瞄准误差δf是不可避免的。当存在频率瞄准误差δf时，干扰带宽应能覆盖雷达接收机带宽，即干扰带宽应满足下列关系：

$$\Delta f_j \geqslant \Delta f_r + 2\delta f \tag{9.4.29}$$

将$\delta f \leqslant \Delta f_r / 2$代入式(9.4.29)得

$$\Delta f_j \geqslant 2\Delta f_r \tag{9.4.30}$$

3) 限幅系数

一般有$k_L = 2.5 \sim 3$，故此时噪声调幅波的旁频功率：

$$k_L = \frac{\sigma}{u_L} \tag{9.4.31}$$

增加载波功率的有效方法是减小峰值系数，即对调制噪声进行限幅放大后，再对载波进行调幅。

为了便于研究，引入限幅损失系数F_c，表征限幅使噪声干扰效果损失的程度。

$$F_c = 10\lg \left. \frac{\text{中放通带内限幅噪声调幅的旁频功率}}{\text{中放通带内未限幅的射频功率}} \right|_{\text{相同的干扰效果}}$$

4. 噪声调幅干扰压制系数的估算

为了评价噪声调幅干扰的效能，要对压制系数进行计算。噪声调幅的压制系数为

$$K_{j\text{Am}} = \left(\frac{P_0}{P_s} \right)_{\text{IF},\min,P_d=0.1} \tag{9.4.32}$$

式中，P_0为载波功率。

用射频噪声干扰的压制系数作为比较标准，为此将式中的P_0用P_n来表示。

由式(9.4.22)得

$$P_n = P_0 m_{Ae}^2 \tag{9.4.33}$$

将式(9.4.33)代入式(9.4.32)得

$$K_{j\text{Am}} = \frac{P_n}{m_{Ae}^2 \cdot P_s} \tag{9.4.34}$$

根据F_c的定义，可以将P_n换算成具有相同干扰效果的射频噪声功率P_j来表示：

$$P_n = P_j \cdot \frac{1}{10}\lg^{-1} F_c = P_j \cdot F_c' \tag{9.4.35}$$

则有

$$K_{j\text{Am}} = F_c' \cdot \frac{K_j}{m_{Ae}^2} \tag{9.4.36}$$

式中，K_j为射频噪声干扰的压制系数，考虑到载波的影响，使干扰效果改善了3dB，即要求式(9.4.36)中的干扰功率减少一半，则压制系数表示为

$$K_{j\text{Am}} = \frac{1}{2} F_c' \cdot \frac{K_j}{m_{Ae}^2} \tag{9.4.37}$$

若雷达同时进行脉冲压缩处理，干扰效果为原来的D_0倍，则此时压制系数表示为

$$K_{j\text{Am}} = \frac{1}{2} D_0 \cdot F_c' \cdot \frac{K_j}{m_{Ae}^2} \tag{9.4.38}$$

式中，D_0为脉冲压缩比。

若雷达再进行动目标显示处理，干扰效果为原来的I倍，则此时压制系数表示为

$$K_{j\text{Am}} = \frac{1}{2} I \cdot D_0 \cdot F_c' \cdot \frac{K_j}{m_{Ae}^2} \tag{9.4.39}$$

式中，I为动目标显示改善因子。

9.4.4 噪声调频干扰

因为噪声调幅干扰的频谱宽度只为低频调制噪声频谱宽度的两倍，而低频调制噪声的带宽的值要远小于高频载波，所以噪声调幅干扰是窄带干扰信号。产生宽频带干扰的主要方法是噪声调频。噪声调频干扰是由低频噪声和高频载波加到频率调制器形成的干扰。由于低频噪声幅度的概率分布为正态分布，实际调制器的调制曲线为准线性函数，可以方便地通过改变调制噪声的分布特性或调制器的调制特性，进而改变噪声调频干扰信号的带宽。因此，噪声调频干扰既可实施窄带瞄准干扰，也可实施宽带阻塞干扰。

1. 噪声调频干扰的信号特征

噪声调频干扰波形为随机信号：

$$u_j(t)=U_j\cos\left[\omega_j t+2\pi K_{\mathrm{FM}}\int_0^t u_n(t)\mathrm{d}t+\varphi\right] \tag{9.4.40}$$

式中，调制噪声$u_n(t)$为零均值、广义平稳随机过程；φ为$[0,2\pi]$上的均匀分布，且为与$u_n(t)$独立的随机变量；U_j为噪声调频信号的幅度；ω_j为噪声调频信号的中心频率；K_{FM}为调频斜率。

噪声调频干扰频谱为

$$\begin{aligned}G_j(\omega)&=U_j^2\int_0^{\infty}\cos(\omega_j-\omega)\tau \mathrm{e}^{-\frac{\sigma^2(\tau)}{2}}\mathrm{d}\tau\\&=U_j^2\int_0^{\infty}\cos(\omega_j-\omega)\tau\exp\left[-m_{fe}^2\Delta\Omega_n\int_0^{\Delta\Omega_n}\frac{1-\cos\Omega\tau}{\Omega^2}\mathrm{d}\Omega\right]\mathrm{d}\tau\end{aligned} \tag{9.4.41}$$

式中，$\Delta\Omega_n=2\pi\Delta F_n$为调制噪声的谱宽；$m_{fe}=K_{\mathrm{FM}}\sigma_n/\Delta F_n=f_{de}/\Delta F_n$为有效调频指数，其中，$f_{de}$为有效调频带宽。只有当$m_{fe}\gg 1$和$m_{fe}\ll 1$时，该积分才能近似求解。

调制噪声$u_n(t)$和噪声调频干扰信号的波形及频谱如图9.4.7所示。

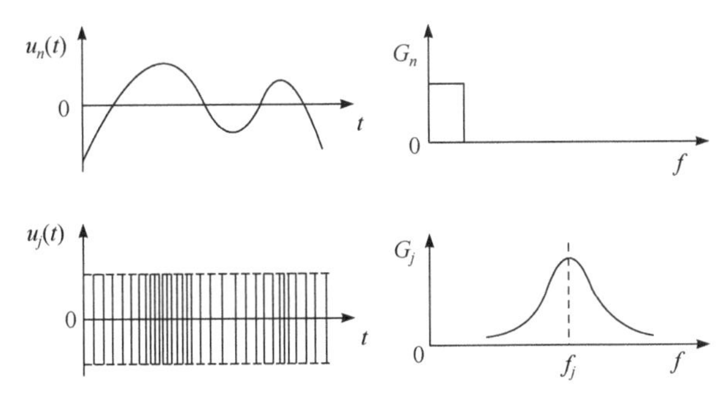

图9.4.7 噪声调频干扰信号波形及频谱

1) $m_{fe}\gg 1$

此时，积分号内的指数随τ增大而快速衰减，对功率谱的贡献主要是τ较小时的积分区间。这时，$\cos(\Omega\tau)$可按级数展开，并取前两项近似，即

$$\cos(\Omega\tau)\approx 1-\left(\frac{\Omega\tau}{2}\right)^2 \tag{9.4.42}$$

代入式(9.4.41)得到

$$G_j(f)=\frac{U_j^2}{2}\frac{1}{\sqrt{2\pi}f_{de}}\exp\left[-\frac{(f-f_j)^2}{2f_{de}^2}\right] \tag{9.4.43}$$

由式(9.4.43)可以得到$m_{fe}\gg 1$时噪声调频信号功率谱特性，得出以下结论。

(1) 噪声调频信号的功率谱密度$G_j(f)$与调制噪声的概率密度$W(u_n)$有线性关系。当调制噪声的概率密度为高斯分布时，噪声调频信号的功率谱密度也为高斯分布。这种近似关系还可以推广到非高斯噪声调频的情况。利用这种线性关系，可以大大简化噪声调频干扰信号的功率谱计算方法，即直接对$W(u_n)$进行雅可比变换得到

$$G_j(f-f_j)=\frac{U_j^2}{2}P_n\frac{f-f_j}{K_{\mathrm{FM}}}\frac{1}{K_{\mathrm{FM}}} \tag{9.4.44}$$

由式(9.4.44)可得，调频的结果就是将总功率分配在各个频率成分上，显然，某一频率出现的概率越大，分得的功率就越多。

(2) 噪声调频信号的功率等于载波功率，且

$$P_j=\int_{-\infty}^{\infty}G_j(f)\mathrm{d}f=\frac{U_j^2}{2} \tag{9.4.45}$$

这表明，调制噪声功率不对噪声调频信号的功率造成影响，这与噪声调幅波不一样。

(3) 噪声调频信号的干扰带宽(半功率带宽)为

$$\Delta f_i=2\sqrt{2\ln 2}f_{de}=2\sqrt{2\ln 2}K_{\mathrm{FM}}\sigma_n \tag{9.4.46}$$

它与调制噪声带宽ΔF_n无关，而决定于调制噪声的功率σ_n^2和调谐率K_{FM}。这为实施宽带干扰提供了可能。

2) $m_{fe}\ll 1$

这时调制噪声的带宽ΔF_n相对很大。式(9.4.41)中的$[1-\cos(\Omega\tau)]/\Omega^2$写成$(\sin y/y)^2$的形式。这里$y=\Omega\tau/2$，而$\int_0^{\infty}\left(\frac{\sin y}{y}\right)^2\mathrm{d}y\approx\frac{\pi}{2}$，则

$$G_j(f)=\frac{U_j^2}{2}\frac{f_{de}^2/(2\Delta F_n)}{[\pi f_{de}^2/(2\Delta F_n)]^2+(f-f_j)^2} \tag{9.4.47}$$

功率谱密度如图 9.4.8 所示。

由式(9.4.47)可得半功率干扰带宽为

$$\Delta f_j=\frac{\pi f_{de}^2}{\Delta F_n}=\pi m_{fe}^2\Delta F_n \tag{9.4.48}$$

3) 当m_{fe}介于上述两种情况之间时

它们的频谱宽度的计算方法为：当$m_{fe}<0.75$时，可用$m_{fe}\ll 1$时的公式计算；当$m_{fe}>0.75$时，可用$m_{fe}\gg 1$时的公式计算。

2. 噪声调频干扰信号通过雷达接收机

设接收机的幅频特性为理想矩形，带宽为Δf_r，频率瞄准误差$\delta f=0$，且不考虑接收机惰性的影响，则当噪声调频干扰作用于接收机输入端时，随着噪声调频干扰的频偏的不同，中放输出的干扰信号也是不一样的。

(1) 当噪声调频干扰的两倍瞬时频偏小于接收机带宽时(即$2\Delta f<\Delta f_r$)，接收机中放输出为等幅的调频信号，如图 9.4.9 所示，经过幅度检波器检波以后便可得到一直流信号，起伏功率为零，在显示器上对回波信号无遮盖作用。

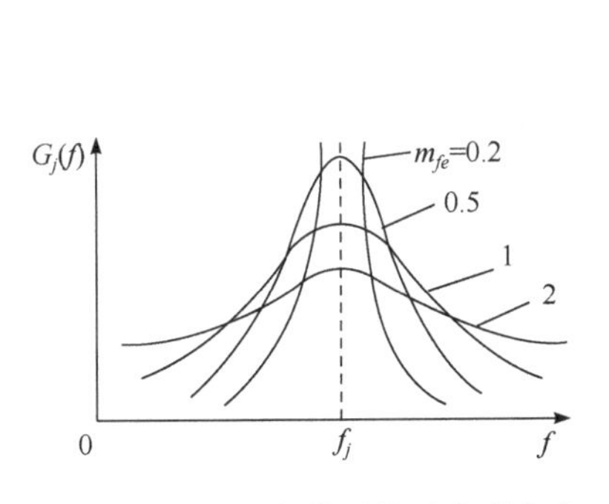

图 9.4.8 噪声调频信号的功率谱密度

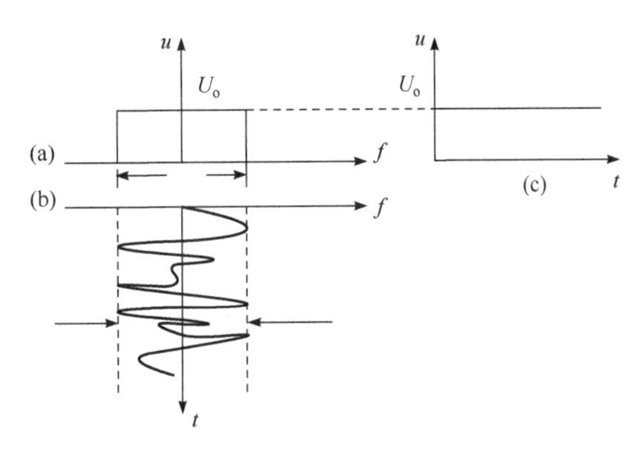

图 9.4.9 $2\Delta f < \Delta f_r$ 时接收机输出

(2) 当噪声调频干扰的瞬时频偏满足 $2\Delta f > \Delta f_r$ 时，中放输出的干扰信号是一系列宽度、间隔随机变化而幅度固定的随机调频脉冲。经过幅度检波器检波以后便可得到视频脉冲，加在显示器上，对回波信号具有遮盖、压制作用，如图 9.4.10 所示。干扰效果取决于输出脉均宽度以及输出的平均脉冲功率，而这些参数又是随 $\dfrac{2\Delta f}{\Delta f_r}$ 变化的。

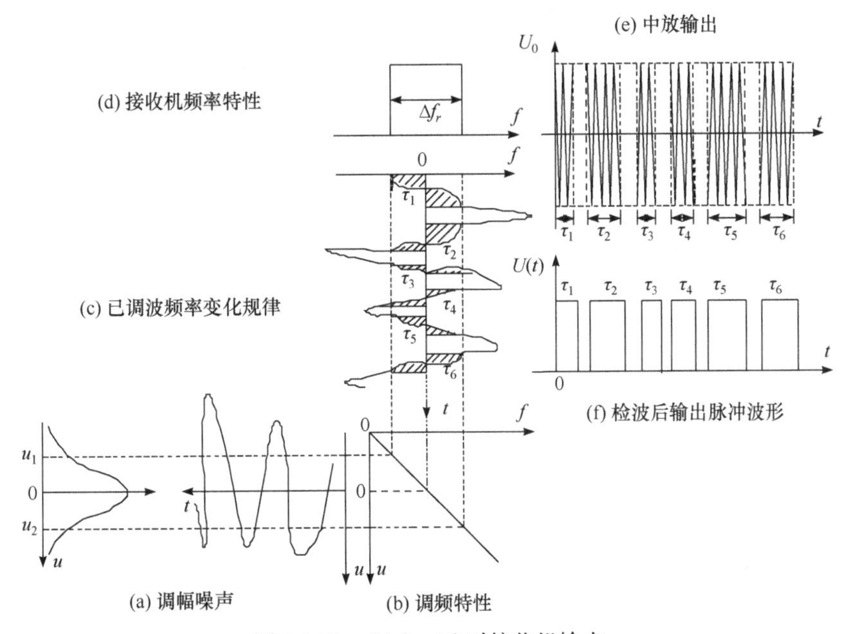

图 9.4.10 $2\Delta f > \Delta f_r$ 时接收机输出

(3) 当噪声调频干扰的瞬时频偏满足 $\dfrac{2\Delta f}{\Delta f_r} \gg 1$ 时，由图 9.4.10 可见，此时输出脉冲的平均间隔将增大，平均宽度将减小，因而输出信号的遮盖性变坏，干扰功率减小。

综上所述，噪声调频干扰通过接收机时，在所做的假设条件下，输出脉冲的结构和功率与 $\dfrac{2\Delta f}{\Delta f_r}$ 有关。$\dfrac{2\Delta f}{\Delta f_r}$ 过大、过小，都会影响输出脉冲的结构和功率，从而影响干扰效果的好坏。

3. 影响噪声调频干扰的因素

影响噪声调频干扰效果的主要因素有干扰带宽，频率瞄准误差和调制噪声的频谱宽度。这些因素影响检波输出的噪声形成，噪声功率大小也影响噪声质量的好坏。

1) 干扰带宽Δf_j

(1) 实施瞄准式干扰时，检波输出的脉冲起伏功率有一最大值点，即当$2f_{de}/\Delta f_r=1.48$时，有

$$\Delta f_j=2\sqrt{2\ln 2}f_{de}=1.18\times 1.48\Delta f_r=1.75\Delta f_r \tag{9.4.49}$$

考虑到$\delta f\neq 0$，Δf_j应取大一些。通常兼顾功率、噪声质量和瞄准误差的要求，可取

$$\Delta f_j=(2.5\sim 3)\Delta f_r \tag{9.4.50}$$

(2) 实施阻塞式干扰时，需要使干扰信号的功率谱变得均匀些。使干扰信号功率谱变得均匀的常用办法有：

① 增大有效频偏f_{de}。f_{de}的大小对功率谱的形状有很大的影响，当f_{de}不同时，功率谱曲线的尖锐程度是不同的。当f_{de}变大时，功率谱曲线变得较平坦。因为$f_{de}=K_{\text{FM}}\sigma$，故采用较大的调频斜率或增大调制噪声电压的有效值都可以使f_{de}增大。

② 改变调制噪声电压概率分布，使之接近均匀分布。由于噪声调频的功率谱密度与调制噪声电压的概率密度具有相同的形状，当调制噪声电压的概率密度变为接近均匀分布时，噪声调频的功率谱密度也就变成接近均匀分布了。将概率密度为正态分布的调制噪声电压变换为接近均匀分布的调制噪声电压的方法是利用误差限幅器对输入正态噪声进行限幅。误差限幅器的限幅特性及变换如图 9.4.11 所示。

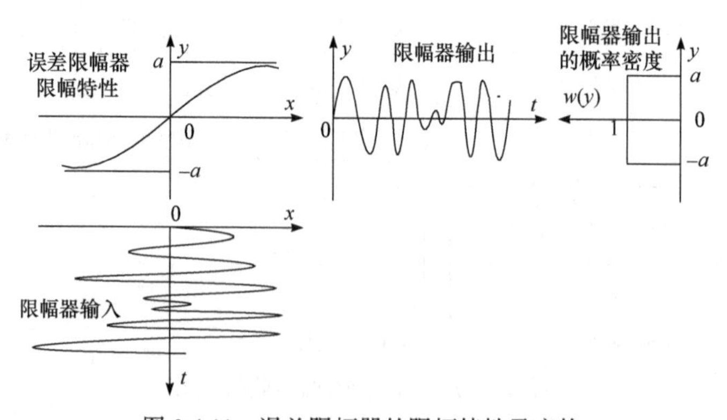

图 9.4.11　误差限幅器的限幅特性及变换

2) 频率瞄准误差δf

(1) 实施瞄准式干扰时，由于当$2f_{de}/\Delta f_r>1.48$时，在$\delta f/\Delta f_r\leqslant 1$范围内输出的起伏功率变化不大，因此，对于噪声调频干扰允许有较大的频率误差。

$$\delta f=\Delta f_r \tag{9.4.51}$$

(2) 实施阻塞式干扰时，对频率瞄准误差的要求更宽松。

3) 调制噪声的带宽 ΔF_n

调制噪声的频谱宽度是影响压制性能的主要因素之一。由于中放和检波器的输出是调频波的频率扫过中放通带的结果，而频率的变化速度又取决于调制噪声的频谱宽度 ΔF_n，当调制噪声的频谱较窄时，调制噪声电压在单位时间内改变极性的次数较少，调频波的频率变化速度较低，因此，中放输出有足够的时间建立起稳定的振荡，输出为固定幅度、随机宽度和间隔的脉冲序列，压制性能较差。随着调制噪声频谱宽度的增大，调频波的频率变化速度也随之增大，这时，中放输出的前一脉冲还未来得及建立稳定振荡，下一个脉冲就接踵而来，随机脉冲开始重叠。当调制噪声频谱宽度足够宽时，输出脉冲重叠得厉害，其压制性能类似于射频噪声的压制性能，这就是说，调制噪声频谱宽度的大小是中放输出噪声形成的主要因素，且直接影响噪声质量的好坏。通常，调制噪声的频谱宽度 ΔF_n 取

$$\Delta F_n \approx (1\sim1.8)\Delta f_r \tag{9.4.52}$$

4. 噪声调频干扰压制系数的估算

评价一种干扰样式的优劣不仅局限在输出噪声质量的好坏上，还要看它能否容易得到大的干扰功率和宽的干扰带宽。通过上面的分析，可以看出，噪声调频干扰可以在较宽的干扰带宽内获得较大的干扰功率。特别是干扰带宽可大可小，因此，噪声调频干扰既可进行阻塞式干扰，又可进行瞄准式干扰。

(1) 实施瞄准式干扰时，对于A型显示器，有

$$K_{j\mathrm{FM}} \approx 4K_j \tag{9.4.53}$$

对于P型显示器，有

$$K_{j\mathrm{FM}} \approx (1.3\sim2)K_j \tag{9.4.54}$$

当考虑雷达进行抗干扰信号处理时，$K_{j\mathrm{FM}}$ 的值将增大。

(2) 实施阻塞式干扰时，由于 $\Delta f_j \gg \Delta f_r$，所以实际压制系数将更大。

另外，实际的调制过程往往会出现在进行一种调制的同时产生另一种寄生调制的现象。而当寄生调制的调制度较大时，无论调幅还是调频都产生同样的结果，噪声调幅-调频信号的振幅和频率同时按照调制噪声变化规律进行变化，称这种调制为噪声调幅-调频。噪声调幅-调频兼有噪声调幅和噪声调频的优点，既可以得到较大的干扰发射功率，又可以获得较宽的干扰带宽；在雷达显示器上产生的干扰质量较好，允许有较大的频率瞄准误差。

9.5 欺骗性干扰

欺骗性干扰的原理是采用假的目标或目标信息作用于雷达的目标检测、参数测量和跟踪系统，使雷达发生严重的虚警，或者不能正确测量和跟踪目标参数。

9.5.1 欺骗性干扰的分类

欺骗性干扰方法的分类主要有以下两种，如图9.5.1所示。

1. 按照假目标与真目标在雷达特征参数域(D)中参数差别的大小和调制方式分类

欺骗性干扰可以分为质心干扰、假目标干扰和拖引干扰。

1) 质心干扰

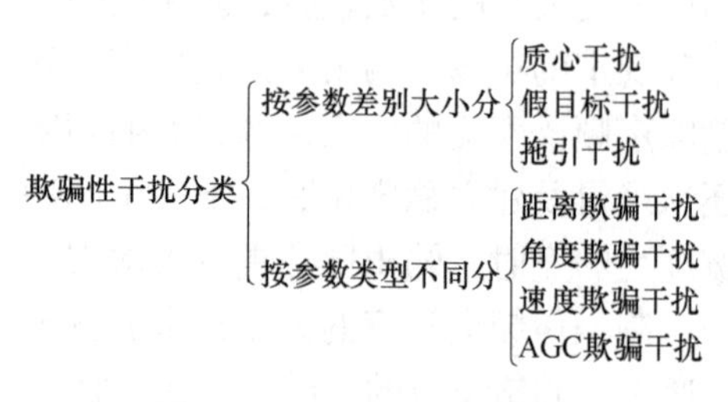

图 9.5.1　欺骗性干扰分类

质心干扰是指真目标(T)和假目标(T_f)参数差别小于雷达的特征空间分辨率，即

$$\left\|T_f - T\right\| \leqslant \Delta D \tag{9.5.1}$$

式中，$\|\cdot\|$表示泛函数；ΔD表示雷达的特征参数分辨率。雷达不能将T_f与T区分为两个目标，而将真假目标视为同一个目标(T_f')进行检测、识别和跟踪。由于在许多情况下，雷达对T_f'的最终检测、识别和跟踪往往是针对真目标和假目标参数的能量加权质心进行的，故称这种干扰为质心干扰。

2) 假目标干扰

假目标干扰是指真目标和假目标的一个或几个参数差别大于雷达的特征参数分辨率，即

$$\left\|T_f - T\right\| \geqslant \Delta D \tag{9.5.2}$$

雷达将T_f与T区分为两个目标，可能将假目标作为真目标进行检测、识别和跟踪，从而造成虚警检测、错误识别和错误跟踪。

3) 拖引干扰

拖引干扰是一种周期性地从质心干扰到假目标干扰的连续变化过程。典型的拖引干扰过程可以表示为

$$\left\|T_f - T\right\| = \begin{cases} 0, & 0 \leqslant t < t_1, \quad \text{停拖} \\ 0 \to \delta D_{\max}, & t_1 \leqslant t < t_2, \quad \text{拖引} \\ T_f, & t_2 \leqslant t < T_j, \quad \text{关机} \end{cases} \tag{9.5.3}$$

即在停拖时间段$[0, t_1)$，假目标与真目标出现的空间和时间近似重合，很容易被雷达检测和捕获。通常使假目标的能量高于真目标能量，捕获后，AGC 电路将按照假目标信号的能量来调整接收机的增益，使增益降低，以便对其进行跟踪。停拖时间段的长度应与雷达检测和捕获目标所需时间相对应；在拖引时间段$[t_1, t_2)$，假目标与真目标在预定的欺骗干扰参数上逐渐分离，且分离的速度V在雷达跟踪正常运动目标的速度响应范围$[V_{\min}, V_{\max}]$之内，直到假目标与真目标的参数差达到预定的程度$\delta D_{\max}$，即假目标被拖引到另一个分辨单元。

$$\left\|T_f - T\right\| = \delta D_{\max}, \quad \delta D_{\max} > \Delta D / 2 \tag{9.5.4}$$

由于拖引前假目标的能量高于真目标的能量，假目标控制了接收机增益，所以雷达的跟踪系统很容易被假目标拖引而离开真目标。拖引段的时间长度主要由最大误差$\delta D_{\max}$和拖引速度υ所决定。在关闭时间段$[t_2, T_j)$，欺骗式干扰机停止发射，使假目标T_f突然消失，造成雷达跟踪信号突然中断。通常，雷达跟踪系统需要滞留和等待一段时间，AGC 电路也

需要重新调整雷达接收机的增益，即提高增益，当真假信号消失超过一定时间，雷达确认目标丢失后，需要重新进入目标信号的搜索状态。关闭时间段的长度主要由雷达跟踪中断后的滞留和调整时间决定。然后重复捕获、拖引和关机过程，如此反复，雷达将在跟踪状态和搜索状态间转换。

2. 按照T_f与T在D中检测参数的不同分类

欺骗性干扰可以分为距离欺骗干扰、角度欺骗干扰、速度欺骗干扰和AGC欺骗干扰等。

1) 距离欺骗干扰

距离欺骗干扰是指假目标的距离不同于真目标，且能量往往比真目标强，而其余参数则与真目标参数近似相等，即

$$R_f \neq R,\ \alpha_f \approx \alpha,\ \beta_f \approx \beta,\ f_{df} \approx f_d,\ S_f > S \tag{9.5.5}$$

式中，R_f、α_f、β_f、f_{df}和S_f分别为T_f在D中的距离、方位、仰角、多普勒频率和功率；R、α、β、f_d和S为T在D中的距离、方位、仰角、多普勒频率和功率。

2) 角度欺骗干扰

角度欺骗干扰是指假目标的方位或仰角不同于真目标，且能量比真目标强，而其余参数则与真目标参数近似相等，即

$$\alpha_f \neq \alpha,\quad \beta_f \neq \beta,\quad R_f \approx R,\quad f_{df} \approx f_d,\quad S_f > S \tag{9.5.6}$$

3) 速度欺骗干扰

速度欺骗干扰是指假目标的多普勒频率不同于真目标，且能量强于真目标，而其余参数则与真目标参数近似相等，即

$$f_{df} \neq f_d,\ R_f \approx R,\ \alpha_f \approx \alpha,\ \beta_f \approx \beta,\ S_f > S \tag{9.5.7}$$

4) AGC欺骗干扰

AGC欺骗干扰也叫增益欺骗干扰，是指假目标的能量大于真目标，且时通时断，而其余参数则与真目标参数近似相等，即

$$f_{df} \approx f_d,\ R_f \approx R,\ \alpha_f \approx \alpha,\ \beta_f \approx \beta,\ \begin{cases} S_f > S, & \text{通} \\ S_f = 0, & \text{断} \end{cases} \tag{9.5.8}$$

9.5.2 对雷达距离信息的欺骗

对脉冲雷达距离信息的欺骗主要是通过对收到的雷达信号进行延时调制和放大转发来实现的，对敌方雷达进行有源距离欺骗主要采用距离假目标干扰和距离波门拖引干扰。

1. 有源距离假目标干扰

有源距离假目标干扰也称为同步脉冲干扰。有源距离假目标干扰主要是使用假目标干扰机接收一个脉冲后，经一定时延后重发一个脉冲产生一个假目标，或连续重发多个脉冲产生不同距离上的多个假目标，对付雷达的接收显示系统和目标跟踪系统，其目的是使雷达操作员无法在显示器上的假目标背景中分辨出真目标，或者使雷达跟踪系统捕获假目标并对它进行跟踪，而且认为正在跟踪真实目标。

1) 对脉冲雷达的有源距离假目标干扰

设 R 为真目标所在距离，经雷达接收机输出的回波脉冲包络时延为

$$t_r = \frac{2R}{c} \tag{9.5.9}$$

R_f 为假目标所在距离，则在雷达接收机内干扰脉冲包络相对于雷达定时脉冲的时延为

$$t_f = \frac{2R_f}{c} \tag{9.5.10}$$

当满足 $\left|R_f - R\right| > \delta R_{\max}$（$\delta R_{\max}$ 为雷达的距离分辨率）时，便形成了距离假目标，如图 9.5.2 所示。

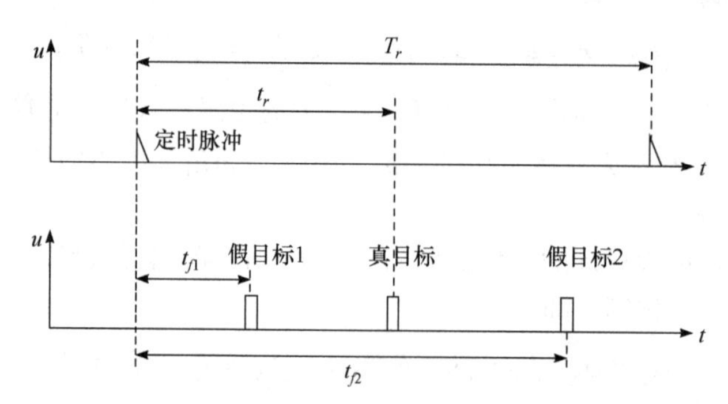

图 9.5.2　对脉冲雷达距离检测的假目标干扰

通常，t_f 由两部分组成，即

$$t_f = t_{f0} + \Delta t_f ,\quad t_{f0} = \frac{2R_j}{c} \tag{9.5.11}$$

式中，t_{f0} 是由雷达与干扰机之间的距离 R_j 所引起的电波传播时延；Δt_f 则是干扰机收到雷达信号后的转发时延。在一般情况下，干扰机无法确定 R_j，所以 t_{f0} 是未知的，主要通过控制 Δt_f 实现迟延控制，这就要求干扰机与被保护目标之间具有良好的空间配合关系，将假目标的距离设置在合适的位置，避免假目标与真目标的距离重合，因此，假目标干扰多用于对目标进行自卫时的干扰，这样容易与真目标自身进行空间配合。

2) 对连续波雷达的有源距离假目标干扰

由于连续波调频测距雷达距离信息主要表现为收发信号的频差 f_c，所以对连续波调频测距雷达距离信息的欺骗干扰主要是根据干扰样式的要求，对接收到的雷达照射信号产生适当的频移 f_{cj}，再将频移后的干扰信号放大，转发到雷达接收天线。

设 R 为雷达与真目标之间的距离，当雷达捕获和跟踪此真目标后，其回波信号与当前发射信号的频差 f_i，调频锯齿波的周期 T 定在

$$T = \frac{2R\Delta f_m}{cf_i} \tag{9.5.12}$$

式中，Δf_m 为调频带宽。

设 $f_{cj} > 0$ 表示转发频率高于接收频率，反之，$f_{cj} < 0$ 表示转发频率低于接收频率，R_j

为干扰机与雷达间的距离，则当雷达捕获和跟踪此干扰信号时，其调频锯齿波周期T_R'的稳定条件是

$$\frac{2R_j\Delta f_m}{cT_R'}-f_{cj}=f_i \tag{9.5.13}$$

即由空间传播引起的频差(接收频率低于发射频率)与移频值之代数和等于频差鉴频器的中心频率f_i。求解式(9.5.13)，可得到此干扰条件下的雷达调频周期T_R'和跟踪的假目标距离为

$$T_R'=\frac{2R_j\Delta f_m}{c(f_i+f_{cj})} \tag{9.5.14}$$

$$R_f=\frac{cT_R'f_i}{2\Delta f_m}=\frac{R_jf_j}{f_i+f_{cj}} \tag{9.5.15}$$

在自卫条件下，$R_j=R$，假目标与真目标的相对距离误差$\Delta R/R$为

$$\frac{\Delta R}{R}=\frac{R_f-R}{R}=\frac{-f_{cj}}{f_i+f_{cj}} \tag{9.5.16}$$

式(9.5.16)表明：f_{cj}的正负决定距离偏差的方向，$\left|f_{cj}\right|$的大小影响距离偏差的大小。

2. 距离波门拖引干扰

假目标干扰既可对雷达的接收显示系统进行欺骗，又可对自动距离跟踪系统进行欺骗，而距离波门拖引干扰只能对自动距离跟踪系统进行欺骗。雷达跟踪目标的过程可认为是设法将目标对准分辨单元的过程，距离波门拖引干扰是将距离波门在时间上移开，其结果是雷达无法得到精确的距离信息，当真实目标位于分辨单元之外时，雷达的跟踪就已中断，即干扰机发射一个假回波脉冲，该脉冲滞后于雷达反射脉冲一段时间，由于雷达是根据反射脉冲的到达时间来确定目标距离的，故能使雷达误以为目标距离比实际距离更远且超出分辨单元。该技术需要的干信比为1～6dB。

1) 距离波门拖引干扰过程

对自动距离跟踪系统干扰最常用的手段是实施距离波门拖引，即干扰信号将跟踪在目标上的距离波门拖开。其过程分为三步。

(1) 捕获距离波门。

干扰机收到雷达射频脉冲后，以最小的迟延转发一个干扰脉冲，时间延迟的典型值为150ns，干扰脉冲幅度U_j大于回波信号幅度U_s，$U_j/U_s=1.3\sim1.5$，然后保持这种状态一段时间，这段时间称为停拖。其目的是使干扰信号与目标回波信号同时作用于距离波门上，并且为了使干扰信号能对自动增益控制电路起作用，改变接收机的增益，使回波信号幅度减小，从而使距离波门可靠地跟踪在干扰脉冲上，停拖时间要求应大于自动增益控制电路的惯性时间。

(2) 拖引距离波门。

当距离波门可靠地跟踪到干扰脉冲上以后，干扰机每收到一个雷达照射脉冲后，逐渐

增加转发脉冲的延迟时间，使距离波门随干扰脉冲移动而离开回波脉冲，直至波门偏离目标回波进入下一个距离分辨单元。干扰脉冲延迟规律可以是线性的，也可以是抛物线的。

距离波门移动越快，自卫效果越好。但是，如果拖引速度超过雷达的跟踪速度，则干扰无效。假如不了解目标雷达的设计情况，则可根据雷达的用途来设定该速度极限。雷达必须能够跟踪目标距离的最大变化速度，并能以距离速度的最大变化率来改变其距离跟踪速度。因此，拖引速度要小于或等于距离波门允许的最大跟踪速度。

设拖引速度是均匀的，即在每一个脉冲重复周期 T_r 内，干扰脉冲都比前一个脉冲延迟 $\Delta t = T_i - T_{i-1}$，这里 T_i 是干扰脉冲间隔，则干扰脉冲移动速度 υ_j 为

$$\upsilon_j = \frac{\Delta t}{T_r} \tag{9.5.17}$$

拖引结束时距离波门相对回波的最大延迟时间为 $t_{\max}$，则拖引时间 T 为

$$T = \frac{t_{\max}}{\upsilon_j} = \frac{t_{\max}}{\Delta t}T_r = NT_r \tag{9.5.18}$$

式中，N 为在拖引过程中总共转发的干扰脉冲的数目。

υ_j 必须小于或等于雷达自动距离跟踪系统的最大跟踪速度，即距离波门的最大移动速度 $\upsilon'_{\max}$，否则雷达将自动地丢开拖引距离波门的干扰脉冲。

$$\upsilon_j \leqslant \upsilon'_{\max} \tag{9.5.19}$$

$\upsilon'_{\max}$ 是由目标的最大速度 $\upsilon_{\max}$ 决定的，当取最大速度时，在脉冲周期 T_r 内，目标移动的距离为

$$\Delta R = \upsilon_{\max}T_r = \frac{1}{2}c\Delta t' \tag{9.5.20}$$

式中，$\Delta t'$ 是电波往返的时间。则距离波门的最大移动速度为

$$\upsilon'_{\max} = \frac{\Delta t'}{T_r} = \frac{2\upsilon_{\max}}{c} \tag{9.5.21}$$

从而最终得到

$$\upsilon_j = \frac{2\upsilon_{\max}}{c} \tag{9.5.22}$$

例如，雷达跟踪目标的最大运动速度为 $V_{\max} = 340\text{m/s}$，重复频率 $f_r = 2000\text{Hz}$，则一个重复周期内，回波的迟延时间变化量为

$$\Delta t = \frac{2\times 340}{3\times 10^8}\times\frac{1}{2000} \approx 1.13\text{ns} \tag{9.5.23}$$

拖引的最大时延为10～20μs时，所需的时间为

$$T = \frac{(10\sim 20)\times 10^{-6}}{1.13\times 10^{-9}}T_r \approx (8850\sim 17699)T_r \approx (4.4\sim 8.8)\text{s} \tag{9.5.24}$$

即连续拖引所需的脉冲数 N 为 8850～17699 个。对于一般跟踪雷达的干扰，拖引时间 T 为 4.4～8.8s。

(3) 关机。

当距离波门被干扰脉冲从目标上拖开足够大距离以后，ΔR 至少要大于距离分辨单元的一半，也就是说，目标要从该距离分辨单元拖引到下一个距离分辨单元，这一过程又叫目标解锁。此时，干扰机停止转发干扰脉冲一段时间，即干扰机关闭一段时间，关机以后，距离波门内既无目标回波又无干扰脉冲，距离波门由跟踪状态转入搜索状态。经过一段时间后，距离波门搜索到目标回波并转入自动跟踪状态。在距离波门进行搜索的过程中，干扰机应一直是关闭的，待距离波门跟踪上目标以后，再重复以上三个步骤。有些雷达的自动距离跟踪系统具有距离记忆装置，在转入跟踪状态后，记下目标距离。如果干扰按上述程序进行，关机以后，距离波门能立即返回到目标原来距离上重新跟踪上目标，对这种距离跟踪系统，干扰步骤只包括停拖和拖引两个步骤。

以上讨论的距离波门拖引干扰，称为“后拖”，即干扰信号将距离波门拖向目标距离增大方向。这时干扰的欺骗作用是产生一个远离的“目标”。

影响这种距离波门拖引干扰效果的因素，除了干信比和拖引速度外，一个重要的因素是干扰脉冲对于回波的最小时延量。如果干扰脉冲在时间上不能与回波前沿重合，延迟量超过回波的上升时间，雷达能识别干扰信号，并用脉冲前沿跟踪技术抗干扰，即对视频脉冲前沿微分，得到回波脉冲的前沿，而距离波门只跟踪这个前沿脉冲。对脉冲前沿跟踪雷达进行欺骗的方法是减少干扰脉冲相对于回波脉冲的延迟时间，即采用“前拖”干扰。“前拖”干扰的作用是将距离波门拖向目标距离减小方向，造成一种邻近“目标”的假象。干扰脉冲的前沿领先于目标回波脉冲的前沿，知道脉冲重复间隔就可预测回波脉冲序列中下一个脉冲的到达时间，仔细地控制干扰脉冲即可使其超前回波脉冲一段时间。故采用距离波门“前拖”干扰来对抗具有单一 PRI 的雷达是十分方便的，但是该技术用来对抗参差脉冲序列则相当复杂，而且完全不能对抗随机定时脉冲，因此，雷达没有一个稳定的脉冲重复频率，则该方法就很难有效。

2) 距离波门拖引函数

距离波门拖引干扰的波门距离函数 $R_f(t)$ 可以表述为

$$R_f(t)=\begin{cases}R, & 0\leqslant t<t_1,\quad \text{停拖}\\ R+\upsilon(t-t_1)\ \text{或}\ R+a(t-t_1)^2, & t_1\leqslant t<t_2,\quad \text{拖引}\\ \text{干扰关闭}, & t_2\leqslant t<T_j,\quad \text{关闭}\end{cases} \tag{9.5.25}$$

式中，R 为目标所在距离；υ 和 a 分别为匀速拖引时的速度和匀加速拖引时的加速度。

在自卫干扰条件下，R 也就是干扰机的所在距离，可将式(9.5.25)转换为干扰机对收到雷达照射信号进行转发的时延 $\Delta t_f(t)$，显然，距离波门拖引干扰的转发时延 $\Delta t_f(t)$ 为

$$\Delta t_f(t)=\begin{cases}0, & 0\leqslant t<t_1,\quad \text{停拖}\\ \dfrac{2\upsilon(t-t_1)}{c}\ \text{或}\ \dfrac{2a(t-t_1)^2}{c}, & t_1\leqslant t<t_2,\quad \text{拖引}\\ \text{干扰关闭}, & t_2\leqslant t<T_j,\quad \text{关闭}\end{cases} \tag{9.5.26}$$

最大拖引距离 $R_{\max}$ 为

$$R_{\max}=\begin{cases}\upsilon(t_2-t_1), & \text{匀速拖引}\\ a(t-t_1)^2, & \text{匀加速拖引}\end{cases} \tag{9.5.27}$$

9.5.3　对雷达角度信息的欺骗

雷达对目标角度信息的跟踪主要依靠雷达收发天线对不同方向电磁波的振幅或相位响应。常用的角度跟踪方法有单脉冲角度跟踪、圆锥扫描角度跟踪和线性扫描角度跟踪。现代雷达系统大多采用单脉冲测角技术，理论上只要对一个回波脉冲进行比较即可获得信息，它具有测角精度高、抗干扰能力强的特点，任何幅度调制干扰对它都失去作用。单脉冲角跟踪技术种类很多。利用目标幅度信息进行角跟踪的系统称为振幅法角跟踪系统，利用相位信息进行角跟踪的系统称为相位法角跟踪系统，此外还有综合角跟踪系统等。无论振幅法还是相位法提取角误差信息都要两个或两个以上的天线才能实现。因此可以用非相干干扰和相干干扰等多点源干扰来应对单脉冲角度跟踪系统，此外，尽管单脉冲雷达在角度上具有较高的抗单点源干扰的能力，在一般情况下，其角度跟踪往往需要在距离、速度上，首先完成对目标的检测和跟踪，还需要接收机提供一个稳定的信号电平。由于其距离、速度和AGC等电路与普通脉冲雷达是一样的，所以一旦这些电路遭到破坏，也会不同程度地影响角度跟踪的效果。因此，对单脉冲雷达系统的干扰还可以避免对角度跟踪系统进行直接干扰，转而对反干扰能力较薄弱的距离、速度和AGC控制等电路进行干扰。

由于雷达在角度分辨率内可产生较大的切向距离，因此，对各种角度跟踪系统的有源欺骗常用质心干扰和角度拖引干扰。

1. 非相干干扰

非相干干扰是一种质心干扰，这种干扰主要对单脉冲角度跟踪系统或圆锥扫描角度跟踪系统等单目标雷达有效。非相干干扰是在雷达的分辨角内设置两个或多个干扰源，这些干扰源到达雷达接收天线口面的信号没有稳定的相对相位关系。

在单平面内非相干干扰的原理如图9.5.3所示。

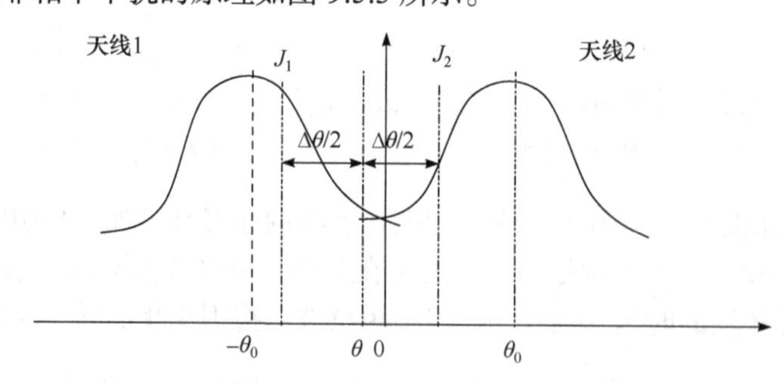

图9.5.3　单平面内非相干干扰原理

雷达接收天线收到1、2两个干扰源 J_1、J_2 的信号分别为

$$\begin{aligned}u_{J1}&=U_1F\left(\theta_0-\frac{\Delta\theta}{2}-\theta\right)\mathrm{e}^{\mathrm{j}\omega_1t+\phi_1}+U_2F\left(\theta_0+\frac{\Delta\theta}{2}-\theta\right)\mathrm{e}^{\mathrm{j}\omega_2t+\phi_2}\\ u_{J2}&=U_1F\left(\theta_0+\frac{\Delta\theta}{2}+\theta\right)\mathrm{e}^{\mathrm{j}\omega_1t+\phi_1}+U_2F\left(\theta_0-\frac{\Delta\theta}{2}+\theta\right)\mathrm{e}^{\mathrm{j}\omega_2t+\phi_2}\end{aligned} \tag{9.5.28}$$

式中，U_1、U_2分别为J_1、J_2的幅度。经过波束形成网络，得到u_{J1}、u_{J2}的和、差信号为

$$\begin{aligned}u_\Sigma = u_{J1}+u_{J2} = U_1\left[F\left(\theta_0-\frac{\Delta\theta}{2}-\theta\right)+F\left(\theta_0+\frac{\Delta\theta}{2}+\theta\right)\right]\mathrm{e}^{\mathrm{j}\omega_1 t+\phi_1}\\ +U_2\left[F\left(\theta_0+\frac{\Delta\theta}{2}-\theta\right)+F\left(\theta_0-\frac{\Delta\theta}{2}+\theta\right)\right]\mathrm{e}^{\mathrm{j}\omega_2 t+\phi_2}\end{aligned} \tag{9.5.29}$$

$$\begin{aligned}u_\Delta = u_{J1}-u_{J2} = U_1\left[F\left(\theta_0-\frac{\Delta\theta}{2}-\theta\right)-F\left(\theta_0+\frac{\Delta\theta}{2}+\theta\right)\right]\mathrm{e}^{\mathrm{j}\omega_1 t+\phi_1}\\ +U_2\left[F\left(\theta_0+\frac{\Delta\theta}{2}-\theta\right)-F\left(\theta_0-\frac{\Delta\theta}{2}+\theta\right)\right]\mathrm{e}^{\mathrm{j}\omega_2 t+\phi_2}\end{aligned} \tag{9.5.30}$$

差信号分别经混频、中放，再经相位检波、低通滤波，输出信号$P_e(t)$为

$$\begin{aligned}P_e(t) = K\left\{U_1^2\left[F^2\left(\theta_0-\frac{\Delta\theta}{2}-\theta\right)-F^2\left(\theta_0+\frac{\Delta\theta}{2}+\theta\right)\right]\right.\\ \left.+U_2^2\left[F^2\left(\theta_0+\frac{\Delta\theta}{2}-\theta\right)-F^2\left(\theta_0-\frac{\Delta\theta}{2}+\theta\right)\right]\right\}\end{aligned} \tag{9.5.31}$$

式中，K为常数。

由于单脉冲雷达天线方向图可在θ_0方向展开成幂级数，并取一阶近似得出

$$F^2(\theta_0 \pm \theta) = F^2(\theta_0) + \left|F'^2(\theta_0)\right|\theta \tag{9.5.32}$$

利用式(9.5.31)可以得到

$$P_e(t) \approx \frac{4K_d\left|F'(\theta)\right|}{F(\theta_0)(U_1^2+U_2^2)}\left[U_1^2\left(\theta+\frac{\Delta\theta}{2}\right)+U_2^2\left(\theta-\frac{\Delta\theta}{2}\right)\right] \tag{9.5.33}$$

当误差信号$P_e(t)=0$时，跟踪天线的指向角θ为

$$\theta = \frac{\Delta\theta}{2}\cdot\frac{b^2-1}{b^2+1} \tag{9.5.34}$$

式中，$b=U_2/U_1$为U_2与U_1的幅度比。式(9.5.34)表明：在非相干干扰条件下，单脉冲跟踪雷达的天线指向位于干扰源之间的能量质心处。

将以上的情况综合起来，便可得到闪烁干扰的理论。闪烁干扰通常是通过两部(或多部)同类型干扰机程序开、关机来破坏雷达对其中任一目标的跟踪。在这种情况下，雷达时而跟踪这一目标，时而跟踪另一目标，雷达天线会随着干扰转换的节拍而产生追摆，因此无法测定目标坐标和跟踪目标。在闪烁干扰下，本来可以分辨开的目标也不能分辨了，因为天线追摆使得两目标间的最小分辨角增加，因此也必然会导致导弹脱靶量增加。因此，闪烁干扰是干扰寻的导弹瞄准系统的一种有效的干扰方式。

作为闪烁干扰的一个应用例子是对寻的制导系统的误引干扰。其基本原理是：在导弹跟踪系统不可分辨的角度范围内，由n($n>2$)部干扰源形成干扰源组，分布在预定的误引方向上，采取顺序开机的方法把导弹引导到远离目标干扰机之外，如图9.5.4所示，其中，任意两部相邻干扰源相对雷达的张角均小于雷达的角分辨率。

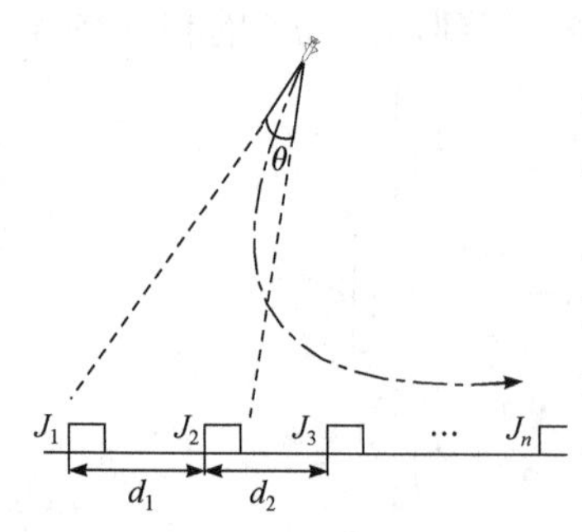

图 9.5.4 误引干扰的干扰机配置

实施干扰时，首先由 J_1 开机干扰，诱使雷达跟踪 J_1；然后 J_2 开机，诱使雷达跟踪 J_1 和 J_2 的能量质心；接下来使 J_1 关机，诱使雷达跟踪 J_2，以后 J_3 开机……以此类推，直到 J_n 关机，诱使导弹的末制导雷达跟踪到预定的误引方向。误引干扰主要用于保护己方重要目标免遭末制导雷达和反辐射导弹的攻击。

2. 相干干扰

在满足非相干干扰的条件下，如果 J_1、J_2 到达雷达天线口面的信号具有稳定的相位关系，则称为相干干扰。设 φ 为 J_1、J_2 在雷达天线处信号的相位差，雷达接收天线 1、2 收到 J_1、J_2 两个干扰源的信号分别为

$$u_{J1}=\left[U_1F\left(\theta_0-\frac{\Delta\theta}{2}-\theta\right)+U_2F\left(\theta_0+\frac{\Delta\theta}{2}-\theta\right)\mathrm{e}^{\mathrm{j}\varphi}\right]\mathrm{e}^{\mathrm{j}\omega t} \tag{9.5.35}$$

$$u_{J2}=\left[U_1F\left(\theta_0+\frac{\Delta\theta}{2}+\theta\right)+U_2F\left(\theta_0-\frac{\Delta\theta}{2}+\theta\right)\mathrm{e}^{\mathrm{j}\varphi}\right]\mathrm{e}^{\mathrm{j}\omega t} \tag{9.5.36}$$

经过波束形成网络，得到 u_{J1} 和 u_{J2} 的和、差信号为 u_Σ、u_Δ，且

$$\begin{aligned}u_\Sigma=\Bigg\{&U_1\left[F\left(\theta_0-\frac{\Delta\theta}{2}-\theta\right)+F\left(\theta_0+\frac{\Delta\theta}{2}+\theta\right)\right]\\&+U_2\left[F\left(\theta_0+\frac{\Delta\theta}{2}-\theta\right)+F\left(\theta_0-\frac{\Delta\theta}{2}+\theta\right)\right]\mathrm{e}^{\mathrm{j}\varphi}\Bigg\}\mathrm{e}^{\mathrm{j}\omega t}\end{aligned} \tag{9.5.37}$$

$$\begin{aligned}u_\Delta=\Bigg\{&U_1\left[F\left(\theta_0-\frac{\Delta\theta}{2}-\theta\right)-F\left(\theta_0+\frac{\Delta\theta}{2}+\theta\right)\right]\\&+U_2\left[F\left(\theta_0+\frac{\Delta\theta}{2}-\theta\right)-F\left(\theta_0-\frac{\Delta\theta}{2}+\theta\right)\right]\mathrm{e}^{\mathrm{j}\varphi}\Bigg\}\mathrm{e}^{\mathrm{j}\omega t}\end{aligned} \tag{9.5.38}$$

差信号分别经混频、中频放大，再经相位检波、低通滤波输出信号 $P_e(t)$ 为

$$P_e(t)\approx\frac{4K_dU_1^2|F'(\theta)|}{F^2(\theta)(U_1^2+U_2^2)}\left[\left(\theta+\frac{\Delta\theta}{2}\right)+b^2\left(\theta-\frac{\Delta\theta}{2}\right)+2b\theta\cos\varphi\right] \tag{9.5.39}$$

式中，$b=U_2/U_1$。当误差信号 $P_e(t)=0$ 时，跟踪天线的指向角 θ 为

$$\theta=\frac{\Delta\theta}{2}\cdot\frac{b^2-1}{b^2+1+2b\cos\varphi} \tag{9.5.40}$$

θ 与 b、φ 的关系曲线如图 9.5.5 所示。

由图 9.5.5 可以看出，当 $\varphi=\pi$，$b\approx1$ 时，$\theta\to\infty$，这主要是由于天线方向图采用了等信号方向的近似展开式，实际的误差角将受到天线方向图的限制。

互补反相型收发天线的配置是实现相干干扰的主要技术难点。该技术可保证 J_1、J_2 信

号在雷达天线口面处于稳定的反相，常称为交叉眼干扰。

交叉眼干扰一般需要采用图 9.5.6 所示的收发互补性天线，其中，接收天线1与发射天线2处于同一位置，接收天线2与发射天线1处于同一位置，并在其中一路插入了相移π。J_1、J_2 两天线之间的距离尽可能拉开(如两侧机翼端点)，并要严格保证工作时两路射频通道相位的一致性。

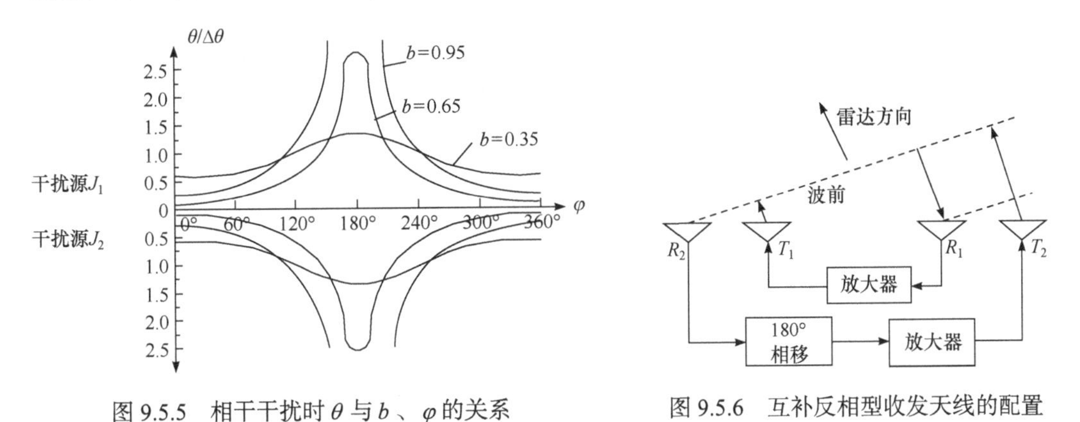

图 9.5.5 相干干扰时 θ 与 b、φ 的关系

图 9.5.6 互补反相型收发天线的配置

交叉眼干扰包含一对相干的转发器环路。每个环路都从另一个环路收到信号的位置上转发接收信号。交叉眼技术的优点是它能够保证两个相干辐射源的信号可以幅度匹配、相位相差180°地到达要干扰的雷达，而与雷达信号到达干扰机的角度无关。该项技术需要20dB 以上的干信比。

3. 交叉极化干扰

交叉极化干扰的本质是质心干扰，能有效地干扰具有馈源偏焦抛物面天线的雷达，如单脉冲雷达和锥扫雷达。

交叉极化干扰效果和天线的焦距与其口径之比有关。因为这个比值越小，天线的曲率就越大。如果用一个较强的交叉极化信号照射，则由于存在交叉极化波瓣，天线将会给出虚假跟踪信息。如果交叉极化响应强于匹配的主极化响应，那么雷达跟踪信号将改变正负号，从而导致雷达丢失跟踪目标。

设 γ 为雷达天线的主极化方向，图 9.5.7(a)表示单平面主极化天线的方向图，其等信号方向与雷达跟踪方向一致。$\gamma+\pi/2$ 为天线的交叉极化方向，如图 9.5.7(b)所示，其等信号方向与雷达跟踪方向之间存在着误差 $\delta\theta$。

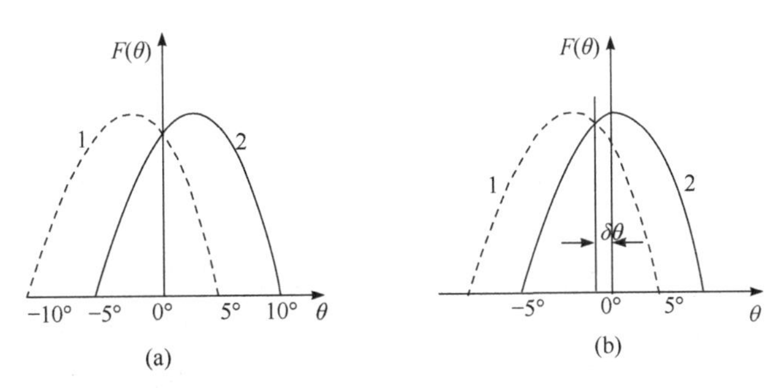

图 9.5.7 雷达天线主极化与交叉极化方向图

在相同入射场强时，天线对主极化电场的输出功率为 P_M，对交叉极化电场的输出功率为 P_C，二者之比称为天线的极化抑制比 A，即

$$A=\frac{P_M}{P_C} \tag{9.5.41}$$

交叉极化干扰正是利用雷达天线对交叉极化信号固有的跟踪偏差 $\delta\theta$，发射交叉极化的干扰信号到雷达天线，造成雷达天线的跟踪错觉，导致 $\delta\theta$ 的跟踪误差。设 U_t 和 U_j 分别为雷达天线处的目标回波信号振幅和干扰信号振幅，β 为干扰极化与主极化方向的夹角，且干扰源与目标位于相同的方向，则雷达在主极化与交叉极化方向收到的信号功率 P_M 和 P_C 分别为

$$P_M=U_t^2+(U_j\cos\beta)^2 \tag{9.5.42}$$

$$P_C=\frac{(U_j\sin\beta)^2}{A} \tag{9.5.43}$$

雷达天线跟踪的方向 θ 近似为主极化与交叉极化两个等信号方向的能量质心，且

$$\theta=\delta\theta\frac{P_C}{P_C+P_M}=\frac{\delta\theta}{A}\frac{b^2\sin^2\beta}{1+b^2\cos^2\beta},\quad b^2=\frac{U_j^2}{U_t^2} \tag{9.5.44}$$

由于雷达天线的极化抑制比 A 通常都在 10^3 以上，因此，在进行交叉极化干扰时，不仅要求尽可能严格地保持正交，且干扰功率必须很强，该方法需要 20～40dB 的干信比。

9.5.4　对雷达速度信息的欺骗

雷达对目标速度信息检测和跟踪的主要依据是雷达接收到的目标回波信号与基准信号的频率差 f_d，调节多普勒频率滤波器以便分离出所需的目标回波信号。速度欺骗干扰是对速度跟踪系统干扰的常用方法，对测速跟踪系统干扰的目的是给雷达造成一个虚假或错误的速度信息。主要的干扰样式为速度波门拖引干扰、假多普勒频率干扰和多普勒频率闪烁干扰。

1. 速度波门拖引干扰

速度波门拖引干扰采用与距离波门拖引干扰同样的方法，区别是欺骗参数是多普勒频率，而不是距离信息。干扰程序包括停拖、拖引和关机三个步骤。

1) 速度波门拖引干扰的过程

(1) 停拖。

干扰机在与目标收到的雷达信号频率相同的频率上产生一大功率干扰信号。回波信号将以不同的频率(多普勒频移)返回雷达，但因目标和干扰机在一起移动，所以干扰信号将同样被移动，因此它将落到雷达的速度波门内。

具体捕获波门过程是转发与目标回波具有相同多普勒频率 f_d 的干扰信号，且干扰信号的能量大于目标回波的能量约 10dB，使雷达速度跟踪电路能够捕获目标与干扰的多普勒频率 f_d，AGC 电路按照干扰信号的能量控制雷达接收机的增益，此段时间称为停拖期。

停拖的时间应大于 AGC 系统响应时间，其数值约等于 AGC 系统带宽的倒数，典型值为 0.5～2s。

(2) 拖引。

干扰机使干扰信号远离回波信号频率。由于干扰信号非常强，它会在捕获速度门后使其远离回波信号，即干扰信号的多普勒频率 f_{dj} 逐渐与目标回波的多普勒频率 f_d 分离，拖引速度必须低于雷达的速度跟踪能力，即多普勒频率的拖引速度为

$$\upsilon_f \leqslant \upsilon_{f\max} = \frac{2\alpha}{\lambda} \tag{9.5.45}$$

式中，α 为雷达能跟踪的目标最大加速度；λ 为雷达工作波长。

由于干扰能量大于目标回波，雷达的速度跟踪电路跟踪在干扰的多普勒频率 f_{dj} 上，干扰使速度门移到距回波信号足够远处从而使回波位于速度门外，造成速度信息的错误，阻止了雷达的速度跟踪。直到波门被拖引到另一个速度分辨单元，此段时间称为拖引期，时间长度(t_2-t_1)按照 f_{dj} 与 f_d 的最大频率差 $\delta f_{\max}$ 计算，且

$$t_2 - t_1 = \frac{\delta f_{\max}}{\upsilon_f} \tag{9.5.46}$$

对于 $\alpha \leqslant 5g$ 的雷达，拖引速度为几 kHz/s。脱离频率范围为 5～10 倍的速度门带宽(在 3cm 波段，典型值为 50kHz)。当干扰将速度门拖引到要求的频率后，干扰机停止发射，而进入程序的第三阶段。

(3) 关机。

当 f_{dj} 与 f_d 的频率差 $\delta f = f_{dj} - f_d$ 达到 $\delta f_{\max}$ 后，关闭干扰机。由于被跟踪的信号突然消失，且消失的时间大于速度跟踪电路的等待时间和 AGC 电路的恢复时间，速度波门内既无回波又无干扰，速度波门将从跟踪状态转入搜索状态。关机时间应小于速度波门由搜索到重新截获目标多普勒频率的平均时间，一般在 1s 以下。

然后，重复上述三个过程。

应当指出，速度跟踪系统也与角波门跟踪、距离波门跟踪时一样，可以采用速度记忆抗干扰，即当干扰机关机后能很快地返回到目标的多普勒频率上重新跟踪。这时，干扰程序中将不包含“关机”过程。

2) 速度波门拖引函数

在速度波门拖引干扰中，干扰信号多普勒频率 f_{dj} 的变化过程函数如下：

$$f_{dj}(t) = \begin{cases} f_d, & 0 \leqslant t < t_1, \quad \text{停拖} \\ f_d + \upsilon_f (t - t_1), & t_1 \leqslant t < t_2, \quad \text{拖引} \\ \text{干扰关闭}, & t_2 \leqslant t < T_j, \quad \text{关闭} \end{cases} \tag{9.5.47}$$

式中，υ_f 的正负取决于拖引的方向。

2. 假多普勒频率干扰

假多普勒频率干扰的基本原理是根据接收到的雷达信号，同时转发与目标回波多普勒

频率 f_d 不同的若干个频移干扰信号 $\left\{f_{dj}\left|f_{dji} \neq f_d\right|\right\}_{i=1}^{n}$，使雷达的速度跟踪电路可同时检测到多个多普勒频率 $\left\{f_{dji}\right\}_{i=1}^{n}$，若干扰信号的功率远大于目标回波信号功率，则由于AGC响应的是大信号，将使雷达难以检测功率较小的目标回波信号及其多普勒频率 f_d，并且造成其检测跟踪的错误。

3. 多普勒频率闪烁干扰

多普勒频率闪烁干扰原理是：以 T 为周期，在雷达速度跟踪电路的跟踪带宽 Δf_d 内交替产生 f_{dj1}、f_{dj2} 两个不同频移的干扰信号，造成雷达速度跟踪波门在两个干扰频率之间摆动，始终不能正确、稳定地捕获和跟踪目标速度。由于速度跟踪系统的响应时间约为跟踪带宽 Δf_d 的倒数，所以交替周期 T 选为

$$T \geqslant \frac{1}{2\Delta f_d} \tag{9.5.48}$$

9.5.5 对雷达AGC电路的欺骗

雷达自动跟踪系统广泛采用自动增益控制(AGC)电路。AGC可使接收机输出的误差信号强度只与目标偏离天线轴线的夹角有关。AGC电路是一个负反馈系统，当输入信号增大时，中频放大器的增益降低；当输入信号减小时，中频放大器的增益将增大。但是，实际的AGC电路是窄带系统，它的响应速度慢，对于断续式脉冲干扰往往不能及时调整，仍会使接收机饱和而使自动跟踪中断。AGC的动态响应如图9.5.8所示，其中图(a)为从小信号状态到大信号状态时 U 的变化，滞后时间为 T_1，图(b)为从大信号到小信号状态时 U 的变化，滞后时间为 T_2，响应时间 T 则是其平均值，即

$$T=\frac{T_1+T_2}{2} \tag{9.5.49}$$

对AGC电路的干扰方式主要有通断调制干扰和扫描式AGC欺骗干扰。

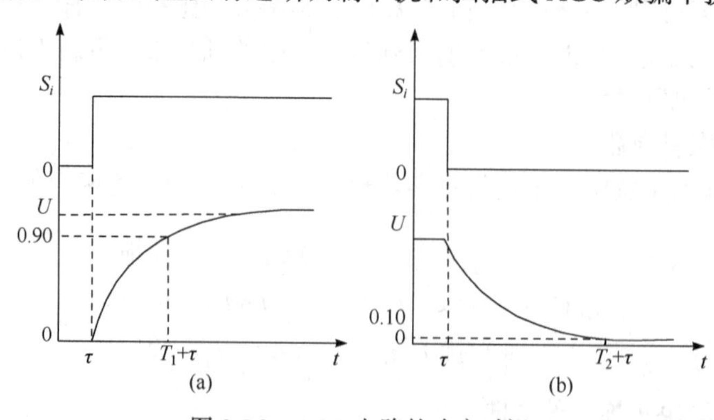

图 9.5.8　AGC电路的响应时间

1. 通断调制干扰

通断调制干扰根据雷达的AGC响应时间 T，周期性地通、断干扰发射机，使雷达接

收机的 AGC 电路在强、弱信号之间不断发生控制转换，造成雷达接收机工作状态和输出信号不稳定，使雷达检测跟踪中断或性能下降。实际上，由于雷达的自动增益控制系统的参数对于干扰者来说是未知的，因此，此时运用扫描式 AGC 欺骗干扰是有效的。

2. 扫描式 AGC 欺骗干扰

扫描式 AGC 欺骗干扰，也称工作比递减转发技术，它的工作比 τ/T 在一定范围内连续变化。例如，先发射 31 个脉冲，停止 1 个脉冲的重复周期；再发 30 个脉冲，又停发 2 个脉冲，然后发 29 个脉冲……依次继续下去，直到工作比降到 20%左右为止。工作比的变化速度可以是变的或固定的。通常较低工作比(30%左右)具有更好的效果，因此在高工作比时，变化速度应快，而低工作比时则慢。工作比的逐渐变化比固定工作比时有更好的干扰效果，这是因为雷达操纵员往往注意不到这种变化，更难以反干扰。

9.6　灵巧式干扰

9.6.1　灵巧式干扰的定义

“灵巧噪声” (Smart Noise)干扰又称为多样调制干扰或覆盖脉冲干扰(Cover Pulse)，它是将假目标和噪声调制干扰组合使用的干扰波形，这种干扰波形不仅具有雷达发射脉冲信号的相干性，而且兼有噪声干扰的压制性，雷达信号处理器从干扰背景中提取真实目标时面临的问题更复杂。把随机假目标和随机噪声回波响应组合的高占空比的干扰波形可以有效对付采用相干处理技术的现代雷达以及旁瓣匿影或旁瓣对消技术。因为对于采用相干处理技术的脉冲压缩雷达或者动目标显示与动目标检测雷达，“灵巧噪声”干扰机在其目标回波附近发射许多相干噪声猝发脉冲，这些脉冲在时间上与雷达真正的目标回波重叠并且覆盖住目标回波，在频域上能覆盖整个多普勒滤波器组，使有效的噪声干扰功率得到加强。这种干扰波形不具有真正转发式干扰机的全部效果，但它要求比真正的噪声干扰要更多地了解敌方雷达的信息，包括敌方雷达发射信号的频率、脉宽、重复频率等。对于 SLB 或 MSLC 抗干扰技术来说，一方面，如果旁瓣匿影器对所有的假目标都起作用，则将会造成对主波束响应的过度匿影而丢失目标；另一方面，旁瓣对消器是有时间常数的，因此一般不能抑制脉冲型的干扰信号。

9.6.2　干扰信号产生方法

以往的“灵巧噪声”主要是采用 DDS 来合成的。由于 DDS 波形由一个稳定的钟频产生，所以其合成信号只能与干扰信号准相干，更重要的是，这些合成干扰信号必须要在频率精确引导的条件下才能进入敌雷达信号处理机。相对于 DDS 来说，利用 DRFM 来产生“灵巧噪声”具有更好的波形相干性。因为 DRFM 可以将截获到的雷达信号特征存储在一个数字存储器中，提供了相当好的相干干扰波形，而且干扰机可以根据需要对存储的信号进行二次加工使其变为干扰信号送入敌方雷达信号处理系统，并获得高处理增益，所以，利用 DRFM 可以有效地产生“灵巧噪声”。

捷变频技术和脉冲前沿跟踪抗干扰技术的应用使得滞后于目标回波的干扰信号难以进入信号处理器，很难在近距离范围内产生假目标或似假目标。对于采用了这两种技术的雷达来说，宽带噪声虽然可以在频率上覆盖信号，但是功率谱密度损失严重，难以产生较好的压制效果。此外，现代雷达广泛使用大时宽带宽信号，其脉宽很宽，如果 DRFM 存储整个脉冲可能导致存储容量过大和延迟时间过长，造成干扰难以跟上目标真实回波。除非实现高逼真假目标欺骗(RGPO 和 VGPO)，否则 DRFM 无须进行全脉冲存储。“灵巧噪声”有两个显著特点：一是干扰波形具有一定的信号相干性；二是干扰在目标回波附近产生许多类似目标猝发脉冲以实现覆盖效果。干扰信号产生的方式可以分为脉冲等间隔采样法、脉冲等间隔采样循环转发法和卷积调制法。

1. 脉冲等间隔采样法

雷达脉冲信号等间隔采样法是产生“灵巧噪声”的一种很好的方式。其基本原理就是利用脉压雷达的时延-多普勒模糊特性，快速引导 DRFM 复制雷达信号的前沿，然后对整个雷达信号进行等间隔采样选通复制发射，使干扰脉冲在时域上跟上雷达回波，起到脉冲覆盖的效果。等间隔采样示意图如图 9.6.1 所示，用一个间隔采样控制信号以较小的脉宽周期性地选通线性调频宽脉冲，并将选通的信号存入窄带 DRFM。

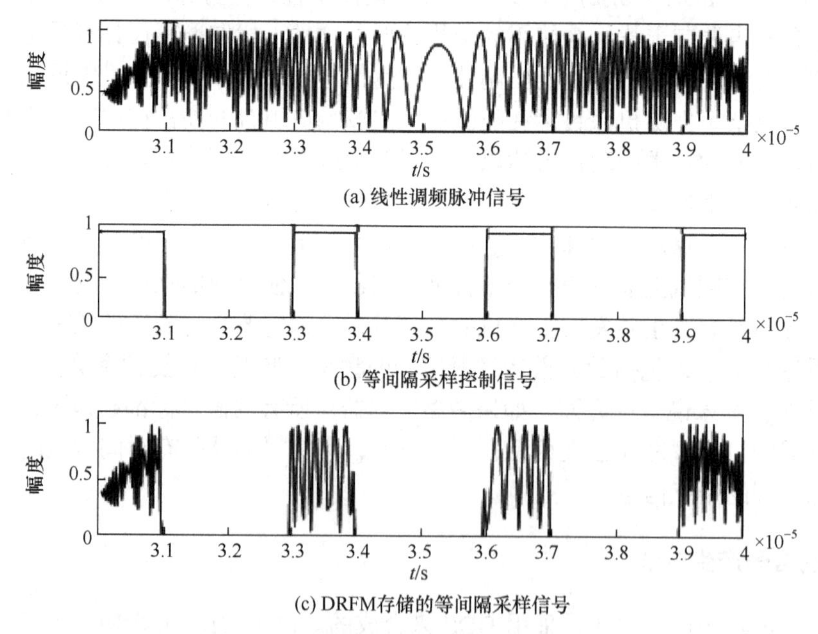

(a) 线性调频脉冲信号

(b) 等间隔采样控制信号

(c) DRFM存储的等间隔采样信号

图 9.6.1　线性调频信号等间隔采样示意图

假设等间隔采样控制信号 $c(t)$ 的脉冲宽度为 τ'，脉冲幅度为 E，重复周期为 T_1，重复频率为 f_1，可以将 $c(t)$ 用傅里叶级数表示成：

$$c(t)=\frac{E\tau'}{T_1}\sum_{n=-\infty}^{\infty}\text{sinc}(n\pi f_1\tau')\exp(\text{j}n2\pi f_1 t) \tag{9.6.1}$$

则 DRFM 存储的信号为

$$
\begin{aligned}
j(t)=s(t)c(t)&=\frac{AE\tau'}{T_1}\operatorname{rect}\left(\frac{t}{T}\right)\exp\left[\mathrm{j}\left(\frac{1}{2}\mu t^2\right)\right]\sum_{n=-\infty}^{\infty}\operatorname{sinc}(n\pi f_1\tau')\exp(\mathrm{j}n2\pi f_1 t)\\
&=\frac{AE\tau'}{T_1}\operatorname{rect}\left(\frac{t}{T}\right)\sum_{n=-\infty}^{\infty}\operatorname{sinc}(n\pi f_1\tau')\exp\left[\mathrm{j}\left(n2\pi f_1 t+\frac{1}{2}\mu t^2\right)\right]
\end{aligned}
\tag{9.6.2}
$$

由式(9.6.2)可知，DRFM 存储的信号为敌方雷达发射线性调频信号进行无数个多普勒频率调制之和，对于相应的多普勒频移同时进行幅度调制。

由于线性调频信号的时延-多普勒频率耦合特性，对于每一个多普勒频率都有相对于目标回波位置的额外时延，所以 DRFM 存储的干扰信号经过匹配滤波处理之后将在目标真实回波附近产生许多似目标回波。

对于多普勒频率为 nf_1 的信号分量，相应的时延为 $\tau_n=\dfrac{-nf_1}{\mu}$。若脉压处理增益为 $\sqrt{D}(D=B\tau)$，则可以得到匹配滤波器在 τ_n 处的输出峰值为

$$
\frac{A\sqrt{D}E\tau'}{T_1}\operatorname{sinc}(n\pi f_1\tau')\left(1-\frac{|\tau_n|}{\tau}\right)=\frac{A\sqrt{D}E\tau'}{T_1}\operatorname{sinc}(n\pi f_1\tau')\left(1-\frac{nf_1}{B}\right)
\tag{9.6.3}
$$

由式(9.6.3)可以得到以下一些重要结论：

(1) 由于间隔采样的信号具有一定的信号相干性，所得到的波形与原来信号相匹配，所以可以获得一定的处理增益。

(2) 间隔取样脉冲脉宽 τ' 越窄，重复周期 T_1 越大，匹配滤波器输出的脉冲峰值越小。同时 sinc 函数第一主瓣展宽，对应于多普勒频率的谱线间隔减小，在第一主瓣内将有更多的谱线，匹配滤波器在目标回波更近的范围内输出更多的似假目标信号。如果适当增大间隔采样控制信号的功率，可以起到很好的覆盖脉冲效果。反之，则假目标数量减少，峰值增加，相对于覆盖效果来说，干扰更像假目标欺骗。

(3) n 值越大，对应的多普勒频率 nf_1 越大，$\operatorname{sinc}(n\pi f_1\tau')\left(1-\dfrac{nf_1}{B}\right)$ 脉压峰值越小。当 $nf_1\geqslant B$ 时，对应峰值为 0。所以根据 sinc 函数的衰减特性以及匹配滤波器的失配特性，一般只考虑满足 $nf_1\leqslant\dfrac{1}{\tau'}$ 的多普勒频率引起的时延效应。

所以在实际情况中，应根据干扰的需要选择合适的采样间隔，控制脉冲峰值 E、脉冲宽度 τ' 以及重复周期 T_1，起到“灵巧噪声”覆盖和欺骗的双重干扰效果。

2. 脉冲等间隔采样循环转发法

脉冲等间隔采样循环转发信号波形如图 9.6.2 所示，它是将等间隔采样之后的信号进行首尾相连循环转发，其目的是在更宽的时间范围内产生覆盖脉冲。从图 9.6.2 中可以看出，脉冲等间隔取样循环转发信号相当于对多个延迟的线性调频信号进行等间隔采样之后的叠加。

由图 9.6.2 可将 DRFM 循环转发的干扰信号表示为

$$
j(t)=\sum_{k=0}^{N}c(t-k\tau')s(t-k\tau')
\tag{9.6.4}
$$

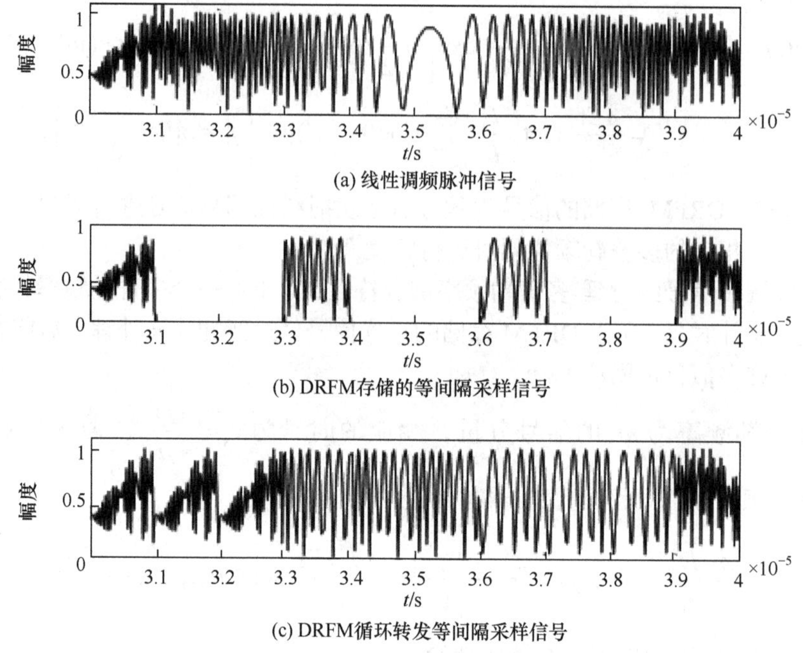

(a) 线性调频脉冲信号

(b) DRFM存储的等间隔采样信号

(c) DRFM循环转发等间隔采样信号

图 9.6.2　脉冲等间隔采样循环转发信号波形

显然，循环转发的次数 $N=\dfrac{T_1}{\tau'}$，则式(9.6.4)可写为

$$
\begin{aligned}
j(t) &= \sum_{k=0}^{N} c(t-k\tau')s(t-k\tau') \\
&= \frac{AE\tau'}{T_1}\sum_{k=0}^{\frac{T_1}{\tau'}} \mathrm{rect}\left(\frac{t-k\tau'}{T}\right)\exp\left\{j\left[\frac{1}{2}\mu(t-k\tau')^2\right]\right\}\sum_{n=-\infty}^{\infty}\mathrm{sinc}(n\pi f_1\tau')\exp[\mathrm{j}n2\pi f_1(t-k\tau')]
\end{aligned}
\tag{9.6.5}
$$

对比式(9.6.5)和式(9.6.2)可以知道，循环转发信号经过匹配滤波之后的输出是等间隔采样信号经过匹配滤波输出的多个延迟叠加，即在时域上每隔 τ' 时刻出现多个猝发假目标脉冲，相当于干扰在时域上展宽。

3. 卷积调制法

卷积调制法就是在窄带 DRFM 的基础上，将接收到的雷达信号与服从某种概率分布噪声的信号进行卷积作为干扰信号，然后放大并发射出去。由于卷积得到的“灵巧噪声”具有雷达信号的相干性，所以它对采用相干信号处理的雷达来说具有一定的匹配处理增益。

假设接收到的雷达信号为 $s(t)$，本地卷积噪声信号为 $n(t)$，则可得干扰信号的波形为

$$j(t)=s(t)*n(t) \tag{9.6.6}$$

干扰信号的频谱为

$$J(f)=S(f)\cdot N(f) \tag{9.6.7}$$

由于 PC 的系统函数为 $S^*(f)$，所以经脉压后输出信号的频谱为

$$U(f)=J(f)S^*(f)=N(f)S(f)S^*(f) \tag{9.6.8}$$

对应的时域表达式为

$$u(t)=n(t)*\mathrm{IFFT}\left[\left|S(f)\right|^2\right] \tag{9.6.9}$$

由式(9.6.9)可知，卷积干扰需要关注以下两个问题。

(1) 只有在接收到雷达发射信号后，才能进行卷积并发出干扰信号，所以干扰滞后于真实目标信号。

(2) 若雷达信号脉宽为τ，本地信号$n(t)$时宽为τ'；卷积后的干扰信号时宽为$\tau+\tau'$，它经脉压后，成为宽度为τ'的信号；由能量守恒可知，脉压处理时，干扰信号大致获得了$10\lg[(\tau+\tau')/\tau']$(dB)的增益；当$\tau=\tau'$时，大约获得3dB的处理增益，相对于脉压处理增益来说，干扰信号的处理增益较低。

由于现代雷达普遍采用脉冲前沿跟踪技术对滞后于真实目标的干扰信号进行抑制，因此，为了解决干扰滞后于真实目标信号的问题，可以依据前面关于时延-多普勒耦合的关系对干扰进行移频，即

$$j(t)=[s(t)\exp(-\mathrm{j}2\pi f_d t)]*n(t) \tag{9.6.10}$$

对于干扰处理增益不高的问题，可以通过适当选取$n(t)$来解决。设$n(t)$的抽样序列为$n(k)$，其中，$k=1,2,\cdots,K$，K为序列的长度。每隔p个点取值，其余的置零，得到新的信号$n'(t)$，用它与$s(t)$的卷积作为干扰信号。当p取值比较大时，只能得到少量稀疏的假目标，其效果相当于假目标干扰；当p取值较小时，就是压制性噪声干扰，当p取值合适时为“灵巧噪声”干扰。

9.6.3 灵巧式干扰的效果度量

“灵巧噪声”干扰相比普通的噪声干扰的优势主要体现在干扰功率的利用率上，以下是“灵巧噪声”干扰方程：

$$P_j=K_s P_t\frac{R_j^2\sigma}{4\pi R_t^2}\frac{G_t}{G_j}\frac{\Delta f_j}{\Delta f_r}\frac{G_r}{G_r'}\frac{L_j}{L_r} \tag{9.6.11}$$

式中，P_j为干扰机的发射功率；P_t为被干扰雷达的发射功率；L_j为干扰机系统损耗；L_r为雷达系统损耗；R_j为干扰机与雷达间的距离；R_t为目标到雷达的距离；Δf_r为PD雷达接收机多普勒滤波器带宽；Δf_j为干扰带宽；K_s为“灵巧噪声”干扰机的相对压制系数；σ为雷达反射截面积；G_r'为雷达在干扰机方向上的天线增益；G_j为干扰机发射天线增益；G_t、G_r为雷达发射机、接收机天线主瓣方向上的增益。

相对压制系数K_s与PD的信号处理增益和干扰功率的实际利用率有关。它可以表示成$K_s=K_n/(G_1G_2)$，其中，K_n是对非相参雷达的相对压制系数，G_1为雷达PD信号处理系统的相干处理增益，G_2为PD信号处理系统的其他信号处理增益(如脉压、抗干扰处理技术获得的增益等)。

在理想的情况下(干扰机与雷达的距离等于雷达与目标的距离且不考虑其他的损耗)，“灵巧噪声”干扰的雷达方程可以简化为

$$P_j = K_s \frac{P_t \sigma}{4\pi R_t^2} \frac{G_t}{G_j} \frac{\Delta f_j}{\Delta f_r} \tag{9.6.12}$$

一般的情况下，其相干处理增益可达 12dB 以上，脉压增益可达 20dB 以上。因此，使用“灵巧噪声”干扰来应对在相同的作用距离上的雷达要比使用普通的噪声干扰至少可以节约 30dB 的干扰功率，所以，“灵巧噪声”干扰比普通的噪声干扰更加经济和有效。

对雷达动目标检测信号处理系统进行干扰，若要达到遮盖的目的，则要求干扰信号在时域和频域上都能遮盖住目标；时域上可以采用前面所述的卷积方法，频域上可以在 DRFM 存储的雷达信号上调制窄带高斯噪声或者其他多样调制信号，使干扰信号的带宽小于或等于脉冲重复频率 PRF，使回波信号在速度门上具有随机性并覆盖整个多普勒滤波器的带宽，混淆 MTD 信号处理系统，使其难以发现和检测目标的真实速度或多普勒频率。

9.7 雷达无源干扰

无源对抗技术在现代雷达对抗中居于极其重要的地位，发展十分迅速，新的无源对抗技术不断涌现。无源对抗技术主要包括：

(1) 箔条(干扰丝/带)。产生干扰回波以遮盖目标或破坏雷达对目标的跟踪。

(2) 反射器。以强的回波形成假目标或改变地形的雷达图像进行反雷达伪装。

(3) 等离子气悬体。形成吸收雷达电波的空域，以掩护目标。

(4) 假目标、雷达诱饵。假目标主要对付警戒雷达，大量假目标甚至使目标分配系统饱和；雷达诱饵则主要是对跟踪雷达而言，利用雷达诱饵使雷达不能跟踪真目标。

(5) 吸收层。减弱目标反射，隐蔽真实目标。

(6) “隐身”技术。综合采用多种技术尽量减小目标的二次辐射，使雷达难以发现目标。

在无源对抗技术中，箔条、反射器、假目标等以其产生的回波来干扰雷达，常称为消极(无源)干扰，而吸收层则力求减小雷达的回波。

9.7.1 箔条干扰

箔条干扰是投放在空间的大量随机分布的金属反射体的二次辐射对雷达造成的干扰，它在雷达荧光屏上产生和噪声类似的杂乱回波，以遮盖目标的回波，所以箔条干扰也称为杂乱反射体干扰。

箔条干扰各反射体之间的距离通常比波长大几十倍到几百倍，因而它并不改变介质的电磁性能。

箔条通常由金属箔切成的条、镀金属的介质(最常用的是镀铝、锌、银的玻璃丝或尼龙丝)或直接由金属丝等制成。由于箔条的材料及工艺的进步，现在的箔条比起初期(20 世纪 40 年代)的箔条，同样的重量所得到的雷达反射面积可增大十倍左右。

箔条中使用最多的是半波长的振子。半波长振子对电磁波谐振，散射波最强，材料最省。在空气中，短的半波长箔条通常是水平取向。考虑干扰各种极化的雷达，也同时使用长达数十米以至百米的干扰带和干扰绳。

箔条的基本用途有两种：一种是在一定空域中(宽数千米，长数十千米)大量投撒，形成干扰走廊，以掩护战斗机群的通过。这时，如果在此空间的每一雷达单元(脉冲体积)中，箔条产生的回波功率超过飞机的回波功率，雷达便不能发现或跟踪目标。另一种是飞机或舰船自卫时投放的箔条，这种箔条要快速散开，形成比目标自身的回波强得多的回波，使雷达的跟踪转移到箔条云上而不能跟踪在目标上。实际应用时，不论大规模投放或自卫时投放，通常都是做成箔条包由专门的投放器来投放。

箔条干扰能同时对处于不同方向上和具有不同频率的很多雷达进行有效的干扰，但对于连续波、动目标显示、脉冲多普勒等具有速度处理能力的雷达，其干扰效果将降低。应对这类雷达，需要同时配合其他干扰手段，才能有效地干扰。

箔条干扰的技术指标不仅有电性能指标，如箔条的有效反射面积、箔条包的有效反射面积、箔条的各种特性(频率特性、极化、频谱、衰减特性)及遮挡效应等，而且也有许多指标，如散开时间、下降速度、投放速度、结团和混合效应及体积、重量等。

箔条的性能指标，由于受许多因素(特别是受大气密度、湿度、气流等因素)的影响，所以设计时其性能参数通常要靠实验来确定。

1. 箔条的频率响应

为了得到大的有效反射面积，基本上都采用半波长谐振箔条。单半波长箔条的谐振峰都很尖锐，适用的频段很窄。箔条带宽通常定义为其最大有效反射面积降为一半时的频率范围。由于箔条的谐振峰很尖锐，其带宽一般只有中心频率的 15%～20%。增大箔条带宽的途径主要有两种：一是增大箔条的直径或宽度，以使带宽有所增宽，但是增加量有限，而且会带来重量和体积增加引起的下降速度过快问题；二是采用长度不同的半波长箔条混合包装，以使干扰具有较宽的带宽。

此外，还可以采用将成捆的箔条丝斜切割的方法以获得宽的频段特性。

2. 箔条的运动特性与极化

箔条投放在空中后，使用者希望它能随机取向，使其平均有效反射面积与极化无关，能对任何极化的雷达产生有效干扰。实际上，由于箔条的形状、材料、长短不同，箔条在大气中有其一定的运动特性。

为了干扰垂直极化的雷达，可以将箔条的一端配重，这样可使箔条降落时为垂直取向，但下降的速度变快了。短箔条的这种快速、慢速的运动特性，使投放后的箔条云经过一段时间的降落后形成两层，水平取向的一层在上边，垂直取向的一层在下边，时间越长，两层分开得越远。长箔条(长于 10cm)在空中的运动规律可认为是完全随机的，它对各种极化都能干扰。

箔条在刚投放时，受飞机湍流的影响，可以完全是随机的，所以飞机自卫时投放的箔条能干扰各种极化的雷达。

3. 箔条云对电磁波的衰减

电磁波通过箔条云时，由于箔条的散射而受到衰减。

4. 箔条的遮挡效应

箔条的遮挡效应是指箔条云中的一些箔条被另一些箔条所遮挡，而不能充分发挥反射雷达信号的效能。这种遮挡效应主要影响了飞机或舰船进行自卫干扰时箔条包有效反射面积的正确估算。只有当箔条扩散到各箔条之间的距离为波长的 10 倍以上时，才可以不考虑遮挡效应的影响。

9.7.2 角反射器

角反射器是由三块互相垂直的金属平板或金属网组成的一种立体结构。它的反射面可能有不同的尺寸和形状，常用的形状有三角形、方形、扇形及混合形等，其尺寸大小不等，如图 9.7.1 所示。

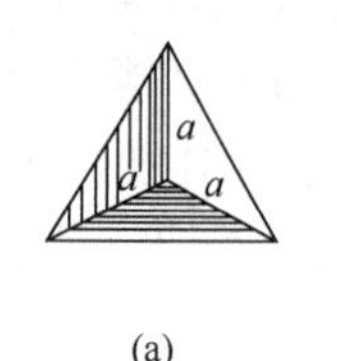

(a)

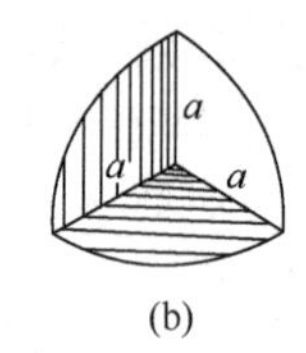

(b)

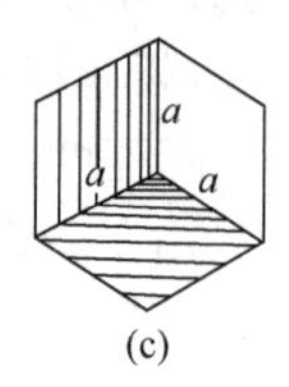

(c)

图 9.7.1　各种形状反射面的角反射器

为了增大二次散射的空间范围，可以将几个不同指向的角反射器组合起来使用。角反射器在雷达无源干扰中具有十分重要的作用。在地面上，角反射器可以用来模拟桥梁、水坝、工厂、阵地及其他军事目标，以干扰敌机的轰炸瞄准雷达，保护重要军事目标。在空中，可以将头部装有角反射器的小型飞行器作为雷达假目标，以模拟突防飞机或导弹，使防空雷达真假难辨，从而减小飞机和导弹被敌方地面火力击中的可能性，提高突防概率。在海面，可用小船拖着悬挂角反射器的气球来模拟军舰。此外，它还可以作为打靶、检飞等的模拟目标。角反射器之所以具有如此广泛的用途，是由于它能够把入射到它的内角范围的电磁波的大部分按原方向反射回去。此外，它还具有尺寸小、雷达截面积大并有一定宽度的二次散射方向图等优点。垂直轴长为 a 的三种角反射器的雷达最大截面积为

$$\sigma_{\Delta\max}=4.19\frac{a^4}{\lambda^2},\quad \sigma_{\bigcirc\max}=15.6\frac{a^4}{\lambda^2},\quad \sigma_{\square\max}=37.3\frac{a^4}{\lambda^2} \tag{9.7.1}$$

可以看出，在垂直轴 a 相等的情况下，三角形角反射器的有效反射面积最小，圆形角反射器的次之，方形角反射器的最大，即为三角形反射器的 9 倍。

1. 角反射器的分类

有各种各样的角反射器，为了今后讨论和使用方便，有必要对其进行分类与统一命名。

(1) 按反射面的形状分类，有方形角反射器、三角形角反射器、圆形角反射器及混合形角反射器等。

(2) 按结构形式的特点分类，有永固式、装配式、折叠式及混合式等。

永固式：三块反射面采取不可拆的刚性连接的角反射器，这种结构多用于小型反射器。优点是使用时操作方便，电性能稳定；缺点是制造时装配精度要求高，运输也不方便，特别当结构精度降低时(电性能也变差)，调整则很困难。

装配式：三块反射面运到施工现场时才装配成反射器，这种结构多用于大型反射器。优点是运输时占地小，制造时较容易，工艺简单；缺点是零件多，易散失，现场设置时需特用角尺校准，作业速度慢(受风吹或其他荷载会引起二面角变化而影响电性能)。

折叠式：三块反射面可以相互折叠在一起，到现场又可以较方便地构成反射器。这种结构多用于中、小型反射器，具有运输时占地面积小及不易散失零件的优点，现场设置也较装配式方便；缺点是制造较为困难，成本较高。

混合式：构成反射器的三块反射面中，有两块由铰链连接，可以折叠，而第三块反射面在运输时可与前者分开放置，待到施工现场再装配成角反射器。这种结构多用于中型反射器，制造时较折叠式容易，但零件较折叠式多，易散失，其性能介于折叠式及装配式二者之间。

(3) 按二次散射的空间范围分类，有单角反射器、四角反射器和八角反射器。

(4) 按棱边尺寸大小分类，有 50cm、75cm、100cm、120cm 及 150cm 等。

2. 角反射器的散射方向性

角反射器的散射方向性以其方向图宽度来表示，即其雷达截面积降为最大雷达截面积的 1/2 的角度范围。角反射器的方向性包括水平方向性和垂直方向性。

1) 角反射器的水平方向性

角反射器的方向图越宽越好，以便在较宽的角度范围对雷达都有较强的回波。

通常为使角反射器具有宽的水平方向覆盖，都采用四格(四象限)的角反射器，用两个四格角反射器可以实现全方位覆盖，如图 9.7.2 所示。

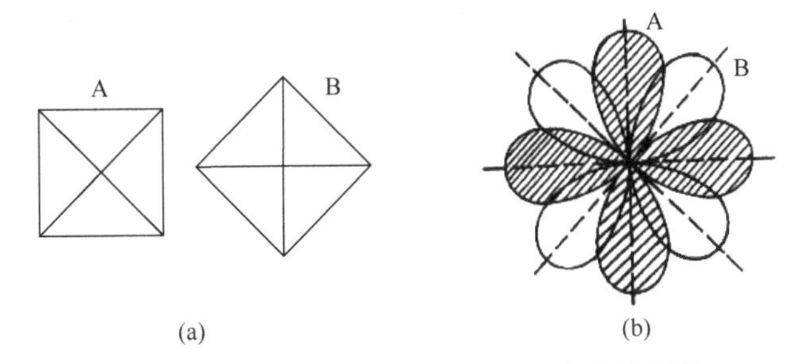

图 9.7.2 用两个四格角反射器进行全方位覆盖

四格角反射器适用于地面、水面。空中使用时常采用八格(八象限)的角反射器，八格角反射器多采用三角形或扇形的角反射器，这样结构上紧凑、坚固，体积也比较小。三角形角反射器的有效反射面积不如扇形角反射器的大，但它的全方位覆盖性能却优于扇形角反射器。

2) 角反射器的垂直方向性

三角形角反射器的垂直方向图如图 9.7.3 所示。最大方向(中心轴)的仰角约为35°，垂直方向图的宽度约为40°。圆形角反射器和方形角反射器的垂直方向图宽度都比三角形角反射器的窄，但比起它们自己的水平方向图则略宽，分别为31°和29°。

角反射器的低仰角反射太弱，这是不利的。因为来袭飞机由远及近，反射器在远距离(低仰角)上反射太弱，因此需要改善角反射器的低仰角性能。常用的方法有以下两种。

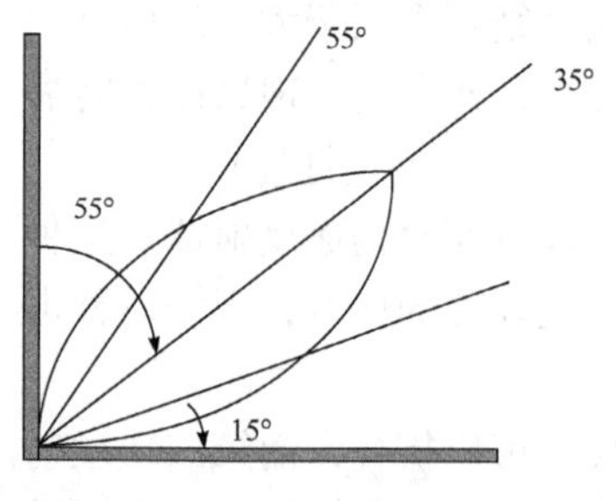

图 9.7.3　三角形角反射器的垂直方向图

(1) 增大角反射器的底边面积。当角反射器底边的面积增大后，对低仰角入射时的电磁波仍能得到反射，这样，便可改善低仰角性能。通常，角反射器安装在地面上时，可利用平坦的地面作为底边的一部分，若能利用水面，则效果更好。利用增大底面积的方法只能得到几度的改善。

(2)利用地面反射波和直接波的干涉作用。将角反射器架高，并将它倾斜一个ϕ角，则投射到角反射器的电磁波有直接波和地面反射波，经角反射器反射后，又将两个波沿原方向反射回去，其总的回波就是这两个回波的矢量和。由于两个回波存在相位差，有的方向的电磁波同相相加出现最大值，有的方向的电磁波反相相加出现最小值，所以合成的垂直方向图将呈现瓣状。

9.7.3　隐身技术

隐身技术是一项综合技术，用以极力减小雷达目标的各种观测特征，使敌探测器不能发现目标或使其探测距离大大缩短。隐身技术包括减小目标的雷达特征、红外特征、目视特征等技术，其中减小雷达特征主要是减小目标的有效散射面积。

1. 反雷达外形隐身

外形是影响物体反射雷达波能力的重要因素，一般情况下，目标上各部分对雷达波的反射能力不同，反射能力强的部分被称为“闪烁点”。为了有效地缩减 RCS，就要减少闪烁点的形状和数量。例如，对一架飞机，当从鼻锥方向观察时，其重要闪烁点包括喷气发动机的进气道、雷达天线、座舱、副油箱、外挂武器、机翼前缘和后缘，以及飞机上的各种突出物。如果从侧面观察，则重要的闪烁点包括机身、垂尾、副油箱等。从正上方或正下方观察时，机翼的大面积表面是最强的反射体。如果从侧上方观察，垂直或水平尾形成的定额二面角，以及机身和机翼形成的二面角将是最强的发射体，所以不难看出，垂直平面、角体、雷达天线等是外形隐身的主要目标。

1) 采用多平面结构

利用外形实现雷达隐身，首先要避免采用非平面结构，要尽量采用多面体或多角体结构，用多方向镜面反射电磁波，但这种外形设计是和空气动力学设计相悖的。

2) 避免连续凹角设计，克服多次反射效应

当两个金属表面的相互位置形成小于180° 的凹角时，这两个面就构成了一个二次反射面。两个90° 或三个以上大于的90° 的凹角就可能使进入这样的多凹角表面体的雷达信号按原路返回，一般情况下，这种情形的反射视角很窄，当目标和雷达有相对运动时，目标在雷达上一闪而过，当三个金属表面互相成90° 反射面时，则可形成危险的角反射器，它可以在宽大的视角空间范围内返回一个强的雷达信号，这种情形应是尽量避免的。

3) 减少散射源的数量

减少散射源的数量以消除闪烁点，主要是避免凸起和凹陷。仔细观察就会发现，飞机的进气道、喷管、进气门、进气口、座舱、舰艇火炮炮管、导弹的天线罩、舰艇甲板上的建筑物和武器装备等凸起部位都是突出的散射源，所以在设计各种武器时要尽量减少这些

结构外露的数量。

2. 雷达材料隐身

微波吸收材料的应用日益广泛，如在微波暗室中的应用、在屏蔽上的应用，以及在终端负载上的应用等。反雷达隐身材料是应用最广的一种微波吸收材料，在整个隐身技术中起到重要作用。

多年来，人们都在探索能够减小飞机和导弹雷达截面积的吸收材料，由于飞行器的高度机动性，不但要求吸收材料有良好的吸收性能，而且希望它具有重量轻、耐高温等适应于高速飞行的机械性能。目前已有几种吸收材料得到应用，这些材料是直接覆盖在飞机和火箭表面上的，这样做显然增加了飞行器的重量，降低了飞行性能，但作为武器，速度慢不易发现，比速度快易被发现仍然是很有价值的。当然，理想的方法是做成吸收结构材料，这样就可以大大减轻飞行器的重量。

海上目标，如船只、舰艇等，一般都是庞大而复杂的结构，用吸收材料屏蔽或覆盖整个船艇是困难的，但当海上目标有相当简单和有规则的形状时，或对某一方向的强反射面，用吸收材料覆盖，能得到成功的效果。

地面目标的反雷达隐身，对材料的要求一般要比空中和海上目标的隐身低。因为地形地物本身具有隐身作用，这个作用在与地面反射一部分电磁能量而形成背景杂波，使得雷达对地面目标的探测效果明显降低。因此，吸收材料对地面目标的隐身更为有效。

3. 雷达等离子体隐身

等离子体是物质的一种状态，它是由大量运动的带电粒子构成的宏观体系。等离子体对电磁波的传播有很大的影响。在不同的条件下，等离子体既能够反射电磁波，也能够吸收电磁波。利用等离子体的吸收电磁波性质，可对雷达进行无源隐身。

等离子体隐身原理是利用等离子体发生器在目标表面形成一层等离子云，控制等离子体的能量、电离度、振荡频率等特征参数，使照射到等离子体云上的雷达波一部分被吸收，另一部分改变传播方向，减小返回到雷达接收机的能量，使雷达难以探测，达到隐身目的。

思考题和习题

1. 什么是压制性干扰，什么是欺骗性干扰?
2. 简述噪声调频干扰对雷达接收机的干扰作用。
3. 什么是干扰扇面? 什么是有效干扰扇面? 哪种对干扰信号功率要求更高?
4. 简述干扰效果监视的办法。
5. 简述实施距离拖引干扰的一般过程。
6. 简述实施角度拖引干扰的一般过程。
7. 影响噪声调幅干扰效果的因素有哪些?
8. 试述噪声调频干扰对雷达接收机的干扰作用。
9. 压制性干扰的压制系数的定义是什么? 影响压制系数大小的因素有哪些?
10. 简称噪声调幅干扰信号的特点。

11. 影响噪声调频干扰效果的主要因素有哪些?

12. 对单脉冲角度自动跟踪系统有哪些直接干扰方法?

13. 对雷达的自动速度跟踪系统应如何干扰?试述其基本作用原理。

14. 无源干扰的手段有哪些?

15. 改善角反射器的低仰角性能的常用方法有哪些?

16. 干扰机配置在地面被保护的目标上,当雷达的 $P_t = 90\text{kW}$, $G_t = 3000$, 干扰机的 $P_j = 100\text{W}$, $G_j = 2000$, 目标反射面积 $\sigma = 10000\text{m}^2$, 压制系数 $K_j = 6$, 极化系数 $\gamma = 0.5$, 敌方轰炸机的投弹半径为 10km,问干扰机能否保卫目标免于轰炸?

17. 设某跟踪雷达的功率 $P_t = 500\text{kW}$, 天线增益 $G_t = 2000$, 飞机的有效反射面积 $\sigma = 50\text{m}^2$ (中型轰炸机),干扰机为斜极化,即 $\gamma_j = 0.5$, 若干扰机对雷达自动跟踪系统进行有效欺骗所需的压制系数 $K_j = 3$。

(1) 计算出 R 取 50km 时,所需干扰机的等效干扰功率 $P_j \cdot G_j$。

(2) 当干扰机的天线增益 $G_j = 5$ 时,发射管功率 $P_j = 200\text{W}$,求最小干扰距离是多少?

第10章 光电干扰

10.1 引　　言

光电干扰可以分为光电无源干扰和光电有源干扰两大类。

1. 光电无源干扰

光电无源干扰主要是将烟幕、气溶胶或水幕、光箔条等人工制造的物质施放在被保卫目标与干扰目标之间的传输通道上，将被保卫目标在烟幕等无源干扰物所形成的屏障中隐蔽或遮掩起来，从而使敌方的光电观瞄、制导或侦察系统难以察觉目标的存在，或降低其对目标探测与识别的能力。按照工作物质类型可以把光电无源干扰分为烟幕、气溶胶、水幕、光箔条、光电假目标等。

烟幕是用人工方法形成的能够在一定时间和范围内起屏蔽作用的烟云，它依靠悬浮于空气中的烟云颗粒吸收、反射或散射入射光波，从而起到干扰作用。

气溶胶是以人工方法造成的雾云，它依靠悬浮于空气中的小液滴吸收、反射、散射或折射入射光波而产生干扰效果。

水幕是指水在高压喷射状态下形成的水雾，它依靠微小的水滴通过吸收或散射入射光波而起到干扰效果。

光箔条是在一些纤细、轻型材料上涂覆宽波段光波反射涂层制成的，它依靠反射和散射入射光波达到干扰效果，因类似于雷达箔条，故称为光箔条。

光电假目标主要有制式光电假目标、激光角反射器、漫反射板、自然地物等。

制式光电假目标虽然可以用来干扰可见光侦察设备和电视制导导弹，其应用也较为广泛，但在大多数情况下，制式光电假目标通常被列入光电防护之中。

激光角反射器和漫反射板主要通过反射激光的方式，对激光测距机和激光半主动制导武器进行欺骗和诱骗干扰。战场上的许多自然地物只要善于利用，都可作为光电假目标，对光电侦测设备和光电制导武器实施光电干扰。

总之，在实际使用中，通过光电无源干扰，一般可达到遮蔽和欺骗的目的。遮蔽主要指阻断敌方的侦察、跟踪或瞄准视线，或者遮蔽己方目标反射和辐射的光波，主要应用在被保卫的己方目标附近。欺骗主要指通过设置假目标，达到欺骗敌方或使其产生错觉的目的，通常可根据需要设置在己方目标附近的空中或地面。

2. 光电有源干扰

光电有源干扰主要是通过发射激光、红外、可见光等，欺骗、饱和、致盲或损伤敌方的光电观瞄、制导或侦察系统，从而使敌方的光电观瞄、制导或侦察系统难以实施有效的侦察或引导。光电有源干扰通常可分为红外有源干扰、激光有源干扰与可见光有源干扰三

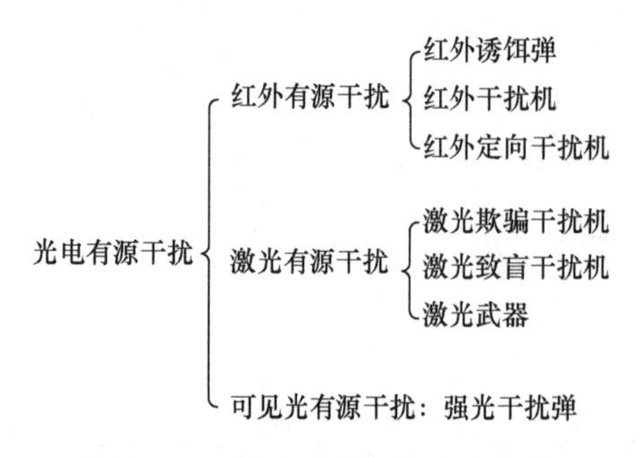

图 10.1.1　光电有源干扰技术分类

类。红外诱饵弹、红外干扰机、红外定向干扰机、激光欺骗干扰机、激光致盲干扰机、激光武器，以及强光干扰率武器等为当前技术发展比较成熟的典型光电有源干扰装备，如图 10.1.1 所示。

红外有源干扰主要用于干扰红外制导武器、红外侦察与观瞄设备，多装备于机动平台。红外干扰机和红外诱饵弹是当前最典型的两类红外有源干扰装备，它们通过发射与所保护目标相近的红外辐射信号去欺骗或干扰敌方的红外点源制导武器。红外诱饵弹为一次性使用的干扰物，被施放后在敌方红外点源制导武器视场中形成一个与被保护目标相近的假目标，从而实现诱骗。红外干扰机主要对采用调制盘体制的红外制导武器实施干扰，使其无法提取真实目标所在的角度信息，致使导弹丢失目标。

激光有源干扰主要用于干扰不同工作波段的军用光电观瞄设备、激光测距/跟踪设备、激光/红外/电视制导武器、卫星光电侦察/预警光电探测器，以及致眩作战人员的眼睛。进一步提高功率后还可对导弹、飞机等目标的薄弱部位实施激光硬杀伤。现在可用作干扰光源的实用型激光器非常多，如 0.53μm 的 YAG 倍频激光或 0.7～0.9μm 可调谐激光器用在激光致盲干扰机中，可干扰作战人员的眼睛和可见光波段的光电传感器；中等功率的 10.6μm 和 1.06μm 激光器用在激光欺骗干扰机中，可干扰各种不同波段的激光制导/测距/跟踪系统；而更大功率的连续 1.315μm 的氧碘激光器、3.8μm 的氟化氘激光器，以及 10.6μm 的二氧化碳激光器用在激光武器中，可用于防空反导或干扰卫星。近年来，以战场防空激光武器和反卫星激光武器为代表的激光有源干扰技术与装备得到了更多的重视与更快的发展，并逐渐成为光电有源干扰技术发展的主流。

可见光有源干扰主要用于干扰光学观瞄设备等，采用的手段主要有强光灯或闪光弹等。这些方法技术比较简单，使用场合有限。

烟幕、气溶胶和水幕对光辐射信号的衰减(或消光)在原理上基本相似，而可见光有源干扰原理比较简单，战术激光武器作为新概念武器列入第 12 章中。因此，本章以烟幕和光电假目标为主，分类讲解光电无源干扰的原理与技术特点；以激光有源干扰和红外有源干扰为主，探讨光电有源干扰的原理和技术特点。

10.2　烟 幕 干 扰

10.2.1　烟幕的分类、形成与运用

1. 烟幕的分类

烟幕是最早发展和被运用的一种光电干扰手段。烟幕是由大量细小的悬浮粒子组成的，这些粒子可以是液态的，也可以是固态的；可以是有机物，也可以是无机物；可以由物理方法产生，也可以由化学方法产生。最初的烟幕只能遮蔽可见光，现在的烟幕已可以遮蔽紫外、可见光、红外和毫米波。

按照产生烟幕物质的性质，通常可将其分为热烟幕、冷烟幕和组合烟幕三种。

热烟幕在形成时通常伴随着化学反应，并且放出热量；而冷烟幕的形成通常只包含物理过程，组合烟幕是前两种烟幕的组合物。

热烟幕主要由HC型和赤磷型两种烟幕剂产生。HC型烟幕剂是指包含金属粉和有机卤化物的烟幕剂，随着技术发展，在HC型烟幕剂中再加入一些红外活性物质，在反应过程中产生高温，并产生许多细小的碳粒，从而增强对红外线的遮蔽作用。如下是一种HC型烟幕剂的组分：

六氯乙烷(或六氯代苯)	50%～85%
镁粉	15%～25%
苯	0%～30%
聚偏氟乙烯	5%～20%

其中，六氯乙烷(或六氯代苯)为氧化剂，它与苯一起充当碳粒发生源，镁粉为还原剂，它与氧化剂反应以提供所需的高温(1000℃以上)，聚偏氟乙烯是黏结剂，它用以提高药剂的机械性能。

赤磷型烟幕剂以赤磷为基础，再添加某些红外活性物质。如下是一种赤磷型烟幕剂的组分：

赤磷	55%
硝酸铯	20%
锰粉	4%
锆石/镍合金(7∶3)	6%
细铝粉	5%
丁二烯	10%

其中，锆石/镍合金的加入提高了烟幕的遮蔽效果。

冷烟幕按照其成分的性质可分为固体型和液体型两大类。固体型冷烟幕剂的常用材料主要有金属粉、无机粉末、有机粉末和表面镀金属的粒子等。如金属粉，用得较多的有黄铜粉、青铜粉、铝粉等，其对红外辐射的衰减主要靠粒子散射。

液体型冷烟幕剂的常用材料主要是水、硫酸铝水溶液和一些液态有机化合物。该烟幕剂质量轻、悬浮能力好、留空时间长，且干扰波段覆盖可见光、3～5μm和8～12μm红外波段，以及1.06μm和10.6μm的激光波段，并进一步扩展到毫米波和雷达波段，再加上其使用方便，所以世界各国大力发展该烟幕剂。液体烟幕具有非常好的气溶胶特性，在有的参考文献上，气溶胶干扰特指这种液体烟幕干扰。尤其是无色、无味、无毒、无腐蚀且不产生任何烟火的气溶胶，特别适合在己方阵地上运用，从而实现保卫己方地面和海面的大型目标。例如，美国研制的无色无毒的406B气溶胶，据称可将10.6μm的CO_2激光衰减77%。

2. 烟幕的形成

为了在空间一定范围内形成烟幕，需要借助一个初始力使烟幕物质在空间散开。按照初始力种类的不同，可将烟幕形成方法分为爆炸法、喷射法和自然扩散法。

爆炸法是将烟幕物质压实在一个弹体(通常是圆柱形的)内，弹体的中心有一个扩爆管，爆炸后粉末干扰物被分散到空中，发烟剂则同时被爆炸的火焰点燃。

喷射法对固态和液态的烟幕材料均适用，固态材料在喷射前必须粉碎成微小的粒子，液态材料在喷射时必须加以雾化。

自然扩散法通常是通过化学反应在某一局部形成大量烟幕，或形成烟幕的前驱物，然后在空气中扩散(有的还需与空气中的水分相结合)形成大面积烟幕。前一种情况的典型代表是发烟罐，后一种情况的典型代表是人造雾。人工造的雾是通过在空气中产生一定数量的人工催化凝结核，使空气中的水汽自发凝聚其上，生成具有一定粒径(即粒子半径)大小及合适分布的密集水滴，最终形成具有很好的光电遮蔽效果的大面积雾障。

产生烟幕的装备主要有烟幕弹药和烟幕发生器。烟幕弹药以火箭烟幕弹为主，形成烟幕速度快，使用灵活、便捷，且可以在较远的距离外产生烟幕。例如，英国的“奇伏坦”坦克上配有 66mm L8A1 红外烟幕弹及其专用的 M239 型发射器，发射烟幕时六管齐发，延迟 0.75s 后爆炸发烟，2.5s 内形成长 35m、高 6m 的烟幕屏障。

烟幕发生器可以重复使用，适合于大面积、长时间产生烟幕，发展较早，种类较多，如发烟罐、航空发烟器、涡轮喷气发烟机等。美国所研制的 M5 型发烟罐，在中等气象条件下，5 个 M5 型发烟罐可以在 3min 内形成 1.5km^2 的正面烟幕，并可持续 15min；美国陆军航空兵装备的新型航空发烟器，能形成 300～400m 宽的烟幕，持续时间大于 20s。法国 SG-18 型烟幕发生器和美国 XM56 型烟幕发生器均采用微型涡轮喷气发动机，可以连续发烟。SG-18 烟幕发生器可以形成多光谱遮蔽烟幕；XM56 型烟幕发生器可以一次持续施放可见光烟幕约 1h、施放红外烟幕约 30min。

3. 烟幕的运用

烟幕按战术用途可以分为三类，即迷茫烟幕、迷惑烟幕和遮蔽烟幕。迷茫烟幕通常施放在敌方阵地内，使敌人观察、射击困难以降低其作战能力；迷惑烟幕通常施放在无部队占领的区域内，使敌方无法确定己方所处的真实位置；遮蔽烟幕通常施放在双方阵地之间或者己方装备或部队所处的区域内，以遮蔽己方的装备配置和部队的作战行动。本章着重讨论遮蔽烟幕。

遮蔽烟幕的作用是衰减在目标与探测器之间传递的光信号。因为任何光电侦测与制导系统均需要接收来自目标的光信号，不管这种光信号是由目标本身发出的，还是由其他辐射源发射到目标上被反射的，所以一旦这种来自目标的光信号被强烈地衰减，光电侦测与制导系统都将难以发现和精确命中目标。这就是烟幕干扰的基本原理，图 10.2.1 揭示了这一原理。

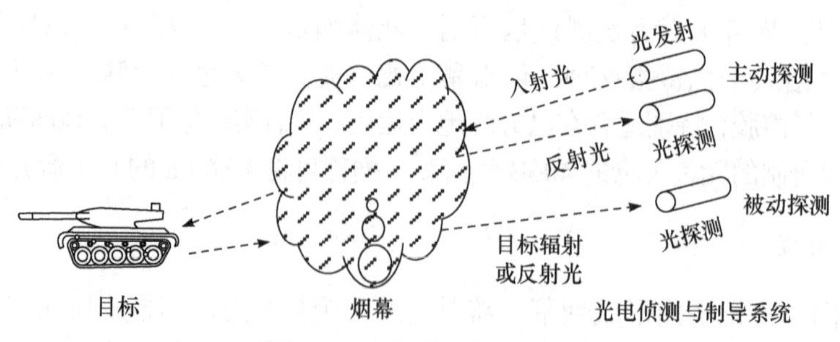

图 10.2.1　烟幕干扰原理图

下面从烟幕消光的原理和主要技术指标及影响因素等方面，深层次地阐述烟幕干扰的原理。

10.2.2 烟幕消光原理

1. 烟幕对光辐射的吸收与散射

1) 烟幕对光辐射的吸收

烟幕衰减光信号主要是因为烟幕粒子对光信号有吸收和散射作用。与所有其他物质一样，烟幕粒子是由大量的分子构成的。根据量子理论，分子具有一系列的能量状态，每一种状态都对应于一定的分子能级，当分子从一种能量状态变化到另一种能量状态时，就会吸收或发射电磁辐射。分子有三种不同方式的内部运动：第一种是组成分子的原子中的电子相对于原子核的运动；第二种是构成分子的原子的原子核在其平衡位置附近做微小振动；第三种是分子绕着通过其质心的轴转动。

每一种运动方式均对应着一种能量状态。另外，分子能量还包含上述三种方式的相互作用能量，因此分子的总能量 E 可以写成：

$$E = E_e + E_v + E_r + E_{ev} + E_{er} + E_{vr} \tag{10.2.1}$$

式中，E_e、E_v 和 E_r 分别表示电子运动能量、分子振动能量和分子转动能量；E_{ev}、E_{er} 和 E_{vr} 分别表示电子运动与分子振动、电子运动与分子转动以及分子振动与分子转动之间相互作用的能量。

由于电子运动速度比分子振动和转动的速度快得多，因此在电子运动的某一个瞬间，可以把原子核看成静止的，也就是说，电子运动与分子振动和转动之间的相互作用能量是很小的。同样，分子振动速度比转动速度也快得多，因而它们之间的相互作用能量也很小。把 E_{ev} 项并入 E_v 中，E_{er} 和 E_{vr} 项并入 E_r 中，则可将分子总能量 E 简单地写成：

$$E = E_e + E_v + E_r \tag{10.2.2}$$

式中，E_e、E_v 和 E_r 分别表示包含了相互作用的电子运动、分子振动和分子转动能量。通常有 $E_e \gg E_v \gg E_r$。

当分子的能量状态发生改变时，将吸收或发射电磁辐射，该辐射的频率 ν 为

$$\nu = \frac{\Delta E_e}{h} + \frac{\Delta E_v}{h} + \frac{\Delta E_r}{h} \tag{10.2.3}$$

式中，h 为普朗克常量。ΔE_e 通常为几到十几电子伏特，ΔE_v 通常为 10^{-2}～10^{-1}eV，ΔE_r 为 10^{-5}～10^{-2} eV。因此，分子的电子-振动-转动光谱(电子运动状态、分子振动和转动状态均发生变化时的光谱，亦称电子光谱)通常在可见光或紫外区，分子的转动-振动光谱(分子的转动和振动状态发生变化，电子运动状态不发生变化时的光谱)通常在红外区，分子的转动光谱(只有转动状态发生变化，其他状态不变)通常在红外和微波区。

当光入射到烟幕粒子上时，烟幕物质的分子转动-振动跃迁能量如果与入射光的能量相当，则会引起烟幕物质对入射光的吸收。这就是烟幕吸收光辐射的机理。在烟幕选材上，应尽可能多地利用分子的转动-振动对光辐射的吸收。如果遮蔽波段是 3～5μm 和 8～14μm 两个大气窗口，则所选烟幕的物质应在这两个窗口内有吸收峰，例如，含 O—H 键的羰酸

在 3.3～3.6μm 处有吸收峰，含 C—O 键的醇在 8.3～10μm 处有吸收峰，含 C—Cl 键的氯化烃在 12.5～16μm 处有吸收峰。

2) 烟幕对光辐射的散射

烟幕对入射光的衰减，不仅源于烟幕粒子对入射光的吸收，还源于它们对入射光的散射。

当光入射到烟幕粒子上时，微粒中的原子、分子和电子将会受到入射光的电磁波作用，如果微粒是介质，则组成它的原子和分子将被入射电磁场极化形成偶极子，该偶极子随入射电磁场做受迫振动；如果微粒是导体，则其中的电子会在入射电磁场作用下做受迫振动。偶极子与电子的振动会发射电磁波，而发射的电磁波通常覆盖所有方向，这就产生了粒子的散射。

粒子的散射改变了入射光的强度分布。在图 10.2.1 中，烟幕粒子对入射光的散射使得来自目标的光信号有相当一部分被散射到光探测的其他方向，从而达到了用烟幕遮蔽目标的目的。

如果烟幕粒子同时存在吸收和散射，则散射在烟幕消光过程中起着十分重要的作用，举个在可见光波段的例子，可以很好地说明这一点。若在透明的玻璃杯中倒满水，则装满水的玻璃杯仍然是透明的，但若将杯中的水变成雾，则杯子就变得不透明了。很明显，这是散射在起作用。在红外波段，道理也是相同的。

2. 烟幕粒子的消光截面

烟幕对光辐射的吸收与散射造成的衰减通常称为消光，消光效果一般用衰减系数 μ 来表征。μ 表示的是光经过单位传播距离的衰减程度，其可用米(Mie)散射理论来量化分析。根据该理论，散射粒子对波长为 λ 的光辐射的衰减系数 $\mu_E(\lambda)$ 为

$$\mu_E(\lambda)=\int\sigma_E(r,\lambda,n')N_a(r)\mathrm{d}r \tag{10.2.4}$$

式中，σ_E 是包含散射和吸收作用在内的单个散射粒子的消光截面；$N_a(r)$ 是大气气溶胶微粒密度随不同粒径的分布函数；r 是粒子半径；λ 是波长；n' 是散射粒子的复折射率，n' 可表示为 $a+b\mathrm{i}$ 的复数形式，a 和 b 分别表示散射和吸收作用。

对于单个球形粒子，按照米散射理论有

$$\sigma_E(r,\lambda,n')=\pi r^2 Q_E(r,\lambda,n') \tag{10.2.5}$$

式中，Q_E 表示消光效率因子，该值越大，衰减越严重，Q_E 的计算如下：

$$Q_E(r,\lambda,n')=\frac{2}{x^2}\sum_{i=1}^{\infty}(2i+1)\,\mathrm{Re}(a_i+b_i) \tag{10.2.6}$$

式中，$\chi=2\pi r/\lambda$，a_i 和 b_i 分别可以用第一贝塞尔函数和第二汉克尔函数表示，计算相当复杂，但已有比较成熟的方法和计算应用程序。

图 10.2.2 是 $n'=1.33$ 时的计算结果。从图中可以看出，烟幕粒子的粒径不是越大越好，这也为实际烟幕生产时粒子大小的选择提供了理论基础。

实际上，烟幕粒子的粒径(即粒子的尺度)都有一定分布，称为粒径分布(或粒度分布)，而消光效率因子又与微粒的粒径有很强的关联，仅用单一粒径或平均粒径来计算相应的消

光系数其意义不大，需要找出烟幕粒子的整个粒径分布 $f(r)$。对于许多类型的烟幕(或气溶胶云)，其粒径分布 $f(r)$ 通常可用对数正态分布来描述：

$$f(r)=\frac{1}{r\sqrt{2\pi}\ln s}\times\exp\left[-\frac{(\ln r-\ln r_0)^2}{2(\ln s)^2}\right] \tag{10.2.7}$$

式中，r_0 和 s 分别是粒径 r 的几何平均和几何偏差。对于波长为 λ 的入射光，烟幕粒子的总平均消光能力 $\overline{\sigma_E(\lambda)}$ 可以表示为

$$\overline{\sigma_E(\lambda)}=\int_{r=0}^{\infty}\sigma_E(r,\lambda,n')f(r)\mathrm{d}r \tag{10.2.8}$$

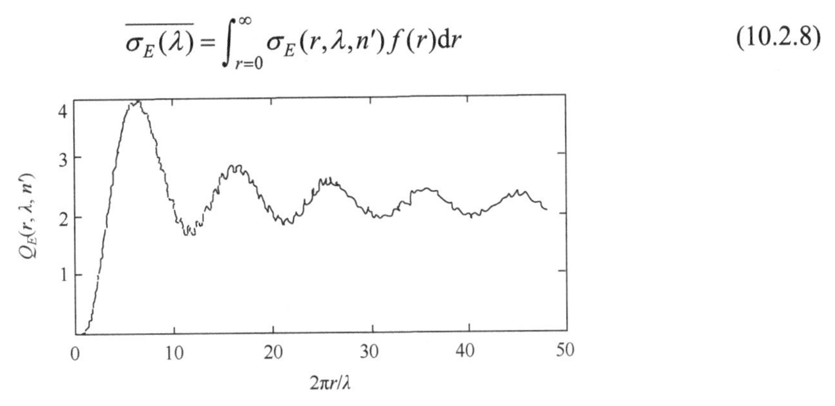

图 10.2.2 $Q_E(r,\lambda,n')$ 的典型计算结果($n'=1.33$)

用 $N\cdot f(r)$ 代替 $N_a(r)$，式(10.2.4)烟幕的消光系数变为

$$\mu(\lambda)=N\int_{r=0}^{\infty}\sigma_E(r,\lambda,n')f(r)\mathrm{d}r \tag{10.2.9}$$

式中，σ_E 表示包含吸收和散射作用在内的单个烟幕粒子的消光截面；N 表示烟幕粒子的粒子数密度。

为了考察烟幕粒子分布参数对其平均消光截面的影响，按照参数 $n'=1.4-0.006\mathrm{j}$、$s=2.0$，计算在几个典型的几何平均粒径 r_0 下，单个烟幕粒子平均消光截面随光波长的变化关系，如图 10.2.3 所示。图中的数据表明，随着平均粒径的增大，消光截面达到最大值 $\sigma_{E\max}$ 的波长 $\lambda_{\max}$ 也随之变大，在图中对应的 $\lambda_{\max}$ 大致是 1.06μm、3.8μm、9μm。

图 10.2.4 是 r_0=1.0μm、不同粒径偏差 s 情况下平均消光截面随光波长的变化关系。可以看出，图 10.2.3 与图 10.2.4 有相似性，这是因为 s 的增大使得大粒径微粒的比例有所增加，其效果在一定程度上等价于平均粒径变大。

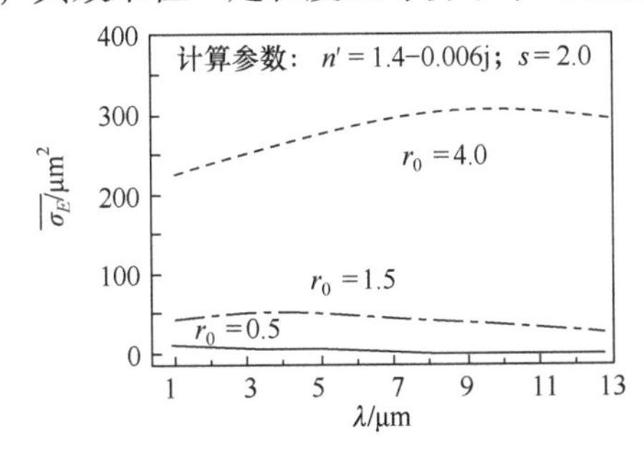

图 10.2.3 不同平均粒径参数下，单个烟幕粒子的平均消光截面随波长的变化(一)

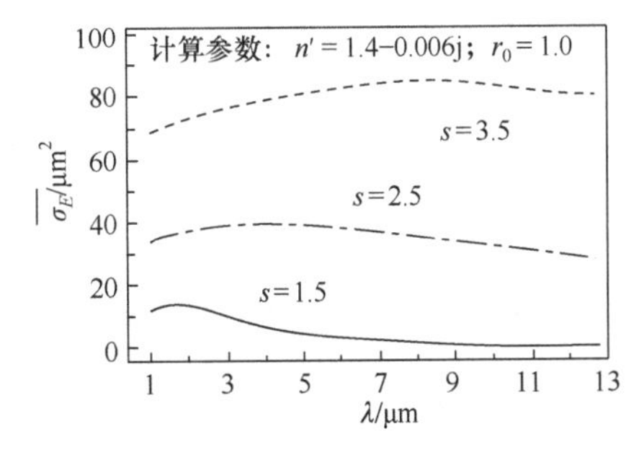

图 10.2.4 不同粒径偏差参数下，单个烟幕粒子的平均消光截面随波长的变化(二)

3. 烟幕粒子的质量消光截面

前面的计算结果表明，对单个烟幕粒子来说，粒径越大则消光越强。但需要注意的是，在实际的使用中并不能仅依靠增大烟幕粒子的粒径提高烟幕的整体消光能力。因为随着粒径的增大，单位空间体积所含烟幕质量迅速增大，为了达到同样消光指标，所需的烟幕材料就很多。对于给定体积、给定质量的烟幕弹容量来说，单独考虑粒径因素是不符合实际的。

对给定体积和质量的烟幕，可以引入质量消光截面σ_M来表征消光能力。质量消光截面σ_M定义为：烟幕粒子平均消光截面与烟幕粒子平均质量M的比值。若构成烟幕的材料的比重为ρ，则有

$$M=\int_{r=0}^{\infty} f(r)\frac{4}{3}\pi r^3\rho \mathrm{d}r \tag{10.2.10}$$

于是

$$\sigma_M=\frac{\int_{r=0}^{\infty}\sigma_E(r,\lambda,n)f(r)\mathrm{d}r}{\int_{r=0}^{\infty}\frac{4}{3}\pi r^3\rho f(r)\mathrm{d}r} \tag{10.2.11}$$

图 10.2.5 是采用与图 10.2.3 相同的参数情况下，根据式(10.2.10)和式(10.2.11)计算得出的质量消光截面随波长的变化关系曲线。它清楚地表明，对于同样质量的烟幕材料，其散布在空间后所具备的消光能力并不是随着平均粒径的增大而增加的，在较短波长处的实际情况则正好相反。例如，如果需要针对 3.8μm 波长的激光施放烟幕，所采用的烟幕粒子的粒径参数应选择$r_0=0.5\mu m$更为有利。图 10.2.6 是不同s、相同r_0参数下，质量消光截面随波长的变化关系曲线，它进一步说明了上述结论。

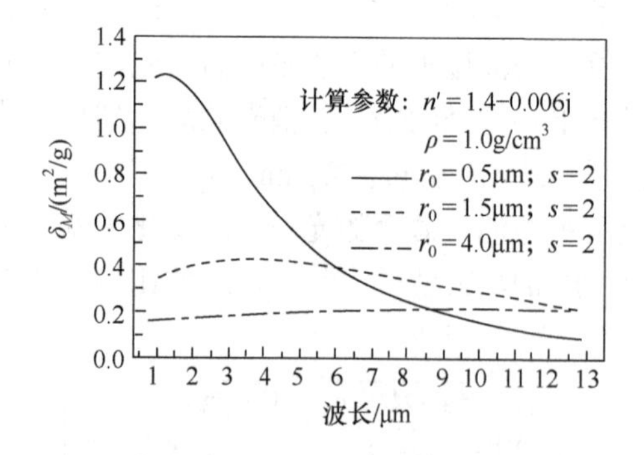

图 10.2.5　不同平均粒径参数下，烟幕的质量消光截面随波长的变化（一）

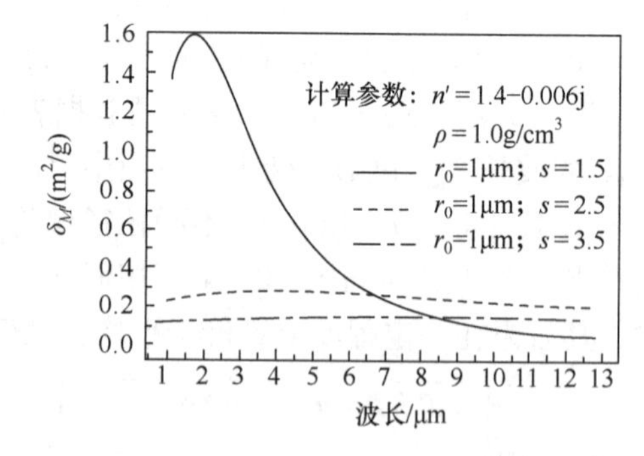

图 10.2.6　不同粒径偏差参数下，烟幕的质量消光截面随波长的变化（二）

10.2.3　烟幕消光的主要技术指标与影响因素

1. 主要技术指标

烟幕的作战效能是由一系列的因素共同决定的，这些因素主要包括烟幕的浓度、粒径分布、消光系数、透过率、持续时间、遮蔽面积等技术指标和烟幕的施放时间、发射角度、

遮蔽方位等战术指标。在作战使用前，主要关注的是技术指标；在作战使用时，主要关注的是战术指标。

通常将烟幕的浓度、粒度分布、消光系数、透过率、形成时间、持续时间和遮蔽面积等技术指标统称为烟幕的特征物理量，它们影响烟幕自身固有的消光特性。下面阐述烟幕的主要技术指标。

1) 烟幕浓度

烟幕浓度有两种表示方法，即质量浓度和粒子数密度。质量浓度指单位体积内烟幕粒子的质量，它可用滤膜计重法测定。滤膜计重法是将已知体积的烟幕通过滤膜过滤器，使粒子留在滤膜上，再称滤膜的增加重量 ΔG ，然后按式(10.2.12)即可算出质量浓度 C_m ：

$$C_m = \frac{\Delta G}{qt} \tag{10.2.12}$$

式中，q 为采样气体单位时间内的流量；t 为采样时间。

烟幕的粒子数密度指单位体积内烟幕粒子的数目，它可以通过电子显微镜测量滤膜收集的粒子的个数和尺度，并进行分级统计的方法得出。表 10.2.1 给出了几种烟幕的典型浓度。

表 10.2.1　几种烟幕的典型浓度

名称	质量浓度 C_m /(g/cm^3)	粒子数密度/(微粒个数/ cm^3)	微粒平均直径 d / cm
氧化锌	0.2～0.7	1×10^6～3×10^6	5×10^{-5}
硫酸	0.1～0.15	4×10^5～5×10^6	4×10^{-5}～8×10^{-5}
磷酸	0.2～1.7	1×10^6～3.6×10^6	5×10^{-5}～1×10^{-4}

2) 粒度分布

烟幕中粒子的粒径分布(也称为粒度分布或尺度分布)直接影响烟幕的性能。同样的材料，同样的质量浓度，若粒径分布不一样(因而粒子数密度不一样)，则烟幕消光性能会有很大差别。因为烟幕粒子的大小对其消光特性具有重要影响。对于球形粒子而言，通常粒径越大，散射截面越大，散射效率因子与粒径参数 $\chi = 2\pi r / \lambda$ 有关，χ 的变化强烈地影响着不同波长的光辐射散射效率。显然，粒度分布与烟幕的干扰波段紧密相关。

3) 消光系数

烟幕的消光系数分三种，第一种是常用的消光系数 $\mu(\lambda)$ ，反映的是烟幕在单位传输路径上的消光能力。它可由式(10.2.13)求得

$$\mu(\lambda) = -\frac{1}{L}\ln\frac{P(L)}{P_0} \tag{10.2.13}$$

式中，L 为烟幕的厚度；$P(L)$ 和 P_0 分别为衰减后和衰减前的光辐射能量或功率。

第二种是质量消光系数 $\beta(\lambda)$，它由式(10.2.14)求出：

$$\beta(\lambda) = -\frac{1}{C_m L}\ln\frac{P(L)}{P_0} \tag{10.2.14}$$

式中，C_m为烟幕的质量浓度。质量消光系数和前述质量消光截面的单位是一样的，但物理意义却不同。质量消光截面可以反映某段粒径($r_0 \sim r_1$)范围内的微观量，质量消光系数则无法区分粒径的宏观量。表 10.2.2 给出了几种具有特定粒径分布的物质的质量消光系数。

表 10.2.2　几种烟幕物质的质量消光系数

材料	烟雾浓度/(mg/ m³)	质量消光系数/(m²/g)	
		3.0μm	10.6μm
青铜薄片	440	1.12	1.24
铝薄片	120	2.40	2.63
铜薄片	240	1.49	1.53
铜球	40	1.16	0.13
镀铜云母	60	0.75	0.39
有机玻璃球 PMMA (聚甲基丙烯酸甲酯)	290	1.60	0.16
镀铜 PMMA 球 (Cu：PMMA = 1.21)	430	0.91	0.48
石墨	220	3.0	2.6

第三种消光系数是体积消光系数$\beta_v(\lambda)$，即

$$\beta_v(\lambda)=\beta(\lambda)\cdot\rho \tag{10.2.15}$$

式中，ρ为烟幕材料的包装密度。体积消光系数是评价烟幕弹等容量一定的干扰器材所采用的烟幕材料性能的重要参数。

4) 透过率

透过率τ指穿过烟幕后辐射能量(或功率)与入射能量(或功率)之比，即

$$\tau=\frac{P(L)}{P_0} \tag{10.2.16}$$

在知道了$\mu(\lambda)$后，经过距离L后，光辐射的透光率τ也可以用水平传输的布格-朗伯(Bouguer-Lambert)定律表示：

$$\tau=\exp\left[-\mu(\lambda)L\right] \tag{10.2.17}$$

5) 形成时间

它表示的是从烟幕开始发射到形成一定遮蔽面积所需要的时间。作为光电对抗使用的烟幕，形成时间与来袭目标的攻击时间有关，必须小于攻击时间。

6) 持续时间

持续时间表示烟幕保持一定的遮蔽面积所能持续的时间。它受粒子的尺度、密度以及风力共同影响。同样，对于持续时间的要求也与来袭目标的攻击持续时间有关，必须大于攻击持续时间。

7) 遮蔽面积

它表征形成的烟幕面积的大小，即能达到规定干扰作用的空间范围的大小。该值一般与被保护目标大小和敌方攻击角度有关。

2. 主要影响因素

影响烟幕对光辐射衰减的因素有许多，除上面的特征物理量外，还有诸如烟幕粒子的形状、空间取向、表面粗糙度、折射率，以及光波长、气象条件、地形地物、地质条件等。在实际使用中，气象条件的影响最大。下面讨论风、温度、湿度与降水等影响烟幕使用效果的主要因素。

1) 风的影响

对烟幕遮蔽效果影响最大的气象因素是风。当施放烟幕时，烟幕初始扩散非常迅速，但扩散率随时间的增加而急剧下降。这样，当烟幕浓度达到一定程度时，烟幕粒子扩散的速率可以忽略，这时烟幕的行为主要取决于大气的变化。风是大气运动的主要形式，烟幕粒子悬浮在大气中成为大气的一部分，风就决定了烟幕的形状和运动，直接影响遮蔽效果。其中，风向与风速是影响烟幕遮蔽效果的重要因素。

风向指空气流动的方向，它决定烟幕的运动方向，根据不同的战术目的要求，要向不同方向发射烟幕弹并实施正确的机动，才能达到掩护自己的目的。

风速指单位时间内空气水平移动的距离，它对烟幕的形成速度、运动速度、持续时间和传播距离有很大影响。烟幕的运动速度近似于风速。经验认为，风速越大，烟幕飘离原地越迅速，烟幕形成面积越大，扩散(消散)速度越快，烟幕浓度也就越低。要保持一定的浓度以达到所要求的遮蔽效果，就需要发射更多的烟幕弹或加大发烟剂量。风速过小，则风向不稳定且易变，甚至可突然衰减为静风，不能在短时间内形成具有一定遮蔽面积的烟幕。对于施放烟幕最有利的风速是3～5m/s，且短时间内风向风速最好都比较稳定。

2) 温度的影响

温度对烟幕的影响远小于风的作用。在逆温条件下(如在水面附近)，在贴近水面的风层中所施放的烟幕趋向于停留在低层空气中，严重影响水面能见度，但这种烟幕对遮蔽舰艇上层建筑不利。

在温度梯度递减条件下，近水面施放的烟幕，由于湍流作用，以不规则方式摆动上升。风小时，烟流可以从发烟源急剧上升；风大时，烟流上升时沿风向飘移一段距离，边扩散边上升。这种条件时施放的烟幕有利于遮蔽目标顶部。

在中性(等温)条件下，烟幕状态介于逆温和递减条件之间，烟流方向比较稳定，比递减条件时上升缓慢，但比逆温条件时烟流的传播与上升快。

3) 湿度与降水的影响

实际上所有的烟幕粒子都是吸湿的。吸收水汽后，烟幕粒径增大，烟幕密度加大，遮蔽效果增强。对同样数量的发烟剂，在固定其他条件时，湿度大比湿度小时产生的烟幕更浓密。另外，低温比高温时施放烟幕需要更大的相对湿度，或者说，在同一相对湿度下，高温比低温施放效果好。

降水能冲刷空气中的烟幕粒子，大雨会加速烟幕的消散，影响烟幕的遮蔽能力；小雨一般不影响烟幕的遮蔽能力，且小雨(带雾)使能见度降低，可增强烟雾的遮蔽效果。

需要指出的是：气象条件不仅对烟幕消光影响很大，对光辐射的本身影响也很大，有的气象条件经过人工的控制和发展，已成为一种独特的光电无源干扰的形式，称为气象干扰，在此不再赘述。

10.3　光电假目标干扰

光电假目标根据自身是否发射光辐射，可分为光电有源假目标和光电无源假目标。在光电干扰中，使用最多的是光电无源假目标。因此，在通常情况下，不特别说明，所说的光电假目标都是指光电无源假目标。它们一般是具有较高反射率的反射体或散射体。

与烟幕干扰一样，光电假目标干扰也是一种性价比高、使用方便且干扰效果好的光电无源干扰方式。本节主要以角反射器、漫反射板、自然地物和光箔条为主，讲解光电假目标干扰的原理与方法。

10.3.1　角反射器

激光角反射器是由三块互相垂直的平面镜组成的一种立体结构。它的反射面可能有不同的尺寸和形状，常用的形状有方形、三角形和圆形，如图 10.3.1 所示。

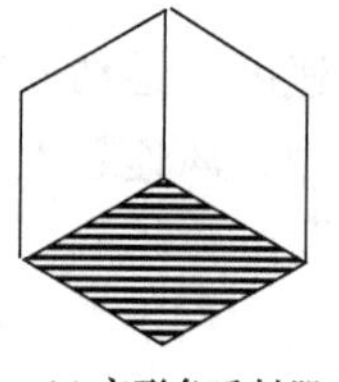
(a) 方形角反射器

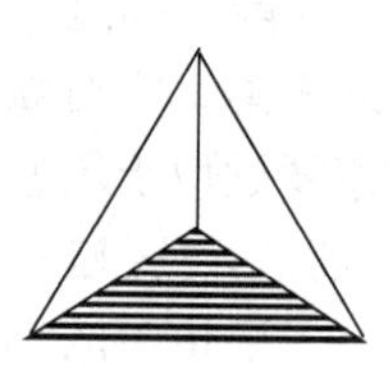
(b) 三角形角反射器

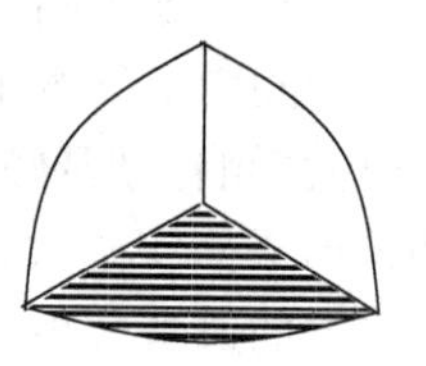
(c) 圆形角反射器

图 10.3.1　激光角反射器

激光角反射器可以作为激光假目标使用，因为它能够把入射来的绝大部分激光按原方向反射回去。这是激光角反射器的优异特性。这一特性可以用角反射器激光雷达散射截面来反映。

以方形角反射器为例，当激光入射时，激光角反射器的反射特性如图 10.3.2 所示。当激光入射方向平行于两个反射面，即垂直于第三个反射面入射时，显然只存在一次反射，而且反射后的激光沿入射方向返回，如图 10.3.2(a)所示。当入射激光平行于一个反射面时，激光角反射器相当于一个两面的激光角反射器，如图 10.3.2(b)所示。当入射的激光不平行于任一个反射面时，就存在三次反射。可以证明，经三次反射后，激光仍能沿入射方向返回，如图 10.3.2(c)所示。

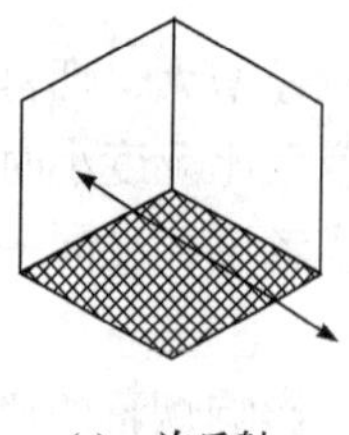
(a) 一次反射

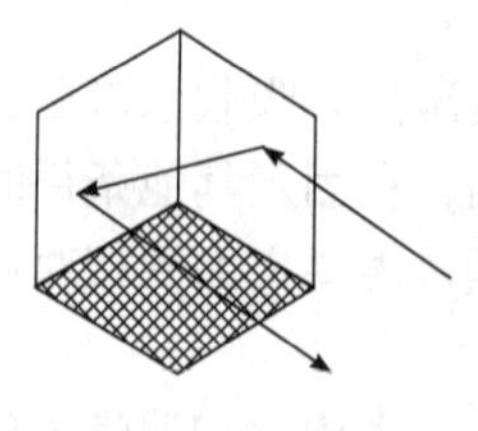
(b) 二次反射

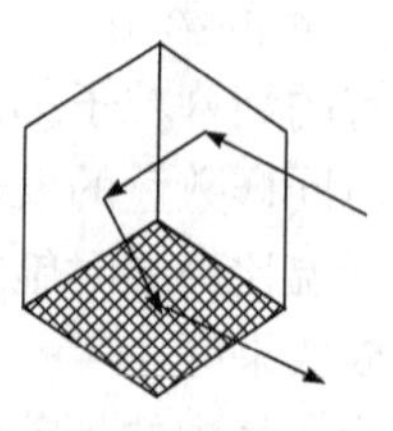
(c) 三次反射

图 10.3.2　激光角反射器的反射特性

为了增大二次和三次反射的空间范围，可以将几个不同指向的角反射器组合起来使用，如图 10.3.3 所示，这是一个半球空间的方形反射器。

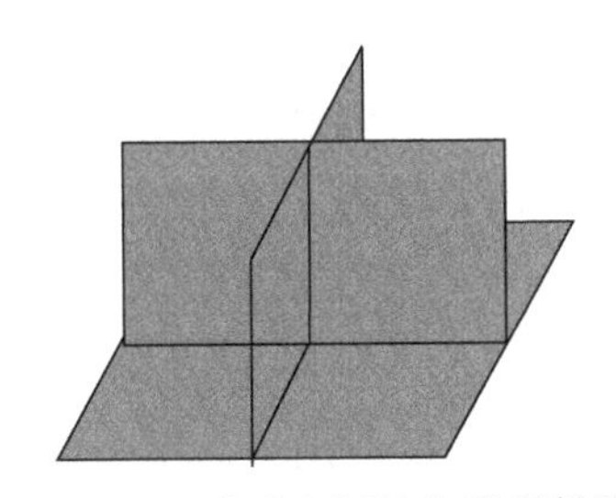

图 10.3.3　半球空间的方形反射器

10.3.2　漫反射板

漫反射板一般为高反射率材料制成的金属板，如喷沙钝化的铝板，漫反射板利用支架支撑放置于地面或建筑物上，当激光照射在金属板上时，产生漫反射，将激光信号反射到被干扰的光电侦测系统光学窗口或光电制导武器导引头上。

一般漫反射板被架设成与水平面呈 β 夹角，如图 10.3.4 所示，θ 为漫反射板的法线和被干扰目标攻击方向的夹角。由于激光源一般是车载的，距离地面也就 2～3m，而激光源距离假目标有数百米远，所以可认为激光是水平照射在漫反射板上的。

可以看作朗伯体的漫反射板，反射的光强度在不同方向是不一样的，因此在不同方向上的干扰距离也不一样。漫反射板的空间防护区域在垂直于漫反射板中心平面上的投影如图 10.3.5 所示，粗实线为与水平面夹角为 β 的漫反射板，O 为漫反射板中心点，OO' 为漫反射板表面法线方向，BO 为水平线，虚线部分(即扇形区域 $OAO'C$)由漫反射板在不同方向上的干扰距离连线所得，是防护区域边缘投影。根据漫反射体的特性和大目标时的激光雷达方程(7.2.30)可以得到漫反射板在不同方向上的干扰距离 R 为

$$R = \sqrt{\frac{P_t \tau_t \tau_r A_r \rho \cos\theta}{\pi P_r} e^{-\mu R}} \tag{10.3.1}$$

式中，P_t 为发射激光的峰值功率；τ_t 为激光干扰源发射光学系统的透过率；τ_r 为被干扰目标光学接收系统的透过率；A_r 为被干扰目标有效接收面积；ρ 为漫反射假目标的半球反射率；P_r 为导引头最小可探测的激光功率；μ 为大气的衰减常数。

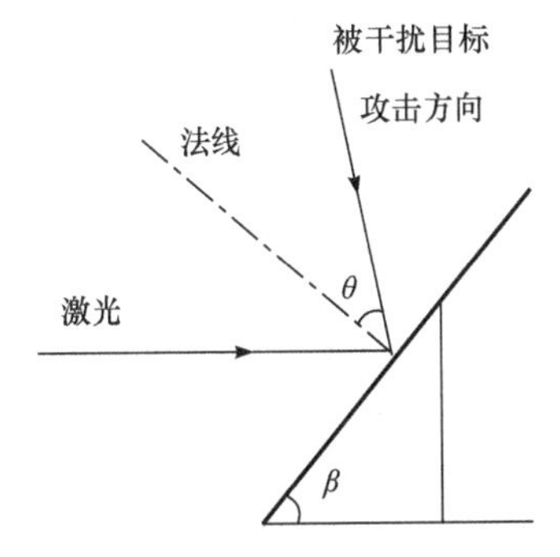

图 10.3.4　漫反射板的俯仰角

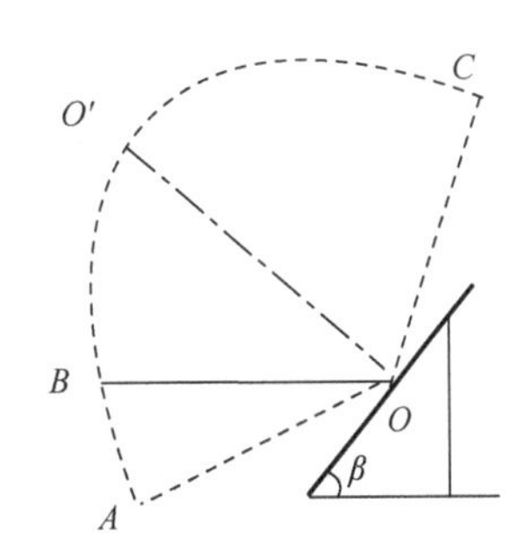

图 10.3.5　漫反射板的防护区域示意图

由式(10.3.1)可知，干扰距离随θ的增大而减小。防护角度可视为有效干扰距离减少到最大干扰距离某一程度(可根据实际情况选择)时的偏角θ。当有效干扰距离比最大值减少30%时，θ角大约为70°。

假设激光的发散角α为1mrad，激光源到漫反射板的距离L为500m。那么照射到漫反射板上的光斑为一个椭圆，其长轴长度D为

$$D=\frac{L\alpha}{\sin\beta} \tag{10.3.2}$$

因为漫反射板要把激光的全部能量反射出去，所以要求激光光斑长轴长度要小于漫反射板。可求出当漫反射板的边长为1m时，β要大于30°。

以θ角为70°来确定漫反射板防护的俯仰范围，此时$\angle O'OC=\angle O'OA=70°$。其防护的俯仰角度的上限为$\angle BOC$，下限为$\angle AOB$。它们可利用下面两个式子求出：

$$\angle AOB=\pi/2-\theta-\beta \tag{10.3.3a}$$

$$\angle BOC=\pi/2+\theta-\beta \tag{10.3.3b}$$

一般要求漫反射板防护区域的俯仰角度下限要小于0°，可求出β角要大于20°，且不得小于30°。防护区域的俯仰角度的上限一般不小于90°，可求出β角不大于70°。也就是说，β角取值为30°～70°。考虑架设的方便，β角一般取30°、45°或60°。β角为30°时，其防护的俯仰角上限可达130°，所防护的空间范围最大，但要求激光要准确瞄准到漫反射板中心，实际是不易实现的。β角为60°时，防护空间范围较小，所以β角取45°较合适。

10.3.3　光箔条

光箔条是一些涂有对激光波长具有高反射率的、非常微小的薄片(条)，也称为激光箔条。光箔条能在指定空域快速形成强散射气溶胶烟云，其主要作用是对入射的激光产生强烈的散射，形成强烈的后向散射回波，可作为假目标，对激光主动侦测设备或激光制导武器进行欺骗干扰。

光箔条通常可由火箭弹或迫击炮弹发射，也可直接由飞机抛撒。到达指定空域后，光箔条与弹(机)分离，由于其质量轻，因此可以较长时间弥散在空中，形成大面积的光箔条阵。在作战使用中，光箔条可与己方主动激光干扰机配合，在空中任意位置上制造激光假目标，如图10.3.6所示。即利用己方一台激光干扰机直接照射光箔条阵，在非目标区人为地造成大面积激光散射回波，从而诱骗激光制导炸弹向其寻的，起到干扰的作用。

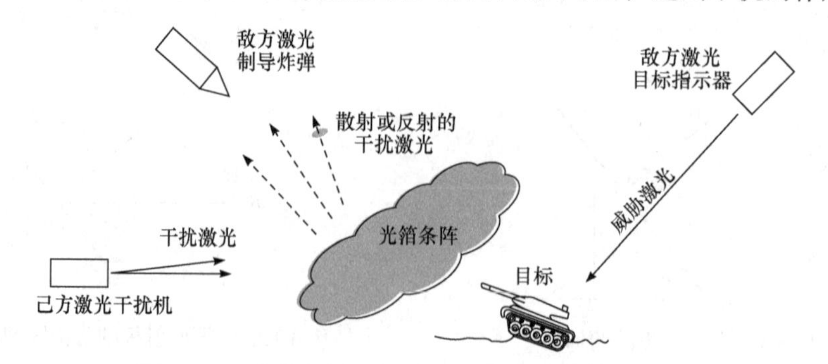

图10.3.6　光箔条与己方激光干扰机配合使用示意图

如果将光箔条布撒在激光目标指示器的照射光路上，则由光箔条散射的回波将把被攻击目标反射的激光回波淹没，使得目标被掩盖在由光箔条散射而形成的激光斑点噪声的干扰信号之中，从而导致激光制导武器丢失目标。

10.3.4　自然地物

上述漫反射板的特点是架设方便、反射率高，缺点是数量有限，在遭受饱和打击摧毁后难以快速补充。选用适当的自然地物，如岩石、草地、雪地和树叶等，可以作为假目标临时替代漫反射板的作用，材料随处都有是自然地物的重要优势。

从 10.3.3 节的分析来看，只要假目标的反射率大于 0.33，其有效干扰距离也基本满足使用要求。表 10.3.1 给出了典型背景和常见金属材料在 1.06μm 波长的反射率，可以看出，在 1.06μm 波长处，一般绿色植物的反射率都在 40%以上，冬天里新鲜的雪的反射率甚至可达到 80%，即使经过几十小时后反射率也在 40%以上。它们都适合作为假目标的背景。

表 10.3.1　目标材料在 1.06μm 波长的反射率

目标材料	混凝土	草地	树叶(橡树)	冰面	新雪	陈雪	钢板	镍板	铬板	风化铝板
反射率/%	40	47	48	32	80	40	58	73	58	55

地物的缺点也很突出，虽然上述背景大多能满足假目标对反射率的要求，但要找到距离被保护目标合适、倾斜角度符合要求以及防护范围覆盖 360°方位的背景还是很不容易的。在实际保护固定目标时，自然地物一般可作为制式漫反射板的补充，需提前找好合适的自然地物。

10.4　激光有源干扰

激光有源干扰的主要对象是各类光电制导武器和光电侦测设备，其表现形式主要有激光压制干扰、激光致盲干扰、激光高重频干扰和激光角度欺骗干扰等。

激光压制干扰是利用强激光使敌方光电探测设备饱和失效的激光有源干扰，而激光致盲干扰是通过发射高能量的激光，使光电传感器、光学系统或人员的眼睛受到照射而不能正常工作的激光有源干扰。两者有相似之处，对于近距离的目标，激光压制干扰可能变为激光致盲干扰；对于远距离的目标，激光致盲干扰可能演变为激光压制干扰。随着大功率、高光束质量激光器技术的进步，以区域防空为目的的激光有源干扰逐渐成为光电有源干扰技术研究的主要方向。美国的“Dazer”激光对抗装置、AN/PLQ-5 便携式激光致盲武器、AN/VLQ-7“Stingray”作战防护系统、“骑马侍从”(Outrider)车载激光致盲武器系统、“美洲虎”(Jaguar)车载激光致盲武器系统和 AN/VLQ-8A 导弹对抗装置等均属于激光压制干扰装备，能够对人眼、制导武器、光电系统等造成不同程度的饱和或毁伤。

激光高重频干扰是通过高重复频率的激光脉冲串，使得被干扰目标的每个时间波门中至少落入一个干扰脉冲，以干扰激光测距机、激光半主动导引头正常工作的激光有源干扰。激光角度欺骗干扰是发射激光干扰脉冲，诱偏激光半主动导引头的激光有源干扰。从本质上来说，激光高重频干扰和激光角度欺骗干扰均属于激光欺骗干扰，都是让敌方将干扰激光当成真实信号进行处理。美国的 LATADS 激光对抗诱饵系统、AN/GLQ-13 车载激光诱骗系统、英国的 405 型激光诱饵系统等均属于激光有源欺骗干扰装备，作用距离一般在 10km 左右。

本节将以激光致盲干扰和激光欺骗干扰为重点介绍激光有源干扰。

10.4.1　激光致盲干扰

激光致盲干扰的作用对象主要是人眼和光电制导武器的光电探测器，致盲可以使其暂时性地失去“视觉”，也可以造成永久性的伤害。其作用过程如图 10.4.1 所示。激光致盲干扰设备通过红外或可见光搜索跟踪系统发现目标后，控制激光源发射激光照射目标，通过调节激光发射能量的多少，既可以使人眼和光电探测器短暂失去观察识别能力，也能够造成永久性损坏。致盲干扰的过程较为简单，下面主要分析激光对人眼和光电探测器实现致盲的机理。

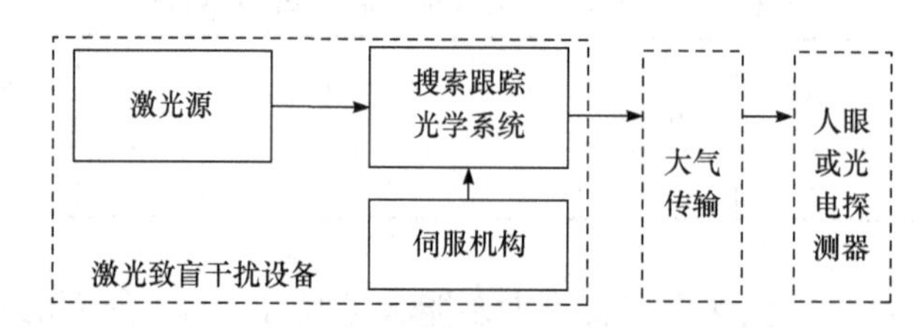

图 10.4.1　激光致盲干扰示意图

1. 激光对人眼的致盲机理

1) 人眼的结构

人眼近似为一球体，故常称为眼球。眼球的直径约 25mm，其结构如图 10.4.2 所示。当光束进入眼睛时，会依次通过角膜、前房液、晶状体、玻璃体，然后照射到视网膜上。其中，角膜和晶状体可以看成两个凸透镜，对光束起到会聚作用。前房液和玻璃体的主要成分是水，其折射率近似为 1.34，晶状体的折射率平均值约为 1.44，因此，当光束从前房液进入晶状体，再由晶状体进入玻璃体时，无明显的折射发生。

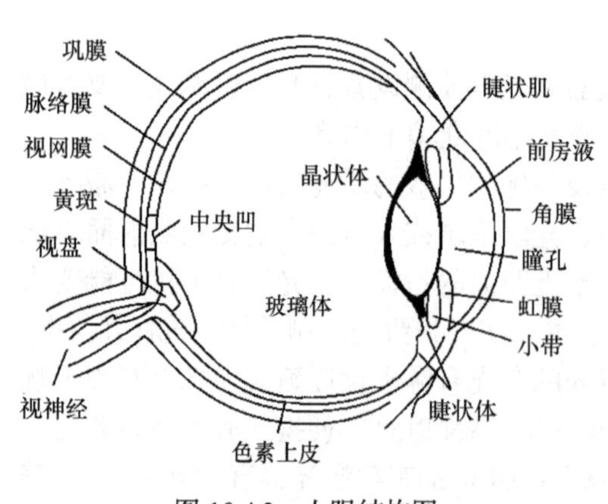

图 10.4.2　人眼结构图

晶状体的有效通光口径称为瞳孔，瞳孔的大小可由两侧的虹膜调节，范围为 2～7mm，在其他条件一定的情况下，瞳孔越大，进入眼睛的光量越多，因而它是关系到眼睛伤害程度的重要因素。视网膜的感色表皮里面包含大量的感光细胞，主要是视杆细胞和视锥细胞。视杆细胞对低强度的光相当敏感，但对光的色彩分辨不敏感；视锥细胞对较强的光才有反应，并可区分不同的颜色。

在视网膜的中间部分有一处稍低的凹陷，称为黄斑，视锥细胞的一半以上(约 4×10^6

个)集中在此处。黄斑的中心有一小斑，称为中央凹，其直径虽然只有 0.25mm，但比视网膜其余部分灵敏得多。当目标的像恰好成在中央凹中时，看得最清楚。因此，为了看清物体，总是由调节肌转动眼球，并使物体的像成在中央凹。如果黄斑受到伤害，人就会产生视觉障碍。

2) 激光对人眼致盲的机理分析

激光能够对人眼干扰的原因主要可以从人眼的光谱透过特点、视网膜的吸收特性、人眼具有的高光学增益以及人眼其他部分的吸收来分析。

(1) 人眼的光谱透过特点。

人眼的光谱透过率随入射辐射波长变化这一特点，是对其成功实施激光致盲干扰的关键。从图 10.4.3 给出的不同波段电磁辐射透过人眼能力的示意图可以看出，微波、X 射线和 γ 射线可以穿过整个眼球[图 10.4.3(a)]，基本不损失能量，也不会对眼睛造成很大伤害；波长长于 1400nm 的红外辐射和波长短于 315nm 的远紫外射线，在角膜的表面被吸收而不能进入眼睛[图 10.4.3(b)]，因此不会对视网膜造成伤害；315～400nm 的近紫外辐射则被晶状体表面无害吸收[图 10.4.3(c)]；只有可见光和波长小于 1400nm 的近红外辐射被角膜和晶状体聚焦到视网膜上[图 10.4.3(d)]，被感光细胞吸收。

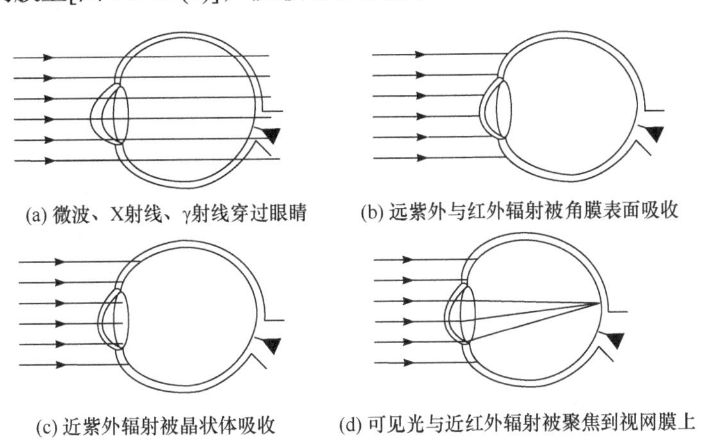

(a) 微波、X射线、γ射线穿过眼睛　(b) 远紫外与红外辐射被角膜表面吸收

(c) 近紫外辐射被晶状体吸收　(d) 可见光与近红外辐射被聚焦到视网膜上

图 10.4.3　人眼对不同波段的光谱透过特点

综上所述，人眼对光谱具有选择性透过的特点，波长 400～1400nm 的激光容易干扰人眼的观察，而紫外和长波红外的光不能够到达视网膜，对视网膜的影响非常有限。

(2) 视网膜的吸收特性。

激光对视网膜的伤害与其对激光的吸收率密切相关，视网膜对某波长激光的吸收率越高，该波长的激光越容易损伤视网膜。结合人眼的光谱透过率，可以得出结论：视网膜的受损程度由人眼透过率和视网膜吸收率共同决定。图 10.4.4 给出了人眼光学系统透过率曲线和视网膜吸收曲线，可以看出，波长为 0.53μm 的绿色激光透过率高，约为 85%，人眼光学系统透过率的第二

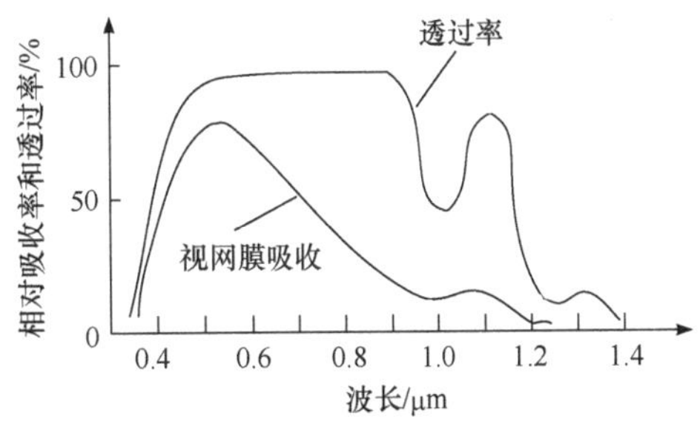

图 10.4.4　人眼光学系统透过率曲线和视网膜吸收曲线

个峰值在 1.1μm 附近，此后随波长增加急剧下降，并在 1.4μm 处接近 0；视网膜的吸收率也趋于此特征，在 0.53μm 波长处，视网膜吸收率最高，约为 65%，并逐渐下降，长波在 1.3μm 处接近 0。

在实际应用中，有两点需要注意：一是 0.53μm 激光对人眼视网膜的损伤威胁最大；二是在近红外 1.1μm 附近，透过率也较高，同时，视网膜在此处有一个吸收峰。因此，军事上常用的 1.06μm 激光也容易造成人眼的损伤。

(3) 人眼的高光学增益。

角膜和晶状体可以看作光学系统中的凸透镜，起到对入射光的会聚作用，从而能够造成人眼光学系统的高光学增益，即入射到角膜上的光束经过角膜和晶状体的会聚后，到达视网膜时的能量密度大大提高，极大增加了视网膜损伤的可能。

人眼能将入射光会聚为视网膜上一个直径只有数十微米级的光斑，受角膜和瞳孔大小的制约，激光束入射人眼的光斑直径通常可认为在 10mm 以内，则会聚后到达视网膜的激光光斑面积不足会聚前的十万分之一，因此光能量密度相应地提高了 10^5 倍。举例来说，如果激光射入眼睛之前的能量密度只有 0.1mJ/cm^2，则视网膜上光斑的能量密度将高达 10J/cm^2，如此高的能量密度足以对人体任何部位造成伤害。如果激光致盲的对象正在使用望远镜一类光学仪器，则其视网膜上激光光斑的能量密度将进一步提高。

(4) 人眼其他部分的吸收。

图 10.4.3 表明，远紫外、近紫外和中远红外波段的光辐射被角膜和晶状体吸收，当短时间内这些波段激光的入射能量较高时，角膜和晶状体也会因为过量吸收导致热损伤，通常可表现为角膜炎。常用的二氧化碳、氟化氢和氟化氘等激光器的输出功率一般都在 10W/cm^2 以上，通常人眨眼的时间为 0.05～1s，则在眨眼前角膜将吸收 0.5～10J/cm^2 的能量，这一强度已经可造成角膜伤害。据美国联合通讯社报道，2021 年 3 月，美国空军一架飞机在佐治亚州上空飞行时，遭到了激光束的照射，持续 1min 左右，激光造成一名机组人员的眼部暂时性损伤。

对特定波长的激光来说，其对眼睛的损伤程度由其功率(或能量)密度决定。能引起最小可见伤害的最低功率密度称作激光损伤阈值。表 10.4.1 给出了产生致盲损伤的激光角膜入射量测量结果。

表 10.4.1 产生致盲损伤的激光角膜入射量测量结果

波长/μm	脉冲宽度/ns	角膜入射量/mJ	损伤发生率/%
0.53	20	0.1	97
		0.07	83
		0.04	75
		0.009	9.5
	5	0.169	79
		0.138	85
		0.105	70
		0.070	51
1.06	20	3.9	83
		1.9	94

注：表中引用张玉钧编写的《光电对抗原理与系统》中的数据，实验误差可能导致个别数据有异。

2. 激光对光电探测器的致盲机理

光电探测器是光学侦察设备和光电制导武器的关键部件。当激光照射光电探测器时，主要产生光学效应和热力学效应，这两种效应均会致盲探测器。当入射激光能量较弱时，光电效应起主要作用，此时对探测器的致盲属于局部和可逆的致盲，主要表现为光电探测器的局部饱和；当入射激光能量较高时，热力学效应的结果会使得探测器出现损伤，产生不可逆的致盲效果，表现为探测器熔化、烧蚀等。

1) 激光照射光电探测器的光电效应

为提高光电探测器的灵敏度和信噪比，光电探测器件一般工作在线性区域，动态范围在3～4个数量级，当入射激光的强度超过光电探测器的线性工作范围时，探测器短时间将出现记忆、饱和等效应，表现为光电探测器的局部失效。

以军用光电系统广泛使用的CCD固体成像器件为例，研究发现，CCD感光单元收集电荷势阱处理电荷的能力存在最大极限值Q_{max}。CCD固体成像器件的饱和效应起因于光敏区某个或数个感光单元处光照过度，它们在积分期间产生的电荷包太多，超过了势阱的最大电荷收集能力Q_{max}，那么多余的电荷则扩散到邻近势阱中，从而干扰正常的成像，在画面上表现为一个白亮区域向四周扩展，白亮区出现处图像被淹没，称为“弥散现象”。

实验发现，激光对CCD的饱和干扰效应首先表现为带毛刺的圆形亮斑，随着能量的增加，圆形亮斑沿CCD的纵轴伸展为亮线段，线段不断地沿纵轴方向伸长，最终贯穿画面，能量再增大，亮线沿横轴扩展加宽，干扰亮线变成亮带，能量继续增加，亮带覆盖画面更大的区域，亮带出现处的目标图像被完全淹没，以至于无法分辨目标。

除了饱和效应外，光电探测器和人眼受到强光照射时还常伴随一种暂时性的致盲现象，这种由明亮的闪光引起的短时间视觉功能障碍，称为闪光盲。眼睛受到激光辐照时，即使视网膜上光斑的功率密度低于损伤阈值，不足以造成任何器质性损伤，也往往会使人在相当长的一段时间内看不清或看不见东西，这是由于视网膜组织中一种称为光色素的物质，在受到强光照射时会产生脱色效应，使眼睛暂时丧失感光能力。

人们利用各种类型的非相干闪光源，广泛地研究了人的闪光盲。当人眼瞳孔直径为6mm，受到强度为3.25×10^5lm · s的闪光辐照时，虽未造成任何器质性损伤，但严重影响了视觉功能，直到9～11s以后才能看到照度约为11 lx的仪表读数。强度为5×10^4 lm · s的光源，照射眼睛0.15s，可造成12～48s的闪光盲。

激光对于光电探测器的照射也有类似的闪光盲效应。光电探测器的闪光盲效应主要是由于半导体材料对温度的敏感性。激光照射使探测器升温，造成探测器性能发生变化。利用光电探测器的闪光盲效应，可以对光电跟踪、观瞄装备和光电制导武器进行激光干扰，达到暂时使其失去战斗功能的目的。

国内曾对包括光伏型InSb在内的探测器和CCD成像器件的激光损伤进行过一系列研究，发现存在光伏型InSb探测器的暂时性破坏，进而提出暂时性破坏阈值的概念。其定义为造成探测器热恢复时间达3s所需的激光功率密度。热恢复时间是指从激光辐照结束到探测器响应恢复为辐照前10%的水平所需的时间。图10.4.5(a)、(b)为连续钕激光照射InSb探测器1s，入射探测器的激光功率P_d分别为0.25W和6W时，探测器输出信号随时间的变化曲线。在6W照射情况下，出现了闪光盲效应。

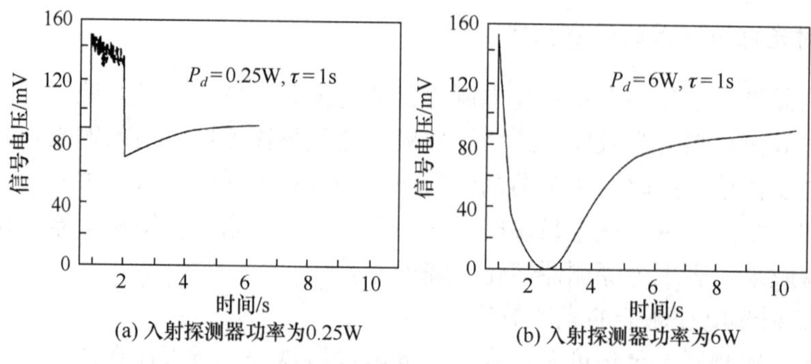

图 10.4.5　InSb 探测器在激光照射下的瞬变行为

2) 激光照射光电探测器的热力学效应

光电探测器主要由半导体材料制作，光吸收能力较强，其峰值吸收系数一般为 10^3～10^5cm^{-1}，同时，由于光电探测经常会使用会聚的光学系统，会聚光学系统的作用和人眼角膜及晶状体一样，产生了较高的光学增益，因此，吸收和会聚入射激光能量导致探测器局部温度的上升，随入射激光强度的增加，光电探测器会逐步产生温升、熔融、热应力、汽化等效应，从而造成不可逆的热破坏。

光电探测器的损伤阈值取决于激光辐照时间、激光束直径、激光波长、探测器结构、探测器材料的光学性质、探测器结构材料的热学性质及散热器热耦合品质等。大量的研究结果表明，当辐照时间 τ 很短($\tau < 10^{-5}$s)时，激光破坏阈值功率 P_0 的变化与 τ 成反比，即阈值能量密度 E_0 (单位为 J/cm^2)与 τ 无关；在中等辐照时间(10^{-5}s < τ < 10^{-2}s)时，P_0 的变化与 τ 的平方根成反比；当 $\tau > 10^{-2}$s 时，P_0 与 τ 无关。当辐照时间很短时，为使探测器的表面温度升至其熔点，所需的能量密度与材料的吸收系数成反比，与比热以及使探测器材料熔化所必需的表面温度增量成正比。

为了确定各种探测器材料的损伤阈值，国内外已经进行了大量实验。图 10.4.6 是国外研究实验得出的 Si、Ge、HgCdTe、SBN、PbSnTe、PbS、PbSe、TGS 等常用红外探测器材料受不同波长激光辐照，出现激光损伤时的阈值功率密度 P_0 与辐照时间 τ 的结果。

【例 10.4.1】　计算在一个较近的距离(距离较近时可不考虑大气湍流影响)用激光使红外导引头的 InSb 探测器损伤所需的激光功率(能量)。

红外导引头 InSb 探测器接收到的激光功率 P_e 为

$$P_e = \frac{P_1 \tau_a \tau_o A_c}{\dfrac{\pi}{4}[(\omega_1 R)^2 + D^2]} \tag{10.4.1}$$

式中，P_1 为激光发射功率；τ_a 为大气透过率；τ_o 为导引头光学元件的透过率；A_c 为导引头的有效集光面积；ω_1 为激光束的发散角；D 为激光器出光口径；R 为从激光器到导引头的距离。各个参数值可作如下设置：A_c = 10cm^2，τ_o = 0.7，τ_a = 0.9，R = 2km，ω_1 = 10^{-4}rad，D = 10cm，InSb 探测器的面积 A_c = 10^{-2}cm^2。下面考虑激光器脉冲和连续两种运转情况。

(1) 若采用调 Q 激光器，输出激光脉宽为 100ns，由图 10.4.6 可知，InSb 探测器的损伤阈值 P_0 为 10^7W/cm^2，则损坏探测器所需的损伤功率为

$$P_e = A_d \times P_0 = 10^5 (\text{W})$$

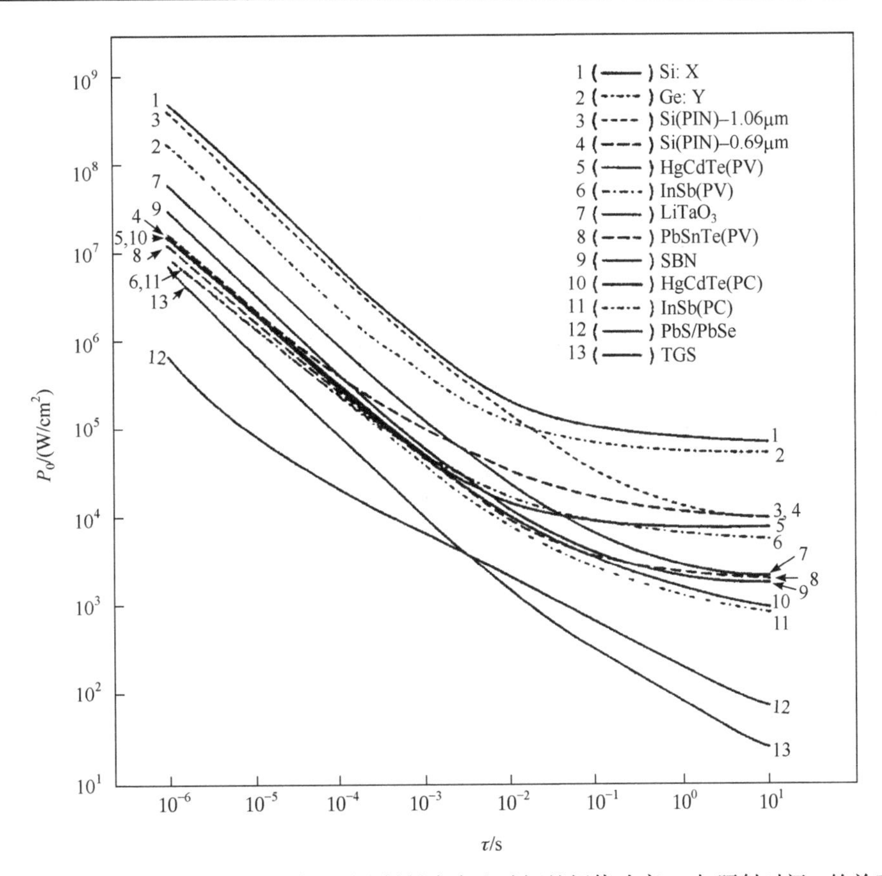

图 10.4.6　不同波长激光在不同红外探测器材料中产生破坏的阈值功率 P_0 与照射时间 τ 的关系曲线

曲线 1、2、5、7～10 及 13 对应激光波长为 10.6μm，曲线 6、11 对应激光波长为 5.2μm，
曲线 3、12 对应激光波长为 1.06μm，曲线 4 对应激光波长为 0.69μm

对应激光器输出能量 E_1 为

$$E_1 = \frac{P_e[(\omega_1 R)^2 + D^2]\dfrac{\pi}{4}}{\tau_a \tau_o A_c} \times \tau = 1.12\ (\text{J})$$

(2) 若采用连续激光器，照射目标 0.1s，由图 10.4.6 可知，此时 InSb 探测器对应的损伤阈值 P_0 为 10^4W/cm^2。同样可得损坏探测器所需的损伤功率为

$$P_e = A_d \times P_0 = 10^2\ (\text{W})$$

对应激光器输出功率 P_1 为

$$P_1 = \frac{P_e[(\omega_1 R)^2 + D^2]\dfrac{\pi}{4}}{\tau_a \tau_o A_c} = 11.2\ (\text{kW})$$

10.4.2　激光欺骗干扰

激光欺骗干扰的适用对象主要有红外点源制导武器、激光半主动制导武器、激光测距机、激光近炸引信等。其中，对激光测距机和激光近炸引信的欺骗干扰的原理类似；对红

外点源制导武器的欺骗干扰与红外干扰机欺骗干扰的原理基本相同，将在 10.5.1 节重点讲述，本节只讨论对激光半主动制导武器和激光测距机的激光欺骗干扰。

1. 对激光半主动制导武器的欺骗干扰

对激光半主动制导武器的激光欺骗干扰也称为激光诱偏干扰、激光引偏干扰、激光角度欺骗干扰。此类激光欺骗干扰系统通常由激光侦察告警器、信号识别与控制器、激光有源干扰机、漫反射假目标等几部分组成，如图 10.4.7 所示。首先通过激光侦察告警器对激光半主动制导武器的目标指示激光信号实施截获，信息识别与控制器识别出编码、方位等信息，然后控制激光有源干扰机按识别出的编码，以一定时序向附近假目标发射相同编码的脉冲激光信号，诱使激光半主动制导导引头跟踪假目标，达到诱骗的目的。为了成功实施欺骗干扰，必须先了解敌方的抗干扰措施，再决定采用哪种干扰技术。下面就从激光半主动制导武器抗干扰和激光干扰两个方面分析对激光半主动制导武器进行欺骗干扰的原理。

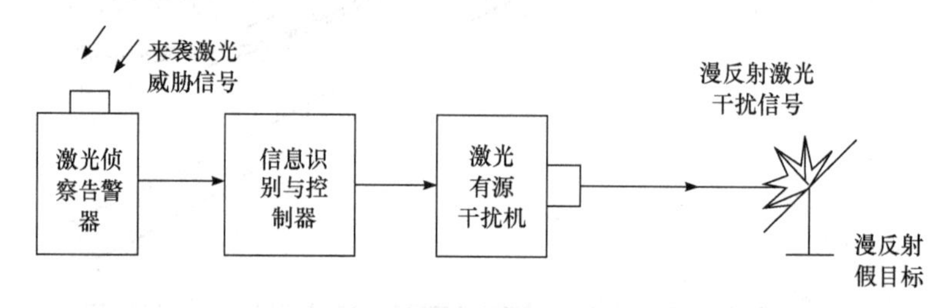

图 10.4.7　激光欺骗干扰系统构成

1) 激光半主动制导武器的抗干扰措施

激光半主动制导武器是目前装备量最大的激光制导武器，其核心部分是激光半主动制导系统。该系统由弹上的激光导引头和处于弹外的激光目标指示器组成，激光目标指示器一般置于飞机上或地面，制导过程如图 10.4.8 所示。激光目标指示器按照系统预先设定的编码向被攻击目标发射脉冲激光，激光照射到目标后产生散射，其中一部分散射光被导引头接收识别后解算出目标方位，从而控制激光制导武器调整舵机飞向目标。在引导激光半主动制导武器攻击的过程中，目标指示器需要始终向目标发射指示激光脉冲，直至完成攻击任务。

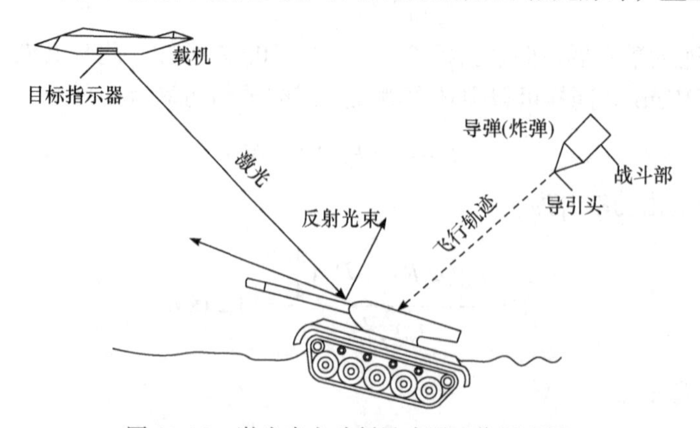

图 10.4.8　激光半主动制导武器工作原理图

为了保证在复杂的战场环境中，激光半主动制导武器能正确识别出己方所指示的激光信号，通常采用激光编码和波门选通两种抗干扰技术。

激光编码技术通过光开关控制激光脉冲的占空比，产生类似通信中的编码信息，使得敌方的激光告警设备无法准确快速地解算激光脉冲的时间规律，从而达到抗干扰的目的。常用激光编码的形式，在《电子对抗原理》(上册)7.3.5 节已有描述。以 3 位编码为例，倘若目标指示器的脉冲重复频率是 15pps(pulse per second，每秒脉冲数)，采用的码型是[110]，则它发射激光脉冲的方式就是：每秒实际发射 10 个脉冲，每发射两个脉冲(脉冲的时间间隔是 0.0667s)，就停一次(0.1333s)。

激光目标指示信号按照编码发出后，激光导引头就可以不必一直处于接收信号的状态，接收时段可以根据激光编码规律，再结合距离、脉冲展宽等因素来确定，即波门选通，它是激光半主动制导武器常用的抗干扰技术之一。波门是指激光导引头探测目标指示器激光信号的时间窗口，波门可以是固定型的，也可以是实时型的，分别称为固定波门和实时波门。

固定波门的设置方式是：以首次确认的己方信号为同步点，一次性地设定后续波门的开启时间。如图 10.4.9(a)所示，若 t_n 时刻的到达激光脉冲被确认为己方制导信号，则导引头以 t_n 为同步点，按照约定的激光编码方式计算出设定好以后所有时间的波门开启时间 t_{n+1}、t_{n+2}、……。在其他时刻波门是关闭的，不对进入的光信号进行处理。为了保证己方信号在各种距离都能被探测到，波门必须有一定的宽度。

与固定波门不同，实时波门的同步点不是一个，波门也不是一次性设定的，如图 10.4.9(b)所示。它实际上是以每一次实际接收的激光信号时刻为下一个波门的同步点来设定下一次波门的开启时间，后续波门开启时刻的确定则由激光编码方式决定。这样做的好处是消除了波门设置中的累计误差，波门可以设置得较窄。

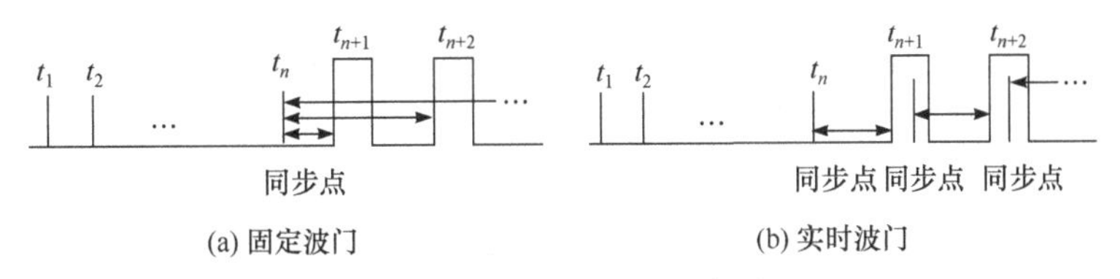

(a) 固定波门 (b) 实时波门

图 10.4.9 波门设置示意图

激光半主动制导加入编码和波门技术，不仅增强了制导武器识别目标的能力，而且提高了其抗干扰的能力，这给激光欺骗式干扰带来了困难。

2) 激光欺骗干扰的方法

对激光半主动制导武器干扰的方法主要是激光欺骗干扰，其原理如图 10.4.10 所示。激光告警器放置于被保护目标上或附近位置，漫反射体作为假目标放置于距被保护目标一定距离处，当导弹距离较远时，其导引头视场内同时存在真目标和漫反射体，随着导弹的逼近，激光干扰机将激光告警器截获的制导信号复制后照射在漫反射板上，漫反射板反射的激光信号与激光制导信号一起进入导引头视场。如果导引头将漫反射体产生的信号当作真信号，则激光制导武器将逐渐舍“真”而取“假”，朝向漫反射体进行攻击，从而达到欺骗干扰的引偏目的。

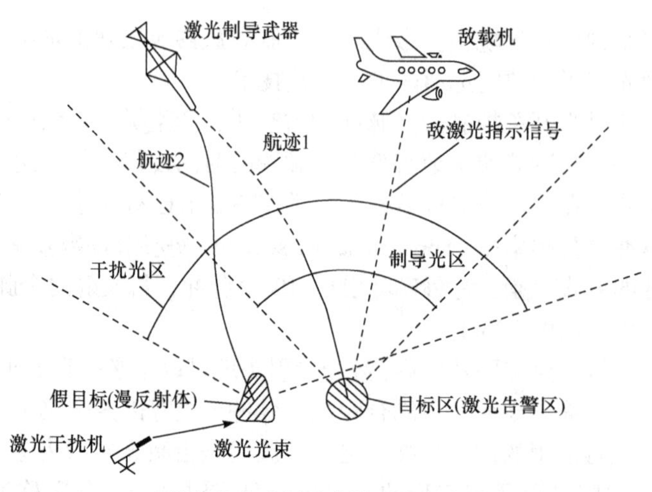

图 10.4.10　对激光半主动制导武器实施激光欺骗干扰示意图

在图 10.4.10 所示欺骗干扰的实施过程中，需注意两点：①假目标必须处于激光制导武器导引头的视场之内，以保证其散射的激光信号能被导引头探测到，因此假目标与真实目标的距离不能太远；②假目标需要距离真目标足够远，使真目标处于激光制导武器的杀伤半径之外，保证激光制导武器被引偏后不会伤及真目标。当这两个条件无法同时满足时，应首先满足第一点。

激光制导武器一般均采用激光编码和波门选通两种抗干扰措施，因此，在决定实施欺骗干扰之后，能否有效实施干扰的关键在于：激光干扰机发出的欺骗信号能否被激光制导武器的导引头认同，从而当成真实目标的激光回波信号处理。显然，激光干扰信号必须在制导武器导引头波门开启时间内进入探测器。为此，有两种公认的激光欺骗信号产生方式有可能达到这一目标，即同步转发式和超前应答式。

同步转发式是利用激光目标指示器发射的激光脉冲信号来触发激光干扰机，目标指示器每发射一个脉冲，激光告警器控制激光干扰机也向假目标发射一个激光干扰脉冲。这样，激光干扰机发射的干扰信号与敌方的制导信号编码一致，但时间上可能是滞后的，滞后量主要取决于激光干扰机的出光延时、激光告警器以及激光干扰机的位置等。因为有这样的延时问题，所以该方式不一定都能成功干扰激光导引头，关键是看导引头首次认同为己方信号的脉冲是不是激光干扰脉冲。倘若不是干扰信号，那么导引头的信号处理电路只对真实目标的信号进行处理，而不会响应干扰信号。

超前应答式是利用先进的信号处理系统，迅速对激光制导信号的重频和码型进行识别，在识别出编码信息的基础上，以某一时刻截获的目标指示信号为同步点，预测下一个激光信号的到来时刻，并略为超前这一时刻，用激光干扰机向假目标发射确定码型和重频的激光干扰脉冲，这样所产生的干扰信号能先于制导信号进入激光导引头的选通波门。该方式的主要问题是：能不能在激光制导武器攻击的有限几秒内，快速识别出敌方的激光制导参数。由于编码形式的日趋灵活多变，这一问题的解决难度在逐渐增大。

综上所述，这种利用假目标进行欺骗的干扰方式能够成功实施的关键是激光告警系统需要及时获得敌方的激光工作波长和制导码型。

除了上述的条件外，对激光干扰机发射的激光功率也有一定要求，一般来说，假目标反射后进入导引头的激光能量要大于真目标反射的激光能量，下面对所需激光干扰机的功率进行简单的推算。目标指示激光束经目标散射后进入导引头的激光峰值功率P_S可以表示为

$$P_S = \frac{P_t A_r \rho}{2\pi R^2} \tag{10.4.2}$$

式中，P_t是激光目标指示器的发射功率；R是目标与导引头的距离；A_r是导引头接收口径的面积；ρ是目标的半球反射率。由于激光半主动制导是末制导，目标指示器与目标距离较近，激光指示波长又处于大气窗口内，简单起见，这里不考虑大气衰减的影响，并且认为目标为漫反射大目标。同样，干扰激光经假目标漫反射后进入导引头的峰值功率P_S'为

$$P_S' = \frac{4P_J A_r}{\pi \theta_J^2 R^2} \tag{10.4.3}$$

式中，P_J为激光干扰机发射激光的峰值功率；θ_J为干扰激光束的发散角。为使干扰有效，要求$P_S' \geqslant P_S$，于是可得

$$\frac{P_J}{P_t} \geqslant \frac{\rho \theta_J^2}{8} \tag{10.4.4}$$

图10.4.11是按照式(10.4.4)取等号的计算结果，可以看出，激光干扰机需要发射的激光峰值功率随激光发散角的平方增大。

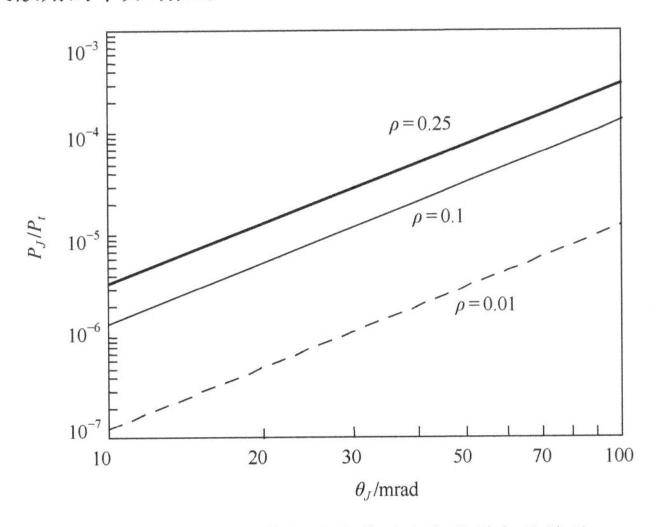

图10.4.11　激光干扰机的峰值功率与发散角的关系

2. 对激光测距机的欺骗干扰

现代战争中，激光测距在飞机投弹、火炮火控、光学观瞄定位中起到了重要作用，针对激光测距机实施干扰，能够扰乱对距离的判断，从而导致无法定位、投弹。对激光测距机实施激光有源欺骗干扰，主要有两种方法：一是采用发射高重复频率脉冲的激光干扰机，使得测距机显示的距离比真实距离近，这种方法称为负距离欺骗干扰；二是采用同步转发

式激光干扰机，使得测距机显示的距离比真实距离远，这种方法称为正距离欺骗干扰。

1) 负距离欺骗干扰

进行负距离欺骗干扰的过程是，向警戒空域连续不断地发射高重复频率的激光干扰脉冲，使敌方激光测距机不管在何时开机测距时都会收到干扰脉冲，造成测距信息错误，按照此干扰方式，测距机接收到的欺骗信号时间比真目标回波信号时间要短，因此产生的欺骗距离会小于真实的目标距离。

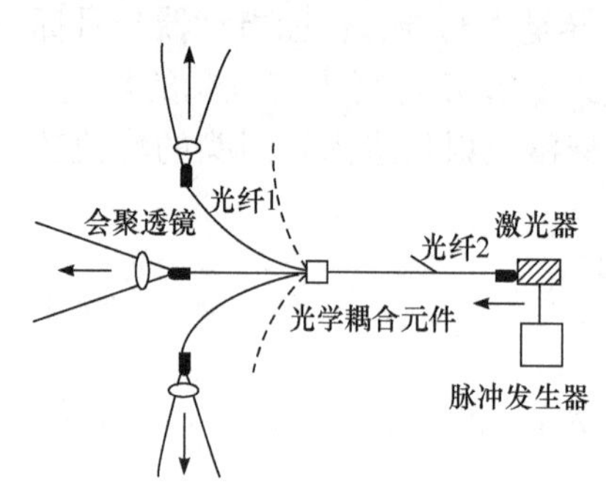

图 10.4.12　产生测距负偏差的激光干扰装置示意图

德国研制的这种负距离欺骗激光干扰设备工作原理如图 10.4.12 所示，在干扰设备的四周均匀设置多个会聚透镜，保证全方位覆盖，每个会聚透镜均与光纤 1 耦合，而所有光纤的一端接光纤耦合元件，光纤 2 的一端也连接光纤耦合元件，另一端与高重频脉冲激光器相耦合，当激光器发出脉冲信号后，经光纤 2、光纤 1 的各个会聚透镜同时出光，产生欺骗干扰信号。

采用负距离欺骗干扰方式时，激光器一般可选用固体激光器或半导体二极管激光器作为干扰光源，而重频由激光测距机的测距波门确定，激光测距机的波门有自适应和非自适应两种，下面就激光干扰机的重频设计进行讨论。

对于没有采用自适应波门技术的激光测距机实施干扰时，由于测距机电路中采用的限定波门宽度较大(其宽度 τ 与测距机的最大测程 $R_{\max}$ 有关，$\tau = 2R_{\max}/C$，C 为光速，τ 的典型值为几十微秒)，对于常用的最大测程 10km 激光测距机，重复频率只要达到 15kHz 就可达到干扰效果。

采用自适应波门技术的高重频测距机，一般是先工作于宽波门限定的搜索状态，以便在较大距离范围内搜索目标，在经过几次测距给出目标距离真值后，再进行距离判别、选择，并根据目标距离自动设定很窄的波门，即进入窄波门的跟踪状态。倘若激光干扰机能在测距机进入跟踪状态之前发射干扰脉冲，测距机就不能获得初始的距离信息，也就无法进行距离选择和进入窄波门的跟踪状态，其干扰效果与对低重复频率测距机的干扰效果一样。如果测距机在干扰机工作之前已经进入跟踪状态，就必须采用足够高重复频率的干扰脉冲，以保证在波门宽度之内有两个或两个以上的干扰脉冲能够进入测距机的接收系统，这时对重复频率 f 的要求是

$$f \geqslant \frac{2}{\tau_z} \tag{10.4.5}$$

式中，τ_z 是自适应波门的宽度。如果 τ_z 小于 1μs，则要求 f 不小于 10^6pps，这样的重复频率对激光干扰机的要求是较高的，只有连续泵浦的调 Q 或锁模激光器才能胜任。

2) 正距离欺骗干扰

正距离欺骗干扰的过程与对激光半主动制导武器实施同步转发干扰相似，每当探测到敌方的一个激光测距信号时，就触发激光干扰机发射一个干扰信号，这样，干扰信号与敌方的测距信号一致，但是时间上滞后，从而产生比实际距离远的错误距离信息。

从正距离欺骗干扰的过程分析可知，欺骗信号比真实信号延迟了一段时间，为使激光测距机能够忽略真实信号而对延迟的欺骗信号进行确认，必须采取一定措施降低激光测距脉冲经目标反射后返回测距机的回波强度，使其小于激光测距机的探测阈值，从而难以被探测。可以采用的方法有激光隐身涂料和改变目标反射结构等。这对激光隐身涂料的要求较高，所以在实战中很少采用正距离欺骗干扰方式。

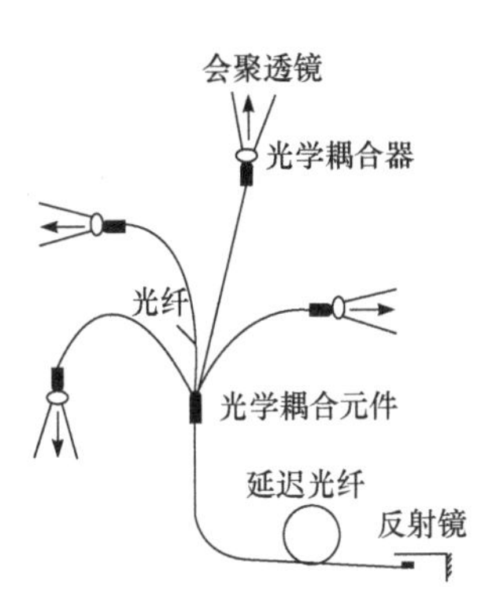

图 10.4.13 光纤二次延迟正距离欺骗干扰装置

图 10.4.13 给出了国外一种无源型正距离欺骗干扰装置的设计。在平台四周均匀分布许多会聚透镜，每个会聚透镜的焦平面与一根光纤相耦合，光纤的另一端使用了光学耦合元件，所有光纤均与一根延迟光纤相连接，在延迟光纤的尾端设有反射镜。这样，在任一方向入射的激光信号都会被一个会聚透镜接收，并由延迟光纤两次延迟，按原路反射回去，从而产生一个正偏差(远距离)的错误测距脉冲。由于这个欺骗干扰脉冲的作用，原来介于测距机与平台之间的真实距离被掩盖，敌方会得到一个正偏差的虚假距离信息，从而造成判断失误。这里的延迟时间是由延迟光纤的长度所决定的，其长度选择应使反射回去的激光干扰脉冲能落入测距机所设定的距离选通波门范围之内。

10.5 红外有源干扰

红外有源干扰主要有红外干扰机、红外诱饵弹和红外假目标等三种干扰方式。这三种干扰方式的干扰对象和干扰原理各不相同，使用方法也不相同，下面将一一讲解。

10.5.1 红外干扰机

1. 类型与组成

红外干扰机是能模拟飞机、舰船、坦克等的发动机及其他发热部件所产生的红外辐射，诱骗红外导弹使之攻击失误或产生大功率辐射以致盲导弹来实施有效保护的一种光电对抗装置，现已成为作战飞机等自卫系统的一个重要组成部分。

目前，红外干扰机主要有两种类型：角度欺骗式干扰机和大功率压制式干扰机。角度欺骗式干扰机主要用来对抗红外点源制导导弹，它以广角的方式向空间辐射高功率红外脉冲信号，该信号与被保护目标的红外辐射信号一起被红外点源制导导弹的导引头接收，使敌方导弹制导系统引进一附加信号，干扰其正常工作。

依照产生红外辐射的方式，欺骗式干扰机可划分为燃油型、电热型和强光型三种。燃油型是利用燃油加热陶瓷棒，产生红外辐射；电热型是利用电能加热陶瓷棒或石墨棒等元件，产生红外辐射；强光型则是用铯灯、氙弧灯或燃料喷灯作为红外源。

图 10.5.1 是强光型角度欺骗式红外干扰机的工作原理框图，它主要由强光源、离合开关、调制器和光学系统(即发射天线)等部分组成。强光源有氙灯、铯灯等多种类型，工作时发射出很强的红外辐射，且红外辐射的峰值波长与被保护目标的红外辐射(如飞机尾焰)

峰值波长相近；离合开关实际上是一个高压脉冲触发器，控制强光源产生高频率的红外辐射脉冲；调制器调制红外辐射脉冲，产生调幅或调频样式的红外辐射脉冲信号；光学系统将调制后的红外辐射脉冲信号定向发射出去。

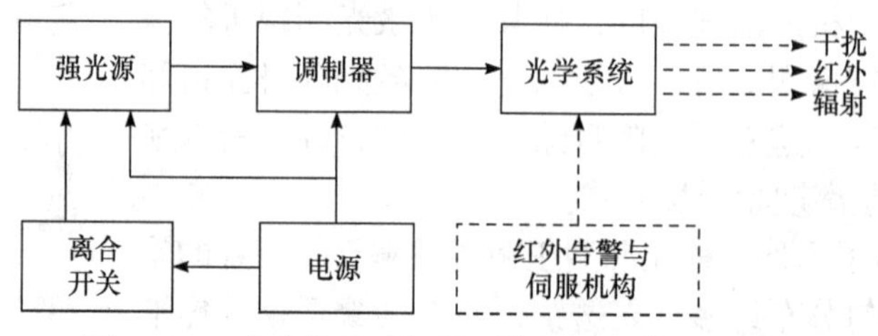

图 10.5.1　角度欺骗式红外干扰机的工作原理框图

红外干扰机装备在被保护的目标上，当目标上的红外告警器发出红外制导导弹来袭的警报后，红外干扰机自动开机工作，首先让光学系统指向来袭导弹，然后干扰红外辐射进行发射。

美国的 AN/ALQ-132、AN/ALQ-140、AN/ALQ-144、AN/AAQ-4 等都属于角度欺骗式红外干扰机，早已装备在 A-4、A-6、F-15、F-16 等飞机上。

大功率压制式干扰机也称为致盲式干扰机，采用大功率红外辐射源照射导引头上的红外探测器，使之饱和、致眩、致盲或烧毁，可用来对抗工作于红外波段的点源制导导弹和成像制导导弹。这种干扰机的红外辐射通常是定向型的，目前主要使用大功率激光器作为干扰光源，以此构成的红外干扰系统，又称为定向红外对抗系统。如“复仇女神”定向红外对抗系统 AN/ALQ-24(V)使用 CO_2 倍频激光光源，干扰 3～5μm 波段红外导弹，美英空军已将 AN/ALQ-24(V)用于装备运输机、特种飞机、直升机，对抗地空和空空红外制导导弹。

总之，红外干扰机是非常重要的红外对抗装备，它具有一些显著的优点：首先，红外干扰机在被保护目标上，使来袭的红外制导导弹无法从速度上把目标与干扰信号分开；其次，在载体能够提供足够能源的情况下，红外于扰机能较长时间连续工作，可有效弥补红外诱饵弹有效干扰时间短、载弹量有限等不足。

2. 红外干扰机的干扰原理

与致盲式红外干扰机相比，角度欺骗式红外干扰机的干扰机理在信号层面上相对复杂，为此，以下以角度欺骗式红外干扰机为例，重点分析其干扰机理。

角度欺骗式红外干扰机的干扰对象是红外点源寻的制导导弹的导引头，它发出的红外辐射与被保护目标本身的红外辐射一起出现在红外导弹的导引头视场中，无论对于哪一种类型的调制盘，导引头探测器接收到的辐射通量都可用式(10.5.1)表示：

$$P_d(t) = [A + P_j(t)]m_r(t) \tag{10.5.1}$$

式中，$P_d(t)$ 为导引头调制盘后的辐射功率；$m_r(t)$ 为调制盘的调制函数；A 为调制盘处接收到的目标辐射通量，是一个随时间缓慢变化的量，可看成常量；$P_j(t)$ 为导引头(或经调制盘)接收到的干扰机红外辐射通量。

欺骗干扰的特点是：干扰信号功率不大(比致盲干扰的功率小)，但被导引头认同，起到欺骗的作用。通常欺骗干扰是先获得敌方的信号样式(如激光欺骗干扰、通信欺骗干扰等)，然后发射与敌方信号样式相同的信号，以达到欺骗的目的。

虽然红外干扰机是在红外告警器的引导下工作的，但红外告警器是针对导弹尾焰进行告警的，并不知道红外导引头内部的电信号样式。只有知道了红外导引头内部的电信号样式，并让红外干扰机发射信号样式大致相同的红外干扰信号，才有可能实现欺骗干扰。为此，下面简要分析基于调制盘工作的旋转扫描导引头的光电信号特点。

旋转扫描导引头通常由一个带有望远光学系统的陀螺扫描系统、置于焦平面的调制盘和工作于近红外或中红外波段的点源探测器组成。调制盘随着陀螺旋转扫描，对目标信号进行调制。典型旋转扫描调制盘是旭日式调制盘，如图 10.5.2 所示。调制盘的一半为透明与不透明辐条相间的区域，用于目标红外辐射信号的斩波(即调制)；另外一半为灰体区，其透过率约为 50%，以提供目标方位的相位信息。

目标红外辐射信号通过光学系统在调制盘上成一弥散圆像点(即目标图像的圆斑)，经调制盘旋转，再经过光电探测器后，产生如图 10.5.3 所示的电信号。图中，ω 为调制盘辐条数与调制盘旋转角速率乘积的 2 倍，即为电信号的载波频率；Ω_m 为调制盘的旋转角频率；T_m 是调制盘的旋转周期。

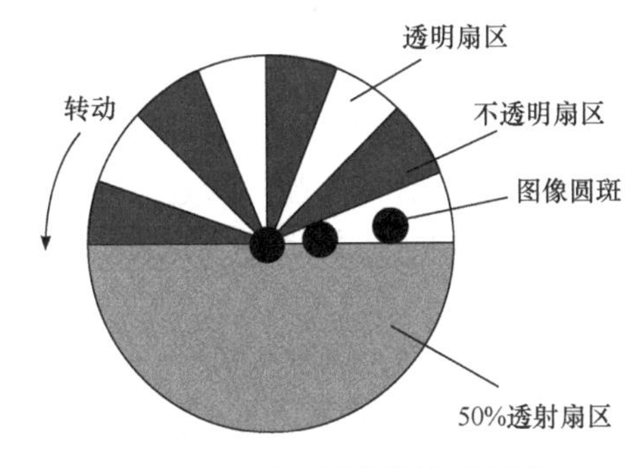

图 10.5.2 旭日式调制盘的图案

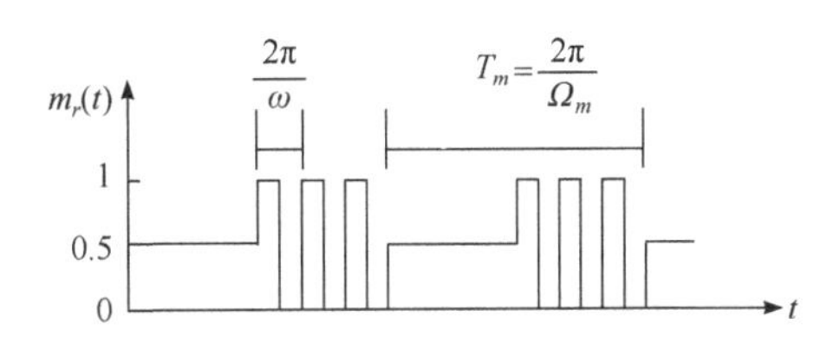

图 10.5.3 旭日式调制盘的调制波形

为方便讲解，图 10.5.2 的旭日式调制盘可近似分解为图 10.5.4 所示的 2 个高低频率不同的串联式调制盘。

(a) 高频调制盘(产生载波)

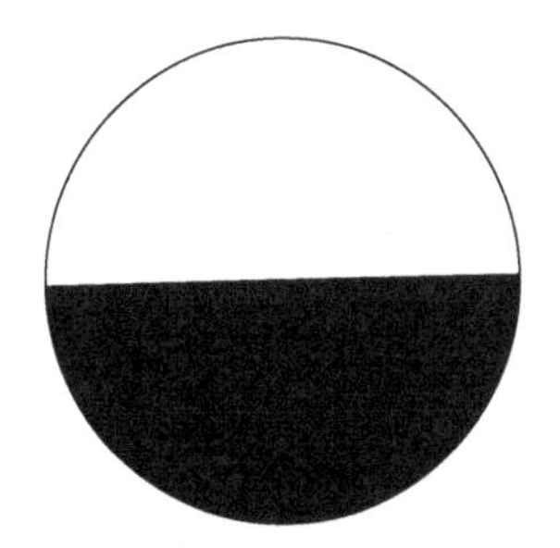

(b) 低频调制盘(产生调幅)

图 10.5.4 旭日式调制盘近似分解成 2 个高低频率不同的串联式调制盘

图 10.5.4(a)所示的高频调制盘产生一个频率为 ω 的载波信号，如图 10.5.5(a)所示；图 10.5.4(b)所示的低频调制盘产生一个频率为 Ω_m 的低频调制信号，如图 10.5.5(b)所示。

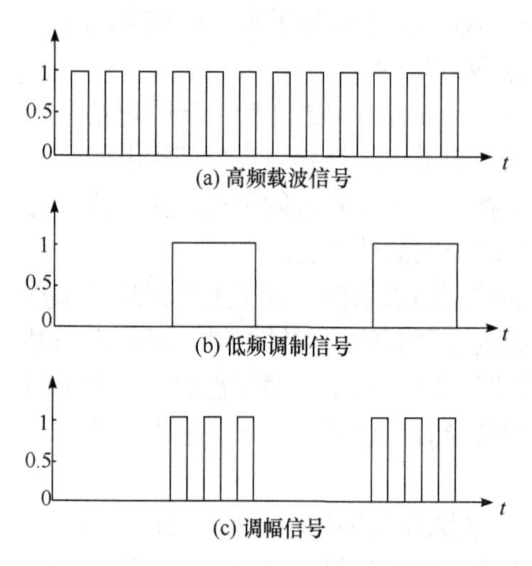

图 10.5.5　高低频率不同的 2 个串联式调制盘输出波形

目标通过光学系统聚焦成一个像点，被旭日式调制盘调制，该过程可近似为：该像点先通过图 10.5.4(a)所示的高频调制盘调制，产生一个频率为 ω 的载波信号，然后频率为 ω 的载波信号再由图 10.5.4(b)所示的低频调制盘调制，产生一个如图 10.5.5(c)所示的调幅信号。所以说，旭日式调制盘是一种调幅式调制盘。

目标红外辐射信号经导引头旭日式调制盘调制和光电探测器探测后，输出近似图 10.5.5(c)所示的调幅信号，满足幅度调制的特点，可使用包络检波器进行解调，得到调制的包络信号。该信号在导引头内产生一个制导驱动信号，驱动导引头的旋转陀螺进动，使像点向调制盘中心移动。随着像点向调制盘中心移动，调制效率逐渐减弱，在中心处变为零。由此可以看出：驱动导引头旋转陀螺的进动信号随像点向调制盘中心的移动而减小；进动信号为零时，导弹对准目标，处于瞄准锁定状态，从而实现目标跟踪。

图 10.5.3 所示的电信号的载频 ω 应为调制盘辐条数与调制盘旋转角速率乘积的 2 倍。对于一个具体的导引头，其调制盘是固定不变的，载频 ω 也就固定不变。这是红外导引头内部电信号样式的一个重要特征，因为它决定导引头内用于电信号放大的带通放大器的中心频率。

图 10.5.3 所示的电信号的低频调制频率 Ω_m 取决于调制盘旋转角速率。对于一个具体的导引头，其调制盘旋转角速率是固定不变的，调制频率 Ω_m 也是固定不变的。这是红外导引头内部电信号样式的另一个重要特征，因为它可以决定导引头内用于电信号放大的带通放大器的带宽。

为了更清楚和更直观地了解干扰原理，合理简化旭日式调制盘的调制函数，假定该调制函数为

$$m_r(t)=\frac{1}{2}[1+\alpha m_t(t)\sin(\omega t)] \tag{10.5.2}$$

式中，α 为调制效率函数，为像点位置的半径与调制盘半径之比，是调制效率的一种简单度量；$m_t(t)$ 为载波的选通函数(图 10.5.3 中的方波)，其傅里叶级数表达式为

$$m_t(t)=\frac{1}{2}+\frac{2}{\pi}\sum_{n=0}^{\infty}\frac{(-1)^n}{2n+1}\sin[(2n+1)\Omega_m t] \tag{10.5.3}$$

干扰机红外辐射的信号样式由红外干扰机的调制器决定，干扰机的调制器主要有调幅式和调频式。目前，红外干扰机多以调幅式为主。

调制盘的调制函数由调制盘的结构类型决定，有调幅式、调频式、调相式等多种。尽管导引头的调制盘类型有所不同，导引头信号处理的方式也有所不同，但红外干扰机干扰红外点源导引头的干扰原理大致相似，下面仅以干扰机发出调幅干扰信号对旋转调幅式导

引头的干扰为例来讲解。

假定图 10.5.1 中角度欺骗式红外干扰机的离合开关工作频率为 ω_j，使光源产生波长为 $\lambda_1 \sim \lambda_2$ 的干扰红外辐射信号，再经过调制函数为 $m_j(t)$ 的调制器调制后，输出调幅式干扰红外辐射信号 $P_j(t)$，则 $P_j(t)$ 可表示为

$$P_j(t) = \frac{B}{2} m_j(t)[1 + \sin(\omega_j t)] \tag{10.5.4}$$

式中，B 为干扰机光源发射的峰值功率；$m_j(t)$ 具有与 $m_t(t)$ 类似的表达式，只是其角频率为 Ω_j。$m_j(t)$ 的傅里叶级数表达式为

$$m_j(t) = \frac{1}{2} + \frac{2}{\pi} \sum_{k=0}^{\infty} \frac{(-1)^k}{2k+1} \sin[(2k+1)\Omega_j t + \varphi_j] \tag{10.5.5}$$

式中，φ_j 为相对于 $m_t(t)$ 的随机相位角。考虑到式(10.5.2)和式(10.5.4)，式(10.5.1)变为

$$P_d(t) = \frac{1}{2}\left[A + \frac{B}{2} m_j(t)[1 + \sin(\omega_j t)] \right][1 + \alpha m_t(t) \sin(\omega t)] \tag{10.5.6}$$

经探测器后，$P_d(t)$ 转变为电压或电流。该电压或电流需要导引头的放大器进行放大。

在此需要注意的是：无干扰时，导引头信号处理的带通放大器的中心工作频率为载波频率 ω，它只让具有载波频率或接近载波频率 ω 的信号通过。

如果假定 ω_j 等于或接近 ω，则带通放大器的输出 $S_c(t)$ 可用式(10.5.7)近似表达:

$$S_c(t) \approx \alpha \left[A + \frac{B}{2} m_j(t) \right] m_t(t) \sin(\omega t) + \frac{B}{2} m_j(t) \sin(\omega t) \tag{10.5.7}$$

式(10.5.7)为载波频率为 ω 的调幅信号，经包络检波后，得到的包络信号 $S_e(t)$ 近似为

$$S_e(t) \approx \alpha A m_t(t) + \frac{B}{2} m_j(t)[1 + \alpha m_t(t)] \tag{10.5.8}$$

在导引头的正常制导中，要将包络信号 $S_e(t)$ 送入进动放大器做进一步处理，此放大器被调谐在旋转角频率 Ω_m 附近工作。设 Ω_j 与 Ω_m 接近，则干扰机的干扰信号可有效地通过进动放大器，将式(10.5.3)和式(10.5.5)代入式(10.5.8)，滤除高频以后，则可得到导引头的驱动信号 $S_u(t)$ 为

$$S_u(t) \approx \alpha \left(A + \frac{B}{4} \right) \sin(\Omega_m t) + \frac{B}{2} \left(1 + \frac{\alpha}{2} \right) \sin[\Omega_j(t) + \varphi_j] \tag{10.5.9}$$

驱动信号使旋转陀螺进动，而旋转磁铁与导引头力矩信号的相互作用又使导引头进动，此进动速率与 $S_u(t)$ 和 $\exp(\mathrm{j}\Omega_m t)$ 的乘积成正比。由于陀螺只对此乘积中的直流分量或慢变分量有响应，故跟踪误差速率的相位向量(模及相位角)为

$$\varphi(t) \approx \alpha \left(A + \frac{B}{4} \right) + \frac{B}{2} \left(1 + \frac{\alpha}{2} \right) \exp[\mathrm{j}\beta(t)] \tag{10.5.10}$$

式中，$\beta(t) = (\Omega_m - \Omega_j)t - \varphi_j$。此相位向量如图 10.5.6 所示。当没有干扰发射时($B = 0$)，像点便沿同相的方向和以正比于 αA 的角速率被拉向中心。有干扰发射调制波时，除了有恒

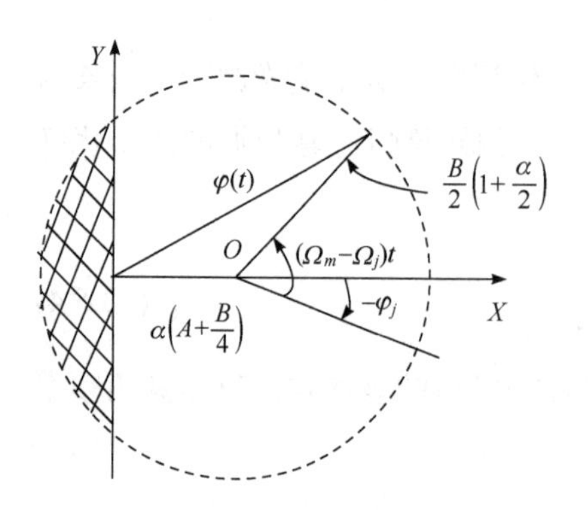

图 10.5.6　有干扰时的相位向量

定的同相分量外，还引入正弦扰动。这样，平衡点就不再位于中心处。当相位向量 $\varphi(t)$ 做部分转动时，图像被拉向中心，当 $\varphi(t)$ 处于图 10.5.6 中有交叉阴影线的区域时，图像又从中心处被推出。若 $B>2\alpha A$，便是这种情况。若角度 $\beta(t)$ 的变化速率足够缓慢，则图像又可能被推出调制盘之外。因此，导引头无法正常进行跟踪，红外干扰机达到了干扰的目的。

3. 红外干扰机有效干扰的主要因素分析

1) 红外干扰机调制频率的选择

通过上述干扰原理的分析可知：为有效干扰导弹，首先，红外干扰机辐射的红外干扰信号的载频 ω_j 必须接近或等于导弹载频 ω，即 ω_j 处于导引头光电探测器带通放大电路的带宽(称为第一选通带宽)之内，干扰信号才能通过。其次，红外干扰机的调制频率 Ω_j 要接近或等于调制盘的调制频率 Ω_m，即落在其第二选通带宽内，但又不能等于该带宽内的陀螺转子旋转频率 Ω_0，否则有可能造成干扰信号反而起到增强目标红外辐射的作用。因此应使 Ω_j 的频率变化范围为

$$\Omega_0-2\pi\Delta F<\Omega_j<\Omega_0+2\pi\Delta F \tag{10.5.11}$$

式中，ΔF 为导引头跟踪回路的带宽。

此时的干扰调制信号能顺利通过导引头探测器后的信号放大电路，产生的进动电流作用于力矩变换器，从而形成干扰附加力矩，使陀螺转子对其响应而产生干扰效果，将目标拖出导引头视场。

干扰机调制频率的设计也可使 Ω_j 控制在 $\Omega_0-2\pi\Delta F$ 到 $\Omega_0+2\pi\Delta F$ 的频率范围内，按一定规律变化。在这种应用条件下，虽然 Ω_j 的频率变化过程也会扫过 Ω_0 点，这一时刻对干扰导弹的跟踪是不利的，但绝大多数时间是不断受到规律性的由大到小而后又由小到大的持续干扰，结果使导引头处在跟踪与干扰的“竞争”拉锯状态，导引头不断地螺旋式地摆动，从而达到有效的干扰效果。

2) 红外辐射的定向发射

早期工作在近红外波段的导弹大多使用较简单的旋转扫描体制，辐射源为碱金属蒸气弧光灯或碳棒的红外干扰机通常使用一个反射器将干扰红外辐射投向尾部，就可实现对红外寻的导弹的干扰。随着工作在中、远红外的导弹的出现，这种宽光束反射的干扰方式逐渐暴露出局限性。一方面，红外干扰机常用的辐射源(弧光灯和碳棒)在中、远红外波段的辐射效率降低。另一方面，技术发展使得一些导弹具有先进的抗干扰回路，制导系统逐渐采用改进的扫描系统，如圆锥扫描和玫瑰扫描等，使得干扰的难度加大。为此，干扰机需要定向发射，对红外制导导弹以压制或致盲的方式实施干扰。

定向发射是将干扰辐射功率集中在一个较小的立体角内发射出去，辐射功率 P_j 为

$$P_j=LA_{\text{ref}}\Omega \tag{10.5.12}$$

式中，L 为干扰机辐射亮度；A_{ref} 为投射系统的孔径；Ω 为投射辐射的立体角。

由式(10.5.12)可知：对于给定的辐射源和孔径，减小立体角可以直接减少所需的辐射功率，系统所需的输入功率随之减少。在同样的输入功率下，定向红外辐射系统可以达到更强的辐射功率来保证干扰效果。定向系统的缺点是：它需要一个复杂且笨重的瞄准系统。

基于上述两个因素的影响，现在的红外干扰机主要采用大功率红外激光器作为辐射源，干扰方式也由角度欺骗式转向压制式或致盲式。

10.5.2 红外诱饵弹

1. 类型

红外诱饵弹也称为红外干扰弹，是对抗红外点源制导导弹和红外成像制导导弹的有效手段之一。红外诱饵弹多属烟火剂型，主要是通过烟火剂燃烧产生的红外辐射来模拟舰船、飞机或其他重要机动目标发出的红外辐射来干扰、迷惑来袭导弹，使之攻击失误以达到保护目的。

红外诱饵弹有各种类型，从诱饵弹的形状看，有圆柱形、棱柱形及角柱形等多种。按工作方式，其又可分为燃烧烛型、燃烧浮筒型和空中悬挂型三种；从装备对象看，还可分为机载型、舰载型及陆地型三种。当前，以机载及舰载红外诱饵弹使用得最为广泛。

按照药剂成分的类别，红外诱饵弹大体可分为以下几种类型。

(1) 照明剂型。这是美国早期用过的红外诱饵药剂，配方是

镁粉：47.6%。

硝酸钠：47.6%。

不饱和聚酯：4.8%。

将该药剂制成重约 227g 的药柱，燃烧时间为 8s，在 2～2.5μm 波段的辐射强度可达 500W/sr。

(2) 铝热剂型。美国试验过 WO_3+Al 的配方，将该混合物装入直径为 101.6mm、壁厚为 2.03mm 的石墨壳体内，点燃后温度可达 2100～2400K，辐射强度可达 1000W/sr。

(3) 镁粉/聚四氟乙烯型。这是国内外广泛采用的红外诱饵药剂配方。将等重量的镁粉和聚四氟乙烯混合后压制成直径为 258mm 的药柱，燃烧时间为 22s，在 1.8～5.4μm 波段内峰值输出功率可达 12675W/sr。美国 B-52 轰炸机早期使用的 ALA-17 型红外诱饵弹的药剂即属此类。

(4) 凝固汽油型。采用与飞机发动机燃油成分相接近的固体燃料作为诱饵弹成分，可使其与飞机尾流的红外特征相一致。

(5) 自燃型。采用某些遇空气自燃的固态或液态物质作为药剂组分，当含有这些组分的诱饵弹在空中爆炸开后，药剂与空气反应发生燃烧，由于药剂在炸开后分散成若干小团体块(或小液滴)，因此可模拟面型目标的红外特征。

(6) 充气型。这种药剂配方一旦发生反应后，即产生大量的热气体，而这种类型的红外诱饵弹通常有一个气囊，反应后的热气体进入气囊，使其迅速膨胀，形成一个低温辐射源。这类红外诱饵弹适用于保卫舰艇。

根据红外诱饵弹燃爆后所形成辐射源面积的大小，其又可分为点辐射源型和面辐射源型两类。点辐射源型红外诱饵弹所产生的有效辐射面积较小，以至于它在来袭导弹的视场

中可视为一个点状目标。而面辐射源型红外诱饵弹所产生的有效辐射面积较大，能掩盖或遮蔽目标的红外辐射，可对成像制导导弹实施干扰。

目前，红外诱饵弹正从点辐射源型向面辐射源型发展，红外寻的导弹为了提高抗干扰能力，现已采用红外成像或亚成像跟踪技术，很容易区分点辐射源型红外诱饵弹和目标。为有效对抗成像型红外制导导弹，必须发展面辐射源型红外诱饵弹。这种面辐射源型红外诱饵弹的典型代表主要有自燃型干扰弹、带多个红外干扰子弹头的火箭弹等。

虽然红外诱饵弹的类型比较多，但描述其性能的技术指标大致相同，主要有峰值强度、起燃时间、光谱特性、作用时间、弹出速度和气动特性等。典型红外诱饵弹的技术参数如下。

工作波段：1～3μm、3～5μm，少数还可覆盖 8～12μm，甚至更宽。

辐射强度：静态≥20kW/sr；动态≥2kW/sr。

压制系数：$k \geqslant 3$；有些情况下要求 $k \geqslant 10$。

等效温度：1900～3000K。

燃烧时间：3～60s。

起燃时间：≤0.5s。

分离速度：15～30m/s。

投放方式：常与箔条弹等干扰物联合投放。

2. 干扰机理定性描述

红外诱饵弹对红外制导导弹的干扰主要是质心干扰，如图 10.5.7 所示。当红外点源制导导弹跟踪上目标后，目标为了摆脱其跟踪，在红外告警器的引导下，在自身附近施放红外诱饵弹。因红外诱饵弹所辐射的有效红外能量比目标本身的大，经过合成之后，二者的能量中心介于目标和诱饵之间，并倾向于诱饵一方，由于红外点源制导导弹跟踪的是视场的能量中心，因此导弹最终将偏离目标。

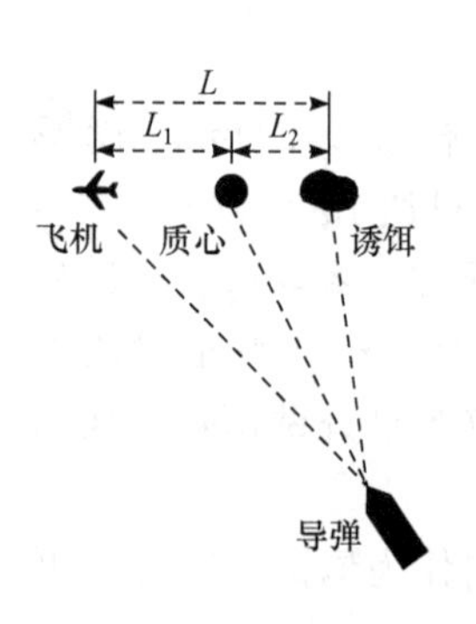

图 10.5.7　红外诱饵弹质心干扰示意图

除质心干扰外，从战术上讲，红外诱饵弹还有冲淡干扰、迷惑干扰等方式。冲淡干扰是当目标还未被红外点源制导导弹寻的器跟踪上时，提前投放红外诱饵弹，使来袭导弹寻的器在搜索时首先捕获诱饵。迷惑干扰是当敌方还处于一定距离(如数千米)之外时，就发射一定数量的诱饵弹，形成诱饵群，以迷惑敌导弹发射平台的火控和警戒系统，降低敌识别和捕获真目标的概率。虽然战术上有这两种干扰方式的可能，但红外诱饵弹是一次性消耗品，而这两种干扰方式的针对性不强，干扰的有效性未知，因而在实战中很少运用。

3. 红外诱饵弹质心干扰下的导弹脱靶分析

目前，大多数红外诱饵弹采用的是质心干扰原理。当红外告警器发现来袭导弹时，飞机立即投放红外诱饵弹，诱饵弹在空气中燃烧，产生的强烈红外辐射在红外导弹的导引头中产生多个假辐射源。此时，导弹并不跟踪飞机，而是跟踪包括飞机在内的多个辐射源的等效辐射中心，称为能量质心(或简称质心)。

在图 10.5.7 所示的红外诱饵弹的质心干扰示意图中，设导引头接收到飞机的红外辐射功率为P_1；导引头接收到红外诱饵弹的辐射功率为P_2，飞机距红外诱饵的距离为L；飞机距质心的距离为L_1；红外诱饵距质心的距离为L_2，则

$$\begin{cases} L_1 = \dfrac{P_2}{P_1 + P_2} L \\ L_2 = \dfrac{P_1}{P_1 + P_2} L \\ L = L_1 + L_2 \end{cases} \tag{10.5.13}$$

由质心方程可知：当$P_2 > P_1$时，$L_2 < L_1$，导弹偏向诱饵弹一边，并随着目标与诱饵弹之间距离的增大，导弹越来越偏离目标。当飞机与质心的距离L_1大于导弹爆炸时的杀伤半径时，导弹脱靶。

4. 红外诱饵弹有效干扰的主要因素分析

1) 光谱特性

为使红外诱饵弹能有效地干扰红外制导导引头，达到保护目标的目的，红外诱饵弹辐射的光谱特性要与被保护目标辐射的光谱尽可能接近。

飞机的红外辐射主要来自发动机喷口和喷管的外露部分、尾流以及因与空气摩擦而升温的蒙皮，另外，它还反射太阳光的能量。就尾流而言，喷气式战斗机在 1.8～2.5μm 和 3～5μm 处有较强的辐射，而波音 707、伊尔 62 在 4.4μm 附近有最强辐射。

舰船和海面的辐射主要集中在中长波红外。在 3～5μm 波带内，大多数舰船的辐射强度小于 10^3W/sr，但舰船及周围海洋在 8～14μm 波段内的辐射都很强，通常可达到 10^4W/sr。

因此，机载红外诱饵弹燃烧时应该主要在 1～3μm、3～5μm 波段内产生红外辐射，舰载红外诱饵弹燃烧时应该主要在 3～5μm、8～14μm 波段内产生红外辐射。

2)红外辐射强度

对于红外导引头来说，如果视场内同时存在目标和诱饵弹，且两者光谱特征一致，则导引头将跟踪二者的能量中心。很显然，诱饵弹的辐射越强，能量中心就越偏向于诱饵弹，导弹就会偏离目标越远。因此，红外诱饵弹对红外导弹的干扰能力不仅取决于红外诱饵弹本身的辐射强度，还取决于它与载机平台之间的辐射强度比。

为了有效地干扰红外导弹，红外诱饵弹在某一波段的辐射强度应满足：

$$I_d \geqslant kI_t \tag{10.5.14}$$

式中，I_d和I_t分别为红外诱饵弹和目标的红外辐射强度；k为压制系数，通常大于或等于 3。

3) 起燃时间(或称形成时间)

从点燃开始到辐射强度达到额定辐射强度的 90%时所需时间定义为起燃时间。在红外诱饵弹离开红外导引头的视场之前，必须达到其有效的辐射强度。起燃时间应尽量短，一般要求小于 0.5s。

4) 持续时间(或称作用时间)

为了使目标能安全摆脱导引头的视场，并使导弹命中诱饵弹时与目标有一定的安全距离，红外诱饵弹的持续作用时间应足够长，否则，如果红外诱饵弹与目标同时在导引头的

视场内时，红外诱饵弹已经熄灭或发射的能量大大减少，则导引头还会重新捕获和跟踪目标。一般要求机载单发红外诱饵弹的持续作用时间为4～10s。

5) 弹出速度

红外诱饵弹必须部署在导弹寻的器容易观察到的位置，并以寻的器跟踪极限内的速度与目标分离。红外诱饵弹的分离速度通常为15～30m/s。

10.5.3　红外假目标

1. 用途

作为实施伪装的一种主要器材，红外假目标在战争中的作用越来越显著。红外假目标是模拟被掩护目标的红外辐射特性和各种暴露征候，引诱和欺骗侦察的伪装器材。它与诱饵的主要区别是：前者的作用是使敌方区分不出真假，而后者的作用是使敌方将真假目标颠倒过来，将假目标当成真目标去攻击。

红外假目标多为装配组合式，以玻璃钢壳体和杆件为主要材料，以坦克、汽车、火炮为主要模拟对象，形成通用组件和组合方式，并可采取表面金属化措施，在内部加装热源装置，从而具有对付雷达及红外侦察的示假效果。

现在新型的假目标不仅可逼真地模拟真目标的光学、红外和雷达波段特征，还可模拟真目标的运动状态。随着现代侦察技术的发展以及精确制导武器的广泛使用，现代战争对红外假目标的制作和运用将提出更高的要求，如尽量采用便捷轻型的材料，架设过程简单，快速构成假阵地等，而且红外假目标可能由现在的战术型逐步发展到未来的战役、战略型，模拟重要的军事目标，以对抗战役、战略型导弹。

2. 典型的红外假目标

由于红外假目标在现代战争中显示出了巨大的军事经济效益，世界各国开发研制了多种红外假目标，比较典型的有Hawk导弹排假目标、M1坦克假目标等。

1) Hawk导弹排假目标

Hawk导弹排假目标是美国陆军在德国产品的基础上改进而成的，其性能指标如下。

(1) 有效波段：可见光、红外和雷达波段。

(2) 结构：由充气件和可折叠的刚性部件结合而成，用地锚和绳索固定。

(3) 组成：共包括9个模型，即1个排指挥所、1个连续波搜索雷达、1个大功率探照灯、3台60kW发电机和3个导弹发射装置。连续波搜索雷达天线带有动力装置，可以驱动天线旋转，还有能模拟连续波搜索雷达发射特征的辐射体，但其功率较低。

(4) 面层材料：涂有涂层的织物，具有与真目标相似的雷达和红外反射特征。

(5) 充气设备：由吸尘器改装成的充气机，每个模型配一台。

(6) 成形方式：将假目标展开，充气机迅速充气，充气件和刚性部件结合，并锚定在地上。

(7) 充气压力：每个模型上装有压力控制装置，用于控制充气机的开和关，并装有泄压阀，以保证在不同的外界环境下保持正常压力。

(8) 完成设置时间：7人在77min内完成。

(9) 撤收时间：7人在60min内完成。

(10) 撤收方式：撤除刚性部件和充气机，打开专用排气孔，迅速折叠后装入提包内。

(11) 运输方式：每个模型装入1个提包内，两人装卸、搬运，全套器材可装入2.5t超长轮距的载重车厢内。

2) M1坦克假目标

M1坦克假目标是美国20世纪80年代研制并装备的一种多谱段假目标。平时由M1主战坦克自身携带，战时能快速设置。在其局部被击中损坏的情况下，仍能有效地示假。其性能指标如下。

(1) 有效波段：可见光、近红外和热红外波段。

(2) 结构：骨架、蒙皮组合结构，配有热特征模拟器。

(3) 骨架：折叠式金属骨架。

(4) 蒙皮：涂有迷彩图案的织物制品，并具有规定的红外反射特性。

(5) 成形方式：将蒙皮覆盖在展开的折叠式骨架上，快速连接成形，内装有热特征模拟器。

(6) 重量：全套重约227kg(不含热特征模拟器)。

(7) 外形尺寸：与真目标相同。

(8) 完成设置时间：坦克乘员在5min内完成。

(9) 运输状态：折叠后放入包装袋中，置于M1主战坦克外部的台架上。

思考题和习题

1. 烟幕能衰减光辐射的主要原因是什么？

2. 衡量烟幕性能的主要指标有哪些？为什么用质量消光系数来描述烟幕材料的效能比用消光系数好？

3. 对于同样质量的烟幕材料，要将其粉碎成烟幕粒子，用以遮蔽中远红外辐射，如果仅从衰减效果看，是否粒子越小越好？

4. 如何制作和正确使用光电假目标？

5. 激光对人眼致盲的主要因素有哪些？

6. 激光对光电探测器致盲的主要机理是什么？

7. 对激光半主动制导武器实施激光欺骗干扰，应怎样布设假目标？

8. 什么是同步转发式激光干扰？什么是超前应答式激光干扰？

9. 如何实施对激光测距的有源干扰？如何让激光测距机产生测距正、负偏差？

10. 为什么激光半主动制导武器一般均采用激光编码和波门选通两种抗干扰措施？

11. 如何成功地实施激光有源欺骗干扰？

12. 红外有源干扰主要有哪几种干扰方式？

13. 角度欺骗式红外干扰机的主要作战对象是什么？其干扰机理是什么？

14. 大功率压制式干扰机的干扰机理是什么？其发展趋势是怎样的？

15. 以强光源式干扰机为例，叙述红外干扰机是如何工作的。

16. 影响红外干扰机有效干扰的主要因素是什么?

17. 红外诱饵弹的主要作战对象是什么? 其干扰机理是什么?

18. 影响红外诱饵弹有效干扰的主要因素有哪些?

19. 红外假目标与常见的可见光假目标有哪些异同?

20. 假设红外导引头采用旭日式调制盘，其辐条数为 10，调制盘旋转角速率为 Ω_m，调制盘处接收到的目标和背景的辐射通量为 A。求调制盘后光电探测器接收到的辐射通量是多少?

21. 假设角度欺骗式红外干扰机采用波长为 λ 的红外激光器作为光源，在工作频率为 ω_j 的离合开关控制下输出激光，再经过调幅调制器进行幅度调制。若调幅调制器的调制函数为 $m_j(t)$，请给出：

(1) 红外干扰机输出的干扰红外辐射信号表达式。

(2) 对上一题的红外导引头，其光电探测器接收到的干扰信号表达式(设红外干扰机与红外导引头的距离为 R km，大气对波长为 λ 的激光的消光系数为 μ)。

22. 为了测量烟幕的透过率，采用两个靠得很近的黑体，两个黑体的温度分别为 100℃和 60℃，用 3～5μm 波段热像仪观察发现，在施放烟幕后，两个黑体的温度分别为 60℃和 30℃，试求烟幕的透过率。

23. 设烟幕材料的粒子是大小均匀的，每个粒子在某波段的吸收截面为 10^{-6}m^2，散射截面为 $2\times10^{-6}\text{m}^2$，烟幕在空间均匀分布，粒子数密度为 $3\times10^{6}\text{m}^{-3}$，忽略烟幕材料自身的发射以及散射，求在该波段的辐射在烟幕中传输 1m 后的透过率。

第 11 章　电子防护

11.1　引　　言

电子防护是电子防御最重要的手段。所有使用电磁频谱工作且具有电磁波发射和接收功能的电子设备都存在电子防护问题。传统上，通信和雷达是电子对抗最重要的目标，因此通信和雷达设备的电子防护在战场上更具有重要性，技术上也更成熟。同时，很多通信和雷达的电子防护技术也可以用到其他电子设备上。因此，就电子设备的防护问题，本章只介绍通信电子防护和雷达电子防护。

通信电子防护是指通信装备的自我保护措施，采用各种通信反侦察、通信反干扰技术保障己方通信装备正常工作；雷达电子防护是指雷达装备的自我保护措施，采用各种雷达反侦察、雷达反干扰技术保证己方雷达装备正常工作。

本章第三部分内容是光电防护。与通信电子防护和雷达电子防护不同，光电防护除了光电反侦察、光电反干扰外，还有反光电侦察和反光电干扰。而反光电侦察是光电防护最重要的内容。这是因为光在自然界中普遍存在，大部分物体都能反射甚至产生光(尤其是红外)，从而战场上人、装备、作战平台等，在光照或发热情况下都有暴露的可能。反光电侦察就是要保护所有因光而可能暴露的目标。这是光电防护与其他电子设备的电子防护非常不同的地方。当然，光电设备本身也须具有光电反侦察和光电反干扰能力。此外，人等非武器设备，还需具有防范强激光等照射能力，这些构成了反光电干扰问题。

具体来说，光电防护主要是针对光电探测装备的防护，采用各种反光电侦察技术和措施保证己方人员、设备等的安全。同时，对于主动发光设备来说，需采用光电反侦察技术进行自我保护；对于光电探测设备，需要采用光电反干扰技术保护自身正常工作；而反光电干扰是针对敌方光污染的保护措施。

11.2　通信电子防护

现代战场电磁环境复杂恶劣，既有人为的有意干扰，也有自然界中的无意干扰。通信抗干扰技术很多，如扩频通信技术、差错控制编码技术、分集接收技术、短波自适应技术、自适应天线技术等。

11.2.1　扩频通信技术

扩展频谱(Spread Spectrum，SS)通信技术是一种非常重要的抗干扰技术，目前已经被广泛应用于军事和民用通信系统中。扩展频谱在有些书中也简称扩谱或扩频。扩频通信系统是指采用专门的信号或手段将原始信号的频谱进行扩展，再进行传输的一种系统。这种系统的显著特点是：用来传输信息的射频信号带宽远远大于所传输信息必需的最小带宽，且原始信号带宽不再是确定射频信号带宽的决定因素。

扩频信号的带宽由特定的扩频函数决定，此扩频函数常用的是伪噪声(Pseudo Noise，PN)序列。在扩频通信系统的发送端，采用一个速率很高的伪随机序列去控制射频载波的相位、频率或时间，产生频带很宽的信号。在接收端，用一个和发送端相同的伪随机序列对接收信号进行解扩，将宽带信号恢复成原始的窄带信号，同时将干扰信号频谱扩展，降低了干扰信号的功率谱密度，从而提高系统的抗干扰和抗截获能力，使扩频系统在抗干扰和保密性等方面具有其他通信系统所无法比拟的优越性能。

扩频通信按照扩展频谱的方式不同可分为直接序列扩频(Direct Sequence Spread Spectrum，DSSS)、跳频(Frequency Hopping，FH)、跳时(Time Hopping，TH)，以及上述几种方式组合构成的混合体制。下面对通信中常用的直接序列扩频和跳频作简单介绍。

1. 直接序列扩频

1) 基本工作原理

直接序列扩频系统的基本结构如图 11.2.1 所示。系统传送的原始信号，原则上可以是任何一种基带信号(模拟的或数字的)，但通常是二进制的信码。也就是说，直接序列扩频系统主要用来传递数字信号，如果要传递模拟信号，一般要先进行数字化。直接序列扩频通信系统的信息调制一般采用二相移相键控(2PSK)，即发送二进制信码的“0”码时载波相位无变化，发送“1”码时载波相位改变 180°。经信息调制后的已调信号进行二次调制，用发端设备产生的一个伪随机编码序列(称为“地址码”)再次进行二相移相键控。二相移相键控可用相乘电路或平衡调制器来实现。由于伪随机码序列的速率一般远大于信码的速率，所以第二次调制起着扩频的作用。经过这次调制以后，信号能量被扩散到一个很宽的频带上，它的功率谱与噪声相似。由于信码和扩展频谱用的伪随机码都是二进制序列，并且是对同一个载波进行移相键控，所以发端实际上可先将信码与伪随机编码序列模二相加，然后进行移相键控。已调信号可以直接送入信道传输，也可经上变频再送入信道传输。

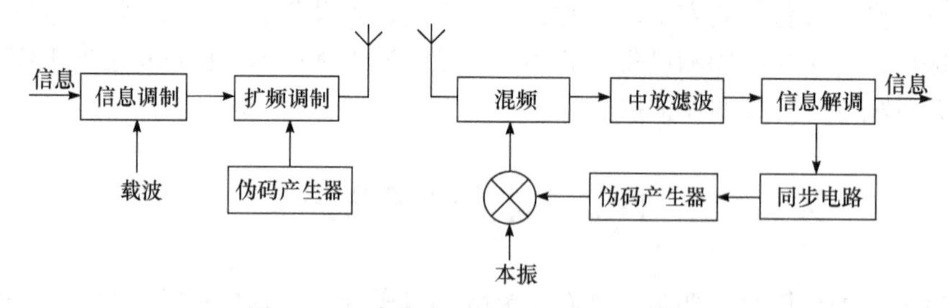

图 11.2.1　直接序列扩频系统的基本结构

为了接收直接序列调制信号，在接收端用与发射端同步的相同的伪随机码序列去对本振进行移相键控，然后用已调本振对天线上接收的信号进行混频。如果天线上收到的是所需要的有用信号，那么，在同步条件下，混频后就得到窄带的、仅受信码调制的中频信号，此信号经中放和窄带滤波后再进行信息解调，恢复出原始信息。如果天线上收到的是不相关的干扰信号，因为它们和接收端的伪随机码不相关，所以经混频后的输出为宽带信号，其中大部分功率将被窄带滤波器所滤除。因此，该系统具有抑制干扰、突出信号的特点。

2) 系统的抗干扰性能

扩频通信系统具有较强的抗干扰能力，其主要原因是解扩器在各种干扰和噪声条件下能获得一定的“处理增益”。一般情况下，处理增益越大，系统的干扰容限就越大，抗干扰能力也就越强。

在直接序列扩频通信系统工作过程中，可能遇到以下三种类型的干扰：①信道噪声与接收机内部热噪声，它通常具有均匀的功率谱密度；②窄带瞄准式干扰，如敌方干扰机施放的干扰；③多址通信中的其他地址信号(或称非所需信号)的干扰，这种干扰与有用信号具有相同的功率谱密度，唯一的差别是采用的扩频地址码不同。下面将通过分析简要说明直接序列扩频系统抑制上述干扰并获得扩频处理增益的原理。

在直接序列扩频多址通信系统中，假定第 i 个地址(i=1, 2,⋯, N)所传递的信码为 $d_i(t)$，扩频地址码为 $c_i(t)$，其中，$d_i(t)$和 $c_i(t)$取值为±1。则接收机收到的第 i 个地址的 DS 信号可表示为

$$s_i(t)=\sqrt{2P_i}d_i(t)c_i(t)\cos(\omega_c t+\theta_i) \tag{11.2.1}$$

式中，P_i 为第 i 个地址接收信号的平均功率；θ_i 为该信号的初始相位。

为了有效地进行多址通信，通常使各地址的扩频码互不相关，即尽可能地保持正交。这样，各地址的 DS 信号、噪声以及干扰在信道中混合后一起进入接收机，因此接收机所接收到的信号可表示为

$$s_r(t)=\sum_{j=1}^{N}s_j(t)+n(t)+J(t) \tag{11.2.2}$$

式中，$n(t)$为噪声；$J(t)$为其他干扰(如人为瞄准式干扰)。

接收机为了提取第 i 个地址的信号，需要产生一个与该地址发送端扩频码相同的本地参考序列 $c_i(t)$，用它来对接收信号 $s_r(t)$进行相关处理。假定接收机扩频码同步是理想的，在此前提下，有

$$c_i(t)\cdot c_i(t)=1 \tag{11.2.3}$$

$$c_i(t)\cdot c_j(t)=c(t),\quad i\neq j \tag{11.2.4}$$

由于 $c_i(t)$与 $c_j(t)$ ($i\neq j$)互不相关，所以一般情况下 $c(t)$仍是一个高速率伪随机码。因此，接收机相关处理后的输出信号为

$$\begin{aligned}s_r(t)c_i(t)\cos(\omega_L t)&=\sqrt{2P_i}d_i(t)\cos(\omega_c t+\theta_i)\cos(\omega_L t)\\&+\sum_{\substack{j=1\\j\neq i}}^{N}\sqrt{2P_j}c_i(t)c_j(t)d_j(t)\cos(\omega_c t+\theta_j)\cos(\omega_L t)\\&+n(t)c_i(t)\cos(\omega_L t)+J(t)c_i(t)\cos(\omega_L t)\end{aligned} \tag{11.2.5}$$

式中，$\cos(\omega_L t)$ 为接收机本振信号，且有 $\omega_L-\omega_c=\omega_i$，$\omega_i$ 为中频角频率。

很明显，式(11.2.5)等号右边第一项中不包含 $c_i(t)$的成分，其频谱又恢复为信码 $d_i(t)$调制的窄带 2PSK 信号频谱，所以说相关处理实现了“解扩”，即把接收的宽带扩频信号“压缩”为窄带信号。而式(11.2.5)等号右边各项所代表的其他地址信号、噪声和干扰的频谱不但没被“压缩”，反而有可能被扩展到一个更宽的频带上。因此，相关处理后用一个中心频

率为 ω_i 的窄带滤波器即可滤出有用信号，而且大大地抑制干扰信号。解扩后所得到的窄带中频信号经“信息解调器”进行相干解调后，即可恢复原始信码 $d_i(t)$。

上述信号与干扰频谱在接收机中的变化情况如图 11.2.2 所示，图 11.2.2(a)、(b)、(c)分别示出了所需信号、非所需信号(其他地址信号)、热噪声和瞄准式干扰解扩前、解扩后以及通过窄带滤波器后的频谱图。可见，经接收机相关处理后，所需信号被“解扩”为带宽等于两倍信码速率 R_b 的中频信号。非所需信号由于其地址码与本地码不相关，经相关处理后仍保持为宽带信号。热噪声的功率谱在相关处理后仍保持不变。瞄准式干扰在相关处理过程中被本地码扩展为宽带信号。因此，非所需信号、热噪声、瞄准式干扰在经过相关处理后只有一小部分功率谱落在中放的窄带内，对有用信号造成干扰。显然，接收机对非所需信号、热噪声、瞄准式干扰等都有抑制能力，这种能力和扩频信号的带宽与接收机中放带宽之比近似成正比。

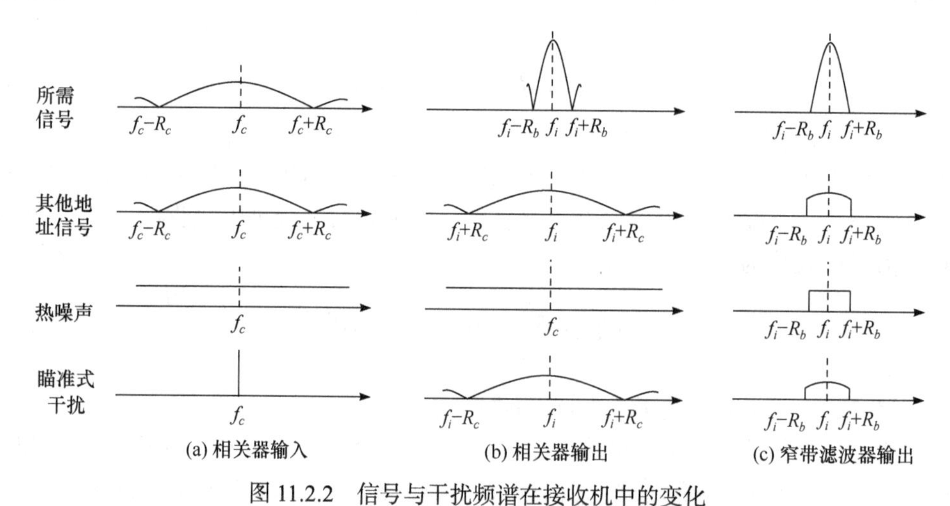

图 11.2.2　信号与干扰频谱在接收机中的变化

直接序列扩频通信系统具有抑制干扰、突出信号的优点，是一种具有低截获概率的抗干扰通信体制。此外，由于直接序列扩频系统对其他地址信号有较强的抑制能力，因此它还是一种优良的码分多址通信方式。

2. 跳频

1) 基本工作原理

跳频系统是随着高速频率合成器的出现而发展起来的一种扩频系统。这种系统的发射机和接收机的工作频率在一组事先指定的频率上跳变，跳频系统的方框图如图 11.2.3 所示。它的核心是在发、收两端分别用编码产生器产生一伪随机序列，用它去控制频率合成器的输出频率，使系统的工作频率按伪随机序列跳变。显然，只有当收、发两端的工作频率都按照同一伪随机序列同步跳变时，才能在接收机混频后得到一个频率不再跳变的中频信号，进行解调。跳频系统频带扩展的宽度由跳变的频率数和频率跳变的最小间隔决定。

2) FH 系统抗干扰性能

与直接序列扩频通信系统相似，跳频系统也有很强的抗干扰能力。图 11.2.4 是跳频系统多址通信的数学模型。

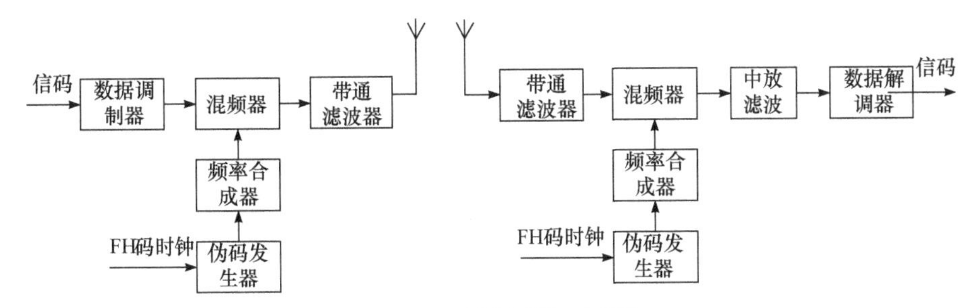

图 11.2.3 跳频系统原理图

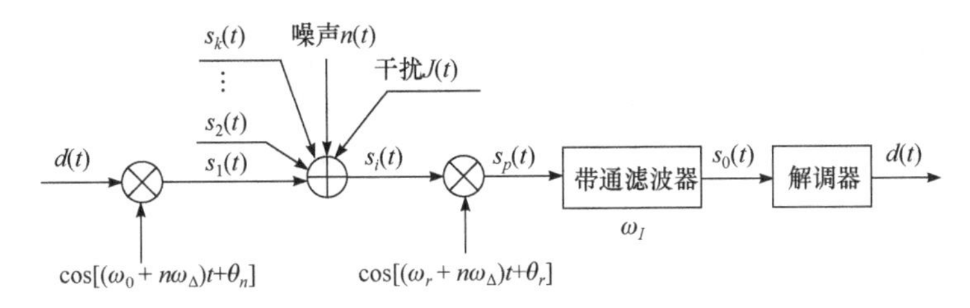

图 11.2.4 跳频系统多址通信数学模型

设$s_1(t)$为发送的跳频信号：

$$s_1(t)=d(t)\cos[(\omega_0+n\omega_\Delta)t+\theta_n] \tag{11.2.6}$$

式中，$n=0,1,2,\cdots,N-1$；$\cos[(\omega_0+n\omega_\Delta)t+\theta_n]$为输出的 FH 信号(令振幅$A$=1)；$\omega_\Delta$为 FH 频率合成器跳变间隔，每跳持续时间为$T$；$d(t)$是待传数字信息；$\theta_n$为初相。

$s_1(t)$在信道中与其他地址信号$s_j(t)$、噪声$n(t)$及干扰$J(t)$组合后进入接收机的信号$s_i(t)$为

$$s_i(t)=s_1(t)+\sum_{j=2}^{k}s_j(t)+n(t)+J(t) \tag{11.2.7}$$

式中，$s_1(t)$为发射端的有用信号；$s_j(t)$为其他地址信号$(j=2,3,\cdots,k)$。

$s_i(t)$进入接收机与本地信号$\cos[(\omega_r+n\omega_\Delta)t+\theta_r]$相乘后得

$$s_p(t)=\left[s_1(t)+\sum_{j=2}^{k}s_j(t)+n(t)+J(t)\right]\cos[(\omega_r+n\omega_\Delta)t+\theta_r] \tag{11.2.8}$$

式中，ω_r为本地频率合成器的中心频率，与ω_0差一个中频ω_I；θ_r是本地跳频信号的初相。

假设收发两端跳频图案已同步，把式(11.2.6)代入式(11.2.8)得

$$\begin{aligned}s_p(t)=&\frac{1}{2}d(t)\{\cos(\omega_I t+\theta_i)+\cos[(\omega_0+\omega_r+2n\omega_\Delta)t+\theta_n+\theta_r]\}\\&+\left[\sum_{j=2}^{k}s_j(t)+n(t)+J(t)\right]\cos[(\omega_r+n\omega_\Delta)t+\theta_r]\end{aligned} \tag{11.2.9}$$

式中，$\omega_I=\omega_r-\omega_0$，是中频；$\theta_i=\theta_r-\theta_n$。

在式(11.2.9)中，$nT\leqslant t\leqslant(n+1)T$的每次跳变使混频器输出一个固定中频，经中频滤波器滤除其和频分量就得到有用信号分量为

$$s_0(t)=\frac{1}{2}d(t)\cos(\omega_I t+\theta_i) \tag{11.2.10}$$

再把式(11.2.10)中的信号送入解调器中，即可解调出信息 $d(t)$。而其他地址跳频信号、干扰信号、噪声不能在每次跳频时隙内都与本地输出信号混频成固定中频。这样，相乘后就落在中频带通滤波器的通带之外，自然就不会对有用信号的解调发生影响。

11.2.2　差错控制编码技术

差错控制编码技术是提高通信系统可靠性的一项极为有效的措施，主要应用于数字通信和数据存储系统中。数字通信中差错控制的基本思想是在所传输的信息码中加入冗余的码元，使得整个码组满足一定的关系，若传输过程中这种关系发生改变，并在接收端发现这种改变，则实现了检错，若能找到发生改变的位置并在接收端将错误码元纠正，则实现了纠错。

1. *差错控制方式*

差错控制是以纠错编码为理论依据来控制差错的技术。在数字通信系统中，利用检错码或纠错码进行差错控制的方式大致有自动重传请求(Automatic Repeat Request，ARQ)、前向纠错(Forward Error Correction，FEC)、混合纠错(Hybrid Error Correction，HEC)等几类，如图 11.2.5 所示。

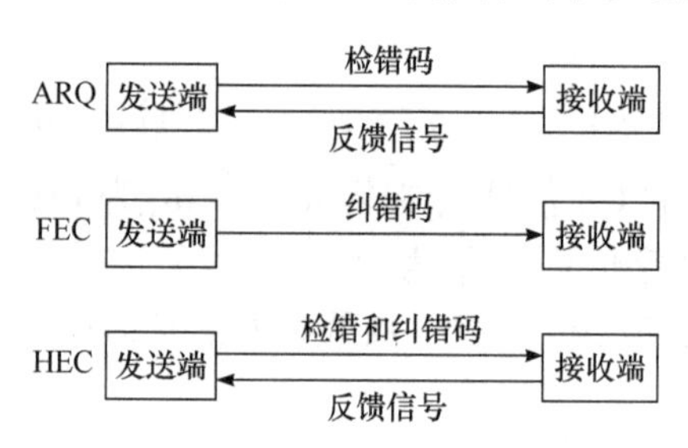

图 11.2.5　差错控制的基本方式

1) ARQ

发送端发送能够发现(检测)错误的码，通过信道传送到接收端，由接收端判决传输中有无错误产生，如果发现错误，则通过反馈信道把这一判决结果反馈给发送端，然后，发送端根据判决结果把接收端判断为错误的消息重新发送，直到接收端正确接收为止。ARQ 方式的特点是需要反馈信道，译码设备简单，对突发错误和信道干扰较严重时效果较好，实时性差。一般适用于点对点通信，特别适用于短波、散射、移动通信等干扰情况复杂的信道。

2) FEC

发送端按照一定的编码规则在拟发送的信码上加入冗余的码元，构成能够纠正错误的码，即纠错码。接收端收到经信道传输的码后，根据已知的编码规则，通过译码发现并自动纠正传输中产生的错码。FEC 方式的特点是不需要反馈信道，实时性好，能进行一点对多点的广播通信，控制电路简单，但编译码设备复杂，所选用的纠错码必须与信道特性相匹配，因而对信道的适应性差。为了获得较好的纠错性能，必须插入较多的冗余码元而导致编码效率下降。但是，FEC 方式能广播，特别适用于军用通信，并且随着编码理论的发展和编译码设备成本的不断降低，在实际通信系统中已经得到广泛应用。例如，深空通信和卫星通信中，卷积码已经成为一种标准技术。

3) HEC

HEC 方式是 FEC 和 ARQ 方式的结合。发送端发送具有自动纠错同时又具有检错能力的码。接收端收到这些码后，检查错误情况，如果错误在码的纠错能力以内，则自动进行纠错，如果超过了码的纠错能力，但能检测出来，则经反馈信道请求发送端重发该码。

HEC 方式具有 FEC 和 ARQ 方式的优点，在一定程度上避免了 FEC 方式所需的复杂译码设备及不能适应信道错误变化的特点，还能弥补 ARQ 方式信息连贯性差、有时通信效率低的缺点，并能达到较低的误码率，因此 HEC 方式特别适用于环路延时大的高速传输系统，如卫星通信。

2. 常见差错控制码

差错控制编码按编码规则的局限性可分为分组码和卷积码。

在分组码中，待编码的信息组由 k 个码元组成。信道编码器对每个信息组独立地进行编码，在每个信息组后附加 $n-k$ 个监督码元，编码后输出长度为 n 的码字，又称码组。所有的码字集合称为分组码，分组码用 (n,k) 表示。分组码的每个码字只和此时刻输入的信息组有关，所以分组码编码器是无记忆的。常用的分组码有奇偶校验码、汉明(Hamming)码、BCH 码、RS 码和低密度奇偶校验(Low Density Parity Check，LDPC)码等。

在卷积码中，编码器对长度为 k_0 个码元的信息组进行编码，输出长度为 n_0 个码元的码字。输出的每个码字不仅与此时刻输入的信息组有关，还与此时刻相邻的前 m 个信息组有关，所以卷积码编码器是有记忆的。卷积码常用 (n_0,k_0,m) 表示。

由于分组码和卷积码的复杂度随码组长度或约束长度的增大按指数规律增长，所以为了提高纠错能力，采用将两种或多种简单的编码组合成复合码组。Turbo 码就是一种特殊的链接码。Turbo 码在两个并联或串联的分量编码器之间增加一个交织器，使之具有很大的码组长度，在低信噪比得到接近理想的性能。

11.2.3 分集接收技术

1. 分集概念

在短波通信、散射通信中由于多径干涉而产生快衰落，衰落深度达 40～80dB。利用增大发射功率的方法来克服快衰落，不仅代价太大而且不满足军事通信反截获的要求。为此，需采用各种信号处理技术来抗衰落，分集接收技术就是其中的一种。采用分集接收后，在其他条件不变的情况下，可使系统平均误码率下降 1～2 个数量级，中断率也明显下降，因此这种技术目前被广泛地应用在短波通信或散射通信等系统中。

分集接收技术是指接收端消息的恢复是在多重接收的基础上，利用接收到的多个信号的适当组合或选择来缩短信号电平陡降到不能利用的那部分时间，从而达到提高通信质量和可通率的技术。简单地说，分集接收就是分散接收输入，集合汇总输出。

从上述定义中可以看出，分集接收技术应该包括两个方面的内容。

(1) 信号的分散传输。把同一信号分散传输，以便能在接收端获得载有同一消息的多个相互独立衰落的分支信号。实践证明：在空间、频率、时间、角度和极化等方面分离得足够远的无线电信道，它们中的信号衰落可以认为是相互独立的。在接收端能够获得多个相互独立衰落的分支信号，是分集接收能克服快衰落，达到可靠通信的依据。

(2) 信号合并。接收端把在不同情况下收到的多个相互独立衰落的分支信号按某种方法合并，再从中提取信息。只要各分支信号相互独立，就可以在衰落情况下起相互补偿作用，从而使接收性能得到改善。

2. 分集方式

分集方式就是指信号分散传输的方式，有空间分集、频率分集、时间分集、极化分集和角度分集等。目前在短波通信中最常用的是前三种分集以及它们的组合——组合分集。频率和时间分集适用于多路传输的无线电线路，此时，消息将被重复传输。

信号分散传输的路数称为分集重数。上述各种分集方式中，除极化分集只能取垂直和水平极化两重分集外，其他的方式，原则上分集重数不受限制，但兼顾到性能和设备的复杂程度，目前常用的是二重、四重，个别的高达八重。

1) 空间分集

空间分集也称为设备分集，已被广泛地应用在远距离短波通信线路上，并获得了很大的成功。空间分集的根据在于快衰落的空间独立性。即在某一接收位置上接收信号的瞬时起伏与相隔一定距离的另一接收位置上接收信号的瞬时起伏相关性很小。因此，空间分集需要两副或多副彼此相隔足够远的天线来接收相同的传输信号，如图 11.2.6 所示，一般两副天线之间的距离应大于 300m。由于快衰落的空间独立性，两副或多副天线上感应的信号电平同时衰落到最低的概率极小。在接收端，当两路信号电平幅度相当时，合并器可将两路信号相加输出；当两路信号电平相差较大，一般差值大于 8dB 时，可以仅输出电平高的一路信号。

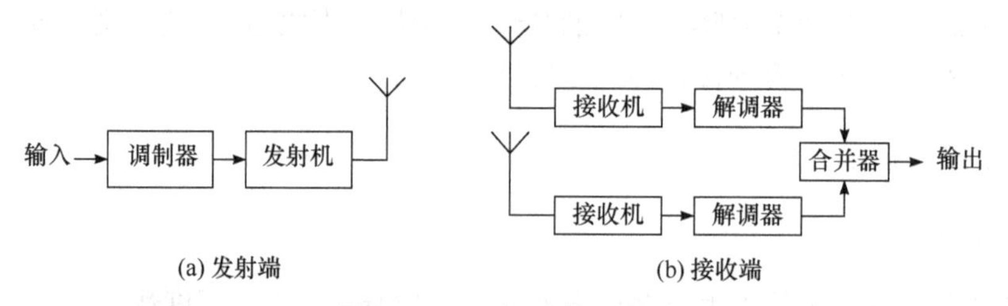

图 11.2.6　空间分集示意图

2) 频率分集

频率分集是根据快衰落的频率选择性这一原理建立起来的，即在同一传输途径上不同频率的信号受到的衰落可能不相关。根据测量结果，目前比较普遍的看法是在短波信道中，当两个信号的频率相差 400Hz 以上时，它们的衰落相关性很小。

频率分集有带外频率分集和带内频率分集两种具体方式。图 11.2.7 为二重带外频率分集，此时需要用两部调制在不同频率上的发射机同时发送同一消息，并用两部独立的接收机来接收。

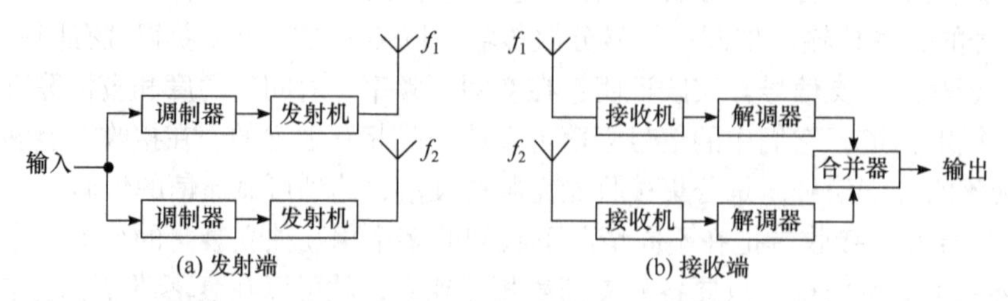

图 11.2.7　二重带外频率分集示意图

3) 时间分集

时间分集是建立在快衰落具有时间独立性的基础上的。也就是说，将同一信息在不同的时间区间多次重发，只要两次重发的时间间隔足够大，那么各次发送的信号通过信道后，出现的衰落将是彼此独立的，如图 11.2.8 所示。实验表明，两次重发的最小不相关间隔与信道特性、线路长度、工作频率以及季节有关，通常可以取几百毫秒到 1000ms。

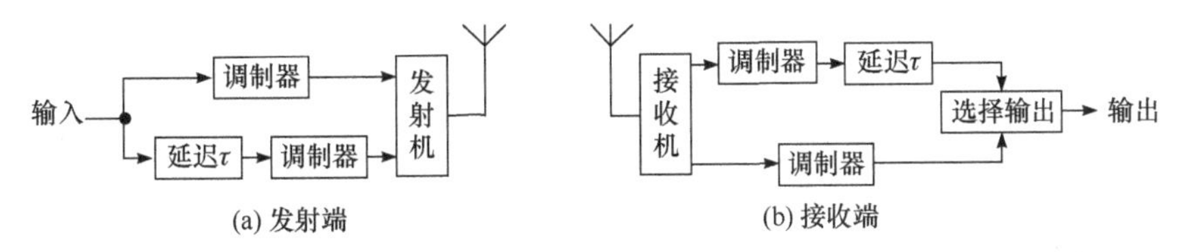

图 11.2.8 时间分集示意图

时间分集不仅可以有效地抗衰落，还可抗宽带噪声造成的突发错误。而其他分集方式不兼有抗宽带噪声的效果。这就是时间分集被广泛采用的一个重要原因。

实际设备中，时间分集和频率分集经常结合在一起使用，组成"时间-频率分集系统"。实际通信线路试验证明，这种时间-频率分集是最优的，比单独使用频率分集时的误码率改善 2～3 个数量级。

3. 合并方式

分集接收效果的好坏，除与分集方式、分集重数有关外，还与接收端采用的合并方式有关。若收到的各路信号分别为 $f_1(t), f_2(t), \cdots, f_m(t)$，则合并后的信号为

$$f(t)=\sum_{i=1}^{m}a_i f_i(t) \tag{11.2.11}$$

式中，a_i 为加权系数。

合并方式按选用的加权系数不同可分为：

(1) 选择式合并，选择信噪比最强的一路输出，舍弃其他各路信号，即加权系数中只有一项不为零，此时，有

$$f(t)=a_i f_i(t),\quad a_i\neq 0,\ a_j=0,\quad j\neq i \tag{11.2.12}$$

(2) 等增益合并，各路信号合并时的加权系数都相等，即 $a_1=a_2=\cdots=a_m=a$，此时，有

$$f(t)=a\sum_{i=1}^{m}f_i(t) \tag{11.2.13}$$

(3) 最大比值合并，各路信号合并时，加权系数按各路信号的信噪比自适应地成比例调整，以求合并后获得最大信噪比输出。

目前在短波通信中，选择式和等增益合并由于电路比较简单而被广泛应用，尤其是选择式和等增益混合合并方式最流行，它是把信噪比低于某个门限值的信号支路自动切断，不参与合并，而把其余支路采用等增益合并。

11.2.4 短波自适应技术

为了提高短波通信的质量，最根本的途径是"实时地避开干扰，找出具有良好传播条

件的信道”，完成这一任务的关键是采用自适应技术。通常人们将实时信道估值(Real Time Channel Estimate，RTCE)技术和自适应技术合在一起统称为短波自适应技术。

1. 自适应通信的概念

从广义上讲，自适应就是能够连续测量信道和系统变化，自动改变系统结构和参数，使系统能自行适应环境的变化和抵御人为干扰。因此，短波自适应的含义很广，它包括自适应选频、自适应跳频、自适应功率控制、自适应数据速率、自适应调零天线、自适应调制解调器、自适应均衡、自适应网管等。从窄义来讲，一般说的高频自适应，就是指频率自适应。

频率自适应技术通过在通信过程中不断测试短波信道的传输质量，实时选择最佳工作频率，使短波通信链路始终工作在传输条件较好的信道上。采用短波自适应技术后，可充分利用频率资源、降低传输损耗、减少多径影响，避开强噪声与电台干扰，提高通信链路的可靠性。目前，其已是短波通信系统中不可或缺的组成部分之一。

实现频率自适应必须要研究和解决两个方面的问题：一是准确、实时地探测和估算短波线路的信道特性，即实时信道估值；二是实时、最佳地调整系统的参数以适应信道的变化，即自适应技术。

2. 实时信道估值技术

RTCE 技术是频率自适应的基础和关键，是描述实时测量一组信道的参数并利用得到的参数值来定量描述信道的状态和对传输某种通信业务的能力的过程。在高频自适应通信系统中又称它为线路质量分析(Line Quality Analysis，LQA)。

RTCE 的特点是，不考虑电离层的结构和具体变化，从特定的通信模型出发，实时地处理到达接收端不同频率的信号，并根据诸如接收信号的能量、信噪比、误码率、多径延时、多普勒频移、衰落特征、干扰分布、干扰非白色度、基带频谱和失真系数等信道参数的情况不同和不同通信质量要求，选择通信使用的频段和频率。要求实时信道估算准确，就要尽可能多地测量一些电离层信道参数，如信噪比、多径延时、频率扩散、衰落速率、衰落深度、衰落持续时间、衰落密度、频率偏移、噪声/干扰统计特性、频率和振幅失真、谐波失真等。但在实际工程中，测量这样多的参数并进行实时数据处理，势必延长系统的运行时间，同时要求信号处理器具有很高的运算速度。研究表明，只需对通信影响大的信噪比、多径延时和误码率三个参数进行测量就可以较全面地反映信道的质量。实时选频采用实时信道估值技术，探测电离层传输和噪声干扰情况，即实时发射探测信号，根据收端对收到的探测信号处理结果进行信道评估，实现自动选择最佳工作频率。

3. 自适应通信过程

短波自适应通信系统的基本功能可归纳为以下四个方面。

1) RTCE 功能

为了简化设备，降低成本，LQA 都是在通信前或通信间隙中进行的，并且把获得的数据存储在 LQA 矩阵中。通信时可根据 LQA 矩阵中各信道的排列次序，择优选取工作频率。因此严格地讲，已不是实时选频，从矩阵中取出的最优频率，仍有可能无法沟通联络。考虑到设备不宜过于复杂，LQA 试验不在短波波段内所有信道上进行，而仅在有限的信道上进行。

2) 自动扫描接收功能

为了接收选择呼叫和进行 LQA 试验，网内所有电台都必须具有自动扫描接收功能。即在预先规定的一组信道上循环扫描，并在每一信道停顿期间等候呼叫信号或者 LQA 探测信号的出现。

3) 自动建立通信线路

短波自适应通信系统能根据 LQA 矩阵全自动地建立通信线路，这种功能也称为自动链路建立(Automatic Link Establishment，ALE)。自动建立通信线路是短波自适应通信最终要解决的问题。它是基于接收自动扫描、选择呼叫和 LQA 综合运用的结果。

4) 信道自动切换功能

短波自适应通信能不断跟踪传输介质的变化，以保证线路的传输质量。通信线路一旦建立后，如何保证传输过程中线路的高质量就成了一个重要的问题。短波信道存在的随机干扰、选择性衰落、多径等问题都有可能使已建立的信道质量恶化，甚至不能工作。所以短波自适应通信应具有信道自动切换的功能。也就是说，即使在通信过程中，碰到电波传播条件变坏，或遇到严重干扰，自适应系统应能做出切换信道的响应，使通信频率自动跳到 LQA 矩阵中次佳的频率上。

11.2.5 自适应天线技术

自适应天线能够自动适应环境变化，增强系统对有用信号的检测能力，优化天线的方向图，并能有效跟踪有用信号，抑制和消除干扰及噪声，而保持系统对某种准则而言最佳。自适应天线实质上是一种自动调节其方向图特性的空间滤波器，特别是它能自适应地调整波瓣图的零点位置使之对准干扰源方向，从而大大提高了系统的抗干扰能力。它在军事通信和通信对抗等领域的应用具有更重要的意义。自适应天线技术是自适应技术中的一种，它是在天线技术、信号处理技术、自动控制理论等多学科基础上综合发展而成的一门技术。

设一个离散天线阵由 N 个天线元组成，在球坐标系统下，第 i 个天线元的 θ 分量和 φ 分量上的方向函数分别为 $f_{\theta i}(\theta,\varphi)$ 和 $f_{\varphi i}(\theta,\varphi)$，且满足：

$$\begin{cases} f_{\theta 1}(\theta,\varphi)=f_{\theta 2}(\theta,\varphi)=\cdots=f_{\theta N}(\theta,\varphi) \\ f_{\varphi 1}(\theta,\varphi)=f_{\varphi 2}(\theta,\varphi)=\cdots=f_{\varphi N}(\theta,\varphi) \end{cases} \tag{11.2.14}$$

即各天线元是相似元，它们的方向函数相同。为了简化分析，通常将天线阵看作相似元阵。对于相似元阵来说，总的方向函数可表示为

$$\boldsymbol{f}(\theta,\varphi)=\sum_{i=1}^{N}W_i \mathrm{e}^{\mathrm{j}\boldsymbol{\beta}_i}(\theta,\varphi) \tag{11.2.15}$$

式中，$\boldsymbol{\beta}_i$ 是由各天线元的形状、尺寸、空间位置和传播介质等因素决定的参量；W_i 是各天线元发射或接收的信号以及其他辐射特性所决定的参量，称为权值。

一个 N 元天线阵的各天线元的权值可写成权矢量的形式：

$$\boldsymbol{W} = \begin{bmatrix} W_1 \\ W_2 \\ \vdots \\ W_N \end{bmatrix} \tag{11.2.16}$$

所有权矢量的集合称为权集。由式(11.2.16)可见，天线或天线阵的方向性取决于两个因素：一是天线阵的形状和尺寸等；二是权矢量的取值。

在自适应天线的设计中，根据给定的阵列形状和尺寸选择权集，即采用权集寻优法。自适应天线就是基于权集寻优法而发展起来的。

一般来说，如果给定如下的方向性要求：

$$\begin{cases} f(\theta_1,\varphi_1) = a_1 \\ f(\theta_2,\varphi_2) = a_2 \end{cases} \tag{11.2.17}$$

则由式(11.2.17)可列出如下方程组：

$$\begin{cases} \sum_{i=1}^{N} W_i \mathrm{e}^{\mathrm{j}\boldsymbol{\beta}_i}(\theta_1,\varphi_1) = a_1 \\ \sum_{i=1}^{N} W_i \mathrm{e}^{\mathrm{j}\boldsymbol{\beta}_i}(\theta_2,\varphi_2) = a_2 \end{cases} \tag{11.2.18}$$

求解此方程组，可得到实现给定方向性要求所应取的 W_i 值($i = 1, 2, \cdots, N$)。分析表明，一个 N 元阵列实际上只有 $N-1$ 个相对权值，只能实现 $N-1$ 个给定的相对方向函数值，也就是说，N 元阵在方向性控制上只有 $N-1$ 个自由度。自由度只是最大可控度，由于阵元间距的影响，对于任意 N 元阵，并不是总可以达到 $N-1$ 个方向函数相对值的要求。若阵元数目可以无限制地增加，则一个任意的阵列通过选择权集就可任意程度地逼近任意一个方向函数。如果仅是在有限个离散方向上考虑天线的方向特性，可通过求解式(11.2.18)的方程组，求得必需的相应权集。

由式(11.2.18)求得相应的权集，需根据给定的阵列结构和给定的方向性的要求来实现。而实际中方向性的要求往往不能事先确定，它取决于天线姿态、地形环境、信号环境、电离层与大气环境以及任务要求等因素，这些因素通常又是变化的。自适应天线要想实现实时地自动权集寻优，首先应能获取上述各因素，其中信号环境又是决定因素。自适应天线阵正是着眼于对信号环境的分析和权集的实时适应实现优化的。

为了感知信号环境，自适应天线阵通常是从对接收阵列的分析研究着手的。对接收天线来说，选择信号和抑制干扰都要依靠天线的方向特性。直接从信号干扰比的处理增益来进行分析，可以避开在天线方向性分析和综合上烦琐的数学推导，同时还可以建立信号环境和处理结果之间的直接联系，有利于适应信号环境和进行优化处理。

给定一个自由配置的 N 元接收天线阵，如图 11.2.9 所示。设某平面电磁波以一定的方向从远处传播到天线，在天线阵的第 i 个阵元上产生的感应信号为 x_i($i = 1, 2, \cdots, N$)，则该接收天线阵列的总响应(输出)为

$$y = W_1 x_1 + W_2 x_2 + \cdots + W_N x_N = \sum_{i=1}^{N} W_i x_i \tag{11.2.19}$$

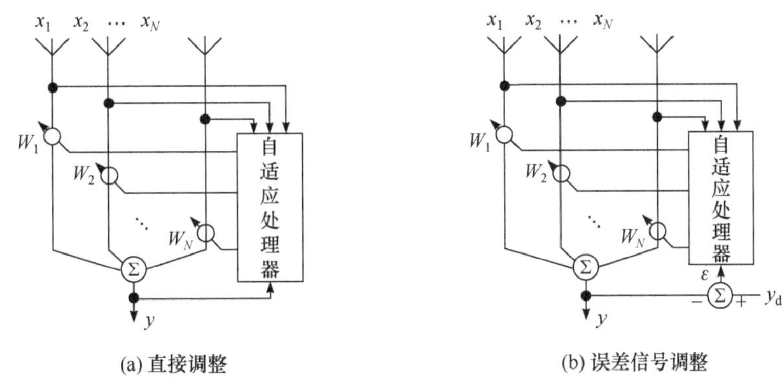

(a) 直接调整　　(b) 误差信号调整

图 11.2.9 自适应天线系统原理图

按照权集寻优法，通过适当选择和调整加权值 $W_1, W_2, \cdots, W_N$，可使接收天线阵列总的响应满足设计上的需要。一个典型的自适应天线系统主要由天线阵元、方向图形成网络(包括加权值调整元件和相加器等)和自适应处理器(包括信号处理和算法控制等)三部分组成。在图 11.2.9(a)中，权集调整的直接依据是接收天线阵列的输出(总响应)；而在图 11.2.9(b)中，权集调整的依据则是接收天线阵列的输出 y 与所需理想响应 y_d 之间的差值，即误差信号 ε。

11.3 雷达电子防护

11.3.1 雷达反侦察技术

任何对雷达的侦察，不管技术多么先进都有其局限性，这就为研究反侦察提供了条件。例如，对雷达进行侦察必须利用雷达辐射的电磁波(侦察信息源)，而且该电磁波必须能够被侦察系统接收到(方向性)；真假雷达信号识别、筛选问题；电子干扰问题等。归纳起来，雷达反侦察技术主要包括雷达辐射电磁波信号隐蔽、无源雷达、空间反侦察等方面。

1. 雷达辐射电磁波信号隐蔽技术

雷达辐射电磁波信号隐蔽是一个模糊的概念，这里是指减弱雷达信号暴露的问题，以致侦察困难的一种反侦察技术。

1) 缩短雷达开机发射时间

在保证完成雷达对重点防区的探测任务的前提下，应当尽量缩短雷达开机发射时间，以降低雷达辐射电磁波信号暴露的机会。这是降低雷达被侦察截获概率最简单可行的措施，也是一种雷达辐射电磁波信号隐蔽技术的措施。

2) 雷达辐射电磁波信号的隐蔽技术

(1) 能量隐蔽技术。

任何侦察系统对雷达信号进行侦察，都是依据在侦察过程期间(T)分离出雷达信号能量 E 来进行的，即

$$E = \int_0^T x(t)\mathrm{d}t = P_c + P_n \tag{11.3.1}$$

式中，P_c为在侦察过程期间 T 之内雷达信号的平均功率；P_n为噪声功率

存在雷达信号的判决是按能量估值 E^*与某个门限电平额 E_0 相比较的基础上做出的。如果 $E^*> E_0$，则判定为有雷达信号，即 $P_c>0$，而且 $x(t) = s(t)+n(t)$；如果 $E^* < E_0$，则判定为无雷达信号，这时 $P_c=0$，而且 $x(t) = n(t)$。

当判决门限电平 E_0 选定后，侦察系统的截获概率 q 将正比于侦察系统接收机带宽Δf内的能量信噪比，即

$$q \propto \frac{E_c}{E_n} = \frac{E_c}{N_0 \Delta f T} \tag{11.3.2}$$

式中，E_c为侦察系统接收雷达信号的能量；E_n为侦察系统接收机噪声的能量；N_0为侦察系统接收机噪声功率谱密度。

如果侦察接收机的参数对雷达信号选择是最佳的，即如果Δf等于雷达信号的频谱宽度，而且时间 T 等于信号宽度(不失去时域分布的能量)，那么信噪比以及与其有关的正确发现概率将随雷达信号的时间带宽积 $B = \Delta f T$ 的增大而减小。进一步分析表明，发现信号按门限优化(相参的或具有匹配滤波器的接收机)的能量接收机的损失与雷达信号的时间带宽积的平方根成正比。

显然，控制雷达信号辐射能量，即功率管理或降低雷达辐射信号能量，采用弱信号检测等技术，有利于雷达反侦察。

(2) 结构隐蔽技术。

当侦察系统利用接收到的雷达信号与已建立的数据库中的确知信号的特征，对雷达信号进行侦察以提取雷达信号特征时，包括雷达信号频率、调制方式、频谱宽度、极化形式等，则雷达信号的结构越隐蔽，侦察识别越困难。侦察识别过程如下：

① 事先应对雷达信号集建立模式数据库，引入标志系数 λ_{ij} (i 为标志号，j 为模式号)，然后建立识别准则。

② 对噪声或干扰中的雷达信号分离出标志，即经过测量识别雷达信号的特征标志。

③ 将侦察分离出的标志与事先建立的标志进行拟合，即将 λ_i^* 与 λ_{ij} 进行比较，如果 λ_i^* 符合 λ_{ij} 准则，即可判定雷达信号的某个特征值。

比较复杂的情况是不同雷达信号的标志可能相互覆盖，加上侦察接收系统建立标志时的误差，会导致雷达信号识别混乱，而做出错误判决。很显然，侦察错误概率将随着雷达信号的密集度和结构复杂程度(或隐蔽程度)的增大而加大。

(3) 雷达信号加密隐蔽技术。

在信息传输系统中，信息加密确保信息传输不被破译。同样，雷达信号的密码越隐蔽，则被侦察识别的概率越低。在现代雷达中，雷达信号加密码已很普遍，常见的有线性调频、非线性调频、编码等，而且雷达信号加密持续时间加长，即雷达时间带宽积越来越大，这将大大增大侦察识别的难度。加大时间带宽积反侦察同样适用于能量隐蔽和结构隐蔽。

2. 无源雷达

无源雷达与常规的有源雷达最大的区别在于，无源雷达本身不辐射电磁波信号，对侦

察干扰系统来说，是完全隐蔽的，其侦察概率等于零，因此，无源雷达是一种彻底的反侦察技术。

无源雷达是利用目标自身辐射的电磁波信号、电视台辐射的电磁波信号或友邻同频段雷达辐射的电磁波信号，对目标进行探测定位的。如图 11.3.1 所示，假定 T 为目标、σ 为截面积、R_1 为无源雷达到目标之间的距离、G_r 为无源雷达接收天线增益、G_r' 为无源雷达接收天线副瓣增益、R_0 为无源雷达到辐射源(如当地电视台)的距离、R_1' 为无源雷达到地面杂波区的距离、R_2 为辐射源到目标之间的距离、P_t 为辐射源辐射功率、G_t 为辐射源天线增益、G_t' 为辐射源天线副瓣增益、R_2' 为辐射源到地面杂波区的距离。无源雷达接收辐射源直达信号的功率 P_d 为

$$P_d = \frac{P_t G_t G_r' \lambda^2}{(4\pi R_0)^2} \tag{11.3.3}$$

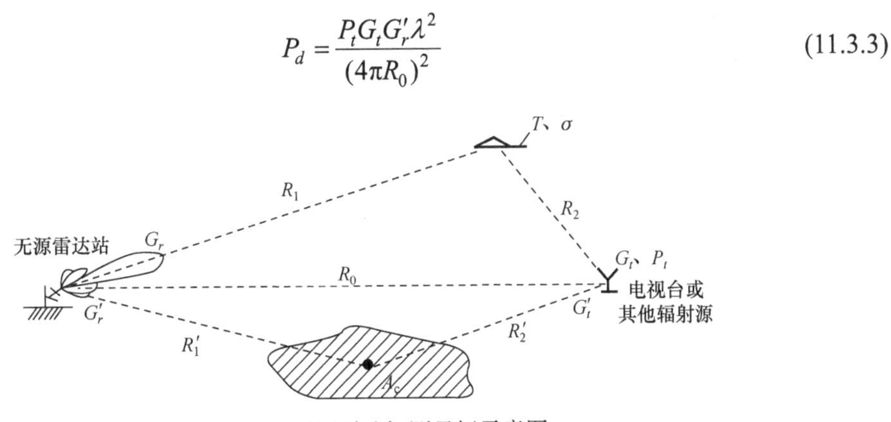

图 11.3.1 无源雷达探测目标示意图

无源雷达接收到的辐射源经目标散射的信号功率 P_T 为

$$P_T = \frac{P_t G_t G_r \lambda^2 \sigma}{(4\pi)^3 (R_1 R_2)^2} \tag{11.3.4}$$

通常，$P_d \gg P_T$，为了能够检测到目标回波信号，必须消除直达波 P_d。由于辐射源方向是可知的，可以采用超低副瓣天线和自适应空间滤波等技术消除 P_d。地杂波的影响也是很大的，如图 11.3.1 所示，目标回波信号功率与地杂波功率之比可写为

$$\frac{P_T}{P_c} = \frac{\dfrac{K G_r \sigma}{(R_1 R_2)^2}}{\iint \dfrac{K G_r'}{R_1' R_2'} \mathrm{d}A_c} \tag{11.3.5}$$

通常，$\dfrac{P_T}{P_c} = -40\text{dB}$，因此必须采取有效的杂波抑制技术，例如，采用全相参体制，由辐射源提供相参基准信号。

3. 空间反侦察

侦察系统侦察雷达信号有三个必要条件，即侦察系统在方向上对准雷达辐射方向、在频率上对准雷达工作频率和有足够的雷达信号强度。在现代雷达系统中，为了提高雷达的探测性能和目标参数测量精度，通常，雷达天线主波束宽度都很窄，这样，侦察系统要想

从雷达天线主波束方向截获接收雷达信号是很困难的，其侦察截获的概率很低。但是，雷达有一个难以克服的弱点，就是雷达天线除了很窄的主波束之外，还有占有相当大辐射空间的雷达天线副瓣，这就为侦察系统提供了侦察截获雷达信号的有利条件。空间反侦察就是指从空间上屏蔽雷达辐射信号的技术措施。

空间反侦察技术措施之一是设计高增益低副瓣天线。现代雷达为了抗干扰，对雷达天线副瓣电平提出了很高的技术指标，例如，要求最大天线副瓣电平低于−50dB，如图 11.3.2 所示。雷达天线副瓣电平越低，则侦察系统要能达到相同的侦察距离，必须提高侦察接收机灵敏度，增加了侦察系统的难度。

空间反侦察技术措施之二是采用自适应空间滤波技术。通常，侦察系统包括侦察接收机和干扰机，根据侦察接收的雷达的主要技术参数，引导干扰机施放有效干扰。也就是说，侦察系统本身也是一个辐射源，自适应空间滤波，就是根据干扰源出现的方向，自动控制雷达天线阵口径场的幅度和相位分布，使雷达天线在出现干扰源的方向上(也就是侦察系统的方向上)形成极低的副瓣电平，如图 11.3.3 所示，这样就大大降低了侦察系统截获雷达信号的概率。但需要注意的是，这种反侦察技术，对无辐射的纯侦察系统无效。

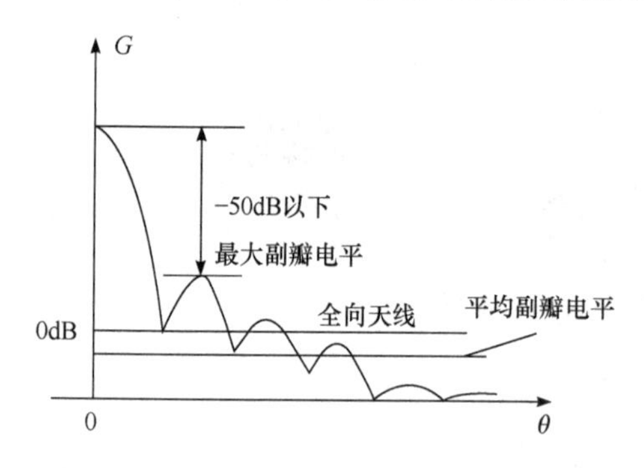

图 11.3.2　雷达天线副瓣示意图

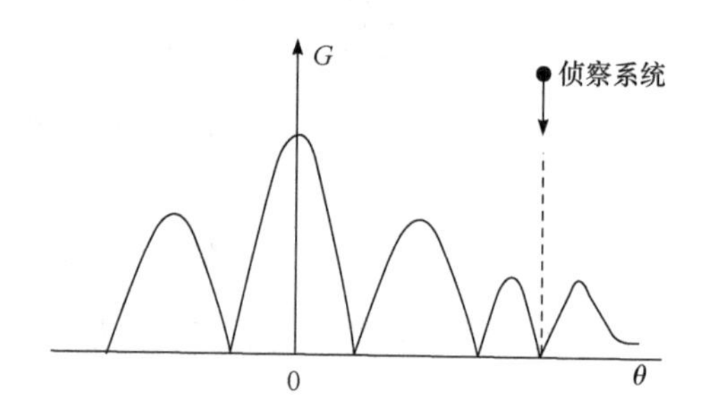

图 11.3.3　自适应空间滤波反侦察示意图

11.3.2　雷达反干扰技术

1. 基于天线的反干扰技术

天线是雷达抵御干扰的第一道防线。电子防护是通过天线方向图衰减和屏蔽干扰以及利用角度跟踪，对抗角度欺骗电子干扰。

1) 低旁瓣技术

低天线旁瓣能有效地抑制噪声和伪旁瓣干扰。接收天线模式中的低旁瓣迫使旁瓣干扰器具有更高的功率，以实现期望的 JNR(Jam-to-Noise Ratio)或 JSR(Jam-to-Signal Ratio)。发射天线模式中的低旁瓣迫使告警器及应答机干扰器须具备更高的灵敏度来侦测及识别雷达信号。

从理论上讲，可以通过适当的加权函数在雷达孔径上实现非常低的旁瓣电平。然而，在实践中，由于设计、制造、校准和部件稳定性方面的限制，很难实现这种级别。例如，固态相控阵天线对天线旁瓣电平有多个潜在的影响因素，包括振幅和相位误差、T/R 模块损耗以及阵列中各阵元间的耦合。降低天线旁瓣必然伴随着主瓣方向性的减弱和主瓣的加宽，雷达设计师必须在二者进行权衡。通常情况下，为了实现最大的 ERP(Effective Radiate Power)，最好对发射采用统一的孔径加权，同时依靠接收处理提供降低副瓣的好处。

2) 扇区消隐

当雷达受到来自已知特定角区域的 EA(Electronic Attack)干扰时，扇区消隐为搜索雷达提供了一定的电子防护优势。雷达避免在规定的角扇区内接收或发射和接收。虽然这种模式相当于雷达在空白区无法探测目标，但雷达可以通过消除对干扰机的主瓣照射来防止旁瓣应答器检测并锁定到雷达频率，或与天线扫描样式同步。扇区消隐可作为雷达作战战术技术和程序的一部分。

3) 旁瓣消隐

旁瓣消隐(Side Lobe Blanking，SLB)有助于消除来自天线旁瓣的假目标。其原理如图 11.3.4 所示。雷达除了主天线外，还采用一个或多个宽波束、辅助天线。辅助天线在主天线旁瓣区域的增益高于主天线，在主天线主瓣区域的增益低于主天线。辅助天线连接到一个独立的雷达接收信道，该信道与主天线所使用的信道基本相同。对主通道和辅助通道的检测信号幅值进行了比较。如果辅助通道信号超过主通道信号一定幅度，则抑制主通道中的信号；如果主通道中的信号比辅助通道中的信号高出一定的幅度，则对主通道中的信号进行处理。

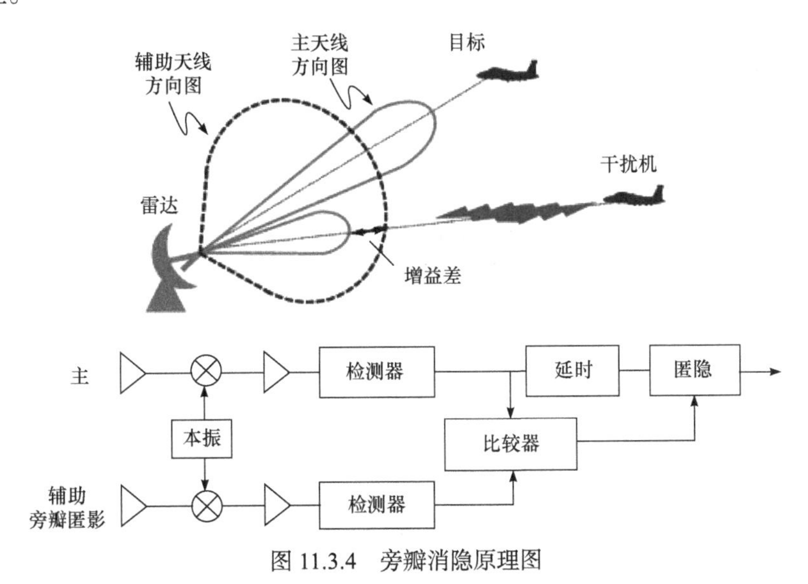

图 11.3.4 旁瓣消隐原理图

4) 旁瓣对消

旁瓣消除(Side Lobe Cancellation，SLC)是一种减少旁瓣干扰器连续或高占空比周期噪声干扰的方法。使用一个或多个辅助副瓣对消天线，每个天线都有一个专用的接收信道。辅助天线通常具有与 SLB 天线类似的宽方向图。旁瓣噪声干扰强到足以掩盖主瓣目标，在辅助信道中将产生比目标回波强得多的信号电平。通过对接收到的干扰信号进行复权(幅值和相位)自适应调整辅助通道的增益和相位，使通过主天线接收到的干扰最小。这样有效地在干涉方向上产生空间零点，目的是同时保持下位主瓣目标信号。

5) 低正交极化天线

低正交极化天线有助于降低单脉冲雷达受到角度欺骗的可能性。在正交极化时，单脉冲和差波束方向图与单一极化相比有较大的差别。例如，和波束方向图在瞄准轴(等信号轴)方向不是峰值。单脉冲测角时目标偏离等信号轴的角度正比于Δ / Σ，因此肯定会影响单脉冲角估计。环境中与雷达同极化的回波信号产生单脉冲雷达预期的和、差方向图电压，而与雷达极化正交的信号则产生失真的方向图电压。因此，雷达使用的角度误差信号包含两个相互矛盾的部分：一个提供正确的误差信号，另一个提供错误的误差信号。幸运的是，对于雷达来说，交叉极化模式的增益比同极化模式的增益要低得多，因此对大多数的回波信息没有显著的影响。因此，目标回波不会由于明显的交叉极化引起角度误差，即使它们可能包含与同极化分量相当的交叉偏振成分。

XPOL(Cross-Polarization)干扰机产生的信号与雷达的接收偏振近似正交。干扰器必须具有很高的 JSR 才能在极化失配衰减后与共极化目标皮肤回波竞争。从某种意义上说，XPOL 干扰器也必须与自己竞争，因为离期望偏振的微小偏差包含作为雷达信标的共偏振组件。低交叉极化天线的作用是相对于共极化模式降低交叉极化天线的模式电平。这就迫使干扰器增加其发射功率(对于更高的 JSR)和偏振控制精度(更少的共极化污染)，这两者都可能显著地影响干扰器的设计。抛物面碟形天线具有显著的高交叉极化模式，将抛物面碟形天线改为平板阵列有助于减少 XPOL 干扰的影响。

2. 基于发射系统的反干扰技术

发射机决定雷达的峰值功率和平均辐射功率。在确定占空比、最大脉宽、频带宽度和可调带宽时，发射机的选择与雷达波形的选择密切相关。通过提高或降低雷达的辐射功率，可以获得潜在的环境保护效益。

1) 提高峰值功率

提高发射机峰值功率能够明显降低噪声干扰的 JSR。特别是在一些角度欺骗技术中，如倒相增益(Inverse Gain，IG)干扰、AGC(Automatic Gain Control)欺骗干扰、交叉眼(Cross-Eye，XEYE)干扰、交叉极化(XPOL)和倒相干扰(Terrain Bounce，TB)，分别需要很高的 JSR 来克服模式损失、占空因数损失、空间零点损失、交叉极化损失和倒相损失。因此，提高发射机峰值功率将严重影响这些干扰技术的可行性。

2) 发射低截获概率波形

(1) 宽带脉冲波形。

宽脉冲或长脉冲波形提供了一种替代提高峰值发射功率的手段，通过增加总能量来对抗噪声干扰。有些发射机具有最大的脉冲宽度能力，宽脉冲波形必须与发射机的设计兼容，通过脉冲压缩保持所需的距离分辨率。

(2) 多脉冲波形。

另一种增加雷达波形总持续时间的方法除了使用宽脉冲外，是通过多脉冲波形。多脉冲相干波形，如 MTI(Moving Target Indication)和脉冲多普勒提供了固有的抗干扰能力。相对于非相干噪声，多脉冲波形等效于增加了信号的总能量。对于单个脉冲，噪声干扰的 JSR 约减小为原来的 $1/n$(等于 n 相干积分脉冲数的因子)。

一般来说，具体模式的选择，如 MTI 和脉冲多普勒是由雷达要求的性能和杂波环境决定的，而不是基于 EP(Electronic Protection)考虑。事实上，从电子防护的角度来看，与单脉冲波形相比，这些波形实际上存在一些潜在的缺点。多脉冲驻留在一个恒定的频率上，为噪声干扰机提供了充足的时间来检测、询问和调谐到雷达频率，特别是对于一些SOJ(Stand-Off Jammer，远程干扰机)更是如此。此外，脉冲多普勒雷达长时间停留在一个恒定的PRI(Pulse Repetition Interval)有利于相参干扰机实现PRI跟踪，实现距离拖引欺骗干扰。

(3) 频率变化信号。

频率变化是对抗瞄准式干扰最有效的电子防护手段之一。其优点是迫使噪声干扰机将其能量分散到宽频带，从而降低雷达瞬时工作带宽的功率谱密度。

频率变化可以通过频率分集或频率捷变来实现。频率分集是指在给定的射频范围内同时或者分时发射多个频率信号。例如，为了避免电磁干扰或提高与其他系统的电磁兼容性(Electromagnetic Compatibility，EMC)等，雷达操作员可能被要求在执行任务之前或期间选择几个可能的通道或振荡器。频率捷变是指在脉冲到脉冲、脉组到脉组或扫描到扫描的时间段内频率的实时、自动变化。除了迫使遮盖式干扰机分散其能量外，频率捷变使得转发式干扰机或应答式干扰机更难保持雷达信号的跟踪。

(4) 发射多频信号。

雷达可以通过在多个频率上同时发射来对抗应答式干扰和转发式干扰。这可迫使干扰机发射比普通雷达带宽宽得多的信号，稀释干扰功率，或者导致干扰机错过一个或多个雷达频率。例如，假设雷达通常使用1MHz带宽的波形，但在多频率工作模式下，发出10个振幅相同的波形，间隔为100MHz。一种可能的结果是噪声应答干扰机发射BN波形而不是RSN波形。这将导致它把能量分散到1000MHz的带宽上，而不是5MHz带宽上。干扰功率因此被稀释了23dB(1000/5 = 200的倍数)，而雷达每个频率的功率只被稀释了10dB，对应于10个不同的频率，JSR减少了13dB。一种更有效的干扰机可能产生多个点噪声波形，但每个会产生10dB的稀释损失，对雷达没有净优势。

另一个可能的结果是干扰器缺乏足够的带宽来同时检测和响应所有频率，因此可能完全错过一个或多个频率。如果雷达能够接收和处理这些频率，它可能得到一个畅通的目标。如果雷达使用多个同频辐射和一个多脉冲波形，干扰器可以通过多个频率之间的分时工作来解决这一问题。

多同频辐射是一种潜在的有意义的技术。对于旁瓣操作，可能涉及辅助激励和天线。对于主瓣操作，可能涉及多个激励器和发射机，也可能会迫使一个共享发射机在其线性区域内工作以避免互调产物，从而降低辐射功率。

(5) 脉冲重复频率变化。

雷达脉冲重复频率(Pulse Repetition Frequency，PRF)的变化增加了应答式干扰机或转发式干扰机的复杂性，这是在复杂电磁波环境中识别和暂时跟踪雷达信号所必需的。雷达PRF可以是脉冲到脉冲的变化，或者在脉冲多普勒雷达的情况下从一个脉组到另一个脉组(有时称为从驻留到驻留)。脉冲到脉冲间的抖动在雷达PRI中引入了小的、随机的变化；重频参差引入了几个特定PRI之间的常规切换。如果不能从一个脉冲预测到另一个脉冲，欺骗干扰机就无法在一个重复周期内发射假目标信号。对于脉组到脉组的变化，干扰机必须首先测量新的PRI并相应地调整发射信号。在实施干扰之前，干扰机还可能必须将以前的和当前的PRI与正在计算的同一发射器关联起来。随着PRF的变化，这些影响可能会中断和延迟干扰响应。

3. 基于接收系统的反干扰技术

1) 大动态接收机

大的瞬时动态范围(Instantaneous Dynamic Range，IDR)有助于防止接收机饱和，同时减少或消除对 AGC 的要求。IDR 是指在给定时间内，灵敏度与最强信号之间的差值。尽管在当前的许多雷达系统中是 ADC 限制了 IDR，例如，放大器、混频器和限制器的接收组件也可能在大信号发生时饱和，当一个元件处于饱和状态时，就会产生虚假的互调产物，从而破坏输入频谱。当杂波、EMI(Electromagnetic Interference)或干扰信号等强信号相互混合或与目标返回时，就会发生饱和的情况。同时在饱和器件的输出端，小信号抑制效应也可能发生。

自动增益控制通过在接收通道增加衰减来部分补偿有限的 IDR，使输入信号保持在工作的线性区域内。然而，使用 AGC 为干扰机创造了机会。AGC 捕获和 AGC 欺骗就是两个例子。AGC 捕获效果与距离波门和速度波门拖引技术结合使用。雷达 AGC 是根据超前于欺骗干扰信号对应的距离跟踪波门或速度跟踪波门的目标反射回波功率幅度来设置的。雷达 AGC 增加了衰减，干扰器的高 JSR 使得目标回波淹没在噪声中。当干扰信号在距离或速度维上与目标分离时，目标信号在噪声中的位置过低，无法被重新检测到。瞬时自动增益控制(Instantaneous Automatic Gain Control，IAGC)可以在不同的距离段之间改变 AGC，帮助减轻对距离波门拖引干扰的影响。

AGC 欺骗技术通过快速、高功率、开关闪烁来引入角度误差。AGC 欺骗是根据闪烁干扰的平均功率来设置的，因为相对于干扰信号的闪烁周期，AGC 时间常数比较长。因此，当干扰机打开时，AGC 衰减太小，当干扰机关闭时，AGC 衰减太大；雷达接收机处于饱和和低增益交替状态，永远得不到准确的信号。对于圆锥扫描的角度跟踪系统，这种幅度调制会掩盖回波信号的扫描调制。对于单脉冲跟踪系统，干扰破坏了和差信号电压的比值，使得接收信号相位和非线性区域的单脉冲通道的增益匹配特征无效，或者使小信号被噪声污染。

2)宽-限-窄电路

宽带限制，也称为 dick-fix，主要用于较老的系统中，以减少接收机中间歇性带内干扰的影响。扫频噪声干扰器或闪烁干扰器可能只在一小段时间内出现在雷达中，但如果干扰信号的重复率足够快，干扰可能仍然是连续的。这是有限带宽的中频滤波器响应引起的，通过滤波器的脉冲响应时间有效地拉长输入信号，数值上是带宽的倒数。例如，假设最后的中频滤波器是 2MHz，干扰信号只有 100ns 的宽度，滤波器的输出将持续大约 600ns 的时间：100ns 为干扰器在频带的时间，加上 500ns 为滤波器的近似脉冲响应时间(2MHz 的倒数)。如果干扰器在振铃结束之前返回频带，它将有效地连续出现在检测器上。干扰机通过高峰值功率和低占空比的组合达到了理想的平均功率水平。宽带限幅的目的是限制干扰机在频带间歇段的峰值功率，从而降低平均功率。限制作用对信号质量有一定的影响，但其效果仍优于无限制的干扰。

在最终的中频滤波器后不能进行带宽限制，否则由于滤波器的拖尾效应，信号会 100%地被剪切。对于持续在雷达接收机射频通频带内的扫频噪声干扰器，由于干扰器始终在频带内，所以也不能在射频滤波器后立即进行带宽限制，否则 100%的时间会再次发生限幅。

因此，在扫频噪声的情况下，带宽限制是在某个中间阶段进行的，它遵循一个中频滤波器的带宽介于上述两个极端之间的原则。

4. 基于信号处理的反干扰技术

信号处理器在对接收机输出进行采样并进行高速运算，包括脉冲压缩、时域滤波、多普勒提取、能量跟踪、跟踪误差信号的推导和阈值检测。信号处理器的电子防护技术是在相参处理周期的时间尺度内应用的。相关的电子防护技术包括对噪声和欺骗干扰的平滑与检测，在某些情况下也可以在数据处理器中执行后续的电子防护术。

1) 总能量检测器

总能量检测器(Total Energy Detector，TED)是一种概念上简单的检测噪声或相干干扰的方法。信号处理器在大量范围或多普勒单元中计算能量，并将总能量与表征“干净”信号环境的门限进行比较。如果总能量超过门限，则怀疑是干扰。理想情况下，能量样本取自无高杂波的区域——多普勒区域；否则总能量的计算可能会受到扩展杂波返回的偏差，并可能导致错误的干扰指示。TED 本身不能区分突发的 EMI 和 EA。后续数据处理机中关联逻辑将高的 TED 与特定波束位置相关联，或者长时间多次观测可以帮助确定是否存在 EMI 干扰或电子攻击。

2) 恒虚警率检测

具有恒虚警率(Constant False Alarm Rate，CFAR)检测装置的雷达采用的检测门限根据对包含特定检测单元[称为待测单元(Cell Under Test，CUT)]中干扰能量(如噪声和杂波)的估计而变化。估计噪声能量的检测单元感兴趣的是基于测量的平均能量范围的样本组或多普勒单元，称为参考单元。检测门限设置在高于噪声估计值的某个级别(如 15dB)，从而使虚警率保持在某个可容忍的级别。该 CFAR 机制通过提高检测门限来防止外部干扰(如噪声干扰)条件下的虚警上升。

通常情况下，雷达在没有检测到干扰存在的情况下，通过噪声干扰使其脱敏是不可取的：这种设计基本上会使噪声干扰的目标对雷达不可见。雷达探测模式和前面描述的总能量检测(TED)，非常适合检测强噪声干扰器，但可能无法检测到灵巧的电子攻击技术，比如距离单元遮盖或者窄带多普勒噪声，这些技术将电子攻击集中在很小的距离范围或者目标可能的多普勒频率范围内。

针对本地化的 EA 掩码，提高 CFAR 性能的潜在方法之一是使用双滑动窗口 CFAR 方法，如图 11.3.5 所示。雷达使用的是两对噪声估计窗，而不是被测单元周围的一对噪声估计窗。比较了内、外噪声对的估计，并利用两种噪声估计中较低的噪声来确定检测阈值。将 EA 能量集中在一个区域的双掩蔽技术可能会忽略另一个区域。这将更有可能使阈值不被 EA 偏置得更高。结果将探测到一个扩展区域，包括目标和 EA，使它们的存在至少对雷达可见。

在噪声样本区域存在强目标或杂波离散，也会影响 CFAR 的检测性能。这可能会人为地提高 CFAR 阈值并潜在地屏蔽目标。EA 错误的目标也可能产生同样的效果。在这种情况下，一种能够将强异常值排除在噪声估计之外的 CFAR 算法可能比传统的单元平均 CFAR 算法表现得更好。其中两个例子是有序统计 CFAR(Ordered Statistics Constant False Alarm Rate，OS-CFAR)和截尾单元 CFAR(Censored Cell Constant False Alarm Rate，CC-CFAR)。

这两种方法都是先对参考细胞的振幅进行秩序测量，然后按从最低振幅到最高振幅的顺序排列。

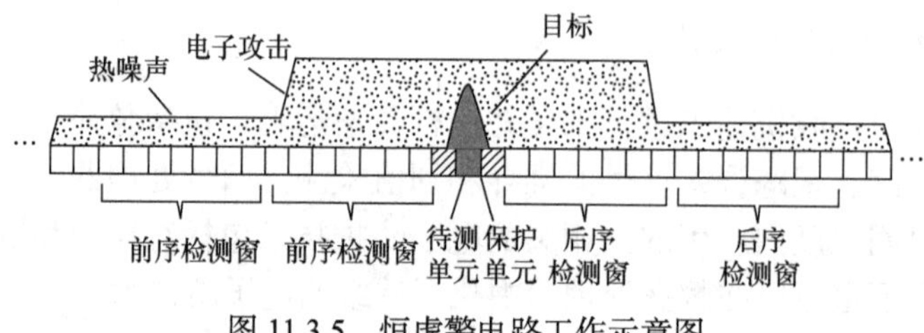

图 11.3.5　恒虚警电路工作示意图

OS-CFAR 根据采样单元的一个子集计算平均干扰，该子集排除了值最大的 k 个单元，k 值为设计参数。CC-CFAR 从序列中选择一个特定的单元格作为真实 EA 噪声的代表，类似于选择中值而不是平均值。这些算法有助于确保检测到真实目标，尽管在此过程中也可能检测到错误目标(或杂波离散)。

3) 前沿跟踪技术

前沿跟踪(Leading-Edge Track，LET)有助于对抗具有显著时延迟的相干转发干扰器。雷达使用的距离跟踪门比雷达脉冲宽度窄得多，并且偏向于目标返回的前沿。具有足够长延时量的转发干扰信号将落在距离波门之外，并且不会影响雷达的距离、多普勒或角度跟踪功能。这提供了一个类似于窄脉冲和脉冲压缩波形的优点，因为目标回波是从稍微延迟的干扰器中分离出来的。然而，在 LET 的情况下，雷达不使用匹配滤波器来完成检测。雷达 IF 带宽必须足够宽，ADC 采样率必须足够高，以适应在信号处理器中执行窄 LET 跟踪门。例如，如果前沿跟踪门是 200ns，那么带宽必须至少是 5MHz(1/200ns)。否则，前沿跟踪将不得不在服务器中包含一个模拟门控函数。前沿跟踪也可用于对付噪声调制的脉冲干扰机。这种情况下的延迟是由干扰机的检测、测量和响应时间造成的。

前沿跟踪的主要缺点是信噪比的损失，对应于不可用脉冲宽度的减小。因此，前沿跟踪被限制在目标信噪比高的条件下，例如，近距离或高雷达截面积的目标交战。相干转发干扰器可以通过产生覆盖回波脉冲前沿的相干覆盖脉冲来潜在地击败 LET；这对于基于数字储频技术的 PRI 跟踪干扰器来说当然是有可能的，它可以对抗重复的、距离模糊的波形，如用于脉冲多普勒的波形。

5. 基于数据处理器的反干扰技术

数据处理器接收来自信号处理器的检测报告、位置和特征测量，并执行目标跟踪和高级逻辑操作。电子防护技术在这个阶段允许检测到假目标，也允许检测到拖引波门和噪声。

1) 角度对准相关

角度对准相关可用于检测主瓣中存在距离或多普勒虚假目标，如图 11.3.6 所示。在主瓣附近方位角和俯仰角的狭窄角度窗口内的多次检测为潜在的假目标产生器提供了可能。相关窗口是基于雷达的测量和跟踪估计精度的。随着雷达和目标平台几何形状的变化，对准条件持续的时间越长，就越有可能出现假目标干扰机。在多个距离假目标的情况下，雷达可以选择最近的一个目标作为真实目标，前提是干扰机不能从它自己的位置产生一个距离较远的虚假目标。然而，这一假设可能并不总是正确的，因为具有 PRI 跟踪和 PRI 延迟能力的相干转发式干扰机可能会将目标置于距离较远来对抗诸如脉冲多普勒等雷达波形。

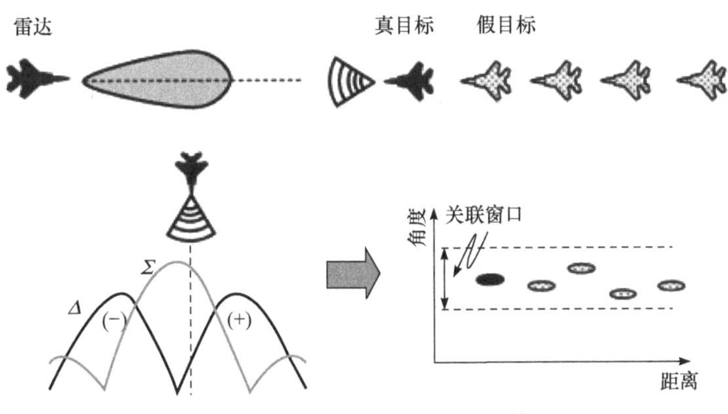

图 11.3.6 雷达数据处理反干扰

2) 雷达截面积统计

跟踪目标的 RCS(Radar Cross Section)统计数据可以用来确定目标是真还是假。复杂的目标，如飞机，有多个散射体，这些散射体在距离和多普勒上无法分辨，并且随着交战几何形状的变化，会受到不同数量的建设性和破坏性干扰。施威林目标类型是根据 RCS 起伏特性对目标进行分类的最常用方法。干扰机产生的假目标因为不包含 RCS 起伏带来的幅度调制而容易被从真目标中识别出来。雷达数据处理器可以在一段时间内收集和分析多个 RCS 测量值，如几秒，补偿预期的 R^{-4} 接收到的功率变化。

从干扰机的角度来看，实现雷达截面积类型的脉冲幅度的一个缺点是：它可能需要在放大器线性区域的操作，这降低了发射机的平均功率，从成本或性能的角度来看，这可能是不可取的。干扰发射机通常不会设计成以线性模式工作，而必须始终在饱和状态下工作。因此，一般不会在大功率放大器之后进行幅度调制，因为这需要大功率可变衰减器。

3) 雷达截面积跳变检测

被跟踪目标的视在 RCS(幅值)突然大幅上升，可作为一种潜在的航迹跟踪波门捕获技术的警报。试图执行 RGPO(Range Gate Pull-Off)或 VGPO(Velocity Gate Pull-Off)技术的干扰设备必须有足够的 JSR 才能从外部捕获跟踪门。当干扰器打开时，目标的 RCS 将突然增加大约 JSR 倍，并保持在较高的平均水平。用于识别该跳变的算法必须对由正常目标波动触发的虚警不敏感。因此，数据处理器必须比较跳变之前和之后的多个 CPI(Coherent Processing Interval)雷达截面积平均值。

4) 干扰跟踪技术

干扰跟踪、干扰角度跟踪和干扰寻的都是同一个主题的不同表述：当干扰器掩盖了目标的精确距离和多普勒估计值时，雷达使用干扰器的发射信号来完成角度跟踪，干扰寻的模式的具体情况是指导弹导引头使用干扰信号进行制导，虽然这些技术主要用于对抗噪声干扰，但基本概念也适用于欺骗干扰。一个例子是雷达使用来自 SSJ(Self-Screening Jammer)假目标或拖引门来实现角度估计，但忽略了假距离和多普勒信息。对于连续噪声干扰器，雷达没有义务向干扰器辐射，但可以简单地在被动监听模式下工作。

干扰角信息有时用于在雷达显示器上产生干扰指示，指示被探测干扰机的方位线。虽然目标距离可能无法确定，但干扰的存在和方向提供了有用的态势感知。与其他雷达组网的雷达可以利用其他雷达探测到的干扰机方位对干扰进行三角形定位，从而减少距离模糊。

5) 跟踪波门选通技术

角选通是一种雷达对抗非常大的角跟踪误差信号并将其角跟踪估计外推到可接受的误差水平恢复的方法。大角度误差信号可能是由角度欺骗技术的突然应用引起的，也可能是由目标闪烁引起的。在这种情况下，雷达突然接收到一个角度跟踪误差，表明目标在跟踪过程中角度位置发生了较大的跳跃。由于这种行为并不与自然目标相对应，除了可能出现短暂的闪烁外，雷达会屏蔽大误差信号，并暂时沿一定角度滑行。如果异常角误差的来源持续时间足够短，雷达角跟踪可以在不受较大误差脉冲干扰的情况下恢复。

11.4 光电防护

11.4.1 光电防护概述

光电防护主要包括反光电侦察和反光电干扰两个方面，如图 11.4.1 所示。在有些情况下，某种反光电干扰的技术应用也是一种光电干扰。光电干扰与光电防护通常可以从战术运用的角度来区分，光电干扰是己方在作战过程中受到敌方光电威胁时被迫采取的自我保护的对抗措施；光电防护则注重于平时的自我保护，也就是说，无论有、无威胁，己方均采用自我保护的技术措施，即平时、战时均使用的技术方法，如装备车上涂有伪装色。

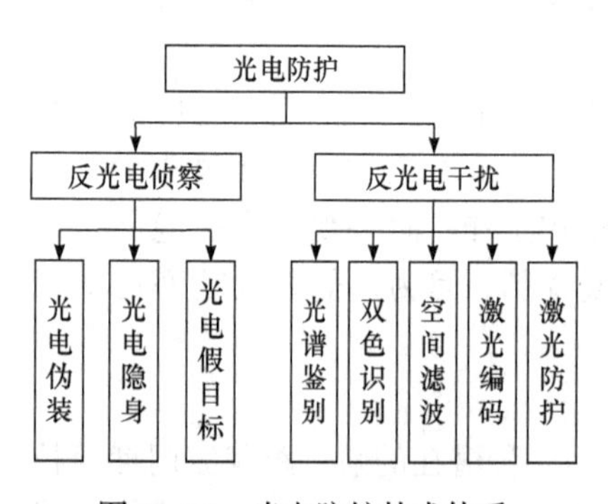

图 11.4.1　光电防护技术体系

反光电侦察主要是针对敌方光电侦测设备采用的防护措施，主要包括光电伪装、光电隐身、光电假目标等。

光电伪装是指利用各种涂料、迷彩、变形器和反射器等伪装技术，抑制或改变目标的光电特性，以降低敌方光学探测设备和光电制导武器发现目标概率的反光电侦察措施。光电伪装可分为可见光伪装和红外伪装。

光电隐身技术主要是通过改变与抑制目标自身的辐射特征，减少目标与背景的辐射反差，使得目标被发现的概率大为降低，或被探测到的距离大为缩短的一类技术。它是现代隐身技术的一个重要组成部分，主要可分为可见光隐身、红外隐身和激光隐身。

伪装与隐身的区别在于，伪装侧重于视觉效果上的“伪”，而且伪装的规模可以更大，在可见光及红外波段要产生明显的外形效果，从而达到隐真示假的目的，让敌方只能发现伪装而不是所伪装的目标本身，所以伪装的重点是可见光伪装和红外伪装。而隐身则与伪装不同，其侧重于对红外波段和激光的“隐”，理想结果是希望敌方在红外波段或使用激光无法侦察到己方所隐身的目标。隐身在某些情况下并不意味着在可见光波段不可见，所以隐身的重点是红外隐身和激光隐身。当然，光电伪装和隐身也是相通的，光电伪装肯定能实现光电的隐身，但光电隐身具有一些本身独有的特殊技术，尤其在红外隐身和激光隐身方面。

光电假目标是利用各种器材或材料仿制成假设施、假装备、假武器、假诱饵等。这些假目标已经广泛应用于光电无源干扰，同时也可用于光电防护，起到反光电侦察的作用。

反光电干扰是指防止己方光电侦测设备和光电制导武器受到敌方光电干扰，或受到敌方强激光致盲与破坏等采取的一些措施。这些措施主要包括光谱鉴别、双色识别、空间滤波、激光波长调谐、激光编码及激光防护等。

光谱鉴别技术能够利用目标、背景以及人工干扰辐射源的光谱分布的差异，通过选择最佳工作波段(限制系统的光谱通带)的方法，从自然和人工干扰中识别目标。

双色识别技术采用位于某一大气窗口内或相邻两个大气窗口内的两个窄光谱带成像来识别目标，以提高目标识别精度和抗干扰能力。

空间滤波技术可根据点源目标与大面积背景之间尺寸方面的差异来提高探测干扰背景中特定目标的能力。

激光编码技术使用编码的激光脉冲作为制导信号，使敌方难以接收、解调或欺骗干扰，从而增强制导信号的反侦察与反干扰能力。

激光防护是针对敌方激光可能对己方人员或装备造成伤害所采取的相应的防护方法及措施。

此外，随着激光器技术的发展，激光波长调谐技术将会得到应用。倍频使激光波长变短，差频使激光波长变长。通过改变激光目标指示器发射的激光波长，避开常用波长，能提高激光制导武器的抗干扰能力。

光谱鉴别、双色识别、空间滤波、激光波长调谐技术及激光编码在前面章节或其他课程中已经涉及，因此，本节重点讲解光电伪装、光电隐身和激光防护三方面内容。

11.4.2 光电伪装

1.可见光伪装

可见光伪装是指对抗可见光侦察所实施的伪装，通过处理目标和背景之间在可见光波段的反射特性差别来实现。可见光侦察设备利用目标反射的可见光进行侦察，通过目标与背景间的亮度对比和颜色对比来识别目标。因此，可见光伪装通过技术手段使目标与背景的亮度、颜色在可见光波段尽可能一致，才能有效地对抗可见光侦察。

迷彩和伪装网是两种最常用的可见光伪装手段。迷彩在军事上是指被保护物的色彩和周围环境协调一致，使敌方辨别不清。任何目标都处在一定背景上，目标与背景又总是存在一定的颜色差别，迷彩的作用就是要消除这种差别，使目标融于背景之中，从而降低目标的显著性。

按照迷彩图案的特点，迷彩可分为保护迷彩、仿造迷彩和变形迷彩 3 种。保护迷彩是近似背景基本颜色的一种单色迷彩，主要用于伪装单色背景上的目标；仿造迷彩是在目标或遮蔽表面仿制周围背景斑点图案的多色迷彩，主要用于伪装斑点背景上的固定目标，或停留时间较长的可活动目标，使目标的斑点与背景的斑点图案相似，从而达到迷彩表面融合于背景之中的目的；变形迷彩是由与背景颜色相似的不规则斑点组成的多色迷彩，在预定距离上观察能歪曲目标的外形，主要用于伪装多色背景上的活动目标，使其在活动区域内的各种背景上产生良好的光电伪装效果。这种迷彩技术主要应用在士兵的迷彩服和坦克、装甲、舰船等运动目标的迷彩涂料上。

对于固定的武器装备、设施及建筑物，最常用的光电伪装措施是伪装网。伪装网是一种通用性的伪装器材，一般来说，除飞行的飞机和炮弹外，所有的目标都可使用伪装网。伪装网主要用来伪装常温状态的目标，使目标表面形成一定的辐射率分布，以模拟背景的光谱特性，使之融于背景之中；同时在伪装网上采用防可见光的迷彩来对抗可见光侦察、探测及识别。可见光伪装网利用散射机理，在其基布上镀涂金属层，使用能强烈散射可见光的染料进行染色，并粘在基网上，再对基布进行切花、翻花加工成三维立体状，可以强烈地散射入射的可见光，大大减小了入射方向的回波，达到可见光伪装的目的。

2. 红外伪装

红外伪装是指对抗红外侦察所实施的伪装，通过改变或模拟目标和背景间在红外波段大气窗口(0.76～2.5μm、3～5μm、8～14μm)内辐射特性的差别来实现。由于红外目标多为高温物体，所以红外伪装多采用红外遮蔽的方式。

红外遮蔽是把目标的红外辐射遮蔽起来，使敌方的侦察装备探测不到目标的红外辐射。遮蔽可以利用地形地物实现，但实际上很多情况下目标在野外，而且需要机动。因此，红外遮蔽主要使用人工遮蔽，其形式大致与可见光伪装相同，但普通伪装网由于热遮蔽能力有限，遮蔽后目标红外辐射仍可透出网面被红外探测器(或热探测器)所发现，所以必须用红外伪装网、隔热材料(或隔热毯)等器材来实现遮蔽，其示意图如图 11.4.2 所示。

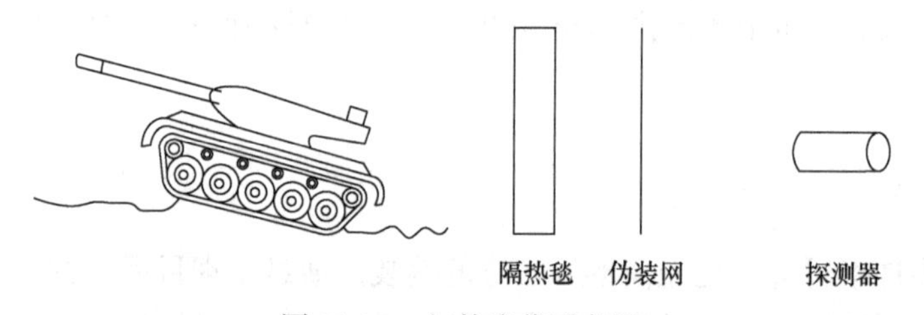

图 11.4.2　红外遮蔽示意图

红外遮蔽的实施需要用到伪装网、隔热材料、迷彩涂料及支撑骨架等。对常温目标的伪装，采用在伪装网上喷涂迷彩涂料所制成的遮蔽即可；对高温目标的伪装，还需在目标和伪装网之间使用隔热材料以屏蔽目标的热辐射。支撑骨架具有特定结构外形，通常采用重量轻的金属或塑料杆件做成，起到支撑和固定伪装外形的作用。

红外伪装网的工作原理是吸收和衰减。吸收型伪装网是在基布夹层中填充或编织一定厚度的能强烈吸收红外辐射的材料，并采用吸收红外辐射的染料进行染色，将其粘在基网上，且对基布进行孔、洞处理，以吸收光辐射、抑制热散发，达到对抗红外侦察、识别的目的。热衰减型伪装网是由织物及金属箔片构成气垫或双层结构，将其与热目标隔开一定距离，有效地衰减和扩散热辐射。

红外遮蔽综合使用伪装网、隔热材料和迷彩涂料等技术手段，是目标可见光隐身、红外隐身的集中体现。下面介绍几种常用的红外遮蔽装置。

1) 宽频谱三维伪装毯

这种伪装毯包含通常所用的隔热毯和伪装网的功能，由表面伪装物和基底组成，如图 11.4.3 所示。表面伪装物是不同长度和颜色的绒线，以便于更好地模拟背景的特征。绒线里还含有能跟可见光、紫外线、红外线和微波发生作用的物质，以达到宽频谱伪装效果。这些绒线被做成环状，以增加毯子表面的弹性，绒线的基体是塑料或尼龙，在基体内掺入添加剂或将基体细丝与其他反射或吸收体织成一股。添加剂包括紫外线吸收剂、细菌抑制剂、阻燃剂、去光泽剂、染料、雷达波吸收和反射材料以及防静电材料。如图 11.4.3 所示，在层 1 和层 3 之间引入夹层 2，该夹层采用金属膜，或包含电磁波吸收或反射物质的玻璃纤维层。这种夹层结构更有利于保护层 3 中的金属膜或玻璃纤维在运输和使用中不受损伤，同时还具有防水功能，其基层厚度为 1～2mm。

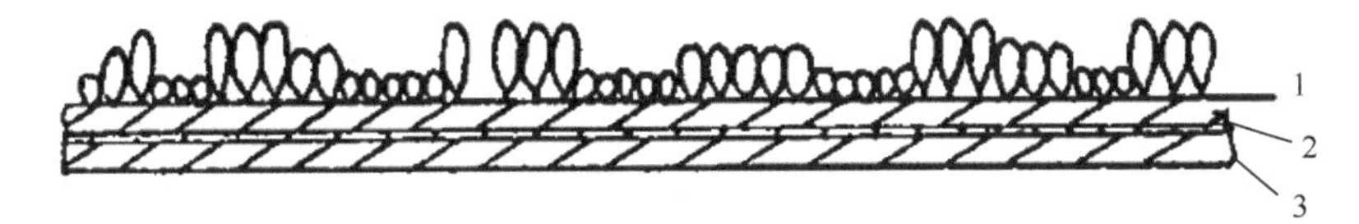

图 11.4.3 三维伪装毯剖面示意图

2) 低热特征的装饰物伪装毯

这种伪装毯由可拆卸和更换的装饰物组成，如图 11.4.4 所示。它将一束低红外发射率的柔软长条或细丝的一端粘在一起形成一个装饰物，再将大批这种装饰物插入并固定在留有小孔的毯子上，就组成了伪装毯。使用大量装饰物能增大伪装毯的散热面积，有效地降低伪装毯的温度，从而对所覆盖的热目标实现良好的红外遮蔽。而且装饰物的叶片或纤维吸收了一定的热量，能诱导其附近空气对流，同时伪装毯表面的许多开孔能加剧空气流动，即使在无风条件下，也能够保持这种空气流动。这种特性能带走伪装毯上大量的热能，降低伪装毯的温度，而空气在被加热后其红外特征并不会增强，因为空气的主要成分为氮气和氧气，其分子都是无极性的，不辐射红外线。

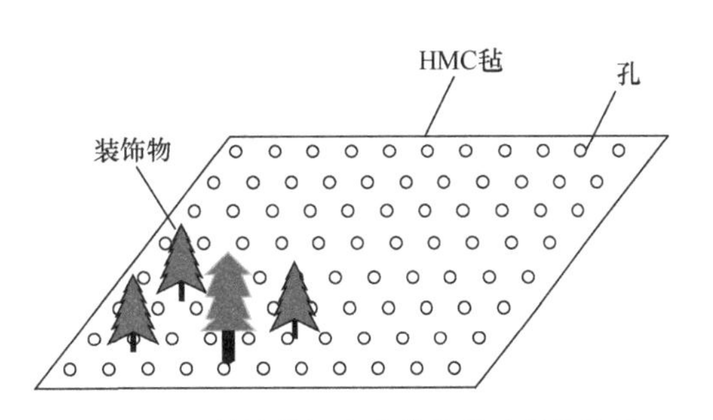

图 11.4.4 低热特征多孔伪装毯及其装饰物

3) 伪装贴膜

这种多层伪装贴膜的结构如图 11.4.5(a)所示。黏胶层可以贴到物体的表面。覆盖黏胶层之上的是金属膜，其红外发射率很低。金属膜之上的表面涂层能够吸收可见光和近红外能量，避免金属膜对入射的可见光和近红外线的强反射。同时表面涂层对中、远红外是透明的，不发射中、远红外能量。表面涂层之上的对红外有高吸收率的塑料层，通过控制它的厚度可以改变不同部分的红外发射率。同时塑料层有纹理，如图 11.4.5(b)所示，进一步改善了它对可见光的反射特性。这种设计是必要的，因为尽管表面涂层能够吸收可见光和近红外能量，但是入射的可见光和近红外能量有相当一部分并未到达表面涂层，而是在塑料层的表面上就被反射了，所以必须在塑料层的表面上采用凹凸不平的纹理。

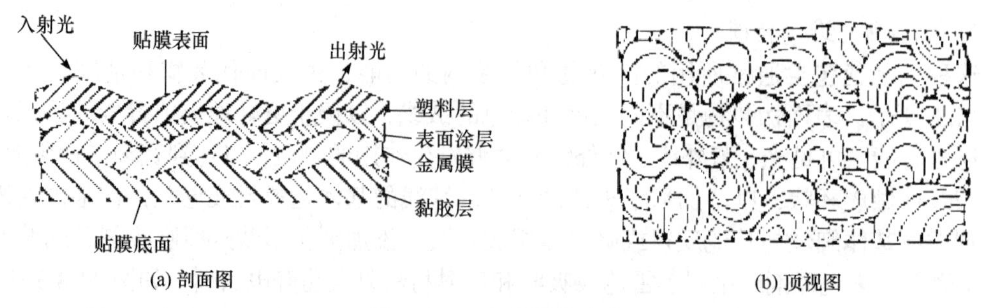

图 11.4.5　多层伪装贴膜

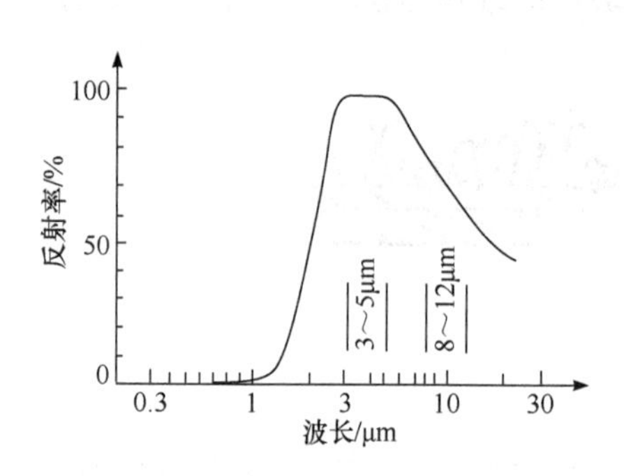

图 11.4.6　伪装贴膜在可见和红外波段的反射率

该贴膜在可见光和红外波段的反射率如图 11.4.6 所示。可见，它在可见和近红外波段的反射率很低，而在中、远红外波段的反射率很高，即发射率较低，完全符合可见光伪装和红外遮蔽的要求。

综上所述,红外伪装技术虽然可以采取多种形式,但主要目的只有一个，即千方百计改变目标在红外波段原有的外形特征,将其红外特征伪装成与背景相似。由于现代侦察已实现可见光、红外、微波等波段的多谱侦察，在实施红外伪装的同时也要考虑可见光伪装和防雷达伪装手段，形成多波段综合伪装，才能达到更好的伪装效果。

11.4.3　光电隐身

光电隐身技术与光电伪装技术不同，它是通过某种独特的技术或方法来改变与抑制目标自身的辐射特征，以减少目标与背景的辐射反差。光电隐身技术是现代隐身技术的一个重要组成部分，主要包含红外隐身和激光隐身。

1. 红外隐身

本节所述的红外隐身主要指利用特殊的技术手段(如低发射率涂料或抑制军事平台辐射的内装式设计等)，降低目标的红外辐射，或者改变目标的红外辐射图像特征，以减小目标和背景的辐射(或特征)对比度，降低目标被探测的概率。

1) 降低目标的红外辐射

从红外物理学可知，一个物体红外辐射量的大小由斯特藩-玻尔兹曼定律决定：

$$M = \varepsilon\sigma T^4 \tag{11.4.1}$$

式中，M 为物体的全辐射出射度；σ 为玻尔兹曼常量；ε 为物体的发射率；T 为物体的热力学温度。从式(11.4.1)中可知：降低目标的温度 T 和降低目标的表面发射率 ε 可降低目标的红外辐射，常用的技术手段主要如下。

(1) 隔热、空气对流及降温。

首先，可以采用热屏蔽阻隔目标内部辐射的热量，使之难以向外传播。一是在装备的整体布局上考虑热屏蔽手段，尽可能降低目标的红外辐射强度；二是对飞机喷管、坦克排气管等重要部位进行红外遮挡。

实现热屏蔽的控温材料主要有隔热材料、吸热材料以及高发射率聚合物材料。隔热材料主要是阻隔武器系统内部发出的热量，使其难以外传，包括微孔结构材料和多层结构材料，上述材料大量使用在热屏蔽中。吸热材料利用高焓值、高熔融热、高相变热储热材料的可逆过程，使热辐射源升温过程变得平缓，减少升温引起的红外辐射增强，如在排气口加入适量的碳微粒，吸收发动机尾气的红外辐射；或利用半导体材料的佩尔捷效应，将半导体材料紧贴在发动机的排气管上，吸收尾喷管上的红外辐射。高发射率聚合物涂料主要涂敷在气动加热升温的飞行器表面，当气动加热到一定温度范围内时，涂层只会在大气窗口之外具有高发射率，使飞行器散热能力增强，表面温度快速下降。

其次，还可利用空气对流散热技术，如对发动机排出的热废气进行夹杂空气冷却或液体雾化冷却，将热能从目标表面或涂层表面传给周围空气，以此降低目标的温度，达到减小目标红外辐射的目的。

(2) 红外隐身涂料。

红外隐身涂料通过涂覆的方式覆盖在目标表面来弱化目标的红外特征辐射信号。对于温度、形状相同的物体，如果其表面发射率不同，在红外热像仪上会显示出不同的红外图像。鉴于一般军事目标的辐射都强于背景，所以采用低发射率的涂料可显著降低目标的红外辐射能量。另外，为降低目标表面的温度，红外隐身涂料在可见光和近红外还具有较低的太阳能吸收率和一定的隔热能力，以使目标表面的温度尽可能接近背景的温度。

一般来讲，实际物体的表面温度均高于 0K(−273℃)，其组成粒子一直在进行无规则热运动。热辐射是带电粒子伴随无规则热运动发生能级跃迁，以电磁波的形式向外释放能量的现象。在三个大气窗口中，8～14μm 为热红外成像的主要波段。热红外侦测设备的成像是利用目标本身和环境辐射的差异而实现的。理论上，任何温度高于背景温度的目标都是红外辐射源，可被红外侦测仪器接收并识别。不同目标的红外辐射强度和辐射波谱存在各向异性，上述特点成为热成像探测设备侦察与识别不同目标的主要原理。图像的对比度 C 由两者的辐射差决定：

$$C = (E_o - E_b) / E_b \tag{11.4.2}$$

式中，E_o 为目标辐射能量；E_b 为背景辐射能量。由式(11.4.2)可知，理论上可以通过降低目标辐射能量和提高环境辐射能量来降低对比度。实际中，降低目标辐射能量具有更高的可行性。

由斯特藩-玻尔兹曼定律[即式(11.4.1)]可知：可以通过降低目标的温度和发射率来降低目标的红外辐射强度。因此，使用红外隐身涂料可降低目标与背景图像的对比度。

红外隐身涂料主要由载体黏合剂、粉体填料以及添加剂组成。其中，载体黏合剂能使涂料牢固地贴合在基体表面，起到保护填料的作用，而粉体填料主要用于提高涂层的红外隐身性能。

① 黏合剂。

黏合剂是红外隐身涂料的主要成膜物质，其自身性质能够在很大程度上影响涂料的红外隐身性能。红外隐身涂料的黏合剂应具备 3 个基本条件：一是具有较高的红外透过性，即在红外波段保持透明以体现填料的光学性能；二是与填料相容性较高，以保证在工作环境中填料的红外特性不变；三是具有较强的黏结性，能够保持稳定的机械性能及耐腐蚀性。目前常见的黏合剂分为有机黏合剂和无机黏合剂两类。

无机黏合剂的高温性能较好，但韧性与机械性能较差，其在红外隐身涂料中的应用受限。有机黏合剂可同时具有较低的红外发射率和较好的机械性能，是一类理想的红外隐身涂料黏合剂。常见的有机黏合剂包括聚氨酯、环氧树脂、醇酸树脂、酚醛树脂等材料。有机黏合剂的红外透明性由其所含化学键、官能团及结构决定。大部分树脂材料在近红外波段没有强烈吸收，但由于其官能团分子振动，会在热红外区产生强烈吸收。

② 填料。

填料是影响红外隐身涂料性能的关键因素。常用的黏合剂的红外发射率较高，需要通过向体系中加入低发射率填料来降低整个涂层的发射率。常用的填料有金属填料、半导体填料、着色填料和相变微胶囊填料等。通过控制填料的散射率和粒径，可以将黏合剂吸收波段的辐射有效地散射掉。

金属粒子一般属于不透明体，金属的高反射率由较高的载流子密度导致，这使得金属粒子都具有较低的发射率。因此，金属粒子(尤其是片状金属粒子)是红外隐身涂料的首选填料。但利用金属填料的高反射特性降低发射率的同时，会加强材料对其他波段(微波、可见光和激光等)的反射，使涂层在这些波段下具有“显形”作用。

半导体填料是一种新型掺杂填料，其电磁辐射吸收机理为介电损耗，包括电极化和传导损耗。通过调整半导体载流子密度、载流子迁移率和载流子碰撞频率等参数，能够使掺杂半导体填料实现可见光波段的高透明、红外波段的高反射低发射以及雷达波的高吸收特性，从而解决红外线与雷达波、可见光和激光等波段隐身的兼容性问题。

着色填料主要是为了满足可见光与近红外隐身兼容性的要求，通常都具有较高的红外吸收率。着色填料主要分为无机和有机两种。无机着色填料主要包括金属氧化物、非金属氧化物和金属盐等；有机着色填料种类较多，最常见的是偶氮化合物。

相变储能材料能利用其自身发生相变时伴随的吸/放热效应而使自身温度保持不变。如果将这种特性应用于涂料，可以有效控制目标表面温度，降低与环境的温度差异，从而达到红外隐身的目的。相变微胶囊材料是一种相变储能材料，它具有核、壳式组成结构，外壳是保持结构稳定的聚合物膜，核心是具有控温特性的相变储能材料。由此制成的涂料是控温型红外隐身涂料，与低发射率红外隐身涂料的类型不同。

2) 改变目标的红外辐射图像特征

改变目标的红外辐射图像特征可以使得红外成像侦察设备难以正确地识别目标，降低敌方的发现概率，达到自我隐身和保护的目的，其实现主要依靠红外融合和红外变形两种技术。

红外融合技术是一种通过降低目标本身与背景的红外对比度实现隐身的方法，旨在使目标融入环境中。要降低热对比就必须降低目标与背景间的温差，因此，红外融合与降低目标红外辐射强度是相辅相成的。红外融合可通过降低热点温度、热屏蔽及能量转换等方法来实现。目标中某些温度较高的区域称为热点，如发动机、排气管等，在热图中十分明显，这往往成为判别目标性质的依据。采用热屏蔽或引入冷空气对流等方法降低热点温度，可消除目标的热暴露征候；能量转换是将目标原来易被探测的能量形式转换成不易被探测的能量形式，例如，用汽化冷却的方法将目标热能通过汽化、对流消散，同样也能降低目标与背景的热对比度。

红外变形技术是通过改变目标自身各部分红外辐射的相对值和相对位置来改变目标易被红外成像系统所识别的特定红外图像特征，从而使敌方难以识别。目前主要采用的是发射率控制的方法，通过控制目标表面各部分发射率的大小，可以改变目标的热特征，将目标原来的热图变形成另一军事威胁或价值不大的目标热图，甚至是无规律热图。例如，通过表面发射率的控制，将坦克在红外热像仪上的热图改换成普通车辆的热图；将军用车的热图改换成民用车或无规则的热图，使被防护的军事目标无法被识别。

2. 激光隐身

目前的激光隐身主要是通过最大限度地降低目标对激光的反射，从而降低激光侦测设备或激光半主动制导武器的作用距离来实现的。

降低目标对激光反射的技术方法主要有外形技术和涂料技术，其中，外形技术是通过目标的非常规外形设计来降低目标的激光雷达散射截面(LRCS)；而涂料技术是在装备表面上涂覆吸波涂层增大其对激光的吸收率，减小反射率，以达到隐身的目的。经研究表明，外形设计只能散射 30%左右的入射激光，因此要想取得较好的隐身效果，还得依靠使用激光隐身涂料来实现。

激光隐身涂料由成膜物质和辅助成膜物质构成。其中，成膜物质是涂料的主体，它决定着涂料的性能。成膜物质是由功能填料、着色颜料以及黏合剂组合而成。功能填料是激光隐身涂料的主要成分，也是激光隐身涂料研究的核心内容。着色颜料是涂料的一种重要组分，它可以使涂料具有不同的颜色，以便在可见光波段按要求生成保护色或组配成迷彩图案。黏合剂是涂料的基本组分，其作用是保证涂敷后的涂层有良好的物理和化学性能，对于涂料的稳定性有着重要的影响。除了成膜物质外，还需要包括稀料、添加剂的辅助成膜物质，其作用是帮助涂装施工和改善涂层的性能(如使涂层表面形成光洁或粗糙的结构)。以上各组分的关系和作用汇总于图 11.4.7 和表 11.4.1。

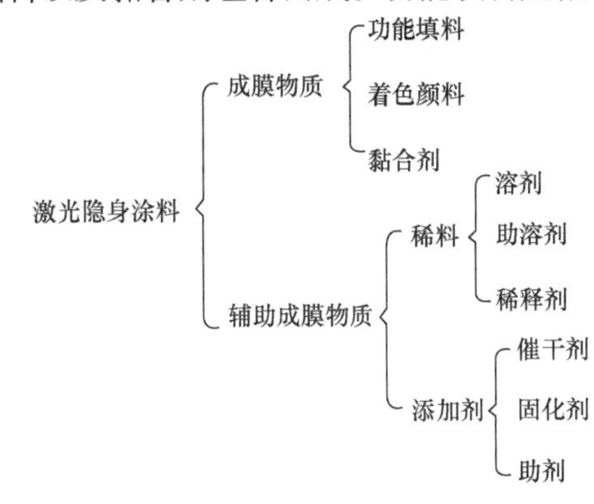

图 11.4.7　激光隐身涂料的构成

表 11.4.1　激光隐身涂料的组分

组分	作用和要求
功能填料	提供选择性吸收的主要材料；保持不溶解状态；提供粗糙度；填料粒径规格
着色颜料	提供颜色的材料；在稀释剂或黏合剂中可溶解；在薄的涂层中透明
黏合剂	使填料粒子与基体黏合在一起；提供保护性硬度；能经得起风吹雨打；具有必要的光学性能(如透明度)；具有良好的物理和化学稳定性
稀料	提供使用的灵活性；可挥发
添加剂	催干剂、润湿剂、抗塌剂、消光剂或类似的附加剂

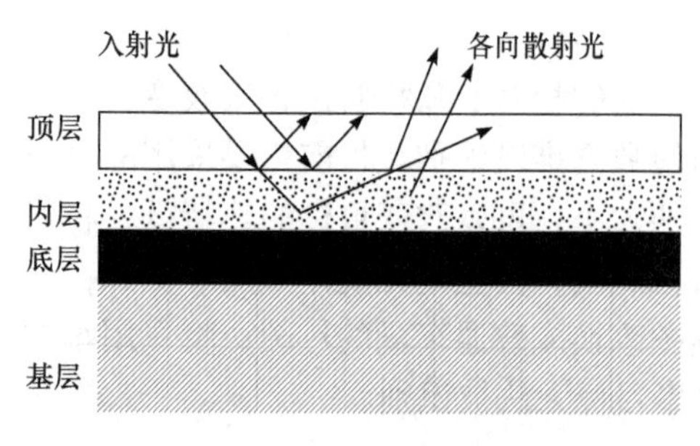

图 11.4.8　激光隐身涂层的结构

涂料经涂装施工后，在装备表面形成激光隐身涂层。涂层的结构可以用图 11.4.8 表示，由底层、内层及顶层组成。底层(或称为底漆)的主要作用是在隐身涂层与装备表面的基层之间起黏附的作用，同时还可以钝化金属作基底，使隐身涂层不致受到电化学的腐蚀作用，并将基底与其他活性化学物质隔开。作为隐身涂层的内层，其含有为控制光谱反射率而选用的填料和着色颜料。透明的顶层是为控制表面的粗糙度而加上去的，耐划伤，也能使隐身涂层不易被弄脏。应该说明，作为激光隐身涂层，只要隐身涂料的物理和化学性能能够满足要求，底层和顶层不是必需的。

为了保证对于各种角度入射的激光，目标都具有低反射率，在强化材料的低反射率的同时，还要增大涂层表面对激光的散射作用，即除去涂层表面的光泽。因此还需对涂料表面形貌进行控制，进一步减小激光回波强度。

11.4.4　激光防护

随着激光致盲干扰与高功率激光武器的发展，直接利用强激光干扰或破坏各种目标已成为现实，激光防护就是在这一背景下迅速发展起来的，其范围涵盖人眼及皮肤的防护、光学薄膜及镜片的防护，以及光电制导武器等军用光电系统对激光硬破坏的防护等。穿防护服、戴护目镜和防护手套，可使人眼和皮肤免遭激光伤害；改善镀膜工艺、优选材料与结构，可使光学薄膜及镜片免遭激光力学破坏(如龟裂、变形)或热破坏(如熔融、汽化)；在易受激光硬破坏的装备表面涂“烧蚀”层或增加移动式吸收屏，可对激光硬破坏(如烧蚀、烧毁)起防护作用。本节以激光护目镜为例，介绍激光防护的机理。

1. 激光护目镜的种类及工作原理

激光致盲与致眩的首要对象是战场上的作战人员的眼睛，不论使用哪种防护技术制成的激光护目镜(也称为激光防护镜)，都要将射到眼睛上的致盲光快速吸收或反射掉，使其不进入人眼。激光护目镜一般分为以下几种类型。

1) 吸收式护目镜

吸收式护目镜采用能吸收激光的材料制成，如有色玻璃或者塑料。它通过直接吸收透射镜片的激光起到防护的作用，其镜片的厚度与激光衰减指数成正比，但镜片厚度增加，能见度降低，用此吸收型防激光眼镜既要有一定的光学密度(吸光度)，又必须保证一定的能见度。

图 11.4.9 示出了一种激光护目镜的光学密度随波长变化的曲线，其中，纵坐标代表光学密度，横坐标代表入射光波长，可见该材料在可见光波段(0.4～0.8μm)的光学密度低，吸光能力差，光学密度仅为 2 以下，正好适合可见光透过；而在 1.0～1.4μm 的近红外波段，其光学密度显著增大，吸光能力大大加强，光学密度达到 8～10，该波段正好覆盖了对人眼有伤害的 1.06μm 激光。在军事上，1.06μm 激光主要由固体 Nd: YAG 激光器产生。这种激光器性能稳定、体积小、重量轻，出光效率高，可发射激光编码脉冲，广泛应用于激光测距机、激光制导武器中。因此，图 11.4.9 所示的吸收型激光护目镜可用于 Nd: YAG 激光

器产生的 1.06μm 激光的防护。

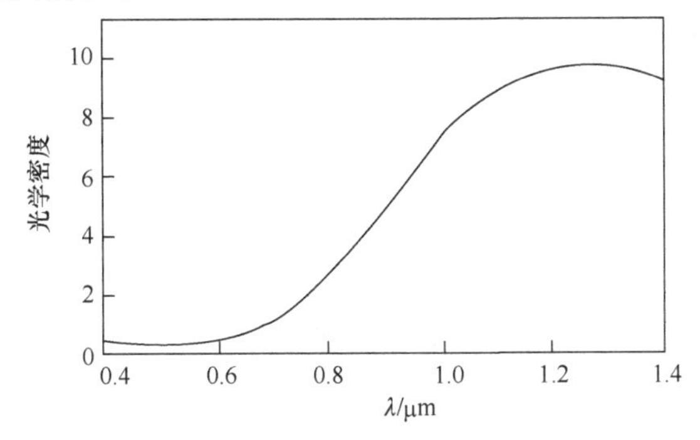

图 11.4.9　1.06μm 吸收型激光护目镜光学密度

2) 反射式护目镜

反射式护目镜通常采用在玻璃表面镀介质膜的工艺，即在一般镜片的外表，接收光辐射的一面，交替喷镀高折射率和低折射率的介质膜，其光学介质膜的厚度为待防护激光波长的 1/4。

根据干涉相长原理：两束光发生干涉后，干涉条纹的光强分布与两束光的光程差(相位差)有关，即当相位差为周期的整数倍时，光强最大；当相位差为半周期的奇数倍时，光强最小。

干涉相长时，相位差等于 2π 的整数倍，对应的光程差为波长的整数倍。因此，要想让反射光加强，就必须让薄膜的厚度为待防护激光波长的 1/2。如果高折射率膜和低折射率膜的厚度相同，则它们的厚度各为波长的 1/4。当激光通过这样的双层介质膜时，双层介质膜对激光进行反射，并干涉相长，增强对应波长激光的反射，衰减其透射。这种双层介质膜镀的层数越多，透射激光的衰减指数越高。

反射式护目镜可采用高折射率材料 ZnS(硫化锌)和低折射材料 MgF_2(氟化镁)，交替喷镀，形成多层介质膜。镀膜超过十层后，对其所防激光的透过率可衰减 99%以上。

3) 吸收反射式护目镜

这种护目镜既能吸收激光又能反射激光，即利用镜片材料表面的介质膜防护某一波长的激光，同时利用材料本身的特征吸收另外一种波长的激光。

吸收反射式护目镜用厚 3mm 能吸收紫外线的玻璃作为前镜片，用厚 3mm 能吸收红外线的玻璃作为后镜片，中间涂多层介质膜，叠压成型构成镜片。镜片材料交替采用高折射率的硫化锌(ZnS)、低折射率的氟化镁(MgF_2)和氟铝酸钠，每一个涂层的厚度为指定防护激光波长的 1/4。

当激光射入镜片时，紫外波段的激光被前镜片吸收一部分，另一部分透过后被多层介质膜反射，多层介质膜反射不了的激光属红外线波段，会进入后镜片再被吸收。这就是吸收与反射相结合的防御方式。用上述材料制成的吸收反射式护目镜对波长 900nm 的激光衰减率最高，对 300nm 和 1000～1100nm 的激光次之，对 700～800nm 的激光要再差一些，对 400～600nm 的激光防护效果最差。

4) 牺牲式护目镜

这种护目镜在光路中采用强光照射下容易被烧蚀或自爆的光学器件，激光入射时，牺牲器件本身以阻止强光对人眼的危害，其结构如图 11.4.10 所示。这种护目镜会在薄膜反射镜的背面涂上特殊的化学物质，如聚乙烯醇叠氮化铅薄膜，构成易爆反射镜，而系统中的分束器将入射光分为观察光束和烧蚀光束，观察光束通过光延迟线使易爆反射镜的光程远大于烧蚀光束。对于正常的光强度，观察光束通过一系列光学元件进入人眼，系统呈现较高的透明度。而当入射光强超过阈值时，适当的易爆物质会在 10～100ns 的时间内(具体时间由材料的配方决定)自爆变黑，使薄膜镜片完全失去反射作用，从而阻止激光进入人眼。

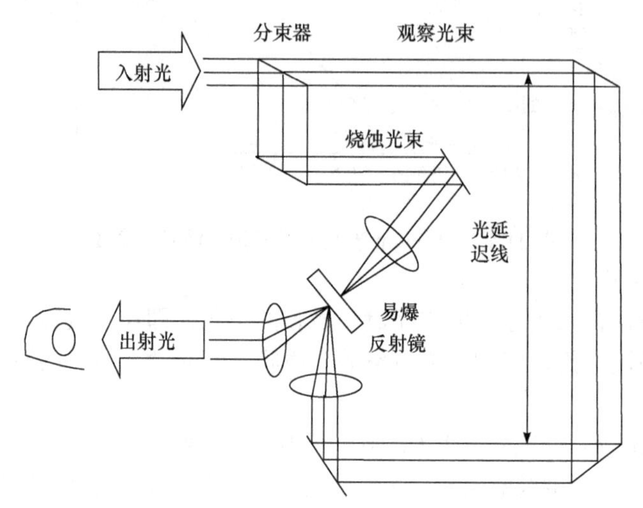

图 11.4.10　牺牲式护目镜工作原理图

牺牲式护目方式实施起来比较简单，对较宽的激光脉宽也是有效的，而且可以对抗可调谐激光的攻击。缺点是：牺牲元件是一次性的，每次被激光攻击、自爆后，需要更换相应的元件，这给护目镜的维护和使用带来了不便。

2. 激光护目镜的性能参数

上述几种护目镜，其防护原理不同，性能参数也有差异，这要求人们在选择佩戴激光护目镜时，要特别注意其功能参数。应针对要防护的激光波长，选择合适的护目镜。评价激光护目镜的性能参数主要包括以下四种。

1) 防护波长

防护波长指护目镜吸收激光的峰值波长，若已知敌方实施致盲的激光波长，则可有针对性地选用单波长激光护目镜；若不知道敌方激光的工作波长，则最好选用宽波段、多波长的防护镜。目前已有的防护波长为 0.337μm、0.441μm、0.514μm、0.53μm、0.84μm、1.06μm 或 10.6μm，而最迫切需要防护的是波长为 0.53μm 和 1.06μm 的激光威胁。

2) 光密度

光学密度(Optical Density，OD，简称光密度) D_λ 是波长为 λ 的入射光与透射光比值的对数，或者说是波长为 λ 的光线透过率倒数的对数。光学密度没有量纲单位，是一个对数值，用来表征物质吸收光强的能力。对于激光护目镜，其 D_λ 的计算公式为

$$D_\lambda = \lg\left(\frac{E}{E_L}\right) \tag{11.4.3}$$

式中，E 为护目镜受激光照射的辐照度，即入射光强度；E_L 为平行光束或发散光束的人眼照射限值，即人眼可承受的透射光强度。由式(11.4.3)可见，如果人眼的损伤阈值 E_L 越低，

则所需佩戴的护目镜的光密度值就应越高。如果护目镜采用 2 片吸收型滤光片叠加结构，则该护目镜的光密度值 $D_{\lambda1,2}$ 近似等于 2 个单片滤光片的光密度值之和，即

$$D_{\lambda1,2} = D_{\lambda1} + D_{\lambda2} \tag{11.4.4}$$

式中，$D_{\lambda1}$、$D_{\lambda2}$ 为分别 2 个单片滤光片的光密度值。

3) 透光比

透光比 η 定义为

$$\eta = \frac{\text{可见光透过率}}{\text{防护镜总透过率}} \times 100\% \tag{11.4.5}$$

由式(11.4.5)看出，要想佩戴护目镜后不影响正常工作，则护目镜的透光比应越大越好。

4) 激光损伤阈值

对于一个具体的激光护目镜来说，它所能承受的激光功率(能量)密度是存在上限的。在单位面积上所能承受的最大激光功率，称为该护目镜的激光损伤阈值。激光损伤阈值是表征被激光辐照的护目镜的材料(即介质)抗激光损伤能力的重要参量。激光能量的高度集中会引起介质内部或表面的局部变形，甚至完全损坏介质。

激光护目镜本身是由玻璃、塑料等材料制成的，有的镀有防护膜层，它们的损伤阈值随照射激光的不同而变化。例如，对调 Q 和锁模激光，玻璃的损伤阈值为 10～100J/cm^2，塑料介质膜的损伤阈值为 1～100J/cm^2。在选择护目镜时应注意：要以下限为准，以便留有余量，增大保险系数。

思考题和习题

1. 简述直接序列扩频通信抑制干扰的基本原理。
2. 简述跳频通信抑制干扰的基本原理。
3. 简述分集接收技术的分集方式和合并方式。
4. 简述短波自适应通信的基本过程。
5. 简述雷达旁瓣匿影技术的工作原理及其对抗的干扰信号样式。
6. 从功率谱密度的角度说明频率分集和频率捷变抗压制性干扰的原理。
7. 简述雷达中的宽-限-窄电路抗压制性干扰的原理。
8. 简述雷达中的前沿跟踪技术抗转发式干扰的原理。
9. 雷达数据处理如何消除欺骗性干扰?
10. 光电伪装与光电隐身有什么不同?
11. 可见光隐身一般包含哪些方法?
12. 红外隐身一般包括哪些内容?
13. 红外隐身涂料由哪些部分组成?
14. 飞机的红外隐身可以采取哪些措施?
15. 降低目标红外辐射强度的技术有哪些?
16. 简述激光隐身涂料的工作原理。

17. 以行进中的坦克为例，说明光电隐身可以采用的方法。

18. 激光防护眼镜一般分为哪几种类型?

19. 选择激光防护眼镜应注意哪些参数?

20. 通过一观察镜观看一台Q开关Nd:YAG激光测距机,已知测距机输出能量为10mJ,出射光束直径为2cm,光束发散角为0.1mrad,问:观察镜前要加装多大光学密度的防护镜,才能保证2km远处使用人员的安全?(假设已知大气能见度为10km时，大气对1.06μm的激光衰减系数为0.2km^{-1}，人眼安全限值为$5\times10^{-4}J/m^2$。)

21. 已知某种激光护目镜的光学密度值为3，设人眼照射极限值为$5\times10^{-4}J/m^2$，那么入射光照度与人眼照射限值的比值为多少?入射光照度最大不能超过多少?

22. 某种激光护目镜透光比为65%，已知防护镜总透过率为60%，求该种护目镜对可见光的透过率。

第 12 章　电子对抗新领域

12.1　引　　言

随着科学技术的发展，电子技术已渗透到军事技术的各个领域，电子技术水平的高低和装备数量的多少已成为军事系统现代化水平的基本标志。作战武器的发展从来都是“有矛就有盾”的，随着电子技术的发展，电子对抗技术也获得了巨大的发展，使得电子频谱领域成为主战场。同时，随着各种新的作战平台的出现，电子对抗也采用了越来越多的平台。此外，电子进攻已经不仅仅局限于干扰和破坏，还在向硬打击和摧毁方向发展。

本章在电子对抗领域扩展方面，介绍数据链、导航和敌我识别三个方向的对抗技术；从平台角度考虑，介绍航天电子对抗和电子对抗无人机。需要说明的是，航天电子对抗不仅仅是一个平台问题，在测控和数据链路对抗方面，还有其天然的独特性。

反辐射攻击由对辐射源，尤其对雷达具有巨大威胁，因此历来都把它作为电子进攻的一种手段。从 20 世纪 60 年代开始的多场局部战争中，这种进攻手段都发挥了无与伦比的作用。因此也一直把反辐射攻击作为电子进攻硬杀伤的典型措施。此外，随着大功率微波和大功率激光技术的突破，高功率微波和激光武器登上了电子进攻的舞台，成为电子对抗硬杀伤非常值得期待的高技术手段。

人工智能在战场上的应用已经迫在眉睫。电子对抗走人工智能之路是必然的发展途径。本章最后一节简要介绍认知电子战，旨在引导读者重视和思考认知电子战的发展方向。

12.2　数据链对抗

12.2.1　基本概念

1. 数据链对抗概念和内涵

数据链对抗是通信对抗的重要分支，是通信对抗发展到一定阶段后，针对数据链这一特殊的战场网络实施对抗而发展起来的一种更具专业性的对抗。

按照数据链定义的广义和狭义理解，数据链对抗也相应地有广义的和狭义的两种理解。从广义上理解，数据链对抗是通过侦察分析获取战场传输数据的通信链路的情报信息，通过干扰或欺骗破坏该链路的正常工作或降低该链路的工作效能所使用的技术手段，以及所采取的方法措施。从狭义上理解，数据链对抗是通过对战场上传输“机器可读”数字信息的通信链路的侦察分析来获取战场情报信息，或者通过干扰或欺骗破坏该链路的正常工作或降低该链路的工作效能所使用的技术手段以及所采取的方法措施。严格意义上，数据链对抗是专门针对战场数据链网实施侦察干扰所采取的技术手段和战术措施。

战场数据链网使现代信息化战场上的侦察预警平台、指挥控制平台、作战武器系统平台三类平台之间实现了作战信息格式化生成、快速可靠传输和实时响应(运用)，为现代作战过程中自动化和智能化地实施作战目标侦察引导、作战指挥控制、武器系统精确火力打击提供了可靠的保障，它是特殊一类战场通信保障网，通过它将现代战场上陆海空天立体分布的侦察预警平台、陆海空作战指挥所、陆海空火力打击武器系统等连接为一个有机统一的作战体系，在使得第一波作战响应速度、作战打击精度、作战协同能力得到质的提升的同时，还使得对第一波作战效能评估、第二波打击目标的指挥决策生成以及第二波精确打击的作战过程与第一波作战过程前后时间间隔非常短促，它所带来的作战效能非常巨大，是战场其他通信保障网无法比拟的。战场数据链网传输能够被接收/发送终端设备所“理解”的特定格式数据，并能够让任务设备(指挥控制系统、战机或战舰等平台武器系统)按照所传递的特定格式数据内容完成特定的操作(指挥控制系统的指挥决策生成、武器系统的精确火力打击控制)，其自动化智能化的快速响应过程使得战场数据链网的链路信息在作战空间传输的持续时间长度可能非常短促，而为了保障数据链信息传输的高效可靠，战场数据链网采用了现代抗干扰通信中的一系列新理论新技术。基于上述特点，尽管数据链网是战场特殊一类通信网，但是它与一般意义上的保障战场指挥控制信息和各类业务信息高效可靠传输的战场通信网还是有显著区别的，因而针对战场数据链网的对抗需要研究专门的技术手段和战术措施，将数据链对抗与常规通信对抗区分开来，分别用更具针对性的装备技术手段和战术战法来实施作战，这样才能够达到预期的作战效能。

战场数据链网也采用了现代无线通信网中的定频、跳频、扩频技术体制，时分、频分、码分、空分多址方式以及各种数字调制方式，因而具有现代无线电通信网所体现的技术特征，从信号特征层考虑，原则上可以采用传统的通信对抗侦察、测向和干扰技术手段来实施对抗，只是由于在响应速度、网络覆盖范围以及作战效能等方面，传统通信对抗装备系统的技术手段和战术措施已经难以满足对战场数据链网的高效作战要求。针对战场数据链网研究专门的数据链对抗技术手段，必须同时从信号特征参数和信息解析两个层面探索其链路层和网络层的搜索截获、特征分析、测向定位、综合识别、编码分析、信息格式分析、信息解析、干扰压制和接入攻击等技术，并且从体系化作战的角度对战场上连接陆海空天立体分布的侦察预警平台、陆海空作战指挥所、陆海空火力打击武器系统各种类数据链网实施一体化对抗，破坏或有效削弱其作战体系的整体作战效能发挥。

2. 数据链对抗目标

数据链从应用领域来看，有军用数据链和民用数据链之分，民用数据链主要应用于民用航空领域，而军用数据链则广泛应用于现代战场的各个领域，特别是作战领域。本节主要对外军典型的军用数据链予以介绍和说明。外军的典型军用数据链尤其以美军和北大西洋公约组织(简称北约)的数据链为代表。

美军构建了覆盖全球的陆海空天立体分布的多种类型数据链网，保障其侦察预警平台、指挥控制平台及陆海空武器系统作战平台三类作战平台之间目标引导信息、指挥控制信息和精确打击控制信息的自动格式化传输和实时响应，实现在广阔战场区域的一体化协同作战。美军和北约先后研制应用的数据链类型共有 40 多种，如战术数据链、宽带数据链和专用数据链等。

1) 典型战术数据链系统

目前，美军和北约现役的战术数据链主要有 Link-4A、Link-11/Link-11B、Link-16、Link-22 等，美军称为战术数字信息链路(Tactical Data Information Link，TADIL)，北约称为数据链路(Link)。这些典型战术数据链是美国和北约各军种使用最为广泛的数据链，它们主要承担通用战术信息分发任务。

(1) Link-4A 数据链。

Link-4A(TADIL C)数据链是一种非保密的低速数据链，每秒传输 5000bit 的数据，使用超短波传输(225～400MHz，只能在视距内传输，可以实现单/双向通信)，主要应用于美国空军、海军和海军航空兵，可用于地-空、海-空、空-空之间的战术信息传输，是美国海军指挥的重要手段。Link-4A 数据链的主要作用是传输导航与控制指令、实施空中交通管制、承担舰载机自动着舰和惯性导航任务等，可以在最多 8 个用户之间建立战术信息交换的互联网络。目前，Link-4A 数据链主要装备于美国海军所有主战水面舰艇(航空母舰、导弹巡洋舰、导弹驱逐舰、两栖攻击舰、两栖指挥舰等)、EA-6B“徘徊者”电子战飞机、S-3B“海盗”反潜飞机、F/A-18“超级大黄蜂”战斗机、E-2C“鹰眼”预警机等；美国空军 E-3A“望楼”预警机、控制报告中心/控制报告单元等；美国海军陆战队的战术空中作战中心、EA-6B“徘徊者”电子战飞机等。尽管 Link-4A 传输数据速率低(最高 5kbit/s)，没有保密性，抗干扰能力差，正在逐渐被 Link-16 等新型数据链所替代，但是其可靠性非常高，并且其舰载机自动控制着舰功能是其他数据链所不具备的，因此，在短期内，Link-4A 仍将在美军中扮演重要角色。

(2) Link-11/Link-11B 数据链系统。

Link-11(TADIL A)/Link-11B(TADIL B)分别是 Link-11 的机(舰)载版本和陆基版本，是一种低速、保密、半双工的数据链，每秒可以传输 1200～2250bit 的数据(Link-11 传输速率为 1364bit/s 或 2250bit/s，Link-11B 的标准传输速率为 1200bit/s)。Link-11/Link-11B 数据链可以选择使用短波或超短波传输，其中 Link-11B 数据链还可以使用有线信道、卫星信道传输，也就是说，Link-11/Link-11B 数据链既可以实现视距内通信，也可以实现超视距通信，这就大大拓展了数据链的适用范围。Link-11 主要用于传输指挥控制指令、交换预警信息、共享目标数据、发布武器状态等，采取主/从组网方式，也就是由一个主站与多个从站共同构成数据链网络。Link-11 主要的工作方式是轮询，轮询就是一个不断点名应答的过程，大致过程是：作为主站的工作平台，依次向各个从站发送点名信息；而各个从站最初都处于接收状态，某一个从站在接到点名信息后，开始发送自己的信息。网络内的所有成员都接收该信息，从站消息发送结束，主站开始点名呼叫下一个从站，如此往复，实现信息的交换和共享。此外，Link-11 数据链还有通播、无线电静默等工作方式。

目前，Link-11 数据链主要安装范围是美国海军的主战水面舰艇(航空母舰、导弹巡洋舰、导弹驱逐舰、两栖攻击舰、两栖指挥舰、核潜艇等)、E-2C“鹰眼”预警机、P-3C“猎户”反潜巡逻机、S-3B“海盗”反潜飞机、EP-3“白羊座”电子侦察飞机及其他电子侦察平台；美国空军的 E-3A“望楼”预警机、RC-135“联合铆钉”电子侦察飞机和各种指挥控制中心、防空系统；美国陆军的“爱国者”导弹系统、战区导弹防御战术中心；美国海军陆战队的战术空中控制中心和战术空中作战中心等；北约的海空主战装备、作战中心等。

Link-11B 主要应用在固定平台：美国空军的空中作战中心、冰岛防空系统等；美国陆军的“爱国者”导弹系统、战区高空防御系统、战术导弹防御战术作战中心等；美国海军陆战队的战术空中控制中心、战术空中作战中心、海上空中交通管制和着陆系统等；英、法等北约军队。尽管 Link-11/Link-11B 传输速率低，只具有一定的保密能力，但是在一些需要超视距传输的作战平台上，如海军舰艇上，Link-11 数据链仍然具有强大的生命力。

(3) Link-16 数据链系统。

Link-16 数据链是当前应用范围最为广泛的地-空、海-空、空-空数据链，也是到目前为止大量装备的功能最为强大的数据链。Link-16 数据链工作在 L 波段的 960～1215MHz 频段，主要实现视距传输。正常模式下，Link-16 数据链组网工作可以实现 500 多千米内的数据传输，经过中继，通信距离可以达到 900 多千米。Link-16 具有大容量传输能力，可以实现 28.8Kbit/s 和 115.2Kbit/s 两种传输速率，是 Link-4 和 Link-11 传输速率的几十倍；同时，Link-16 采取了扩频、跳频等多种抗干扰通信技术和高保密的编码手段，具有很强的抗侦察和抗干扰能力。Link-16 数据链可以采取无主站的组网方式将上百个作战平台联网工作，在实现指挥控制指令传输等基本功能的基础上，能够实现交换目标数据、侦察情报、各自坐标位置、武器状况、导航定位、危险告警、敌我识别等多种功能。

Link-16 数据链具有很强的通用性，这也为 Link-16 数据链的广泛应用奠定了基础。目前，Link-16 数据链主要装备于美国空军 F-15“鹰”系列战斗机、F-16“战隼”系列战斗机、B-52“同温层堡垒”战略轰炸机、B-2 战略轰炸机、E-3A“望楼”预警机、E-8A“联合星”联合监视目标攻击雷达系统、EC-130E 电子战飞机、RC-135“联合铆钉”电子侦察飞机和各种空中作战指挥控制中心等；美国海军主战舰艇(航空母舰、导弹巡洋舰、导弹驱逐舰、两栖攻击舰、两栖指挥控制舰、核潜艇等)、EP-3“白羊座”电子侦察飞机、E-2C“鹰眼”预警机、EA-6B“徘徊者”电子战飞机、F/A-18“超级大黄蜂”战斗机、EF-18G“咆哮者”电子战飞机等；美国陆军“爱国者”导弹系统、AH-64D“长弓阿帕奇”直升机、前沿地域防空指挥控制系统、战区高空防御系统、战区导弹防御战术中心等。北约大多数国家的主战装备和指挥控制中心都装备了 Link-16 数据链系统，部分购买了美国或北约武器装备(如飞机、舰艇)的国家和地区，也同时引进和装备了 Link-16 数据链系统。

(4) Link-22 数据链系统。

Link-22 数据链称为北约改进型 Link-11(也称为 TADIL F)，是北约中的美国、英国、法国、德国、意大利、荷兰、加拿大等七个国家参与研制的一种新型数据链，具有中速率、高保密、高抗扰等特点，无论使用短波和超短波都能通过中继实施超视距传输，可以实现地-空、海-空、空-空和水下各种作战平台之间的指挥控制指令、目标预警信息、导航定位信息等的传递。Link-22 数据链汲取了 Link-11 和 Link-16 的优点，支持 Link-11 与 Link-16 之间的数据转发，属于一种广义上的 Link-16 数据链。

Link-22 数据链主要为北约成员国军队所使用。目前，由于多种因素制约，Link-22 主要用于北约成员国海军，各国装备程度不尽相同。其中，美国海军在指挥控制舰艇上安装了少量的 Link-22 数据链，意大利海军在大部分主战舰艇上安装了 Link-22 数据链，其他北约国家海军可能使用修改版 Link-22 数据链或者等 Link-11 数据链淘汰后再使用 Link-22 数据链。

此外，美国与北约还发展了其他与 Link 系列数据链功能类似的数据链，例如，英国研制的 Link-10 数据链，其功能与 Link-11 类似但不兼容，部分北约国家和中东、南美、东亚一些国家在使用，意大利海军使用的 ES 数据链、法国使用的 W 数据链都与 Link-11 类似。有些是个别北约国家使用，有些是为武器出口使用，其代表性不强，这里就不再作进一步介绍。

2) 宽带数据链系统

虽然 Link 系列战术数据链能够有效传输战术信息，但数据传输速率无法满足 ISR(情报、侦察、监视)等图像信息的宽带传输要求。因此，美国国防部于 20 世纪 80 年代开发传输 ISR 信息的宽带数据链，也称为 ISR 数据链。ISR 数据链的显著特点是数据传输速率高，最高可达 274Mbit/s，一般为 10.7Mbit/s 左右。美军研制的 ISR 宽带数据链很多，下面介绍其中的通用数据链(Common Data Link，CDL)和战术通用数据链(Tactical Common Data Link，TCDL)。

(1) 通用数据链。

CDL 是一种具有很强抗干扰能力的全双工微波数据链系统，它能够为一系列特殊应用平台提供可互操作和多种类信息可选择的数据链传输链路，目前它主要用于侦察机、无人机等空中平台。通过 CDL，可将光电、红外、合成孔径雷达等传感器所获取的图像、视频和信号等信息在视距范围传输或经由中继实现超视距传输，使侦察机或无人机等平台的目标视频、图像和信号情报等侦察信息能够实时可靠地传输到地面控制站或舰艇。CDL 是 20 世纪 90 年代美国国防部为了满足 ISR 平台实时传输高保真图像信息的需求，实现各种 ISR 平台的互操作，从而进一步地综合利用各种 ISR 资源而发展起来的。CDL 的最大特点是宽频带和通用性，其标准数据传输速率可达 10.71～274Mbit/s，并正在向 548Mbit/s 传输速率迈进。

由于 CDL 终端之间存在互操作问题，美国空军实施了多平台通用数据链路(Multi-Platform Common Data Link，MP-CDL)计划。MP-CDL 采用许多先进的通信技术，包括自动自我修复网络组成、IP 路径选择、自适应传输功率、自动信号获取和抗干扰等。MP-CDL 机载终端能够同时完成视频会议、高清晰度视频传输、通过互联网协议传送话音到公共交换电话网以及访问互联网和收发电子邮件等任务。MP-CDL 是一种以网络为中心的数据链，MP-CDL 数据链网具有向地面作战人员提供实时运动视频的能力。

(2) 战术通用数据链。

CDL 适用的是如 U2、“全球鹰”等战略级运用的大型装备平台，不适用于小型战术级平台。随着主要部件可回收的体积较小的无人机在美军中广泛应用，美国国防部又开发了成本更低、体积更小的 TCDL，主要应用于战术无人机计划，又称“鹰链”。TCDL 终端是美国海军构筑网络中心战作战系统中先进 ISR 网络的重要装备，能与 CDL 互通，相互间可以实现近实时的连接与互操作。

TCDL 采用全双工的工作方式，具有很强的抗干扰信息传输保障能力。它使用 Ku 频段，以点对点形式进行信息交互。它可在 200km 范围内，支持雷达、图像、视频和其他传感器信息的空-地传输。TCDL 最初主要应用于战术无人机(Unmanned Aerial Vehicle，UAV)，如“掠夺者”和“前驱”。后来逐渐应用于其他空中侦察平台，如 RC-12“护栏”侦察机、RC-135“联合铆钉”电子侦察飞机、E-8、海军 P-3 飞机、陆军低空机载侦察(Aerial Reconnaissance Low，ARL)系统、“猎人”无人机、“先锋”无人机和陆军“影子 200”无人机等。

除此之外，以色列 Tadiran Spectralink 公司将“星链”(STAR Link)和战术视频链路Ⅱ

(Tactical Video Link Ⅱ，TVL Ⅱ)用于无人机，研制了微型/小型无人机链路，与TCDL性能相似。

近些年，随着作战飞机所用传感器不断取得的技术进步以及雷达通信数据链(Radar Communication Data Link，RCDL)、战术目标瞄准网络技术(Tactical Targeting Network Technology，TTNT)数据链、MP-CDL等新型机载网络化数据链技术的出现，非传统ISR能力的获得成为可能。2006年，在内华达州内利斯空军基地举行的美军联合远征部队试验中，美军成功试验了通过非传统情报/监视/侦察(Non-Traditional Intelligence/Surveillance/Reconnaissance，NTISR)等手段促进和提高网络中心战(Network-Centric Warfare，NCW)的作战能力。以TTNT为例，在2006年美军联合远征部队试验中，F/A-18F和F-15E战斗机、B-1B和B-52H轰炸机、E-3空中预警和控制系统(Airborne Warning and Control System，AWACS)和作为陆军未来作战系统(Future Combat Systems，FCS)指挥/控制平台的7辆悍马车等都装备了TTNT系统，通过"非传统ISR"信息服务，基于IP的网络可以无障碍地在不同的网络用户之间进行静态图像、视频流、对话文本和IP语音的空-地和地-空传输，成功实现了态势感知信息在各用户之间的实时共享，成功地实现了时敏目标的瞄准与攻击。可以预见，在未来战场上，隐身作战飞机如F-22和F-35将不仅能够进入敌人防空作为攻击机，还将成为全球信息栅格网络上的一个前沿监视节点。

3) 专用数据链系统

专用数据链，或称专用战术数据链，是指特定领域、特定对象、特定用途的数据链，主要包括情报传输数据链、军种数据链、武器控制数据链等。需要指出的是，这些数据链大多都是针对特定的用途而发展出来的，应用上已经不是完全狭义的战术数据链，而趋向于广义的数据链。美军发展的专用数据链有各军种专用数据链、情报传输数据链、武器弹药控制专用数据链等。

(1) 陆军专用数据链。

美国陆军装备的数据链包括陆军1号战术数据链(Army Tactics Data Link，ATDL-1)、增强型定位系统(Enhanced Position Location Reporting System，EPLRS)、"爱国者"导弹数据链、"霍克"导弹数据链、自动目标交接系统(Automatic Target Handover System，ATHS)和可变报文格式(Variable Message Format，VMF)数据链等。其中，陆军1号战术数据链是美国陆军装备最早的专用数据链，类似于北约的Link-1，20世纪80年代开始装备部队，主要用于防空部队之间、防空部队与指挥中心之间传输预警信息、空中目标跟踪参数和指挥控制指令，它可以使用短波和超短波传输，也可以使用有线信道传输。增强型定位报告系统是陆军数据分发系统的重要组成部分，承担军以下部队的战术信息分发、传递态势感知信息等任务，它是一个抗干扰能力较强的高保密数据链系统，它使用超短波传输，传输速率最高可达300Kbit/s，其主要使用对象是陆军的近程防空营。"爱国者"导弹数据链是专为"爱国者"导弹营和连之间传输指挥控制、目标信息、航迹变化等数据的点对点链路，传输速率为32Kbit/s，保密性强，可以使用短波、超短波或有线信道传输。可变报文格式数据链又称为战术信息数据链路K系列(TADIL K)，由美国陆军和海军陆战队联合开发，也称为联合可变报文格式(Joint Variable Message Format，JVMF)，是一种以Link-16数据链为基础的数据链(也有人将其归类为通用数据链)，是为在带宽有限环境中实现近实时信息交换而发展出来的数据链，其使用不受具体设备或平台的限制，可以使用电台或有线传输，它将成为美国陆军和海军陆战队的主要数据链装备，是美军地空协同作战和实现美国陆军战场数字化传输的主要手段。自动目标交接系统数据链主要安装在美国陆军的直升机上，用于近距离空中支援等任务。“霍克”导弹数据链也称为“连际数据链”，主要用于“霍克”导弹第三阶段改进型防空导弹系统之间传输指挥控制信息，可以接收 Link-16 数据链网等其他来源的信息，并将目标参数等信息分发给各“霍克”导弹系统。

(2) 海军专用数据链。

美国海军专用数据链主要有战术导航数据链(Tactical Navigation Data Link，TNDL)、舰载直升机数据链(LAMPS)、协同作战能力(Cooperative Engagement Capability，CEC)数据链、海军通用数据链(Common Data Link-Navy，CDL-N)等。其中，舰载直升机数据链在直升机和舰艇之间传递直升机获取的雷达、声呐等数据信息以及指挥控制指令等，它主要有装备在 SH-2D/G 反潜直升机使用的 ANK/AKT-22(V)数据链、SH-60B 反潜直升机使用的 SRQ-4 数据链和既可用于机-舰通信又可用于反潜机之间通信的 AN/ASN-150(V)战术导航系统数据链。协同作战能力数据链是一种保密、高速的宽带数据链，传输速率可达 2～5Mbit/s，可以实现跟踪与识别、捕捉提示、协同作战等三个主要功能。协同作战能力数据链不但能够利用跟踪与识别功能将战斗圈内每个舰艇获取的目标信息进行融合，形成一个综合态势图，准确跟踪和识别每一个目标，而且能够利用捕捉提示功能，使每一个舰艇在无论自身雷达是否探测到目标的情况下，根据其他舰艇探测的数据锁定目标，甚至利用协同能力可以共享实施精确攻击所需精度的目标参数，还能保证任何一个被授权的指挥员都可以使用网络内的任何武器。可以说，协同作战能力数据链是一种具有革命性影响的数据链，能够极大地提高舰队战斗群的作战能力和生存能力。目前，美国海军已经在大部分主战舰艇装备了该数据链，由于该数据链的卓越性能，美国空军和海军陆战队也在试验并计划装备该数据链。北约一些国家也有引进协同作战能力数据链的意愿和计划。

(3) 空军专用数据链。

美国空军专用数据链主要包括预警机数据链、空中交通管制数据链(Vehicle Data Link，VDL)、态势感知数据链(Situational Awareness Data Link，SADL)、S 模式监视数据链、改进型数字调制解调器(Improved Digital Modem，IDM)等专用数据链。其中，预警机数据链(RADIL)是美国空军的第一个数据链，在 20 世纪 60 年代投入使用；态势感知数据链是一个可以提供保密、抗干扰的空-空、地-空之间信息传输服务的数据链，它需要依靠陆军的增强定位报告系统(Enhanced Position Location Reporting System，EPLRS)来工作，为空中支援飞机提供战场目标位置等信息，实现精确的空-地协同，为地面作战提供更为精确的空中火力支援，该数据链主要装备在 F-16、A-10、AC-130 和直升机等空中平台上；改进型数字调制解调器数据链最初是为 F-16 研制的高速数据链，主要传输“哈姆”高速反辐射导弹的目标参数，目前已经扩展到空军的大多数直升机、部分侦察机和部分无人机上，并且在陆军和空军共同研发的 E-8 飞机、美国海军的 E-2C、EA-6B 上也得到广泛应用。

(4) 海军陆战队专用数据链。

美国海军陆战队的专用数据链与美国陆军相似，主要用于防空作战部队。美国海军陆战队的专用数据链主要有地基数据链(Ground Base Data Link，GBDL)和点对点数据链(Point-to-Point Data Link，PP-DL)等。其中，地基数据链主要为低空防空部队提供实时的图像信息传输和指挥控制信息传输能力，用于低空防空部队与防空指挥平台之间交换防空侦察预警数据与指挥控制指令信息，低空防空部队可以使用地基数据链接收防空指挥平台转发的侦察预警数据，并使用地基数据链以保密抗干扰的方式向低空防空作战单元(如“毒刺”近程导弹、“复仇者”防空导弹等)提供图像和目标引导等数据；点对点数据链主要用于将特定雷达(AN/TPS-59)的数据传送到海军陆战队防空作战指挥平台，供低空防空部队作战使用。

(5) 情报传输数据链系统。

情报传输数据链是为满足美军战场信息量急剧增长，依靠 Link 系列战术数据链传输带宽难以满足战场情报实时传输需求而专门开发的数据链系统。由于战场情报信息量大，需要通过宽带传输才能够满足要求，因而，情报传输数据链也称为“宽带数据链”。美军的情报传输数据链的具体类型非常多，典型的主要包括宽带的公共数据链(Common Data Link，CDL)、战术公共数据链(Tactical Common Data Link，TCDL)、高整合数据链(Highly Integrated Data Link，HIDL)、E-8“联合星”联合监视目标攻击雷达系统专用数据链(Special Data Link，SCDL)和窄带的战术情报广播系统数据链等。

① 公共数据链。随着情报信息的增加，特别是图像信息的增加，数据链带宽问题越来越突出。美国国防部于 20 世纪 80 年代末开始发展公共数据链，并于 20 世纪 90 年代将其改名为 ISR 数据链，主要作为卫星、侦察机、无人机与地面站之间传输图像和其他信息的主要手段。公共数据链是一个保密、抗干扰、点对点的微波通信系统，传输带宽(下行)可以在 10.71～274Mbit/s 选择预设的 5 种模式，完全可以满足图像实时传输的要求。公共数据链规定了 5 种链路标准，分别对应不同高度空中平台和传输速率，目前，1 类、2 类、3 类已经进入实用阶段。“捕食者”无人机、“全球鹰”无人机均装有公共数据链，主要的空中平台都可以加装公共数据链。

② 战术公共数据链。20 世纪 90 年代，美国国防部指定公共数据链为图像和情报传输的标准链路，但由于其在体积、重量等方面难以满足战术无人机的需求，美国国防部又提出了为战术无人机开发战术公共数据链的要求。后来，战术公共数据链的应用范围又拓展到其他空中有人侦察平台上，如 RC-12“护栏”侦察机、RC-135“联合铆钉”电子侦察飞机、E-8“联合星”联合监视目标攻击雷达系统飞机、P-3C“猎户”反潜巡逻机、SJ-60 直升机等。战术公共数据链在满足体积小、重量轻、功率小的前提下，能够在 200km 范围内实现 10.71Mbit/s 的全双工、点对点、视距内的大容量信息传输。下一阶段还可以支持 45Mbit/s、137Mbit/s 和 274Mbit/s 的数据传输。

③ 高整合数据链。高整合数据链主要用于舰艇与无人机之间建立全双工、抗干扰的大容量信息传输链路。与战术公共数据链相比，高整合数据链传输速率稍低(3Kbit/s～20Mbit/s，通常为 100Kbit/s)。由于工作在较低的频段(225～400MHz)，其传输距离可以适当扩大；由于采用了跳频技术，具有较强的抗干扰能力；它能实现一点对多点信息传输，一个控制站至少可以同时控制两架无人机。高整合数据链可以控制无人机在舰艇上安全起降、向舰艇或其他终端传送图片和数据信息；它可以通过中继实现超视距传输，并且与公共数据链相兼容。由于无人机的诸多优点和巨大作用，美国空军、陆军非常重视无人机的运用，海军也在试验一些著名无人机(如“捕食者”无人机、“全球鹰”无人机)的舰载型，因此，高整合数据链将在美军的各兵种无人机中得到广泛的运用。

④ E-8“联合星”联合监视目标攻击雷达系统专用数据链。美军的 E-8“联合星”联合监视目标攻击雷达系统专用数据链是为 E-8“联合星”联合监视目标攻击雷达系统(JSTARS)

专门设计的情报传输和指挥控制数据链，是美国空军和陆军联合研制的成果，工作频段为 12.4～18GHz。其传输速率可以调整，最大传输速率为 1.9Mbit/s。它可以将雷达图像提供给机动的地面站，并将地面站的请求传输到 E-8 飞机上，具有保密性和抗干扰性，可以在多个地面站与 E-8 飞机之间建立可靠的数据链路。1991 年，还处于试验阶段的 E-8 飞机就携带该数据链系统参加了海湾战争，并在以后的历次局部战争中发挥了重要作用。

⑤ 战术情报广播系统数据链。战术情报广播系统数据链是对美军传输战术情报的卫星数据链的一个统称，包含战术相关应用数据分发系统(Tactical Data Distribution System，TDDS)、战术信息广播业务(Tactical Information Broadcasting Service，TIBS)、战术侦察情报交换(Tactical Reconnaissance Information Exchange，TRIX)子系统、战术数据信息交换广播子系统(Tactical Data Information Exchange Subsystem-Broadcasting，TADIXS-B)和综合广播业务(Integrated Broadcasting Service，IBS)等数据链，这些数据链都是使用卫星信道在全球、战区范围传输和分发情报。由于美军是在全球范围内作战，这些卫星数据链的地位非常重要。其中，战术相关应用数据分发系统是一个全球级的数据链路，可以将情报从一颗卫星传递到另一颗卫星，在 30s 内，高保密地向全球范围内的指挥员发布敌情和目标信息及战术信息；战术信息广播业务是一个战区级的情报分发数据链，可以通过空中平台(飞机)和卫星传送 U-2、EP-3、E-8 等空中侦察平台和其他侦察平台所获取的目标参数、战场管理、态势等信息，它工作在 225～400MHz 频率范围，最高传输速率可以达到 19.2Kbit/s；战术侦察情报交换系统是一个军级的数据链，它使用超短波实现视距传输，具有很强的保密性和时效性；战术数据信息交换广播子系统(TADIXS-B)主要向全球分发战略级的情报信息。特别需要指出的是，综合广播业务数据链是美军全球性的情报传输数据链，目的是使用兼容的硬件和软件将以上多种卫星情报分发系统整合在一起，形成一个结构灵活、适用性强的新型网络。目前，已经有很多卫星情报数据链与综合广播业务数据链实现了互联，综合广播业务数据链的终端已经在美军的大部分作战部队和作战平台上得到了应用。

(6) 武器弹药控制专用数据链。

随着精确制导武器的发展，数据链在发挥武器弹药的精确打击能力方面发挥着越来越重要的作用。武器弹药控制专用数据链不但可以回传精确制导弹药(巡航导弹、精确制导炸弹等)飞行中获取的图像信息，还能够修改目标参数、重新瞄准和改变打击方向。达到“发射后还能管”的目的，这就使得精确打击武器能够在飞行途中灵活改变攻击行动，更好地适应瞬息万变的战场局势，大幅提高打击精度。美军武器弹药控制专用数据链主要有 AN/AXQ-14 精密制导炸弹控制数据链、AN/AWW-13 先进数据链、杀伤定位系统、自主广域搜索弹药(Autonomous Wide Area Search for Ammo，AWASM)数据链等。其中，AN/AXQ-14 用于 GBU-15 炸弹和 AGM130 智能炸弹，它用于炸弹发射后与飞机之间的目标图像、控制指令传输，武器操作员能够人工控制炸弹，控制其飞向指定弹着点，AN/AXQ-14 精密制导炸弹控制数据链工作频段为 1710～1850MHz，美军 F-15“鹰”战斗机、F-16“战隼”战斗机、F/A-18“超级大黄蜂”战斗机、B-52“同温层堡垒”战略轰炸机和部分北约飞机装备了该数据链；AN/AWW-13 先进数据链应用范围也较广，可以用于多种精确制导武器，它为飞行的导弹与控制飞机之间传输控制指令、导弹视频信息，实现对导弹飞行的控制，可以实现单机作战(既挂载武器，又挂载控制吊舱)和双机作战(分别挂载武器和控制吊舱)，目前美军将其装备在 F/A-18 战斗机、P-3C“猎户”反潜巡逻机、5-3B 反潜机等空中平台上；

杀伤定位系统数据链主要用于“联合直接攻击弹药”(Joint Direct Attack Munition，JDAM)的精确制导和控制。

12.2.2　关键技术

1. 数据链信号同步分析技术

数据链信号经解调后得到的数据是一连串的数据帧，在数据链通信中，数据帧一般包含帧头和数据两部分。通过同步分析，识别出数据帧的起始位和长度，对于后续数据比特流的处理具有重要的作用。

在数据链通信中，在信息码组前，要插入同步码组，用于接收方数据帧的同步。接收方接收到的数据帧中同步码的分布如图 12.2.1 所示。

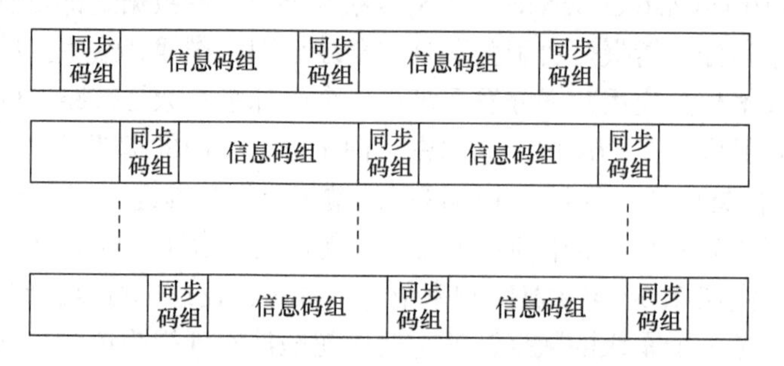

图 12.2.1　接收到的帧同步码在数据帧中的分布

在非协作领域，帧同步识别具有以下问题：

(1) 帧长未知。相对于通信协作，双方帧长是已知的，对于非协作方，帧长是未知的，需要采取有效的方法识别出帧长，为进一步分析帧同步的其他参数打下基础。

(2) 帧同步码未知。帧同步码由通信协议规定，对于通信协作双方而言是已知的。对于非协作方来说，并不知道帧同步码的具体位置和码型，需要通过识别技术对截获到的信息序列进行处理以得到这些具体参数。

(3) 要求更高的容错性能。由于非协作方所处的条件一般都劣于协作方，因此所接收到的信号常常属于较强衰落的微弱信号，并且很容易受到其他通信信号的干扰。对于非协作方来说，必须找到高误码信道环境下的帧同步识别技术以克服信号的衰落带来的影响。

1) Link-11 数据链信号同步分析

Link-11 数据链采用多音频调制方式，在每次发射的信号帧中，数据链终端首先发送同步帧。同步帧由 605Hz 和 2915Hz 两种单音组成，一共有 5 帧。605Hz 单音没有调制，2915Hz 单音在每个帧结束时相位移动 180°。2915Hz 单音主要用于“同步”，也就是说，用于确定帧与帧之间的边界，因此 2915Hz 单音叫“同步单音”。605Hz 单音用于确定在发送信号中是否有频率误差或者多普勒频移。Link-11 数据链终端机在接收信号时，通过检测 2915Hz 单音的相位跳变点位置来确定两帧之间的边界，以实现同步，如图 12.2.2(a)、(b)和(c)所示。

根据上面的分析，605Hz 单音作为数据帧的频率同步信号，而 2915Hz 单音作为数据帧的时间同步信号，检测 Link-11 数据链多音频调制信号中 605Hz 和 2915Hz 两种单音的起止时间或持续的时间长度和前后两次出现的时间，一方面可以确定 Link-11 数据链的帧长以及每一次传输的数据帧长度(相当于传输的有用信息比特数)，另一方面可以引导数字干扰激励器在 605Hz 和 2915Hz 两个单音频点上产生阻塞式干扰信号，破坏数据链终端接收数据时的频率同步和时间同步特性，或引导数字干扰激励器在 605Hz 和 2915Hz 两个单音频点上产生欺骗式干扰信号，使得数据链终端接收数据时的频率同步和时间同步产生偏移，由此引起数据帧接收的误码。

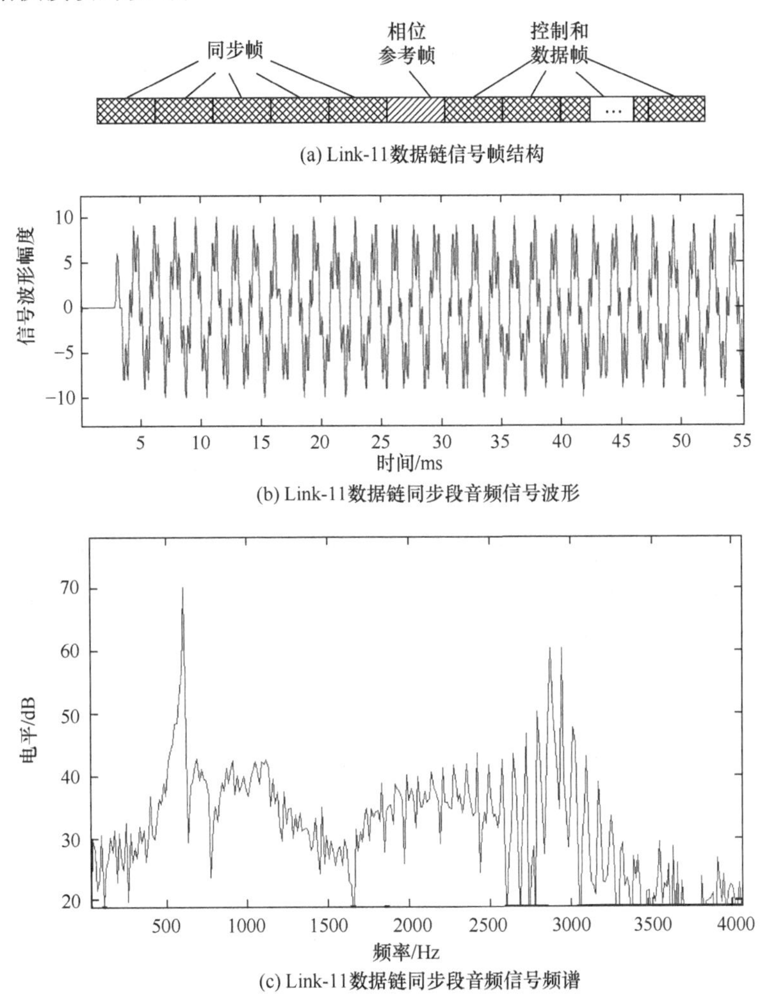

图 12.2.2　Link-11 数据链信号同步特性

2) Link-4A 数据链信号同步分析

Link-4A 数据链发送的报文均由 5 个不同部分或分段组成，按其顺序依次为同步脉冲串、保护性间隔、起始位、数据和发射非键控位。在控制报文和应答报文中，上述分段中的四个分段(同步头、保护性间隔、起始位、发射非键控位)占据相同的时隙数量(这里的“时隙”指的是 200μs 的码元长度，与 JTIDS 中的“时隙”的含义不同)；而数据分段数量在控制报文和应答报文中则不一样：控制报文含 56 个数据位，而应答报文包含 42 个数据位。图 12.2.3 给出了控制报文的数据位格式。

同步脉冲串共占 8 个时隙，长度为 1600μs。同步脉冲串实际上是 10kHz 的信号。同步脉冲串的作用有两个：第一个为解调提供时间同步信息，第二个为接收机的自动增益控制提供时间。

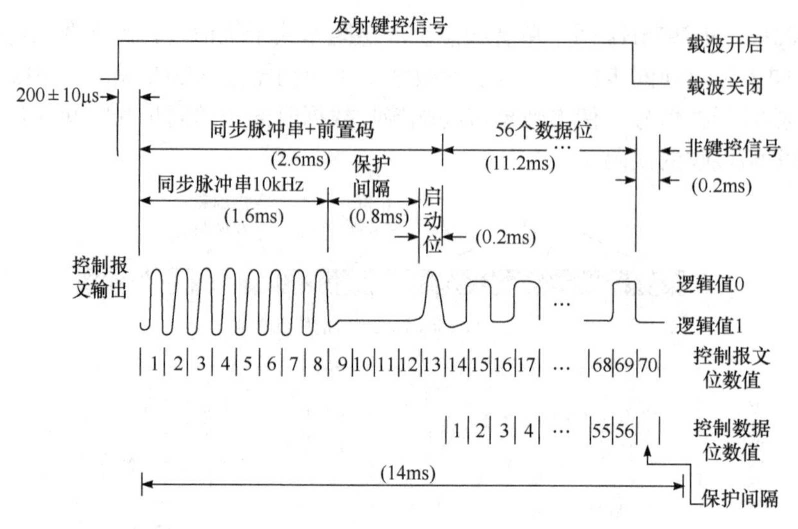

图 12.2.3　Link-4A 数据链控制报文的数据位格式

在同步脉冲串之后是前置码，前置码是实际报文数据的开始标识。前置码由保护性间隔和起动位组成，共占 5 个时隙。

根据图 12.2.4 可以看出，如果检测到 Link-4A 数据链基带信号中持续时间长度为 1.6ms 的 10kHz 单音，则相当于确定了其发送控制报文的时间同步段，如果前后多次检测到持续时间长度为 1.6ms 的 10kHz 单音，则说明其多次发送控制报文，一方面可以确定 Link-4A 数据链的帧长、每一次传输控制报文的数据帧参数以及发送的信息量(相当于传输的有用信息比特数)，另一方面可以引导数字干扰激励器在 10kHz 单音频点上产生阻塞式干扰信号，破坏数据链终端接收数据时的时间同步特性，或引导数字干扰激励器在 10kHz 单音频点上产生欺骗式干扰信号，使得数据链终端接收数据时的时间同步产生偏移，由此引起数据帧接收的误码。

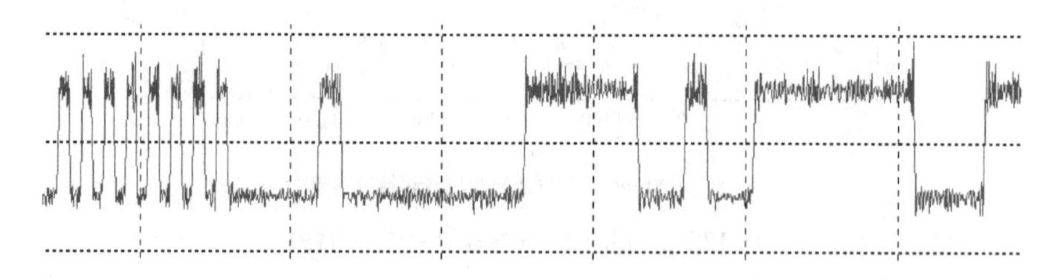

图 12.2.4　Link-4A 数据链基带信号波形

3) Link-16 数据链信号同步分析

Link-16 数据链有着严格的时间同步，包括网同步和信息同步。网同步指的是所有网络成员的时钟要与指定的作为时间基准的某一成员的时钟精确同步，形成统一的系统时。而信息同步则是指 JTIDS 端机在接收数据时要产生一个定时信号，以便能够对时隙中的各脉冲信号进行解调。信息同步是利用每个时隙内发送的前 40 个同步脉冲来实现的。

对于迟入网的用户，要进行入网同步。被指定为时间基准的 JTIDS 网络成员要定期发射入网同步消息。要入网的成员首先要估计自己与格林尼治平均时所差的时隙数，然后提前相应的时隙数等待入网消息的到来。此时除了入网消息外，其他的消息一律不接收。如果在等待时间段结束时还未收到入网消息，则再重复上述过程。如果收到了入网消息，则要入网的成员就知道了系统时，其误差为该成员与时间基准成员之间的电波传播时间。上述过程为粗同步。完成粗同步后，接下来要进行精同步过程。

实现精同步的方法有两种：有源法和无源法。

在有源法(又叫 RTT 法)中，要实现精同步的成员向某已实现精同步的成员(Donor)发出询问信号(即 RTT 消息)，Donor 收到询问信号后，在时隙的中点即发射回答信号，回答信号中包括收到询问信号的时间 A，这样询问端机就可以根据收到回答信号的时间 B 算出它的时间同步误差 E。这一过程重复几次就能实现用户的精同步。有源同步需要占用时隙，即只能在分配给要完成精同步的成员的时隙中进行。

无源同步方式有两种。在第一种无源同步方式中，被同步成员利用从其他成员发来的信号中包含的发射成员的位置数据、该信号的到达时间、被同步成员的位置数据(这个位置数据来自其他的定位系统)，从而获得要同步的成员的时钟与系统时的时差。在第二种无源同步方式中，只依赖所接收到的信号中发射成员的位置数据和信号的到达时间。信号到达的时间中包含被同步成员与发射成员间的距离、被同步成员的时钟与系统时的偏差两项信息。

不管用何种精同步方法，最后到达的时间同步精度都要在几十纳秒以内。

由于 JTIDS 网络成员的位置是变动的，接收端机并不知道当前发射端机的确切位置，即不知道电波的传播时间，因此，虽然有精确的系统定时(网同步)，但在每个时隙中还需要进行信息同步。每个时隙发送的前 40 个脉冲(包括 32 个粗同步脉冲和 8 个精同步脉冲)用于信息同步。JTIDS 接收端机利用所接收到的信号的 32 个粗同步脉冲，产生一个误差不超过 0.2μs 的定时信号，再利用 8 个精同步脉冲，使定时信号的误差下降至 ±20ns。这 32 个粗同步脉冲的载频在 8 个跳频点内跳变，这 8 个频率点是从 51 个跳频频率集中任意选择出来的，而且在不同的时隙中这 8 个跳频频率点是不一样的。同步段使用的扩频码不是 m 序列，而是从所有的 32 位序列中任意挑选出来的，或者是从所有自相关函数较好的序列中选出来的。由于并不知道同步脉冲的到达时间，接收端机只好在这 8 个频率点上等候。

Link-16 数据链信号每个时隙同步段的特征主要体现在其脉冲频率上，如图 12.2.5 所示。虽然 Link-16 数据链信号的跳频频率有 51 个，但粗同步段的脉冲信号频率是在 8 个频率上跳变的，如图中的 f_0～f_7 八个频点。

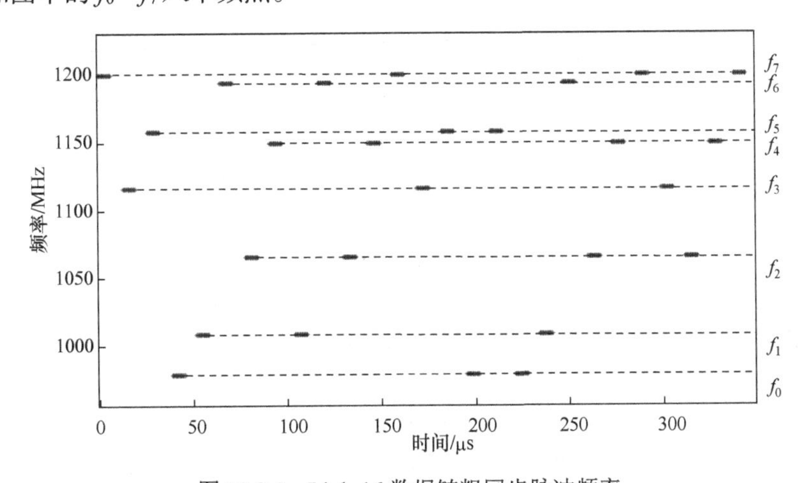

图 12.2.5　Link-16 数据链粗同步脉冲频率

2. 数据链灵巧式干扰技术

因为数据链通信网络自身的特点，传统的常规通信对抗干扰对数据链对抗干扰作战效果不佳。现代信息化战场的军用通信系统已经在陆海空天分布式网络化和栅格化，通信干扰系统面临的战术互联网等战场无线网络系统是一个由多节点、多路由和众多固定与移动用户组成的分布式立体化网络体系，破坏或者扰乱其中一个或者几个节点或者链路，只能使其通信效率下降，不能使其完全瘫痪或者失效。也就是说，对战场通信无线网的干扰，尤其是数据链对抗干扰，仅仅采用大功率压制的方式，效率非常低，必须寻求以中小干扰功率破坏或扰乱网络的关键节点或关键路由或网络的关键信道的技术途径，即使得通信干扰系统具备对数据链等战场无线网络系统的灵巧式干扰能力。

1) 欺骗式干扰

欺骗式干扰是一种对战场数字通信网或战术互联网最有效的灵巧式干扰。一般来说，欺骗式干扰是在敌方使用的通信信道上，模仿其通信方式、话音等信号特征，冒充其通信网内的电台，发送伪造的虚假消息，从而造成其接收方判断失误或产生错误行动。

通过对网络信息层的侦察，获取其数据帧结构、信息格式、入网同步和时间同步的格式、网控信道信息格式等，而后引导通信干扰系统的数字干扰激励器产生众多的同类格式的伪入网申请的格式信息、伪入网同步或时间同步的格式信息、伪网控信道格式信息等，由此就可实现对战场无线网的欺骗式干扰。

首先需要掌握数据链网信号格式标准以及干扰设备能够模拟标准中哪些功能和性能，继而通过以下几种方式进入数据链网络进行欺骗式干扰。

(1) 链路层欺骗式干扰。

首先通过对数据链网的侦察监控，获得目标数据链网络中心站与前哨站之间建立通信的时间与链路，然后在下一轮询问周期内伪装中心站或前哨站发出与数据链网技术体制、特征参数和信息编码方式、帧结构、协议格式等相同的信号进行欺骗式干扰，实现对其中心站与哨站之间的通信链路干扰攻击之目的。

(2) 冒充前哨站的欺骗式干扰。

首先通过数据链网的侦察监控，获得目标数据链网络前哨站的数目及其使用的地址；在第二轮询问周期内，及时调整侦察设备的接收解调地址以窃取中心(控制)站向前哨站发送的战术信息，并冒充该前哨站向中心(控制)站发送响应信息，以及以假信息欺骗中心(控制)站，达到欺骗式干扰攻击之目的。

(3) 冒充中心站的欺骗式干扰。

首先通过对数据链网的侦察监控，获得目标数据链网络中心站向前哨站轮询的地址顺序；如果没有侦察到任何信息，就以中心(控制)站身份建网，地址数目由少到多逐步增加，直至地址用完，如果仍然没有得到任何前哨站的响应，则换频再试，直到有前哨站响应，然后假冒中心(控制)站对目标数据链网络进行控制。如果有中心(控制)站存在且一直处于工作状态，则以更强的射频功率与其进行竞争，以取代其对网络的控制权。

(4) 明文欺骗式干扰。

首先由专门的数据链侦察设备对数据链网的轮询沟通联络过程进行不间断侦察分析，解析其沟通联络过程中传输的明文信息，对其明文信息进行适当更改后伪装成数据链网的中心(控制)站或某个前哨站，在下一次轮询时间发出明文信息经过更改的伪数据链信号，从而达到使前哨站或中心(控制)站混淆视听之目的。

2) 资源抢占式干扰

分析数据链链路层与网络层的脆弱性，利用其同步易检测、帧头易暴露等特点，通过篡改地址、重发合法链路帧等方式，抢占其网络资源，从而导致通信系统收到大量非真实用户入网申请或者无用报文等，在网络流量和容量等资源方面扰乱其合法真实用户的通信效率，甚至使链路中部分关键节点“瘫痪”或者“饿死”，达到数据链对抗干扰的目的。特点是攻击能量小，扰乱敌方通信系统。

3) 关键帧精确式干扰

通过数据链报文格式分析，数据链网络系统都会采用相对固定的帧结构，包含同步帧、起始控制帧、地址帧等关键帧。同步是数据链网络系统正常工作的前提，如果能采取有效措施，破坏其同步段数据的正常传输与有效接收，就破坏了数据链定时信号的稳定性，将导致其收发终端同步过程无法顺利完成，数据段信息自然无法正常接收，因而可起到对数据链网的有效干扰之目的。

4) 存储转发式干扰

由于部分数据链综合采用了直接序列扩频、宽带超高速跳频和差错控制等技术，对此类数据链进行宽带大功率压制性干扰固然具有一定的干扰效果，但显然不是理想的干扰方案。而且对于无中心节点的数据链网络，即使某些终端受到压制而失效，系统的自组网能力将使其他终端自动起到信息中继的作用，整个系统仍然能够正常工作，达不到预期的干扰效果。

对目标数据链网进行数字采集存储转发式干扰是一种可取的干扰方法。干扰系统首先通过对数据链信号进行快速侦察分析，获取其跳频和扩频特征参数，在此基础上，对接收到的数据链信号通过高速采集存储进行复制，并对采样存储数据中的非目标数据链跳频频点信号进行剔除处理，再对各跳频频点采集的数据进行适当的调制信息更改，结合目标数据链收发终端的坐标位置估算其传输延迟，由此生成与目标数据链信号跳频频点相对应、调制特性及编码特性等具有较强相关性的干扰信号，最后经过宽带上变频和宽带射频功率放大后由干扰发射天线发射出去。这种数字采集存储转发式干扰信号由于与目标数据链信号相似度较高，因而可以获得了较好的干扰效果。

12.3　导航对抗

12.3.1　基本概念

1. 导航对抗的概念和内涵

电磁波第一个应用的领域是通信，而第二个应用领域就是导航。第二次世界大战时期，英国利用德国精锐部队试验新型导航装置的机会，获得对导航装置性能的侦察，有针对性地实施导航干扰，围绕轰炸与反轰炸与德国展开了一场导航大战，称为“波束战”。

随着各类导航系统的广泛应用，针对导航系统的对抗问题也得到越来越多的关注。20 世纪 90 年代，随着全球定位系统(Global Positioning System，GPS)的推广应用，其重要性和脆弱性直接引出了“导航战”的概念。1997 年 4 月，在英国召开的 GPS 应用研讨会上，“导航战”的概念被正式提出。

与美军“导航战”概念相对应，我军称为“导航对抗”，是电子对抗的一个重要新兴研究方向，正得到越来越多的关注和发展。

导航对抗是使用电子技术手段，对敌方无线电导航设备进行侦察、干扰和摧毁，以削弱、破坏其正常使用，保护己方无线电导航设备的正常使用而采取的战术技术措施和行动。导航对抗的研究包含导航对抗侦察、导航干扰和导航电子防御。其内涵包含保护与阻止两个基本要素，即防御性导航对抗和攻击性导航对抗两大类。

攻击性导航对抗的目标是在有限区域内使导航系统失去能力，而在其他地区则不受影响，或保证授权用户正常使用而使非授权用户不能正常使用导航信号。防御性导航对抗的目的则是防止敌方使用各种攻击性技术来干扰或摧毁己方和友军的导航业务。

2. 导航对抗目标

导航是一种为运载体航行时提供连续、安全和可靠服务的技术，其最基本的作用是引导运载体(包括飞机、舰船、车辆等)安全、准确地沿着所选定的路线，准时地到达目的地。

导航的基本功能是回答“我在哪里？”因此定位是导航的基础。

导航由导航系统完成，导航系统的种类繁多，在导航对抗领域关注的主要是无线电导航系统、惯性导航系统及组合式导航系统。

1) 无线电导航系统

无线电导航是利用无线电技术测量载体的方位、距离、速度等参数，引导其航行的导航方法。无线电导航受气象影响小，基本可实现全天候工作，并且测量精度高，但易受人为或自然干扰。

无线电导航是目前各种导航方法中最基本、最重要的一种导航方法，无线电导航系统通常由导航台和导航用户端(导航接收机)组成，导航台的位置通常是已知的(导航台的个数可能有多个)，并且会连续向外辐射导航信号，导航用户端接收到导航信号后，利用导航算法实现对自身的定位。

根据导航台所处的位置，通常可将无线电导航系统分为两类：陆基无线电导航系统和星基无线电导航系统(即大家熟知的卫星导航系统)。陆基无线电导航系统的导航台安装在地球表面的某一确知位置上，常见的陆基无线电导航系统有塔康系统、罗兰 C 系统等。而星基无线电导航系统的导航台则安装在人造地球卫星上，GPS、俄罗斯的 GLONASS、欧洲的伽利略系统和我国的北斗导航卫星系统都属于卫星导航系统。

2) 惯性导航系统

惯性导航系统(Inertial Navigation System，INS)是一种不依赖外部信息，也不向外辐射能量的自主式导航系统，通常由惯性测量装置(包括加速度计、陀螺仪，又称惯性组合)、导航计算机和控制显示器组成。陀螺仪用来测量载体的转动，可以获得载体的姿态或航向信息，加速度计用来测量载体运动的加速度。计算机根据测得的加速度信号，计算出载体的速度和位置数据。

由于惯性导航系统的导航主要依赖于惯性器件，没有电磁波的辐射和接收，因此电子干扰对它是没有作用的，其缺点是导航误差随时间的推移逐渐加大。

3) 组合式导航系统

由两种或两种以上导航技术组合起来的导航系统，称为组合式导航系统。根据不同的目的要求，有各种不同的组合式导航系统。就目前看，基本都是以惯性导航系统为基础构成的组合式导航系统，如惯性/卫星组合式导航系统等。组合式导航系统利用各导航分系统的信息，形成分系统所不具备的导航功能。组合后的导航功能虽然与各分系统的导航功能相同，但它能够综合利用分系统的特点，从而扩大了使用范围，提高了导航精度。

导航对抗目标通常是各类无线电导航系统及其组合式导航系统，这些系统也称为导航用户端，通常安装在各类平台(如巡航导弹、无人机等)上。

12.3.2 关键技术

导航对抗系统和其他电子对抗系统一样，由侦察系统、干扰系统构成；所不同的是，导航对抗侦察重在对导航台的情报侦察和长期的信号监测与特征分析，战时注重对新系统、新信号的及时截获、识别和研判，平战结合特点突出。

1. 导航对抗侦察

导航对抗侦察是获取敌方无线电导航系统参数和信号特性，引导实施干扰的重要步骤；导航对抗侦察的主要任务包括：在平时和实施干扰前寻找并监视敌方无线电导航信号，进行分析识别，获取导航台参数和技术情报，为实施干扰做准备；在实施干扰的过程中监视导航信号并检查干扰效果，当导航信号变换参数(如频率)或启用新信号时进行跟踪，引导干扰机进行干扰。一般岸基导航台是固定台，导航卫星也有固定的运行轨道，对它们的侦察主要是不间断地跟踪监控，但对舰载机动导航台、机动增强台以及突然投入使用的地基、天基、星基增强台或应急导航系统的侦察就具有临机性。

导航对抗侦察具有一般电子对抗侦察的特点，同时还具有其独有的特性。多台站系统和卫星导航系统作为信息服务基础设施，其服务对象在军用和民用两方面都极为广泛，单台站战术导航台如塔康系统一般为军用，共同的特点是工作频率、信号样式规律性强，可复现。因此对导航信号的侦察主要是通过截获、识别导航信号，对信号结构、脉冲组编码方式、相位编码方式、伪码设计与加密等进行处理、分析、归纳，建立分析数据库；对导航台分布、机动台载体的运动态势进行侦察显示；对增强台、应急导航台进行测向定位；战时对应急导航台、应急导航信号进行实时获取和快速处理。

无线电导航用户通常采用无源工作方式，导航台是辐射源，中心频率相对固定或在一定范围内按要求变化，对导航定位系统发射(导航)台的侦察易获取丰富的情报信息，通过对导航台的信号侦察和站识别跟踪，不仅可以获得信号参数，还可以获取作战平台信息。

1) 典型陆基无线电导航对抗侦察

陆基无线电导航系统的典型特点是将导航台建在陆地或海上，第二次世界大战的军事需求，带动无线电导航系统快速发展，表 12.3.1 给出了典型陆基无线电导航系统的基本性能指标。

表 12.3.1　典型陆基无线电导航定位系统基本性能指标

系统名称	工作频段	导航方式	信号体制	单台覆盖距离	系统容量*/个
伏尔系统(VOR)	108～117.95MHz	测角定向	连续波	370km(飞机高度 10km)	不限
测距器(DME)	960～1215MHz	测距	脉冲	370km(用于航路导航)46km(终端区或精密进近)	100～110
塔康系统(TACAN)	960～1215MHz	测角测距极坐标定位	脉冲	固定台 370km、机动台 185km(飞机高度 10km)	100～110
罗兰 C 系统	100kHz	双曲线定位	脉冲	2000km	不限
奥米伽导航系统	10 ~ 14kHz	双曲线定位	连续波	15000km(900km 以外)	不限
多普勒雷达	13 ~ 16GHz	推算式导航	连续波	不限	—

*系统容量是指系统能够容纳的用户数量。

其中，塔康系统因具有仅需一个信标台就能进行导航服务的特点，且可安置在地面固定位置或运动着的运载体上，机动灵活，军事应用广泛；此外，罗兰 C 系统作为美国最先开发建设的中远程精密无线电导航系统，在美军中也有广泛应用。因此，本节主要针对塔康系统和罗兰 C 系统的侦察展开讲述。

覆盖范围是导航定位系统的重要技术指标，一般指允许用户利用系统信号定位到规定精度水平的地球表面或空间的范围，导航系统的覆盖范围可以作为对陆基导航台进行侦察的参考。侦察距离的计算依据是侦察接收机的灵敏度和导航台辐射功率。在考虑传输损耗，大气衰减及地(海)面反射等因素的情况下，导航对抗侦察接收机对信标台发射信号的最大侦察距离为

$$R_{\max}=\frac{1}{1000}\left[\frac{P_tG_tG_r\lambda^2}{(4\pi)^2P_{r\min}\cdot L}\right]^{\frac{1}{2}}(\mathrm{km}) \tag{12.3.1}$$

式中，P_t为信标台发射功率(W)，塔康系统要求发射功率(脉冲峰值功率)大于 500W(对机动台)或 3000W(对固定台)，罗兰 C 系统发射天线辐射功率为 165～1800kW；G_t为信标台发射天线增益；G_r为导航侦察设备接收天线增益；λ为波长(m)；L 为损耗因子；$P_{r\min}$为侦察接收机灵敏度，即最小可检测信号功率(W)，对于塔康系统，因其工作频率范围为 962～1213MHz，共有 252 个波道，波道间隔 1MHz，需要进行频率搜索，且在侦察瞬时测频过程中，因频率捷变而导致接收机灵敏度有所下降。

2) 卫星导航对抗侦察

以对全球定位系统(GPS)的侦察来说明对卫星导航定位系统的侦察问题。

在导航战背景下，GPS 经过一系列抗干扰措施(如陆基或机载伪卫星技术、新码结构技术等)后，在战时，GPS 的信号结构及信号参数有可能发生改变，根据和平时期已知的各种参数和 GPS 接收机的处理流程发展起来的干扰设备，就可能因为 GPS 信号的结构和参数的变化而达不到预期的干扰效果。因此，对一个完善的 GPS 干扰系统来说，必须具有对 GPS 信号的侦测功能，完成对 GPS 信号的截获、分析，实现载频、码速甚至码型等参数的测量，用侦测得到的 GPS 信号参数来引导 GPS 干扰机，并能兼顾干扰地形匹配系统，达到最佳干扰效果。

侦察的目的就是侦察 GPS 信号及调制码的变化规律，及时掌握 GPS 卫星的运行状况、

运行规律，掌握 GPS 卫星在区域上空的分布，发现 GPS 信号、伪随机码的变化及新出现的信号，探索破译 P 码信号规律及其导航电文结构等，为 GPS 干扰提供技术支持。

传统的 GPS 信号是指位于 L1 载频上的民用 C/A 码信号(简称 L1 C/A 信号)、位于 L1 上的军用 P(Y)码信号[简称 L1 P(Y)信号]和 L2 上的 P(Y)码信号[简称 L2 P(Y)信号]。在 GPS 现代化计划的实施过程中，新发射升空的 GPS 卫星首先在 L2 载频上增加播发称为 L2C 的第二个民用信号，并且又分别在 L1 和 L2 载频上各增加播发一个分别称为 L1M 和 L2M 的军用 M 码信号，然后在 L5 上增加播发称为 L5C 的第三个民用信号，最后在 L1 上增加播发称为 L1C 的第四个民用信号。因此，现代化后的 GPS 卫星(主要指 Block Ⅲ卫星)将会同时发射如下 4 个民用信号。

(1) 传统 L1 C/A 信号。

(2) B1ock ⅡR-M 及其随后各款卫星所增加播发的 L2C 信号。

(3) B1ock ⅡF 及其随后各款卫星所增加播发的 L5C 信号。

(4) B1ock Ⅲ卫星所增加播发的 L1C 信号。

除了发射以上 4 个民用信号以外，现代化之后的 GPS 卫星还将同时发射如下 4 个军用信号。

(1) 传统 L1 P(Y)信号。

(2) 传统 L2 P(Y)信号。

(3) B1ockⅡR-M 及其随后各款卫星所增加播发的 L1M 信号。

(4) B1ockⅡR-M 及其随后各款卫星所增加播发的 L2M 信号。

这样，在现代化计划实现之后的 GPS 卫星将总共发射 8 个导航信号。图 12.3.1 在频域中描绘了 GPS 传统信号与现代化信号的频谱。

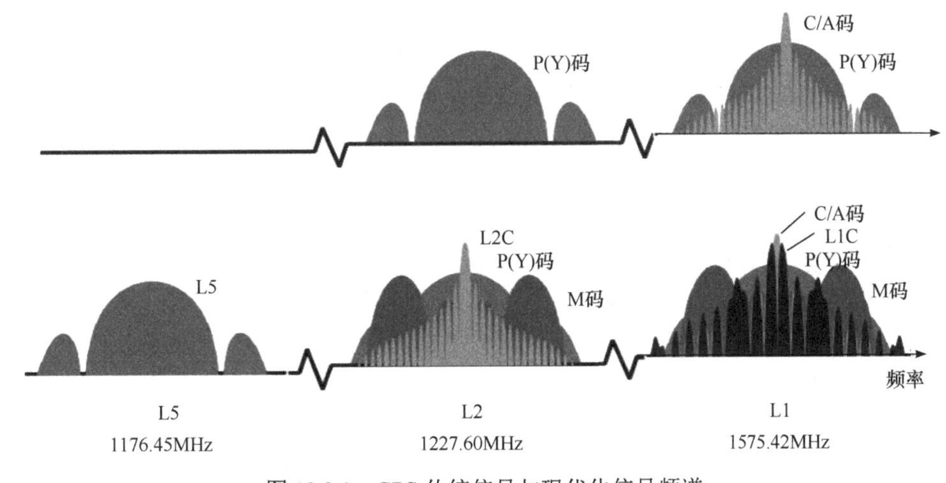

图 12.3.1　GPS 传统信号与现代化信号频谱

为了对 GPS 信号特性有更深的了解，以便对抗服务，必须对 GPS 信号进行不断的监测和分析，GPS 信号的截获、分析以及载频、码速和码型等参数的测量工作由 GPS 侦察引导站完成，为实施有效的 GPS 干扰提供有力保证。侦察引导站也需要产生逼真的 GPS 信号，引导干扰机实施干扰。因此侦察引导站的技术要求比较高，设备相对复杂，多为地面设备。而且一个侦察引导站可以通过无线或有线方式将相关信息，包括 GPS 假信息传向周围各地，引导多个干扰机工作，这样干扰机的设置就可以非常机动灵活，而且也解决了对GPS转发干扰时的收发隔离问题。

由于GPS卫星在距地面20200km的外层空间以约12h为周期的近圆轨道运行，24颗GPS卫星分布在倾角为55°的6个轨道面上，每个轨道面上间隔90°均匀分布着4颗卫星。在任何一个地区一般能够同时接收到5～11颗卫星的信号，而且任何一颗卫星都会飞越该地区上空，卫星运行是有规律的，因此，侦察阵地原则上可以选择在任何地点，要求该地点周围一定范围内没有高山、高层建筑等的遮挡，没有大的电磁干扰，一般考虑到安全、战时免受打击，选择在内地，不必布置到作战前沿。

考虑到卫星运行与分布的规律性，一般侦察站选择在一个固定的地点，侦察到几颗卫星的运行规律后，通过卫星分布规律和卫星星历就可以推算出其他卫星所处的位置。对每颗卫星的信号特征、码规律及导航电文结构的侦察则通过长时间的积累、分析获得。

2. 导航干扰

导航干扰是使用无线电导航干扰设备发射专门的干扰信号，破坏或扰乱敌方无线电导航的战术技术措施，是导航对抗中的进攻手段。导航干扰除了要满足电子干扰的一般要求外，其最大的特点是要求干扰的时空连续性，即在要求的时间段内要保持对目标的不间断持续干扰，并且保持干扰区域要覆盖目标的航行区域。

陆基无线电导航系统，其地面导航台通常固定在已知位置，除了干扰其用户接收机，也可以实施对导航台的打击和摧毁；对舰载导航台，如舰载塔康导航台，其特点是只有一个导航台，可以直接针对其实施打击、摧毁或电子干扰。当然，这就不仅仅是电子对抗的内容了。

卫星导航定位系统，其构成则较为复杂，一般包括三部分：空间导航星座、地面监控站和用户接收机。地面监控站一般为固定站，但多设置在本土，空间导航星座的设计和运行一般是公开或可以侦测的，对卫星导航地面监控、测控系统、空间星座进行战略打击或电子干扰，实施难度大，并非通常意义上的电子对抗，因此，对导航接收机的干扰一直是国内外研究的重点。导航对抗的作战对象主要是各种作战平台或精确打击武器(如各类作战飞机、无人机、巡航导弹、制导炸弹等)使用的导航接收机，对抗的目的就是干扰甚至欺骗用户接收机，使其不能正常接收导航信号、使用导航定位功能。

导航干扰从导航信号的特性考虑，主要包括窄带瞄准干扰、半瞄准干扰、拦阻式干扰等；从干扰信号的产生方法考虑，有噪声调制干扰、单音和多音干扰、随机脉冲干扰、数字调制干扰、扫频干扰、梳状谱干扰等。实际应用中，需要根据不同系统的信号特性设计技术参数或针对性设计干扰信号样式。

导航干扰新技术包括：①采用灵巧的干扰样式。通过抓住导航信号的特点和弱点，设计专门的干扰信号，可以大大节省干扰功率，而且这样的干扰样式还有部分的欺骗效果。②采用合适的干扰战术。例如，在某个防区内布置多台干扰机，或升空实施机动干扰，形成立体干扰体系，不仅可以增强干扰能力，而且可以增强抗反辐射武器的能力。③研究发展欺骗干扰技术；欺骗干扰可以隐蔽干扰信号，节省干扰功率，增大用户接收机的定位误差，甚至可使导航用户得到错误的定位数据，或使导航用户不敢相信定位数据，陷入混乱或放弃无线电导航。

具体干扰技术和策略在后面介绍。

3. 导航电子防御

导航电子防御是使用电子或其他技术手段，在敌方或己方实施导航对抗侦察及导航干扰时，保护己方导航系统、导航设备及相关武器系统或人员的作战效能的各种战术技术措施和行动。导航电子防御可分为导航反侦察和导航反干扰。导航反侦察是为防止己方导航信号和导航设备的技术参数、数量、配置和部署变动等情报被敌方电子侦察获取而采取的战术技术措施。而导航反干扰是为消除或削弱敌方导航干扰的有害影响，保障己方导航设备的正常工作而采取的战术技术措施。

1) 导航反侦察

导航系统类型多样，有的导航系统本身不向外辐射电磁波，因此本身就具有反电子侦察的能力，如前面所述的惯性导航系统。

而大多数的无线电导航系统只有导航台向外辐射信号，导航接收机仅接收导航信号。因此对这类导航系统的侦察主要是对导航台及对其辐射的导航信号进行侦察，卫星导航系统、罗兰 C 系统就属于这类系统。以 GPS 卫星导航系统为例，其采用的反侦察技术主要是采用编码和加密技术，保证导航信号不会被敌方侦测破译。GPS 在早期使用的军码信号是 P 码信号，为了提高其反侦察能力，对 P 码信号进行了加密，形成了新的 P(Y)码信号，使得破译该信号编码的难度更大。在 GPS 现代化中，GPS 又播发了新的军用 M 码信号，该信号不再采用原来的 BPSK-R 调制方式，采用了更为先进的 BOC 调制方式，进一步增强了信号的反侦察能力。

2) 导航反干扰

由于导航系统工作的特点，相比于反侦察技术，导航系统应用更多的是各种反干扰技术，尤其是卫星导航系统。这里以 GPS 系统为例，介绍其导航反干扰所采用的一些技术。

(1) 改进 GPS 接收机。

对 PLGR 手持式接收机进行改进。PLGR 为手持式接收机有 5 个信道，具备差分功能，质量小于 2.7kg，天线可内置或分离，采用 RS-232 和 RS-422 数据接口，但只能在 L1 频率上单频工作。PLGR 改进型为 PLGRU，工作在 L1 和 L2 双频上。试验证明，在实际环境中，当 PLGR 已不能工作时，PLGRU 还能继续工作，说明改进后提高了抗干扰能力。另外，PLGR 为重新捕获 P(Y)码，最多只允许处于备用状态 1h，而 PLGRU 允许处于备用状态 98h 还能重新捕获 L1 P(Y)码，允许处于备用状态 4h 还能重新捕获 L2 P(Y)码。同时，这也表明 PLGRU 对电池的消耗大大降低了。

(2) GPS 与 INS 组合导航技术。

在众多的导航反干扰技术中，最引人注目的是 GPS 与 INS(惯性导航系统)的组合使用，其完美的组合不仅可在导航能力方面取长补短，而且使抗干扰能力得到大大加强。因为 GPS 与 INS 组合以后，就可以用 INS 提供的平台速度信息来辅助 GPS 接收机的码环和载波环，使环路的跟踪带宽可以设计得很窄，进一步抑制带外干扰，提高 GPS 接收机输入端上的信号/干扰比(S/J，简称信干比)，从而使接收机的抗干扰能力提高 10～15dB。

GPS 与 INS 的组合，还使得干扰机在察觉受到强压制干扰时，干脆断开 GPS 通道，由惯性导航系统继续完成导航任务，且在干扰消失后，来自 INS 的速度辅助信息又可协助 GPS

接收机迅速重新捕获信号。这样，GPS 与 INS 组合导航系统的最大误差不会大于 INS 的积累误差，使导航系统的可靠性大大加强。目前，这种组合导航方式已在各类军用飞机、军舰、巡航导弹、精确制导炸弹等平台和武器装备方面获得了广泛的应用。

(3) 采用自适应调零天线。

自适应调零天线技术是提高 GPS 接收机抗干扰能力的主要方法。一般，GPS 接收机采用单一天线，而自适应调零天线是包括多个阵元的天线阵，阵中各天线与微波网络相连，而微波网络又与一个处理器相连，处理器对从天线经微波网络送来的信号进行处理后反过来调节微波网络，使各阵元的增益和(或)相位发生改变，从而在天线阵的方向图中产生对着干扰源方向的零点，以降低干扰机的效能。可能抵消的干扰源数量等于天线阵元数减 1，如天线阵元数为 7，则最多能抵消来自不同方向的 6 个干扰。如果做得好，自适应调零天线可以使 GPS 接收机的抗干扰能力提高 40～50dB。例如，波音公司对联合直接攻击弹药进行的修改，它把原用的单一 GPS 天线改成了 4 阵元天线，其中 3 根天线等间隔地分布在一个直径 6in(1in = 2.54cm)的半球上，第 4 根布置在半球的顶上，还增加了一个由哈里斯公司研制的抗干扰电子模块，模块中包含射频电路和数字电路板，尺寸为 7in × 8in × 1in，质量为 1.8～3.6kg，功耗为 10～15W。该抗干扰电子模块再与波音公司的制导单元相集成，制导单元使用了柯林斯公司的 GPS 接收机和霍尼韦尔公司的激光捷联惯导，相互为紧耦合组合。1998 年，在白沙导弹试验场对这种改进的联合直接攻击弹药进行了试验，试验时飞机在 14436m 的高空投弹。当干扰机工作在小功率时，目标命中误差为 3m；当用大功率干扰机，在 110m/h 的风切变时，目标命中误差为 6m。

自适应调零天线是一种自适应的空域滤波技术，其技术基础是自适应阵列天线。自适应空域滤波技术与自适应时域滤波技术是等价的。自适应时域滤波器在时间域进行采样，对某些频率分量进行滤波。自适应空域滤波器则在空间域进行采样(阵列的作用)，对某些方向的信号进行滤波。它的优点还包括：①不需要知道信号和干扰的任何先验信息，不需要知道信号和干扰的方向，不需要知道信号和干扰的调制样式等参数；②对阵列结构没有特殊要求，且不需要知道阵列的结构和参数，阵列的单元天线可以任意放置和移动，这样它就可以完全利用已有的天线阵列而不需要做其他变动；③不需要对阵列通道间的幅相误差、阵元间的互耦等进行校正，这样不仅可以简化系统设备，而且也避免了由于校正不完全而带来的性能损失。

(4) 采用 P(Y)码的直接捕获技术。

现有 P(Y)码接收机要先捕获 C/A 码才能转入跟踪军用的 P(Y)码，但 C/A 码只有 25dB 的抗干扰能力，而 P(Y)码有 42dB 的抗干扰能力。因此，军用码的直接捕获技术可使接收机的抗干扰能力改善 17dB。目前的直接 P(Y)码捕获技术有两种：一种采用小型化的高稳定时钟；另一种为多相关器技术，据称可采用 1023 个并行相关器工作。例如，新一代军用机载 GPS 接收机(MAGRU)使用的就是多相关器技术，可直接捕获 P(Y)码。

(5) 采用抗干扰信号处理技术。

信号处理技术也可以带来 10dB 以上的抗干扰能力。信号处理技术对窄带干扰有较为显著的抑制能力，例如，自适应非线性 A/D 变换器，可以检测连续波干扰和保护与相关 A/D 变换器；瞬时滤波技术可对抗窄带射频干扰等。GPS 接收机抗干扰滤波器处理技术可以分为频谱滤波、空间滤波和时间滤波。

频谱滤波可以在接收机的射频或中频进行，能抑制带外和带内干扰。对于带外干扰，一般采用多级陶瓷谐振器或螺旋谐振器或者采用按用户要求设计的声表面波滤波器来提供高抑制度的、良好的选择性。对有意干扰这样的带内干扰，只有采用计算复杂的高成本措施。空间滤波采用多个天线，根据到达角对不需要的信号进行滤波。时间滤波将在时间域内对信号进行抗干扰处理。

此外，发展对干扰源的探测和定位及打击系统也是提升卫星导航反干扰的措施之一。通过探测对GPS的无意干扰或人为干扰的干扰源，确定干扰源位置，收集干扰源的详细信息，以采取相应的保护措施，系统可做成吊舱或直接安装在多种平台上。

12.3.3　典型系统干扰技术与策略

1. 塔康导航干扰

目前，塔康导航系统仍然是军用飞机配置的主要战术导航设备之一，它具有测向测距精度高、天线体积小、可靠性强、工作容量大、便于机动等优点，但塔康导航系统自身还有全向收发、断续发射、基准脉冲判决等诸多缺点。塔康系统工作时，信标台和机载设备都需要收发信号。信标台和机载设备收发信号时在水平方向是全向的。因此，对塔康系统进行干扰时，干扰信号比较容易进入其接收系统。

针对塔康系统水平方向全向收发的弱点，可分别对信标台或机载设备实施窄带瞄准压制干扰。对信标台干扰时，将机载设备发射的测距询问脉冲淹没在干扰信号中，阻碍信标台接收机载设备发送的询问信号；对机载设备干扰时，将信标台发射的脉冲信号淹没在干扰信号中，使机载设备不能正常接收信标台发射的方位信号和距离应答信号，从而无法完成测距和测向。

此外，塔康信标台工作时，会主动发射测向和测距应答信号，同时，也会接收机载设备发送的测距询问信号，为进入塔康导航台有效作用范围内的所有飞机提供导航信息。针对塔康导航系统的断续发射机制，干扰机可以实施饱和询问干扰，即通过侦察接收机载设备发射的询问信号，大量复制放大后向信标台转发，使得塔康信标台接收到的脉冲超过2700对/s。塔康系统为了维持应答脉冲重复频率，将提高信标台接收机接收门限电压，使得接收机灵敏度迅速下降，较远距离的机载设备发射的询问信号由于信号功率较弱，而不能被信标台接收和应答。

机载设备进行测向时，是通过测量包络信号正斜率过零点滞后于基准脉冲信号的相位得到方位信息，机载设备接收机准确判断出基准脉冲信号到达是塔康导航系统完成方位测量的前提。针对塔康系统这一特点，干扰机可以发射基准脉冲欺骗信号，当干扰信号在方位包络分量中的相位滞后于主基准脉冲时，闸门脉冲将先与干扰信号重合，使得机载设备将干扰信号当作比相基准脉冲，得到错误的方位信息。

对塔康进行基准脉冲欺骗干扰有两种方式：一种方式是干扰机载设备方位粗测环路；另一种方式是干扰塔康机载设备方位精测环路。粗测环路是机载设备测向的基础，现代塔康机载设备在只有方位粗测信号情况下也能直接测出方位数值，只是精度较低。然而，如果无粗测信号或信号不正常，仅有精测信号，则不能进行测向。因此进行基准脉冲干扰时，选择机载设备方位粗测环路进行干扰。

2. 罗兰 C 导航干扰

罗兰 C 是一种低频、双曲线中远程无线电导航系统。目前，世界各国的罗兰 C 导航系统的作用范围已覆盖沿海岸线的绝大部分地区，是舰船的主要无线电导航方式。罗兰 C 导航定位的精度对舰船的航行安全具有重要意义。

罗兰 C 工作频率较低，采用的是脉冲、相位调制，主、副台发射的不是单脉冲，而是脉冲组，每个脉冲组重复周期发射 1 组脉冲。其中，主台脉冲组有 9 个包络形状相同的脉冲，副台脉冲组有 8 个。在罗兰 C 导航系统中，还对脉冲包络中载波的相位进行相位编码。主、副台编码不同，每两个脉冲组重复周期(Group Repetition Interval，GRI)为 1 个编码周期。

罗兰 C 接收机通过前端滤波、累加平均和相位解码这 3 个过程抑制干扰。前端滤波虽可滤除带外的干扰，但抑制窄带干扰的同时也会引起脉冲包络的变形。因此，对罗兰 C 导航系统的干扰可采用窄带载波干扰。罗兰 C 干扰信号多是幅度或频率调制，如单频载波干扰，载波干扰不仅会引起接收机对信号 TOA 的测量误差，还会造成周波选择误差等。当干扰频率对准信号载频时，前端滤波抑制干扰的能力很有限。

罗兰 C 导航系统的导航台发射功率较大，发射机峰值功率从几百千瓦至数兆瓦不等，靠功率压制，难度较大。针对相位编码和接收机累加平均的干扰措施还需要进一步研究。

3. 卫星导航干扰

卫星导航系统是使用最为广泛的导航系统，这里以 GPS 干扰为例，介绍卫星导航干扰的基本知识。

1) GPS 特性分析

由于在 GPS 设计之初，干扰环境下的工作能力并不是优先考虑的因素，卫星导航系统最初的研制目标是为动态用户提供全天候、实时、高精度的位置信息，没有充分考虑用户端接收机在各种复杂电磁环境下的工作问题，而且由于卫星信号自身所具有的特性，该系统在军事应用中面临的安全问题非常突出。

(1) GPS 信号频率是公开的，其调制特征也广为人知。

(2) GPS 卫星距地球表面远，信号功率相对较小。GPS 规定了地面上能够接收到的最低信号功率值，以保证地面的 GPS 接收机天线接收到不低于该功率值的导航信号就可以实现导航。表 12.3.2 给出了 L1 和 L2 载波的 GPS 最低接收信号功率。

表 12.3.2 GPS 最低接收信号功率

卫星型号	载波	信号类型	
		P(Y)/dBW	C/A 或 L2C/dBW
Block ⅡA/ⅡR	L1	−161.5	−158.5
	L2	−164.5	−164.5
Block ⅡR-M/ⅡF	L1	−161.5	−158.5
	L2	−161.5	−160.0
Block Ⅲ	L1	−161.5	−158.5
	L2	−161.5	−158.5

这样弱的功率电平，其强度相当于 16000km 处一个 25W 的灯泡发出的光，或者说，它的强度相当于电视机天线所接收到功率的 1/(10 亿)，使其容易受到干扰。

(3) GPS 信号的抗干扰裕度不大。GPS 导航信息码速率为 50bit/s，C/A 码的码速率为 1.023Mbit/s，相应有 43dB 的处理增益；P(Y)码的速率为 10.23Mbit/s，处理增益为 53dB。但处理增益不等于抗干扰裕度，C/A 码的码长为 1023bit，则周期仅 1ms，通过解扩只能获得 30dB 的处理增益，另外的 13dB 增益是通过 20 个相关峰的积累形成的，所以环路的处理增益不会有 43dB。同时，一般也要求接收通道的信噪比大于 10dB 才能正常工作，还有接收机的相关损耗会大于 1dB。综合外方各种试验报告数据，C/A 码接收机的抗干扰裕度应在 30dB 以下，一般认为是 25dB。P 码的抗干扰裕度应在 42dB 左右。

(4) GPS 导航电文数据率低，信息更新慢。导航电文的传输速率仅为 50bit/s，传输一帧需要 30s。

因此，发展导航系统的抗干扰技术、军码快速直捕技术，一直是卫星导航应用领域的热点方向。

2) GPS 干扰的基本途径

目前，对卫星导航系统进行干扰的技术体制有两种：一种是压制干扰；另一种是欺骗干扰。

压制干扰，就是让干扰信号进入 GPS 接收机，当干扰信号强到一定程度后，接收机接收的卫星导航信号就不能完成正常解扩处理，接收机就不能正常工作。所以原则上说，能够产生的干扰信号越大越好，干扰功率越大，干扰能达到的距离就越远，覆盖的范围也就越大。

当然功率越大，所花费的成本就越高，技术实现也就越难，而且随着卫星导航系统的抗干扰能力越来越强，压制所需要的干扰功率就越来越大，甚至大到不能承受的程度。另外，发射功率大就容易遭受敌方反辐射武器的攻击，干扰机就不安全。因此不能光拼功率，需要采用一些巧妙的干扰方法。例如，采用有针对性的灵巧式干扰技术或分布式协同干扰技术，以及欺骗干扰技术等。

3) GPS 压制干扰

压制干扰是通过辐射大功率的噪声和类噪声干扰信号，使军用 GPS 接收机接收到足以压制导航星信号的干扰能量，从而使得接收机不能捕获、跟踪 GPS 信号，以致无法完成定位解算。

GPS 接收机是在噪声和干扰背景下进行信号检测的，当目标信号能量与噪声或干扰能量之比(S/N)低于检测门限时，GPS 接收机将会由于解调出的数据误码率过高而难以获得准确可靠的导航定位信息，从而失去作战效能。对 GPS 信号的压制方式包括噪声、相干等多种方式。对 GPS 接收机进行噪声压制式干扰的原理示意图如图 12.3.2 所示。

由图 12.3.2 可以看出，只有当经过 GPS 接收机载频捕获和解扩处理之后，干扰信号强度仍然比 GPS 导航星信号的强度强(即干扰的有效能量大于 GPS 信号的能量)时，压制性干扰才能起作用。在这种情况下，干扰信号与 GPS 信号的干信比(在 GPS 接收机输入端)需要大于接收机的抗干扰容限，对于军码[P(Y)码]接收机来说，其扩频处理的增益约为 53dB，考虑到相关损耗和最小检测信噪比(14dB)的要求，其抗干扰容限为 39dB，因此，噪声的强度在解扩前必须比信号高出 39dB，干扰才可能有效。由此可见，采用一般的压制干扰，需要很大的干扰功率。

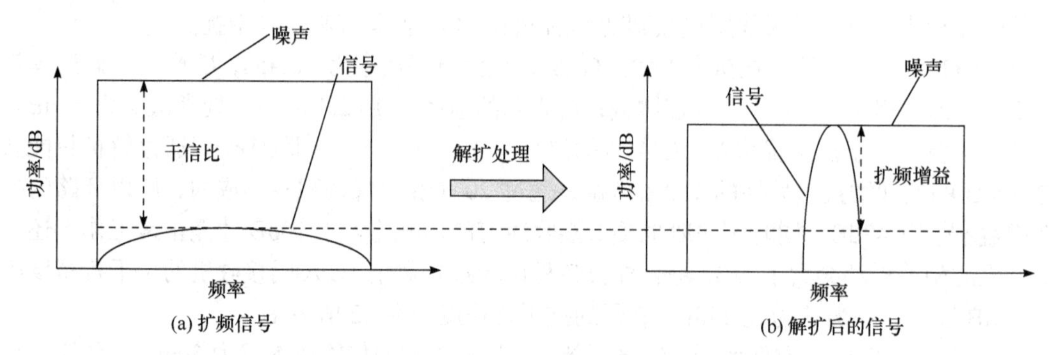

图 12.3.2 使用噪声进行压制式干扰的示意图

C/A 码信号到达地面的最大功率为 $P_{rm}=-153$dBW，P(Y)码为−155.5dBW。采用压制干扰时所需的等效干扰功率为

$$P_jG_j = P_{rm} + G_p + L_j + K_j \tag{12.3.2}$$

式中，K_j 为压制系数，取 $K_j=0$dB；G_p 为 GPS 信号抗干扰裕度，对 C/A 码，$G_p=33$dB，对 P/Y 码，$G_p=43$dB；L_j 为干扰路径损耗，即

$$L_j = 32.4 + 20\lg R_j + 20\lg f + C\ (\text{dBW})$$

式中，R_j 为干扰距离(km)；f 为工作频率(1575.42MHz)；C 为附加损耗(10dB)。把有关参数代入等效干扰功率公式，可推得对 C/A 码信号干扰时所需的干扰功率为

$$P_jG_j = -13.6 + 20\lg R_j\ (\text{dBW})$$

对 P(Y)码信号干扰时所需的干扰功率为

$$P_jG_j = -6.1 + 20\lg R_j\ (\text{dBW})$$

如果干扰信号采用某种特殊设计的波形时，就可能使得它在经过接收机的扩频处理后，也具有一定的增益，虽然这个增益比真正 GPS 信号的增益要小，但有了它，就可以有效地降低干扰机的发射功率；而且一旦干扰机的发射功率降低了，GPS 接收机的各种抗干扰措施(主要是针对强信号干扰)起到的作用也相对减弱。这种干扰样式的效果示意图如图 12.3.3 所示。

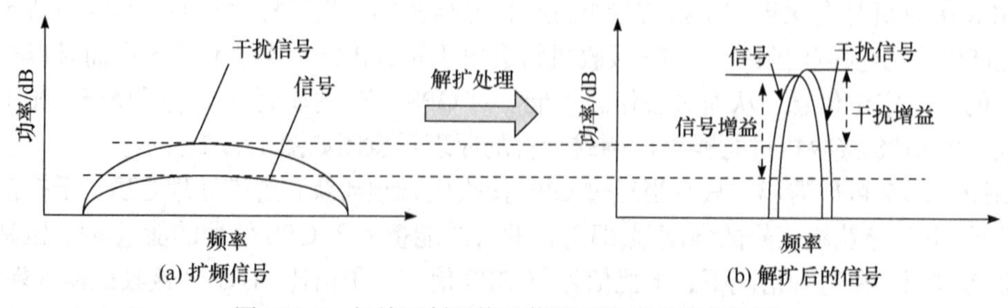

图 12.3.3 相关压制干扰时信号和干扰功率变化图

采用这种相关压制的干扰方式，需要获得和军码(P-Y 码)相关性较强的干扰波形，这一方面需要通过侦察的手段获得军码的结构信息，另一方面需要能够快速地获取或产生和军

码相关的信号，可以采用固化相关干扰控制函数产生干扰信号，干扰敌 GPS 接收机的相关电路。相关干扰信号样式是针对 GPS 采用的抗干扰措施及直接序列扩频体制的弱点而提出的。GPS 的抗干扰措施，例如，GPS/INS 组合导航、自适应滤波和自适应调零天线的抗干扰能力都是以检测到干扰信号为基础的，相关干扰的隐蔽性使之打了折扣。相关干扰还能破坏 GPS 接收机的相关特性，部分抵消其扩频增益带来的抗干扰能力。

相关码干扰，也可以在一定条件下看成压制干扰，用相关码干扰在一定条件下可以起到较好的干扰效果，且当干扰序列同信号序列相关时，还可部分抵消接收机的处理增益，从而可以进一步节省干扰功率。相关序列干扰的时域和频域结构与卫星信号类似，这使得用户接收机很难抗拒这种干扰。但卫星导航信号变化的载频会减轻其危害性，寻找合适的干扰序列也是一个难题。

4) 灵巧式干扰

灵巧式干扰针对的是卫星导航接收机码环和载波环两个同步环节。

这里所说的灵巧式干扰，其对象是 GPS 接收机的两个环路(码环和载波环)，目的是节省干扰功率。

由于 GPS 采用直扩体制，而且 GPS 信号淹没在热噪声之下，因此 GPS 接收系统一定会采用相关接收，从而利用其处理增益，但具体采用什么办法进行相关和保持相关，需要研究分析，区别对待。因为 GPS 信号采用相关接收和处理，本地信号需要时刻保持与卫星信号之间频率和码相位的严格对准。GPS 卫星和用户的运动将使接收信号的频率发生改变，同时也将使信号中的码速率发生改变，从而影响对信号的捕获、跟踪和对伪距的测量。所以工程上 GPS 信号的相关特性不仅取决于伪码序列的码相位和相关特性，还与载频和码速率的移动有关。

干扰可以采用特殊函数，在频域和时域扰动接收机环路的工作特性。例如，前面所述用相关码干扰在一定条件下可以起到较好的干扰效果，就是一个特例。

GPS 信号速率变快或变慢时，信号带宽将会随之压缩或拉伸，反映在时域上，就会产生信号比特宽度的压缩或拉伸。通过转发伪码的相位相对本地伪码相位的连续滑动和改变信号载波的多普勒频移，可实现对接收机的灵巧式干扰。

5) GPS 欺骗式干扰

对 GPS 的欺骗式干扰可以有“产生式”和“转发式”两种体制。

“产生式”(或称为“生成式”)是指由干扰机产生能被 GPS 接收的高逼真的欺骗信号，也就是给出假的“球心位置”，但“产生式”干扰需要知道 GPS 码型以及当时的卫星导航电文数据，这对干扰军用 GPS 而言非常困难。

利用信号的自然延时改变用户接收机测得的“伪距”的“转发式”干扰是最简单的欺骗式干扰方法，通过给出假的“球半径”可巧妙地实施欺骗，技术上也相对容易实现。转发式干扰机又称为反馈欺骗干扰机，利用受控的高增益天线阵来跟踪视野内的所有卫星，对卫星信号进行接收，然后对准目标接收机重新发播放大了的信号。这其中又分为一站同时转发多颗卫星信号和布阵实施干扰，如果转发信号被捕获，最终作用在目标接收机上的是反馈欺骗干扰机天线阵相位中心的位置和速度，其上带有时间偏差，包括欺骗机和受骗接收机的共视距离。如果所有欺骗信号从同一方向到达，可以通过调零天线技术进行抗干扰，因此转发通常采用空间分集技术，多个转发站布阵构成伪星座实施转发式欺骗干扰。

转发式干扰信号是真实卫星信号在另一个时刻的重现，因而只是相位不同，但幅度更大。

若转发式干扰信号在 GPS 接收机开机之前或进入跟踪状态之前就已经存在，接收机的同步系统就无法判别真伪，将首先截获功率更大的干扰信号并转入同步跟踪状态，同时抑制直达的卫星信号。

若在转发式干扰信号到达之前，接收机的某个信道已经同步于卫星信号，则干扰到达后，将在环路中形成极为复杂的误差函数，该函数与转发式干扰信号的调制、接收机信道的特性、可视卫星数目等多种因素有关。

在最简单的情况下，欺骗式干扰信号的到达改变了码跟踪环的工作特性(误差函数)，随着干扰功率的增大，其跟踪状态越来越不能稳定，并会出现多个跟踪点。同时，载波环也会受到随机延时带来的随机频偏的干扰，影响接收机对信号的跟踪。因此，简单的欺骗式干扰可使环路的平均失锁时间(Mean Time to Lose Lock，MTLL)显著增加，而一旦跟踪环路失锁，GPS 接收机将马上启动搜索电路，重新捕获所需信号。这时，功率相对较大的欺骗信号被优先锁定，从而达到干扰目的。

欺骗式干扰的工程实现要解决众多的理论和工程问题。需要强调的是，转发式欺骗干扰起效的前提是 GPS 接收机的两个环路(码环和载波环)退出原来的锁定，转而锁定干扰信号。迫使 C/A 码和 P(Y)码环路退锁的方法不同，但相对容易实现，而对 M 码来说要难得多。

12.4 敌我识别对抗

在世界各国的军用电子装备中，敌我识别系统及相关技术因其在军事应用中的重要性而保密程度较高，因此也成为军事斗争的焦点之一。敌我识别对抗作为一种新的电子战手段已经引起了世界主要国家或地区的重视，相关的技术或装备研发通常是秘密进行的。以下着重介绍敌我识别对抗的军事需求、基本含义，技术特点、难点与可行性，以及敌我识别对抗系统的组成原理，同时对敌我识别对抗的作战目标进行简要介绍。

12.4.1 敌我识别对抗的军事需求与基本含义

从第四次中东战争到伊拉克战争，一系列的敌我误判事件或由此导致的战场误击、误伤事件令人触目惊心。1973 年 10 月 6 日，第四次中东战争的第一天，埃及防空部队在击落以色列 89 架飞机的同时也击落了自己的 69 架飞机，令世界大为惊叹。在 1991 年的海湾战争中，美军自身的误击误伤比率为 17%，给其盟军造成的误击误伤比率也达到 15%。之后，美军投入巨资用于敌我识别设备的研发或改进，但即使如此，12 年后的伊拉克战争，其误击误伤比率还是高达 20%；特别是战争伊始，各种误击误伤事件频繁发生，令人眼花缭乱。2008 年 8 月 7 日至 12 日发生的南奥塞梯冲突中，俄军也由于敌我识别装备严重不足而经常发生自相伤害的惨剧。时至今日，在地区武装冲突中，各种误击误伤事件仍时有发生。

上述一系列的敌我误判事件或由此导致的战场误击、误伤事件既凸显了敌我识别在现代战争中的关键重要性，也从另一个侧面暴露出即使在现代高科技条件支撑下的敌我识别系统也存在致命的“软肋”。虽然这一系列的误击、误伤事件不是有意而为的，但却恰从另一个角度凸显了在现代战争中对敌方敌我识别系统进行有组织、有针对性的电子对抗行动极为重要。敌我识别对抗的目的主要是针对敌方的敌我识别设备或系统，获取其战术技术情报，并通过采取一系列的对抗战术技术措施和行动，降低其使用效能，促使敌方“敌我不分”、“认敌为我”或“认我为敌”，扰乱或延迟敌方的决策和部署，增加其误判甚至误击误伤的比率，从而支援掩护己方飞机、舰船等兵力的作战行动，赢得战机，减少己方兵力的受打击概率。

敌我识别对抗是电子战的又一新兴领域，从攻的角度来说，它提供了一种新的克敌制胜手段，但从防的角度来说，它同时也提出了一个新的电子防御课题，警示在现代战争中必须谨慎使用手中的敌我识别设备，防止己方的敌我识别系统遭到敌方的侦察或干扰。那么什么是敌我识别对抗？什么是雷达敌我识别对抗？由于二者在概念阐述上基本一致，所以这里侧重于介绍前者。

敌我识别对抗(Identification Countermeasures，IDC)是为削弱、破坏敌方敌我识别设备或系统的使用效能，保护己方敌我识别设备或系统效能正常发挥而采取的各种战术技术措施和行动，包括敌我识别对抗侦察、敌我识别干扰和敌我识别电子防御等。其中，敌我识别反侦察与反干扰是敌我识别电子防御的重要内容，而通常的或狭义的敌我识别对抗往往不包括敌我识别电子防御，即主要是指敌我识别对抗侦察与敌我识别干扰。

雷达敌我识别对抗(Radar Identification Countermeasures，RIDC)是为削弱、破坏敌方雷达敌我识别设备或系统的使用效能，保护己方雷达敌我识别设备或系统效能正常发挥而采取的各种战术技术措施和行动，包括雷达敌我识别对抗侦察、雷达敌我识别干扰和雷达敌我识别电子防御等。其中，雷达敌我识别反侦察与反干扰是雷达敌我识别电子防御的重要内容，而通常的或狭义的雷达敌我识别对抗往往不包括雷达敌我识别电子防御，即主要是指雷达敌我识别对抗侦察与雷达敌我识别干扰。

可见，雷达敌我识别对抗的概念描述方法类似，以下不再单独给出。

敌我识别对抗侦察(Identification Countermeasure Reconnaissance，IDCR)是指为获取敌我识别对抗所需情报而进行的电子对抗侦察，主要通过搜索、截获、测量、分析和识别敌方敌我识别信号，获取其工作频率、频谱结构、功率电平、脉冲参数、信号制式、加密参数，以及敌我识别设备的类型、数量、方向、位置、工作模式、使用规律，还有其配装平台或目标的属性、编号、高度、位置、任务、状态、威胁程度、编成部署、行动企图和战场态势等情报。敌我识别对抗侦察是敌我识别对抗的基础，战时可以辅助制订敌我识别对抗作战计划、引导己方敌我识别干扰平台对敌方敌我识别系统进行干扰或实施其他攻击行动，平时则可收集敌方敌我识别系统的战术技术情报，为研究敌我识别对抗战术与技术、发展敌我识别对抗装备等提供依据。按任务目的、要求的不同，敌我识别对抗侦察可区分为敌我识别对抗情报侦察和敌我识别对抗支援侦察，二者具有不同的侦察时效性，适用两种不同的应用场合。其中，敌我识别对抗情报侦察以提供全面、精确的敌方敌我识别系统战术技术情报为目的，要通过长期的工作积累，对大量敌方敌我识别信号的各种特征参数进行精确测量和深度分析。敌我识别对抗支援侦察以为针对当面之敌的作战行动提供高效、实时的敌方敌我识别系统战术技术情报支援保障为目的，需要区分威胁程度和优先级，对当面之敌的敌我识别信号进行快速准确的截获、测量和分析，一般是在战斗前夕或战斗中进行。

敌我识别干扰(Identification Jamming，IDJ)是指削弱、破坏敌方敌我识别设备或系统使用效能的电子干扰。

敌我识别电子防御(Identification Electronic Defense，IDED)是指在敌我识别对抗中，为保护己方敌我识别设备或系统效能正常发挥而采取的措施和行动的总称。

12.4.2 敌我识别对抗作战目标

近年来，现代高技术战争对敌我识别新手段、新功能的军事需求与日俱增，极大地了推动了敌我识别领域的技术变革与发展进步；这既表现在传统的世界各主流敌我识别手段的升级换代上，又表现在各种敌我识别新手段的装备运用上。因此，敌我识别对抗的作战目标种类逐渐增多、功能特别是其反侦察与反干扰功能也越来越强。敌我识别对抗的作战目标既有传统的雷达敌我识别系统，也有新的各种各样陆战场条件下应用的毫米波、激光等敌我识别系统，甚至包括新的非协同与综合敌我识别手段。对于协同式的敌我识别系统来说，既有单独配置的询问机和应答机设备，也有一体化配置的问答机(询问应答机或组合式询问-应答机)设备。

需要说明的是，由于现有的专用敌我识别手段大多数都是协同敌我识别，其中尤以雷达敌我识别系统和毫米波、激光等战场敌我识别系统为主，其中，雷达敌我识别系统目前仍然占有主体地位。因此，现阶段敌我识别对抗的作战目标仍以雷达敌我识别系统为主，兼顾毫米波等战场敌我识别系统。

雷达敌我识别系统是指能够协同完成对飞机和舰艇等目标敌我属性识别的询问机、应答机等主体设备及其配套设备共同构成的有机整体，通常还可用于获取协同目标的其他信息，采用的是基于“询问-应答”方式的二次雷达体制，一般配属雷达或指控系统使用。此外，雷达敌我识别系统还可用于对某种统一雷达敌我识别技术规范或系统的统称。雷达敌我识别器是指雷达敌我识别系统中用于询问和应答的设备。其基本设备类型有询问机、应答机和问答机。其中，询问机一般配装于地面或海面警戒雷达、目标指示与引导雷达等。应答机一般配装于保障或辅助性的空中或海面作战平台以及各种武装直升机等。问答机一般配装于具有攻击能力的空中或海上作战平台及预警机等。

传统的雷达敌我识别手段普遍都在升级换代中，其技术革新的广度和深度是空前的，而且技术革新的脚步还远未停止。以最具代表性的 Mark 系列雷达敌我识别系统为例，现正处于从 Mark Ⅻ到 Mark ⅫA 的大面积换装中，Mark ⅫA 的新增模式 5 采用了一系列现代抗干扰与保密技术，增加了信号被截获、分析、分选、识别、复制、转发和欺骗的难度，极大地增强了系统的反侦察与反干扰能力。

为了更加深入地理解敌我识别对抗，特别是敌我识别干扰的工作机理，有必要首先介绍敌我识别器进行目标敌我身份属性判别的基本方法。通常情况下，专用敌我识别器采用的基本判别方法如下。

(1) 若询问机收到来自目标的有效应答信号，则判决其为“己方目标”。

(2) 若询问机未收到来自目标的有效应答信号，则判决其为“不明目标”。

可见，敌我识别系统一般采用的是“二元判决法”，即只能判明“己方目标”，其他都将被判为“不明目标”；这实际是由于敌我识别器通常采用的都是协同工作体制，即需要被识别目标协调配合，而这一般只有己方目标才能做到。

敌我识别系统的工作体制与技术特点决定了敌我识别对抗的技术特点与难点。下面以主流的雷达敌我识别系统为例进行阐述。从工作体制上来说，雷达敌我识别系统通常为采用“询问-应答”方式的二次雷达系统，这与基于对目标的大功率电磁波照射，并接收处理来自目标散射的回波以实现对雷达目标探测的一次雷达是完全不同的。如果从信号的角度来看，雷达敌我识别系统所采用的信号制式非常特别，收发频率不同，通常为一组持续时间极短的猝发脉冲串，脉冲峰值功率高，而且每个脉冲都有其特定的功用，脉冲的间隔和脉冲的内部调制结构通常又是加密的，特别是一些现代体制的雷达敌我识别系统甚至采用了一系列较为复杂、技术先进的编码调制与加密手段。因此，从信号角度来看，一方面雷达敌我识别信号不同于一般的一次雷达信号；另一方面，雷达敌我识别信号又不同于一般的通信信号，由于通信的特殊需求，一般的通信信号通常在一段时间内是连续存在的，而且也很少采用这种猝发的脉冲工作体制。因此，与传统的雷达对抗和通信对抗相比，敌我识别对抗必然有其独特之处。

12.4.3　敌我识别对抗的技术特点、难点与可行性分析

1. 敌我识别对抗的技术特点与难点

当对敌我识别系统工作体制和技术特点有了一个准确认识后，就不难理解敌我识别对抗的技术特点与难点。

(1) 时域匹配困难。这正是由于敌我识别信号通常都是一组持续时间极短的猝发脉冲串，一方面造成敌我识别对抗侦察系统对敌我识别信号的侦收、截获较为困难；另一方面对于敌我识别干扰系统来说也难以保证施放的干扰信号与敌我识别信号在时域上匹配甚至完全吻合。时域不匹配的干扰既是一种能量浪费，更为糟糕的是暴露了自己甚至作战意图。

(2) 频域匹配要求特殊。与通常的雷达不同，敌我识别系统的询问机与应答机工作于不同的频率。此外，不同工作体制的敌我识别系统其工作频率及其变化特性又不一样。这样，无论是敌我识别对抗侦察还是敌我识别干扰都会有着自身的特殊要求。

(3) 功率域匹配要求较高。这主要针对的是压制性敌我识别干扰。因为对于敌我识别系统来说，无论是询问信号还是应答信号，都是峰值功率较高的猝发脉冲，而且是单程传输的直达波，这就决定了敌我识别对抗与雷达对抗和通信对抗的不同。其中，雷达对抗要干扰的是经过双程传播和目标散射的微弱目标回波信号，而通信对抗要干扰的也通常都是连续波信号，而不是峰值功率较高的猝发脉冲。因此，敌我识别对抗对于压制性干扰信号的功率域匹配要求较高。

(4) 调制域和编码域匹配困难。由于新一代敌我识别系统普遍采用了一系列技术先进、抗干扰与保密性能强的调制、编码与加密技术，如同步脉冲间隔参差加密、应答随机延迟、双重加密保护、纠错编码与软扩频等，而且密码系统先进，系统密码、密钥量大，更换频繁、快捷。此外，单脉冲技术、旁瓣抑制技术、灵敏度时间控制、抗同步和异步干扰以及反杂波电路等得到了广泛应用。所有这些都增加了信号被截获、分析、分选、识别、复制、转发和欺骗的难度，极大地增强了系统的反侦察与反干扰能力。

综上所述，敌我识别对抗的技术特点明显，与传统的雷达对抗和通信对抗相比，其对

抗的综合难度更大，如表 12.4.1 所示。

表 12.4.1　敌我识别对抗与雷达对抗、通信对抗的难度比较

项目	敌我识别对抗	雷达对抗	通信对抗
反应时间	极短	一般	一般
频率瞄准	特殊	一般	要求较高(kHz 以下量级)
信号制式匹配	与模式相关，有的很困难	一般	困难
截获难度	困难	一般	一般
干扰功率	很高	一般	高
干扰难度	很困难	一般	一般
密码破译	很困难	一般	有的很困难
应用有效性	关键时有效	有效	有效

2. 敌我识别对抗的可行性分析

尽管对敌我识别系统的对抗难度较高，但并不是不可能的。这里的对抗可行性分析，主要是从敌我识别干扰的角度来分析现代敌我识别系统存在的缺陷和不足。随着技术的不断发展，尽管现代敌我识别系统采用了一系列反侦察、反干扰措施，但认真分析会发现其仍然还存在一些不足，主要表现在如下几点。

1) 协同体制的局限性

敌我识别系统采用协同体制，既要与雷达进行信息交换，还要与待识别目标传递无线电“口令”信息。协同工作体制给系统带来诸多不确定性，如协同设备是否开机、工作是否正常、是否被占据等，而且在平台数量大、种类多的情况下，询问、应答信号复杂交错，系统自身容易产生混乱。这些既是系统自身的局限，也给干扰方提供了可乘之机。

2) 有的系统工作频点固定、频带有限

例如，主流的 Mark 体制雷达敌我识别系统工作频率公开、固定，其询问频率为 1030MHz，应答频率为 1090MHz；尽管其技术不断更新，但是其频带有限，仍然属于窄带系统。

3) 缺乏脉冲积累机制，各个脉冲各有功用

不同于雷达信号处理中广泛采用的脉冲积累机制，通常，敌我识别系统的信号处理是在单脉冲检测判决的基础上进行的，没有脉冲积累增益，而且由于敌我识别信号各个脉冲各有功用，任何一个脉冲受干扰都会影响系统解译判决。因此敌我识别系统易受偶发的噪声脉冲干扰影响。

4) 应答机全功率辐射、全向或弱方向性工作的局限性

通常，敌我识别系统的询问机采用定向天线，而应答机天线是全向或弱方向性的，并且应答机一般采用全功率应答。应答机的这种设计客观上为对敌我识别系统的干扰甚至反辐射攻击提供了有利条件。

5) 旁瓣抑制技术的局限性

敌我识别系统的询问作用距离与发射功率的二次方根成比例，而不像雷达作用距离与发射功率的四次方根成比例。因此询问旁瓣信号易于引起应答机的应答，为此敌我识别系统往往采用询问旁瓣抑制技术以降低系统自身的旁瓣干扰。另外，由于询问旁瓣抑制技术也会占用应答机资源，所以干扰方可以利用这一缺陷，从旁瓣方向发射虚假询问信号，触发应答机的询问旁瓣抑制机制，使应答机被占据，同时也抑制了应答机对正常询问信号的应答。

6) 应答机应答容量有限

应答机的应答容量有限，询问速率越高则应答机占据概率越大。应答机占据是由敌我识别系统应答机的工作方式决定的，只能改善不能消除。因此，干扰机可以向应答机发射高速率的虚假询问，使应答机对正常询问信号的应答概率急剧降低甚至无法应答，从而严重降低系统效能。

7) 时间与密码同步机制的局限性

为了增强系统的抗干扰能力，现代敌我识别系统经常采用时间与密码同步机制，在时间同步前提下，所有的敌我识别设备的密码每个时隙均按伪随机规律自动变化。因此，整个敌我识别系统在时间严格同步和统一密钥的前提下，要求密码随时隙同步变化。这样，如果采取措施干扰系统的校时与时间同步机制，则整个系统将无法工作。

12.4.4　敌我识别对抗系统的功能组成与工作原理

敌我识别对抗系统的基本功能组成与工作原理示意图如图 12.4.1 所示。基本的敌我识别对抗系统由指挥控制分系统、敌我识别对抗侦察分系统和敌我识别干扰分系统等组成。敌我识别对抗的基本工作过程是：在指挥控制分系统的统一指挥与控制下，由敌我识别对抗侦察分系统负责对敌方的敌我识别信号(包括询问信号与应答信号)进行侦收、截获、测量、分析与识别等侦察活动，获取相关的战术与技术情报信息，引导己方的敌我识别干扰分系统对敌方的敌我识别系统(包括询问机与应答机设备)进行干扰，从而增加敌方敌我识别系统的误判概率或降低其识别概率，削弱、破坏其使用效能，促使敌方“敌我不分”、“认敌为我”或“认我为敌”，扰乱或延迟敌方的决策和部署，为己方作战任务的完成提供支援掩护。

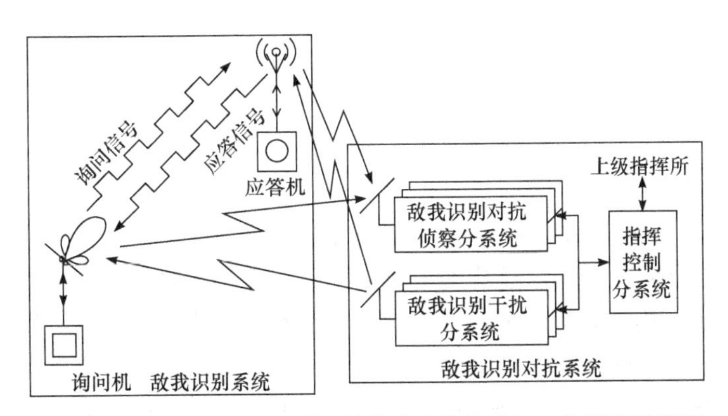

图 12.4.1　敌我识别对抗系统的基本功能组成与工作原理示意图

其中，指挥控制分系统负责与上级指挥所和本级下属各分系统的通信联络，接收上级指挥所的作战命令、工作指示和情况通报等，对本级下属各分系统实施指挥和控制，统筹并检查督促各分系统的作战行动，收集分析各分系统上报的侦察情报与工作状态信息，形成并提供电磁态势和其他情报信息，处理各分系统的请示、通报等，向各分系统下达命令、指示和通报，并向上级指挥所及时上报战斗准备与组织实施等情况。

侦察分系统可以是一个或多个，其接收指挥控制分系统的统一指挥与控制，负责对作战区域内敌方敌我识别系统辐射的询问信号与应答信号进行侦收、截获、测量、分析与识别等侦察活动，获取相关的战术与技术情报信息，形成区域电磁态势，更新侦察数据库等。侦察分系统有时可与指挥控制分系统合并实现。此外，还需注意各侦察分系统之间，侦察分系统与干扰分系统以及友邻系统之间的协同工作。

可以根据作战任务需要配置一个或多个敌我识别干扰分系统，其接收指挥控制分系统的统一指挥与控制，在侦察分系统的引导下，产生特定样式的干扰信号，对指定作战区域或指定干扰目标的敌方敌我识别系统进行干扰辐射。通常，干扰分系统也有自己的侦收设备，因此也可独立遂行侦察与干扰任务。

12.5　航天电子对抗

12.5.1　基本概念

随着军事航天技术和装备的迅速发展与广泛应用，军用卫星在现代战争中具有无可替代的重要作用，如何对卫星实施有效对抗已成为电子对抗领域的紧迫任务。因为军用卫星高度依赖于敏感的光学和电子系统，因此，利用现行有效的电子对抗手段可以对卫星的关键部位进行攻击，使之不能正常工作或完全损坏，航天电子对抗应运而生。

航天电子对抗是为削弱、破坏敌方外层空间信息系统的使用效能，保护己方外层空间信息系统正常发挥效能所采取的战术技术措施和行动的总称。其目的是通过对目标卫星电子信息系统的破坏，达到削弱、瘫痪和摧毁敌方依赖于卫星的侦察监视能力、通信指挥能力、数据传输能力和导航制导能力等。

航天电子对抗可按照传统的电子对抗方式进行分类，也可按照对抗对象进行分类。

1. 按照电子对抗方式的分类

参照传统电子对抗的分类方法，可将航天电子对抗分为航天电子对抗侦察、航天电子攻击(主动对抗)、航天电子防御(被动对抗)三种，其分类如图 12.5.1 所示。

1) 航天电子对抗侦察

(1) 轨道确定。卫星处在一种没有人为外力作用的条件下，遵循万有引力作用进行惯性飞行，其质心在空间的运动轨迹称为卫星的轨道。卫星都是按照特定轨道运行的，为完成不同的工作任务，其轨道参数也各不相同。轨道确定是指通过探测、跟踪、计算和分析等过程确定卫星在一个选定的参考坐标系中的运动参数。如果探测数据足够丰富，能包含卫星一个或多个尽可能长的运行弧段内的运动信息，就可以近似确定卫星的运行轨道，从而可以对任一时刻的运动状态进行预测。确定了卫星的轨道，就确定了卫星在空间的运行规律及其与地面任务覆盖区的位置关系，是后续实施航天电子对抗的基本要求和前置条件。

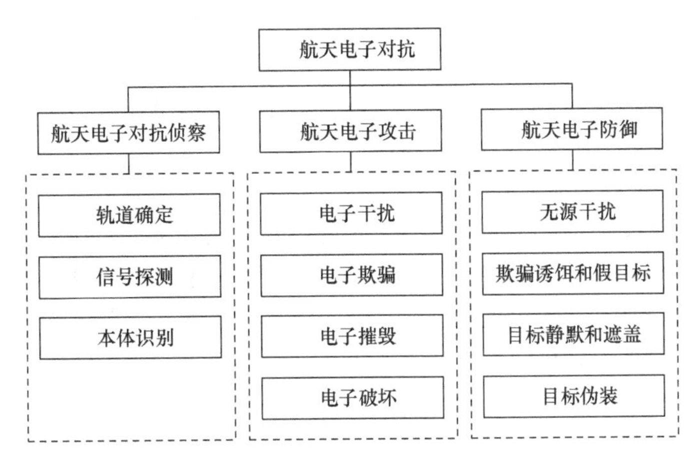

图 12.5.1　航天电子对抗按照传统电子对抗方式分类

(2) 信号探测。卫星在执行工作任务时，必定会主动或被动地发射、辐射和反射各种形式的电磁波。依托于各种地基、空基和天基平台，采用不同的监测技术手段，对可能来自卫星的各种形式的电磁波信号进行侦收、处理、测量、分析和监视。可检测信号的存在就表明了潜在目标卫星的存在，其电磁特征信息也表明了卫星的功能和任务。此外，通过对可检测信号的持续监测可以获得卫星在一段时间里的运动状态和工作状态，从而也可以为后续进一步的综合特征识别提供重要依据。

(3) 本体识别。卫星的本体识别主要包括三个方面的工作：一是通过高精度光电探测和持续精确跟瞄等手段，获取待识别目标卫星的实时状态信息，重点是外观和姿态信息；二是事先获取多种已知卫星的特征参数，建立数据量足够丰富的参考样本库；三是将待识别目标卫星和样本库中已知卫星进行比较辨认而得到识别结果。

通过以上三种方式，根据实际具备的技术能力和设备工作能力，选择性地或者全面性地开展对目标卫星的其他各类信息获取，经过综合处理后，形成航天电子对抗侦察情报，是后续针对该卫星实施航天电子攻击和防御的前提条件。

2) 航天电子攻击(主动对抗)

(1) 电子干扰。利用大功率的干扰信号来淹没卫星系统所需的有用信息，使其不能正常接收和处理有用信息。主要方法有利用通信干扰堵塞通信卫星的通信转发器、利用雷达干扰堵塞电子侦察卫星和合成孔径雷达成像侦察卫星的雷达接收机、利用激光干扰侦察卫星的成像传感器、利用空基干扰平台压制 GPS 卫星的地面终端用户。

(2) 电子欺骗。将己方信号插入敌方的卫星信道中，使敌方接收到错误的信息，包括通信信号欺骗、雷达信号欺骗、光电信号欺骗和导航信号欺骗等。例如，利用雷达信号欺骗干扰合成孔径雷达成像侦察卫星，可产生隐真和示假效果；利用空基干扰平台伪造 GPS 定位数据，欺骗其地面用户终端，可使其定位发生较大偏差。

(3) 电子摧毁。运用高功率微波武器、高能激光武器等新概念电子攻击武器，对敌方卫星系统中的电子设备，特别是一些敏感的光电元器件实施致盲或损毁。例如，利用高能激光损毁光学成像侦察卫星的光电传感器，损毁卫星姿态光电敏感器，损毁卫星的温控系统、太阳能电池板等附属设施；利用大功率微波武器、粒子束武器损毁电子侦察卫星的接收机等。

(4) 电子破坏。利用星载或者地面主动进攻设备，破坏卫星有效载荷的工作环境，包括对卫星平台、卫星轨道和卫星外围电磁环境的攻击，让卫星不能正常工作，使其部分或者全部丧失应用的功能。例如，使用通信干扰装备干扰卫星星地测控链路或破译星地测控链路的测控代码，可获得对敌方卫星的指挥权。

3) 航天电子防御(被动对抗)

无源干扰是航天电子防御的重要形式，本身不辐射电磁波，而利用干扰物、微波吸收材料等改变目标对电磁波的传播特性，以破坏和妨碍敌方电子系统发现和跟踪目标的一种作战方式。它效费比高，使用灵活、简便，作用明显。传统的无源干扰方式有烟幕干扰、箔条干扰等。对卫星而言，可综合采用无源干扰、欺骗诱饵和假目标、目标静默和遮蔽、目标伪装等手段，其主要目的是让卫星不能正确地发现目标：一是“示假”，制造虚假目标，以假乱真；二是“隐真”，隐蔽真实目标，减小其被发现的可能。目标卫星的种类、工作任务、波段和运行阶段的不同，被动对抗的技术手段就不同，如对抗光学成像侦察卫星、电子侦察卫星、导弹预警卫星等，采用的被动对抗手段就有不同的技术形式和实施方法。

2. 按照对抗对象的分类

从对抗对象的具体构成上来看，航天电子对抗应包括对空间平台(即卫星)的对抗(含对特定空间的轨道封锁)、对星载传感器的对抗、对卫星传输链路和信息节点(包括最终用户装备)的对抗。因此，航天电子对抗主要可以概括为链路对抗、传感器对抗和平台对抗三种分类。根据作战对象的不同，各分类也相应具有不同的对抗技术体制和实现方法，如图 12.5.2 所示。

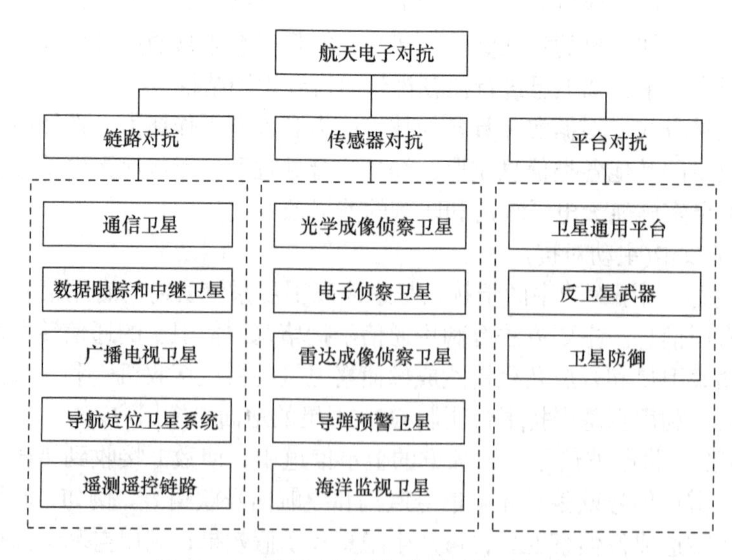

图 12.5.2 航天电子对抗按照对抗对象分类

1) 链路对抗

链路是网络中两个节点之间的物理通道，是为完成节点间信息传输构建的一套完整的软硬件设施，包括传输的物理媒体、传输协议、终端设备和应用软件等。对于卫星而言，链路主要包括上行链路、下行链路和测控链路等三种。

(1) 上行链路是地面用户设备、地球站等到卫星通信转发器的链路。

(2) 下行链路是卫星通信转发器到地面用户设备、地球站的链路。

(3) 测控链路是地面测控站专用于对卫星跟踪、遥测和遥控指令与数据传输的链路。

破坏卫星的链路，就是通过削弱和破坏卫星节点间的信息传输，降低通信卫星、数据跟踪和中继卫星、导航定位卫星等卫星系统的信息支援保障能力。

2) 传感器对抗

传感器是用于探测、收集、记录地物电磁波辐射、折射、反射或散射特性的光学/电子系统。对于卫星而言，主要是对地球表面和邻近空间中各种形式的电磁信号进行获取和处理的有效工作载荷，主要包括可见光和红外、通信信号、雷达信号等，是决定卫星功能和任务的核心器件。

破坏卫星的专用传感器，就是通过削弱和破坏星载有效光电载荷对特定频段电磁信息的获取，降低各种光电侦察类卫星的战场侦察监视能力。

3) 平台对抗

卫星是由专用系统和通用系统两部分组成的。专用部分指的是卫星的有效工作载荷。通用部分是维持卫星正常运行和工作的物理基础，主要包括结构、推进、制导/控制、通信、星务、温控、能源等七大组成部分：结构分系统用于给卫星提供机械支持；推进分系统提供卫星在空间进行姿态控制、轨道修正和轨道改变时所需的推力；制导/控制分系统用于保持卫星的正确定位与指向；通信分系统在需要时提供通信和数据存储功能；星务分系统用于星上数据计算、处理和设备管理等；温控分系统用于维持和调整设备正常工作所需的合适温度；能源分系统用于为设备正常工作提供电力等。

破坏卫星的通用平台，就是通过特定方式削弱和破坏卫星通用平台某种特定组件的工作能力，降低卫星整体的运行和任务执行能力。

12.5.2～12.5.4 节分别从链路对抗、传感器对抗和平台对抗等三个方面具体阐述针对不同种类的目标卫星系统开展航天电子对抗的基本概念和实施方法。

12.5.2　链路对抗

链路对抗指对卫星通信链路的对抗，通过干扰信息传输和分发类卫星系统的星间、星地信息交换链路，极大降低卫星节点间信息交换的成功率，使其失去航天信息支援和保障的优势。一个典型的卫星通信系统由通信卫星、通信地球站、跟踪遥测指令分系统和监控管理分系统等四大部分组成。一条基本的卫星通信链路是由发端地球站、上行链路、卫星转发器、下行链路和收端地球站所组成的(如果需要通过卫星中继，还包括星间链路)。根据卫星通信系统的组成和工作过程，链路对抗的对象可以有上行链路、下行链路、通信转发器、测控链路、地面用户设备或应用网络等，具有明显链路构成的卫星系统主要有通信卫星、数据跟踪和中继卫星、广播电视卫星以及所有卫星具有的遥测遥控系统等。

1. 卫星通信对抗

卫星通信对抗的对象是各类通信卫星、数据跟踪和中继卫星以及广播电视卫星等。

卫星通信对抗任务主要包括卫星通信对抗侦察(包括测向)和卫星通信干扰两个部分。卫星通信侦察是使用卫星通信侦察设备搜索、截获敌方卫星通信信号，对信号进行测量、分析、识别和监视，以获取敌方卫星通信信号频率、带宽、幅度、码速率、调制方式等技术参数以及敌方通联方式、组网特点等战术情报，为通信干扰提供依据。卫星通信干扰是卫星通信对抗中的进攻手段，是利用地基、空基或天基卫星通信干扰设备，根据获得的有关敌方卫星通信系统的情报信息，自动或人工选择最佳干扰对策，发射专门的干扰信号，破坏或扰乱敌方的卫星通信系统，使其不能正常工作。

目前，链路对抗方法主要有以下三种。

1) 链路大功率压制

链路大功率压制干扰原理是在物理层通过施放大功率干扰信号，把敌方卫星转发器的工作区域推向饱和或者降低通信信号的信噪比，达到对抗效果，本质上属于能量压制。根据卫星通信系统的组成和工作过程，大功率压制的作战对象可以有上行链路、下行链路、卫星转发器和地面用户设备或网络，特别是对卫星通信转发器的压制干扰最为有效。因为卫星通信转发器直接起着转发所有地球站和用户信号的作用，是通信卫星的核心设备。使用恰当的上行干扰策略可以使转发器产生非线性作用或者直接推至饱和，造成信噪比急剧恶化，从而使整个转发器不能正常工作。

2) 灵巧对抗

灵巧对抗是一种基于网络通信协议的对卫星通信网的对抗手段，在对网络信号侦察和协议破解的基础上，利用目标网络的协议规约，开展基于网络通信协议的小功率信号扰乱和信息欺骗，是信息战的一个重要发展方向。相比较链路大功率压制而言，这种对抗技术从目前的物理层深入到数据链路层甚至网络层，将能量压制提升为信息压制，只要在敌我双方信息功率上形成一定的信息能量优势就可以取得很好的干扰效果。

3) 网络攻击

卫星网络攻击主要是采用无线注入方式，通过对以卫星为节点的卫星网络的侦察分析处理，得到其网络层特征参数，然后采用无线网络对抗的方法，对卫星网络实施攻击。

随着军用卫星通信技术日益迅猛地发展，工作频率越来越高，技术体制越来越先进，体系架构越来越复杂，规模数量越来越庞大，仅仅依靠单一对抗平台、单一对抗方式已经很难达到目的，必须注重发展分布式、规模化、智能化、星地一体化和网电综合对抗的技术路线。

2. 导航定位卫星系统对抗

导航定位卫星系统对抗的对象是各类导航定位卫星系统。

以美国 GPS 为代表的导航定位卫星系统的信号载频、功率和格式一般是固定的，在战时易被侦察和截获。导航定位卫星的下行信号功率低，到达地面的信号强度弱，终端易受大功率干扰；在轨卫星轨道固定，防护性能差，易遭摧毁打击。因此，针对导航定位卫星系统，可采取多种手段和方法对其实施对抗，相关内容参见 12.3 节。

3. 卫星遥测遥控链路对抗

卫星遥测遥控链路对抗的对象是所有卫星(某些微小卫星除外)都具有的遥测遥控链路。

卫星测控系统主要负责对卫星的运行轨道、姿态和各分系统的工作状态进行跟踪测量、监视和控制，主要包括遥测和遥控两部分。遥测是将卫星上各种传感器和仪器所测得的技术数据与自身工况参数通过无线电设备传送到地面遥测中心。遥控是将地面遥控中心发出的指令信号，通过无线电设备传送到卫星，使卫星按照控制指令的要求完成各种动作，实现对卫星的控制，包括飞行状态和内部工作状态的控制。当遥测遥控系统工作时就构建了专用的遥测遥控链路。

当目标卫星的测控中心向其发送遥控信号或卫星反馈遥测信号时，己方卫星通信对抗侦察装备可进行搜索截获，提取敌方信号的各项参数，并选取最佳干扰样式进行干扰，就有可能破坏敌方测控中心和卫星之间的信息交互。敌方测控中心因此无法获知卫星的各种状态信息，也无法发出正确的遥控指令。另外，由于遥控指令受到了干扰，卫星的位置及工作状态不能被正确控制，处于失控状态，还可以通过一定的手段对其进行欺骗，夺取卫星的控制权，发出指令改变其运行轨道、天线波束角度甚至关闭卫星等，从而获得巨大的军事价值。

由于遥测遥控链路的技术意义重大，往往使用特殊的技术体制，采用先进的加密机制，按需构建，且在敌方地面测控站地域范围内，因此难度要远大于对常规用户链路的对抗。

12.5.3　传感器对抗

传感器是空间遥感技术中的核心组成部分，其性能决定了卫星的信息获取能力，包括传感器对电磁波波段的响应能力(如探测灵敏度和波谱分辨率)、传感器的空间分辨率及图像的几何特征、传感器获取地物电磁波信息量的大小和可靠程度等。具有明显传感器构成的卫星系统主要有电子侦察卫星、光学侦察卫星、雷达成像侦察卫星等。

1. 电子侦察卫星对抗

电子侦察卫星又称为电子情报卫星，主要利用星载电子侦察设备截获地球上(地面、海面、空中等)辐射的雷达和通信信号，通过对信号的处理、分析和识别，截取雷达和通信信号的特征参数、传输内容以及测定辐射源的准确地理位置等信息。卫星上的电子侦察设备主要由天线、接收机和终端设备组成，卫星将侦测到的电磁信号进行星上预处理后，发送到地面接收站，以分析电磁信号的各种参数和进行辐射源定位并从中提取军事情报。

电子侦察卫星的侦察监视要依赖于被侦察方的电磁辐射，如果目标电磁信号不能被接收系统良好接收或者不在接收系统覆盖范围内，侦察将失效。对于中高轨卫星，空间位置相对较高，截获的电磁信号就会较弱，同时监测效果还受到波束方向限制和大气层特性影响，使得信号提取困难。低轨道卫星则容易受到敌方反卫星武器的直接攻击，而且更重要的是低轨卫星侦察覆盖区域更加有限，工作寿命更短。另外，由于卫星平台的特殊性，星上处理能力有限(如存储容量和计算速度等)，因此对于电磁辐射源数量多、信号密集的情况，难以从中分选和识别出有用信号，即容易受到干扰或假信号的欺骗。

目前，针对电子侦察卫星的对抗方法主要有无源对抗、有源干扰和轨道封锁三种。

1) 无源对抗

无源对抗方式主要有降低辐射源旁瓣和目标关机这两种方式。

(1) 降低辐射源旁瓣。卫星对地电子侦察的主要是旁瓣侦察，对主瓣侦察的精度很低，甚至无法捕捉到主瓣。因此，尽可能地降低辐射源旁瓣，可以有效防止被卫星接收到旁瓣信号而发现。

(2) 目标关机。由于低轨卫星经过侦察区域上空的过顶时间一般为几分钟，因此最简单的方法是在此期间(通过情报或者轨道预报)将区域内各类辐射源(通信电台和雷达等)关机，保持无线电静默。

2) 有源干扰

针对卫星轨道较固定的特点，在其飞临任务区域上空时，可用若干假目标辐射源对其照射，由于假目标可以主动地用发射主瓣对准星载的侦察接收机，可能会将原有较弱的真实旁瓣信号抑制掉，同时也能加重星载侦察设备信号处理的负担，使其截获概率降低。此外，也可以部署地基、天基专用对抗系统，用大功率压制干扰直接饱和其星载接收机，达到干扰目的。

3) 轨道封锁

可采用天基平台在敌卫星轨道附近预先释放金属碎片与颗粒、气溶胶等干扰物使卫星上的电子器件工作失常，导致卫星缓慢偏离运行轨道而失效甚至坠毁。这种方法实施难度大、成本高，但也适用于其他种类的卫星。

2. 光学侦察卫星对抗

光学侦察卫星包括以高分辨率可见光侦察为主的可见光成像侦察卫星和以红外侦察为主的红外成像侦察、导弹预警、海洋监视卫星等光学/光电类系统，主要工作于可见光和红外波段，一般采用被动成像侦察工作方式，即通过星载传感器被动接收目标反射的太阳辐射或其自身辐射来对目标实施侦察，接收到的辐射能的大小和光谱特性完全由外部环境决定，这使得侦察主动性降低。光学侦察受天气和昼夜更替影响很大，使得对此类侦察卫星的规避和干扰具有可行性，此外改变地面目标散射特性可以对光学侦察卫星产生很大影响。

目前，针对光学侦察卫星的对抗方法主要有无源对抗和有源干扰两种。

1) 无源对抗

无源对抗主要是对目标的光电暴露特征进行隐身，其技术措施主要有降低目标光电暴露特征、模拟背景的光电特征、改变介质光学传输特性，以及使用假目标和诱饵等。这些技术措施的具体运用见本书前面的相关章节。

2) 有源干扰

光学侦察卫星的星载设备主要有波长为 0.5～0.8μm 可见光/近红外相机、2.5～3.3μm 短波红外相机、3.5～4.5μm 中波红外相机等。由于光电传感器前端的光学系统往往具有较大的光学增益，加之传感器本身的高敏感性、高动态特点，它成为星上最容易受到干扰的器件。常用的干扰方法主要有激光干扰和太阳光干扰两种。

(1) 激光干扰。卫星光电传感器的破坏阈值一般为辐照度 1～10W/cm^2，当照射激光超过最大破坏阈值时，将发生强光饱和现象。以 CCD 图像传感器为例，当激光照射时，被照射的区域达到了饱和，未被照射的区域还有信号输出，但当激光足够强时，整个传感器都处于饱和状态，导致图像模糊、噪声、信息缺失等结果，大幅度降低侦察效能。当激光能量进一步增强时，甚至可直接导致星载设备被照射部位的各种物理损伤效应。

(2) 太阳光干扰。在地面被保护目标附近设置一块特制的平面镜，用平面镜反射太阳光束跟踪照射目标卫星，太阳在平面镜中成一个虚像，该太阳像的视直径张角是 32°，可在距离地面 200km 处产生直径约 1.8km 的反射光斑区域。光学侦察卫星以地区详查为目的，重点观测地面特定目标，在飞经任务区上空时会不断调整观测视场瞄准地面目标。卫星的视场角一般约为 2°，平面镜的反射光很容易进入其视场。此外，星载成像传感器被动遥感的是地面漫反射光，灵敏度一般都设计得非常高，且动态范围很大，一般在 1000 左右，甚至更大，反射镜反射的太阳光很容易让星载光学探测器饱和。太阳光干扰还有一大优点，由于太阳光束是非相干光，比高功率激光的聚束能量小，仅表现为光效应，且太阳光谱范围大，可避开常规星载激光告警装置，因而能成为一种秘密的软杀伤武器，可巧妙地应用于和平时期或局部冲突中，扼制敌方的空间成像系统而不会引起不必要的国际纠纷。

3. 雷达成像侦察卫星对抗

雷达成像侦察卫星的星载设备是合成孔径雷达(Synthetic Aperture Radar，SAR)。这是一种主动微波遥感设备。它在方位向(卫星运动方向)利用一个小天线依靠卫星快速运动，在运动轨迹上连续发射相干信号，并对在轨迹上不同位置接收到的回波信号进行相干处理，合成一个大孔径，等效一个超长天线，以获得方位向的高分辨率。由此得名合成孔径技术:在距离向(雷达视线方向，通常垂直于卫星运动方向)利用发射的线性调频信号的大时宽带宽积特性，采用脉冲压缩技术获得距离高分辨率，从而可以生成方位向和距离向分辨率都很高的侦察图像。由于 SAR 不受天气、光照和时间等因素的限制，且雷达波长比可见光和红外的波长长得多，能透过云雾、烟尘、植被等发现隐蔽地面或地下目标，因而能提供丰富的陆地、海洋地理信息和军事情报。

目前，针对雷达成像侦察卫星的对抗方法主要有无源对抗和有源干扰两种。

1) 无源对抗

无源对抗是利用无源器材产生强的杂乱回波、虚假回波或减弱目标对电波的反射以破坏雷达对目标的发现和跟踪。强的杂乱回波可以形成噪声干扰或假目标，减弱目标对电波的反射则可以降低回波信号的强度。对于 SAR 而言，干扰噪声可以增强图像的背景杂波功率，降低图像的可信度，影响从图像中对目标信息的提取；回波信号强度的削弱将减小有效信噪比，降低对目标的检测识别能力。

目前，对常规雷达的无源对抗方法主要包括以下几种。

(1) 箔条：产生干扰回波，以遮盖目标或破坏雷达对目标的跟踪。

(2) 反射器：以强的回波形成假目标或改变地形地物的雷达图像进行目标伪装。

(3) 等离子气悬体：形成吸收雷达电波的空域，以掩护目标。

(4) 假目标：大量假目标使雷达目标分配系统饱和。

(5) 隐身技术：综合采用多种技术，尽量减小目标的反射能量，使雷达难以发现。

(6) 雷达诱饵：主要针对跟踪雷达，使雷达不能跟踪真目标。

以上对常规雷达的无源对抗方法从基本原理上也同样适用于星载 SAR。

2) 有源干扰

有源干扰主要包括噪声干扰、相位干扰和转发干扰三种方式。

(1) 噪声干扰。干扰机可直接放大射频噪声并发射，也可放大调制于载波的调频或调幅噪声并发射，以提高 SAR 接收机的噪声电平，从而影响输出图像的信噪比，使图像质量下降甚至无法成像。

(2) 相位干扰。给 SAR 引入幅度误差和相位误差，能降低输出图像的分辨率；也可同时增大目标响应的旁瓣电平，能降低图像的几何性能。此外，还会引起目标的虚假移位，降低目标的定位精度。

(3) 转发干扰。干扰机直接转发截获的 SAR 信号，在 SAR 的距离处理单元内生成噪声和虚假目标，通过控制延迟使虚假目标出现可变的移位。

12.5.4　平台对抗

卫星平台对抗采用干扰或攻击手段，让基于卫星平台组成的某些通用分系统不能正常工作，从而导致卫星不能发挥应有作用。目前，卫星平台对抗技术路线复杂多样，大多正处于探索性的前沿阶段。

1. 卫星光电姿态敏感器对抗

稳定的姿态是卫星得以持续正常工作的基本前提条件。要实现任何一种姿态稳定，姿态敏感器是最为关键的前置部件。常见的姿态敏感器一般有光电敏感器、惯性敏感器、射频敏感器和磁敏感器等多种，目前应用最广泛、长期精度最高的是光电敏感器。光电敏感器是在卫星运行过程中以光电测量手段对太阳、地球或者恒星等标准参考星体进行精确识别和定位，从而计算出当前自身姿态，进而根据需要进行姿态控制或调整。如果能成功地对卫星光电姿态敏感器实施干扰，势必造成卫星姿态控制的错误，可间接达到破坏卫星工作任务的最终目的。

卫星光电姿态敏感器对抗是一个全新的对抗领域，其特点主要有以下方面。

(1) 属于卫星平台对抗范畴，与卫星的性质和工作任务无关。

(2) 敏感器的抗干扰措施一般未考虑人为干扰因素，易于实现对抗。

(3) 敏感器类型多样，安装位置及视场方向不同，干扰方式及干扰效果也不尽相同。

光电敏感器本质是光电传感器，根据定姿敏感源的不同，主要有地球姿态敏感器(工作波段为 14～16μm，精度为 1°)、太阳姿态敏感器(中心波长为 750nm，精度为 0.1°)和星敏感器(中心波长为 620nm，精度为 0.01°)，可采用的干扰方式有激光/红外干扰、太阳光干扰、杂散光干扰以及分布式多源干扰等。

(1) 激光/红外干扰。对于地球姿态敏感器，在卫星星下点轨迹附近设置若干低重频脉冲式干扰激光源。当干扰脉冲进入敏感器的探测器上，使得接收能量发生变化时，信号处理电路产生错误的脉冲，进而造成判断错误，使得敏感器得到错误的地心位置参数。

(2) 太阳光干扰。对于太阳姿态敏感器，需在干扰伴星上安装一个一定面积的反射镜，使其在被干扰星的视场范围内、不同于太阳的方位上产生另一个光源。由于干扰光源的光谱分布与真实太阳光谱分布相似，光学系统前的滤光片很难滤除干扰光，敏感器会将其作为有用信号处理，用其作为判断太阳方位信息的依据，导致得到错误的太阳方位信息，从而影响定姿。

(3) 杂散光干扰。杂散光包括来自系统外部的辐射源(太阳光、大气圈反射光、月光等)和内部辐射源(如光学元件、结构件等)，以及散射表面的非成像光能量。可通过扩束技术或者将强光干扰源的光能量射到漫反射材料上，光经反射后扩散到整个半空间(2π立体角)乃至全空间(4π立体角)而形成干扰光束分布空间，该空间内干扰光信号能量急剧上升，大大降低了有用光信号的信噪比。

(4) 分布式多源干扰。多数情况下，由于干扰光源的入射方向超出敏感器的视场角，干扰光无法进入视场对敏感器形成干扰。因此利用在空间位置上分散部署的多个干扰源对敏感器同时实施干扰，可以增加干扰光源进入敏感器视场的概率，变相拓宽了敏感器的被干扰视场。

2. 反卫星武器

反卫星武器是指专门用于破坏、摧毁各类卫星或使之失效的积极防御性武器。从严格意义上来说，反卫星武器目前主要是指物理层面上的进攻性武器，但是也有电子对抗层面上的软杀伤形式。反卫星武器的分类方法较多，目前较为常用的有以下几种。

(1) 按设置平台的不同，反卫星武器可分为地基、空基和天基三种。地基反卫星武器部署在地面上，从地面上发射；空基反卫星武器由飞机搭载，从空中发射；天基反卫星武器部署在空间，由空间发射。

(2) 按发射方式的不同，反卫星武器可分为直接上升式和共轨式两种。直接上升式是利用助推火箭将武器直接发射到目标附近，通过引爆或直接碰撞来摧毁目标；共轨式是利用助推火箭将武器发射到与目标轨道相同的轨道上，然后以较低速度接近目标，通过引爆或直接撞击来摧毁目标。

(3) 按杀伤手段不同，反卫星武器又可分为定向能(激光、微波、粒子束)、动能和核能三种。定向能杀伤是通过发射高能激光、微波或粒子束等，直接照射目标形成破坏，更多内容可参见12.8节；核能杀伤是利用战术核装置在目标附近爆炸产生强烈的核辐射、热辐射和电磁脉冲等效应将其结构部件与电子设备毁坏，使其丧失工作能力；动能杀伤是依靠高速运动物体的动能来破坏目标。

3. 卫星防御

己方卫星面临的可能威胁主要来自软杀伤和硬杀伤等多个方面：能够降低卫星通信系统效能的射频系统；能够暂时或永久性削弱或损毁星载光电系统效能的激光系统；能够削弱或损毁卫星及地面系统电子装置的电磁脉冲武器；能够摧毁卫星或削弱其完成任务能力的动能反卫星武器。

针对这些威胁，目前卫星防御技术主要有以下几种。

(1) 卫星抗干扰技术。针对卫星通信系统面临的射频干扰，可采用天线抗干扰、扩频抗干扰、星上信号处理、扩展工作频段和发展光通信等，依靠先进的天线技术和信号处理技术等优势来进行防护。

(2) 卫星激光防护技术。卫星生存技术中的一个重要组成部分，是针对反卫星激光武器的研制而进行的，主要有激光防护膜、遮光罩和“眼睑”装置等。

(3) 卫星加固技术。为了防止高空核爆炸、高能定向能武器对卫星及星上电子设备造成高压击穿、器件烧毁、电磁加热、浪涌冲击和瞬时干扰等破坏而采取的有关措施。

(4) 卫星轨道机动技术。根据需求有目的性地改变运行轨道，可有效降低被敌方空间监视系统捕获、定位和跟踪的概率，以及降低被敌方卫星武器直接打击的可能，从而保障卫星运行的基本安全。

(5) 卫星在轨修复技术。利用航天器对空间轨道上发生故障但尚可以维修的高价值卫星进行修复，使其快速恢复正常工作。

(6) 卫星隐形技术又称为低可探测技术，即运用各种隐身技术手段，弱化卫星的综合特征，使敌方难以发现、识别、跟踪和攻击。

(7) 卫星威胁预警技术。星上携带光学或雷达探测器，用于对敌方反卫星手段和反卫星武器进行识别、探测和报告，对己方卫星系统受到的威胁进行预警，并进一步评估和定位，确认其威胁的类型以及危险程度。

(8) 卫星系统重组能力。重组的关键是要具有快速、灵活和可靠的发射能力，对现有卫星系统可进行迅速的补充和支援；重组也可以进行在轨存储、卫星位置重配和补充发射；对于地面应用系统来说，最好也应具有一定的重组能力。

12.6　电子对抗无人机

12.6.1　电子对抗无人机概述

自 20 世纪 80 年代以来，战争形态从传统的“陆海空”三维立体战争逐渐转变为“陆海空天电”多维多域的联合行动,电磁领域的对抗已经成为决定战争胜负的关键因素之一。为了减少人员伤亡和降低战争成本，许多国家将无人化武器看作未来战争取胜的法宝，而无人机是当前最为活跃、技术发展最快、投入经费最多、实战经验最为丰富的无人作战系统。

无人机(Unmanned Aerial Vehicle，UAV)是一种不载操作人员、用空气动力产生升力、能够遥控或自主飞行、能一次使用或回收，并载有杀伤或非杀伤任务载荷的动力航空器。无人机要顺利完成任务，还需要指挥控制、数据链、发射回收、地勤保障等地面支持设备，地面设备与空中无人机构成一个整体，缺一不可，因此，完整意义上的无人机应称为无人机系统(Unmanned Aerial Vehicle System，UAVS)。目前，无人机已成为现代战争中非常重要的武器装备之一，能够执行侦察监视、火力打击、电子对抗、通信中继等多种多样的作战任务。

电子对抗无人机是装载电子对抗设备，专门执行电子对抗任务的无人机，按任务性质可分为电子对抗侦察无人机、电子干扰无人机、电子假目标无人机和反辐射无人机等，按专业又可分为雷达对抗无人机、通信对抗无人机、卫星导航干扰无人机等。在现代信息化战场上，仅依靠单一武器力量难以对付敌上通下连、纵横交错的战场信息网络，必须采用作战范围十分广泛的综合电子战手段，削弱敌方合同作战的整体效能。无人机当之无愧地成为实施电子对抗行动的重要力量。

电子对抗无人机属于高技术航空电子对抗武器装备，与地面电子对抗装备相比，具有以下优势。

1. 升空平台盲区少

地面电子对抗设备作战时，无论是进行侦察测向还是实施干扰压制，都会受到地形等条件的限制，特别是在山岳、丛林等地形起伏较大的区域作战时，地面电子对抗设备会存在较大的“作战盲区”，无法对盲区内的目标进行有效侦察或干扰。电子对抗无人机采用升空作战方式，通过灵活设置飞行航线，可有效减少“作战盲区”，对敌目标进行有效的侦察与干扰。

2. 对己方设备影响小

地面电子对抗设备一般功率很大，且部署在己方阵地内，固然可对敌方通信、雷达等系统取得较好的干扰压制效果，但如果使用不当也很可能干扰到己方电子设备。相对而言，电子对抗无人机在执行作战任务时，大都需要飞抵敌方区域上空甚至腹地进行干扰压制，离己方阵地较远，对己方电子设备影响较小。

3. 连续作战能力强

电子对抗作战行动通常需要对敌方重要电磁目标实施长时间的干扰压制，迟滞、瘫痪其正常发挥作用。地面电子对抗设备往往由于人员生存能力、装备保障能力等因素的限制，难以实施长时间、不间断的干扰。而电子对抗无人机续航时间长达数小时甚至数十小时，有着很好的连续作战能力，能够对作战中的重要目标进行长时间的连续干扰压制，有利于夺取和保持战场制电磁权。

4. 抵近作战效果好

地面电子对抗设备作战时，一般距离敌方电子设备较远，由于地面遮挡物较多，无论接收敌方电磁辐射信号，还是自身发射干扰信号，都存在较大的电波传播路径损耗，信号强度衰减大，往往不易达到较好的侦察或干扰效果。而电子对抗无人机可以飞抵敌区上空或腹地实施抵近侦察与干扰，作战距离短，电波传播路径损耗小，敌方电子设备发射的电磁信号、己方干扰设备发射的干扰信号强度衰减小，电子对抗作战效果显著。

12.6.2　电子对抗无人机系统的组成

电子对抗无人机系统主要由无人飞行器、测控与信息传输(数据链)、指挥控制、发射与回收、电子对抗任务载荷等分系统组成。

1. 无人飞行器

无人机系统的飞行器平台使用的是重于空气的动力航空器。无人飞行器主要由机体、动力装置、导航与飞行控制系统、机载数据链设备等组成。无人机机体与动力装置主要用于产生无人机飞行所需的升力和动力，保证飞行性能，以及安装其他机载设备。导航与飞行控制系统用于保持无人机姿态与航迹的稳定，根据地面操控指令要求改变无人机姿态与航迹，并完成导航计算、遥测数据收集、任务控制与管理等工作。

无人机种类繁多、形态各异，根据机翼特点，可分为固定翼无人机、旋翼无人机和扑翼无人机三大类。下面以固定翼无人机为例介绍机体的组成与功能。固定翼无人机机体主要由机身、机翼、尾翼、动力装置和起落装置等部分组成。机身主要用来装载发动机、燃油、导航与飞行控制、数据链、任务载荷等系统设备，并将机翼、尾翼、起落架等部件连成一个整体。机翼主要有三方面的作用。

(1) 机翼是无人机产生升力的主要部件。

(2) 机翼可用于无人机的稳定与操控，通常在左右机翼后缘会各设一个副翼，用于控制无人机滚转运动。

(3) 机翼可用于挂载任务载荷或发动机。

固定翼无人机的机翼一般分为左右两个翼面，根据机翼的形状，通常有平直翼、后掠翼、三角翼等。机翼前缘和后缘保持基本平直的称为平直翼；机翼前缘和后缘都向后掠称为后掠翼；机翼平面形成三角形的称为三角翼。平直翼比较适用于低速飞行器，而后两种较适用于高速飞行器。尾翼一般分为垂直尾翼和水平尾翼两部分。垂直尾翼的主要功能是保持无人机的航向平衡和操纵无人机航向。通常，垂直尾翼后缘设有可操纵的方向舵，通过改变作用在垂直尾翼上的气动力方向和大小，产生使无人机机头偏转的力矩，达到改变飞行方向的目的。水平尾翼的主要功能是保持无人机俯仰平衡和操纵无人机俯仰。对于一些结构比较特殊的无人机来说，可能会不设垂直尾翼或水平尾翼，例如，采用无尾飞翼布局的 X-47B 无人机就没有垂直尾翼，而像美国的“死神”、我国的“翼龙Ⅱ”等无人机则采用了 V 形尾翼布局，并没有明显的垂直尾翼和水平尾翼。动力装置用来产生拉力(如螺旋桨无人机)或推力(如喷气式无人机)，使无人机前进。起落装置用于无人机在地面或水面进行起飞、着陆、滑行和停放。着陆时还通过起落装置吸收撞击能量，改善着陆性能。

无人机机体的气动布局直接影响无人机的飞行性能，常见的布局形式包括常规布局、鸭式布局和飞翼/无尾布局。常规布局是指主翼在前、控制面在后的传统布局，是一种很成熟的飞机布局形式，在无人机中应用十分普遍。鸭式布局是在机翼前面安装水平安定翼或水平稳定器，飞机的质心位于机翼之前，依靠前升降舵面产生向上的升力保持平衡，使飞机水平方向气动稳定。飞翼/无尾布局的无人机，机翼为后掠翼或三角翼，翼尖的迎角比内侧翼面的迎角要小得多，这确保当机头抬升时，机翼升力中心向后移，使飞机返回原飞行姿态，美国的 X-47B 无人机和以色列的“哈比”无人机就采用这种布局。

无人机通过动力装置提供的推力或拉力获得速度，进而产生飞行所需的升力。无人机动力装置包括无人机的发动机以及保证发动机正常工作所必需的系统和附件，其中发动机是核心。无人机常用发动机包括活塞式、喷气式、电动式。活塞式发动机是通过活塞的往复运动产生动力；喷气式发动机是通过高速喷射空气与燃油的混合燃气获得动力，常见的喷气式发动机包括涡轮喷气发动机、涡轮风扇发动机、涡轮螺旋桨发动机等；依靠电力驱动产生动力的电动机常用于微小型无人机。设计生产无人机时需要根据机型大小及性能需求选择合适的发动机。

导航与飞行控制系统是无人机系统的重要组成部分，其中导航系统用来提供无人机的位置、速度、姿态等即时运动状态信息，而飞行控制系统主要完成无人机的姿态控制与航迹跟踪控制。无人机的导航与控制通常按飞机的运动分成俯仰、滚转及偏航三个通道来进行，每个通道的原理和系统组成结构相似。无人机导航与飞行控制系统组成如图 12.6.1 所示。

无人机导航(制导)系统主要包括测量装置、程序装置和解算装置。测量装置测量目标参数和无人机的运动参数；程序装置根据目标或无人机的运动参数，储存和发出使无人机按预先规定程序运动的参数和指令，它仅在自主式导航(制导)系统与飞行控制系统中使用；解算装置将测量信息经计算和变换后，形成控制指令信息送给控制系统。飞行控制系统的组成主要包括敏感装置、控制器和执行机构。敏感装置感受和测量无人机的姿态角、飞行速度、高度等状态信息；控制器将导航系统及敏感装置两者送来的信息加以综合，形成对无人机的控制指令，并对控制指令进行信号变化和功率放大，使之成为推动执行机构工作的指令信息；执行机构是以舵机为中心的元件组合的总称，它根据控制指令带动操纵元件动作，进而改变无人机运动状态。

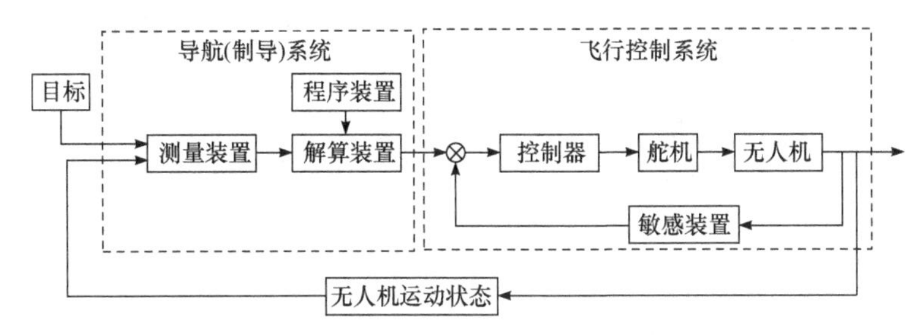

图 12.6.1 无人机导航与飞行控制系统原理图

无人机导航(制导)系统与飞行控制系统的工作过程如下：测量装置测出无人机和目标的运动参数，通过解算装置确定出其偏差并形成修正的控制指令，输送给飞行控制系统。若是程序控制的无人机，测量装置仅测出其实际运动参数，而无人机的理想运动参数由程序装置给出，这两组运动参数通过解算装置比较，得出偏差并形成修正的控制指令，送控制系统控制无人机飞行。

导航(制导)系统与飞行控制系统按产生引导信息的来源分为自主式导航与控制系统、遥控式导航与控制系统、自寻的式制导与控制系统。在自主式导航与控制系统中，导航信号的产生不依赖于目标或地面站，仅由机载设备测量出无人机本身或地球等的物理特性，从而得到无人机的飞行状态参数。例如，惯性导航系统是测量无人机的加速度确定其飞行航迹；天文导航系统根据星体与地球相对位置进行导航；地形匹配导航系统是根据目标地区附近的地形特点来进行引导的。自主式导航与控制系统的特点是飞行不与目标或地面站联系而是自主进行，故不易受干扰，但飞行时无法改变原先预定的航迹。在遥控式导航与控制系统中，导引信号由无人机外部的地面站或空中站发出，通过测定无人机和目标的位置(或相对位置)，由人或计算机来形成导航信号，发送给无人机，使其飞向目标区或攻击目标。该系统可用于攻击固定的或活动的目标。在自寻的式制导与控制系统中，导引信号是靠机载导引头直接感受目标辐射或反射的各种电磁波来测量目标和无人机的相对运动，并形成导引信号，控制无人机按照预定的轨迹攻击目标，该系统适用于攻击固定目标或活动目标。

2. 测控与信息传输系统

无人机系统具有“机上无人，人在回路”的特点，系统中的无人机和地面指挥控制设备两大部分既独立存在，又密不可分。孤立存在的一架无人机是无法执行任务的，无人机与地面指挥控制设备构成了一个闭合的天地“回路”，在这个大“回路”中，无人机按照操纵者的意愿发射、飞行、执行作战任务，直至安全降落，而无人机的测控与信息传输系统是将无人机与地面控制设备紧密联系在一起的“纽带”。测控系统的遥控、遥测两条链路均按照统一的消息格式和通信协议以及不同的速率进行数据传输和交换，已经具备了数据链的特征，因此，测控与信息传输系统有时也称为数据链系统，其主要作用是建立地-空双向数据传输链路，完成无人机和地面指挥控制系统间遥控指令、遥测数据和任务载荷数据的传输。具体地说，数据链系统具有以下功能。

(1) 通过上行数据链路向无人机传送遥控指令，实现对无人机的远距离控制。数据链系统的上行链路一般带宽较小，需要传送的信息包括飞控指令、任务控制指令和链路控制指令等。对于上行信息来说，发送的实时性要求很高，无论地面指控站何时请求发送命令，上行链路必须保证随时能够传送。

(2) 通过下行数据链路向地面指控站传送无人机和机载设备的状态数据。遥测数据是地面操作人员及时了解机上各部分的工作状态、实施作战任务的依据。

(3) 通过下行数据链路向地面指控站传送无人机任务载荷的侦察数据。下行链路通常会提供两类信息通道：一个是用于向地面指控站传递当前的飞行姿态、发动机状态以及机上设备工作状态等信息的遥测通道。遥测通道需要的带宽较小，但实时性比较高。另一个是用于向地面指控站传输任务载荷获得的侦察信息，该通道需要传送的数据量通常较大，所以需要的带宽较大，但实时性要求较低。

(4) 利用测距与跟踪测角相结合的方法完成对无人机的跟踪定位。这里的测距，是指地面站至无人机的距离测量，它是根据无线电波在均匀介质中具有恒定的传播速度，其传播距离与传播的时间成正比的基本原理，利用收、发无线电波在空间距离上的传播时延，计算出无人机的斜距(无人机至地面站的直线距离)。跟踪测角是指对无人机的方位进行自动跟踪与测量。由于无人机的高度信息可以通过机上的高度传感器测量，并可遥测传到地面，所以在已知无人机方位角的情况下，再加上测得的斜距信息，就可以计算出无人机的坐标。

为了保证无人机远程通信传输的需要，无人机的数据链系统通常具有视距和超视距两条链路。视距链路是无人机与地面站在通视情况下直接进行数据传输，一般采用 C 波段和 UHF 波段链路。超视距链路一般采用卫星中继或空中中继，以实现远距离信息传输。卫星中继通常采用 Ku、Ka 波段通信卫星链路完成超视距范围对无人机的测控与信息传输。

前面提到，无人机的数据链系统实际上是一个空-地双向数据传输链路，其基本工作原理就是双向数据通信原理，无人机数据链设备通常由机载部分和地面部分组成。机载部分主要包括机载数据终端(Aerial Data-link Terminal，ADT)和天线。机载数据链终端主要用于接收上行遥控链路的射频信号，经解调和译码后恢复出遥控基带信号，传送给机载计算机；产生含有遥测和任务信息的下行链路射频信号，并由天线发射出去。机载数据终端由遥控接收机、遥测发射机以及信号处理单元组成。机载天线通常采用全向天线，也可采用带有伺服跟踪功能的高增益定向天线。地面部分主要包括地面数据终端(Ground Data-link Terminal，GDT)和一副或几副天线。地面数据终端的作用是发送对无人机的遥控指令信号；接收无人机下传的遥测信息和任务载荷信息，经解调译码后送到地面指控站进行显示，供地面操控员监控无人机及其任务状态，也可用于数据记录、实时规划和辅助决策等用途；同时，还可利用下行链路信号对无人机进行跟踪测角。地面数据终端由遥测接收机、遥控发射机和相关的信号处理设备组成；地面天线通常采用带有伺服跟踪功能的高增益定向天线，有时也采用全向天线。

在战场复杂电磁环境下，无人机系统的通信链路会受到各种电子对抗的攻击威胁，不仅会严重影响无人机系统的作战使用效能，还可能引起无人机失控，甚至是被反制。面对日益恶化的电磁环境，无人机对数据链系统的抗干扰性能要求越来越高，而机载设备的体积和重量又受到严格限制，因此任务信息的传输问题已经成为影响无人机测控系统作用距离的关键因素。

3. 指挥控制系统

无人机虽然没有飞行员在机上操纵，却需要地面人员的操控。由于是无人驾驶飞行，所以在飞行前需要事先规划和设定好飞行任务和航线。在飞行过程中，地面人员还要随时了解无人机的飞行情况，并根据需要操控飞机调整姿态，及时处理飞行中遇到的突发状况，以保证飞行安全和任务的完成。另外，地面人员还要通过数据链路操控机上任务载荷的工作状态，以确保侦察测向、侦察干扰等任务的圆满完成。地面人员要完成上述指挥控制与操作任务，除了需要数据链路的支持外，还需要能够提供任务规划与指挥控制方面支持的设备或系统，这就是无人机的地面指挥控制系统，又称为地面指控站(Ground Control Station，GCS)。

地面指控站的主要功能是进行无人机的任务规划与指挥控制，包括指挥联络、任务规划、操作控制、显示记录等。其中，指挥联络功能包括上级指令接收、系统联络和调度；任务规划功能包括飞行航线的规划与实时重规划，以及任务载荷的工作规划与重规划；操作控制功能包括起飞着陆控制、飞行器操控、任务载荷操控和数据链路控制；显示记录功能包括飞行状态参数的显示记录、航迹的显示记录、载荷状态的显示记录和情报的处理与分发。无人机的地面指控站应根据战术需要进行配置，基本组成包括飞行操纵与管理设备、综合显示设备、地图与飞行航迹显示设备、任务规划设备、数据实时处理与记录回放设备、情报处理与通信设备、指挥设备等。

无人机地面指控站的形式多样，在大型无人机系统中，地面指控站通常包括指控中心站、无人机控制站、载荷控制站和单收站等若干个功能不同的控制站，这些控制站通过通信设备连接起来，构成了无人机的整个指挥控制系统。一架无人机可由一个控制站完成所有的指挥控制工作，也可由几个控制站协同完成全部的指挥控制任务。指控中心站主要负责无人机飞行任务的制定、任务载荷数据的处理和分发，并通过无人机控制站对无人机进行控制和数据接收。无人机控制站主要包括飞行操纵、载荷控制、链路控制和通信指挥等。载荷控制站用于对无人机机载任务载荷的控制与管理。单收站用于接收无人机的信息数据。

4. 发射与回收系统

发射与回收系统解决的是无人机的升空与着陆问题。发射与回收阶段是无人机作战运用过程中很关键的一环，关乎无人机的飞行安全和任务成败。随着无人机应用领域的不断扩大和战术指标不断提高，其机载和地面设备日趋复杂，迫切需要高可靠性、高自动化的无人机发射回收系统以减少无人机事故，确保无人机的生存率。无人机生产厂家往往根据机型的不同，选择合适的发射、回收方式。

无人机发射成功与否直接影响其后续飞行及任务实施，无人机常用的发射方式主要包括轨道发射、零长发射、滑跑发射、空中发射和垂直起飞等。轨道发射就是无人机安装在轨道式发射装置上，在液压、气压或橡皮筋等弹射装置作用下起飞。轨道发射一般适用于中小型无人机，例如，“天眼”、“不死鸟”和“天鹰座”等型号无人机均采用这种发射方式。零长发射不需要使用轨道，无人机可直接从固定装置上起飞，一旦启动就可自由飞行。零长发射主要包括火箭助推发射、手抛发射、车载发射等方法。火箭助推发射是零长发射最通用也是最成功的例子，它的历史可以追溯到二战时期，当时用于缩短大型军用飞机的起飞行程。这种发射方法的突出优点是推进力大、发射装置占地面积小、没有明显的环境条件限制，适用范围广。滑跑发射也称轮式发射，该发射方式是需要一块满足无人机起飞要求的平整场地和较长的跑道，发射过程一般需要人工操纵控制，操纵人员需要经过严格的培训。大型无人机无一例外采用这种发射方式，如美军的“全球鹰”“死神”等无人机。空中发射是有人机携带无人机飞行至一定高度和速度时，空中发射无人机。垂直起飞方式有旋翼无人机垂直起飞和固定翼无人机垂直起飞两种类型。旋翼无人机垂直起飞的特点是以旋翼作为无人机的升力工具，旋转旋翼使无人机垂直起飞。固定翼无人机垂直起飞有两种情况：一种是无人机在起飞时，以垂直姿态安置在发射场上，由无人机尾支座支撑飞机，在机上发动机作用下起飞；另一种是在机上配备垂直起飞用发动机，在该发动机推力作用下，无人机垂直起飞。

目前，常见的无人机着陆回收方式主要有滑跑回收、伞降回收、拦阻网回收、空中回收等。滑跑回收也称轮式回收，无人机必须装有着陆用的轮子，同时它的控制系统必须能够完成固定翼飞机的拉平操纵以及方向控制。滑跑回收精度很高，可以确保低过载着陆，能对飞行器提供很好的保护。但是，由于它要求有一条可供着陆的最低准备跑道，因此，限制了这种回收方式的机动性。伞降回收是很成熟的一种回收方式，其最大特点是机动性好，可以在未准备的地面着陆，但在降落过程中易受风的影响，着陆精确度较差，而且着陆时过载很大，无人机的机体结构要做专门设计，因此，伞降回收适用于中小型无人机。拦阻网回收是由无人机制动回收系统派生而来的，利用拦阻网吸收能量。拦阻网回收的关键在于拦阻网本身的设计，拦阻网必须具有对无人机的阻尼作用。空中回收是无人机在停车伞降后，用另一架飞机在空中将无人机打捞回收。无人机无论以何种方式回收，都必须满足安全性、可靠性、可重复性、机动性等基本要求，不同的回收方式各有利弊，在选择时应尽量权衡利弊，全面考虑。

5. 电子对抗任务载荷

无人机的任务载荷也称有效载荷，是无人机上完成特定任务的一组设备(通常不包括导航与飞控设备、数据链设备等)，根据任务需要，无人机可以同时搭载多种不同的任务载荷。电子对抗任务载荷用于检测、利用、阻止或减少敌方对电磁频谱的使用，包括通信对抗载荷、雷达对抗载荷、卫星导航对抗载荷等。

通信对抗载荷主要包括通信对抗侦察、通信干扰和通信电子防御等。通信对抗侦察任务载荷用于对敌方通信信号进行搜索、截获、测量、分析、识别、测向定位以获取其技术参数、功能、类型、用途、位置等情报的设备；通信干扰任务载荷则通过发射干扰电磁波，扰乱、破坏敌方无线电通信的通信对抗设备。以无人机为平台的通信对抗侦察设备分为机载部分和地面部分，原理框图如图 12.6.2 所示。机载任务载荷由侦察测向天线阵、侦察测向接收机等设备组成，主要功能是接收地面指控站的控制指令，执行相应的任务流程，结合无人机飞行控制系统提供的飞行参数，完成对目标信号的搜索、截获和测向，并将侦察测向数据经数据链下行链路传到地面侦察测向分析控制设备。地面部分为侦察测向分析控制设备，一般纳入无人机的地面指控站，设置相应任务控制席位，主要功能是通过无人机上行遥控链路对机载任务载荷进行控制和实时任务调整，并对下传的侦察测向数据进行解调、分析、处理、显示。以无人机为平台的通信干扰设备组成与通信对抗侦察设备类似，不再赘述。

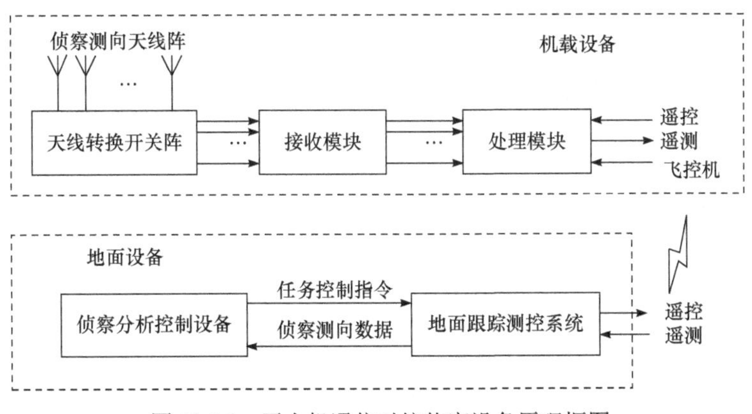

图 12.6.2　无人机通信对抗侦察设备原理框图

雷达对抗载荷主要包括雷达对抗侦察、雷达干扰和雷达电子防御等，雷达对抗侦察任务载荷用于搜索、截获、分析、识别敌方雷达发射的电磁信号，获取辐射源技术和战术参数及其方向、位置；雷达干扰任务载荷通过发射或转发干扰电磁波，扰乱、破坏敌方雷达工作。按照干扰作用区分，雷达干扰可拟分为压制干扰和欺骗干扰两大类。压制干扰的目的是把杂乱的噪声干扰波送入雷达接收机，使目标的回波完全淹没在杂波之中，无法发现。欺骗干扰则是希望雷达能收到干扰机复制出的假信号，使雷达产生错误的判断，破坏雷达对目标的正确指示和跟踪。欺骗干扰不采用压制原理，复制的干扰信号和雷达脉冲为同样宽度，比压制干扰采用的工作时间要短，只要略大于回波信号就能取得干扰效果，这使得欺骗干扰可以使用较低的平均功率，这一优点使它能够广泛应用于无人机等机动性要求高、装载能力有限的武器平台上。

机载欺骗式干扰机的组成如图 12.6.3 所示，设备通过机载接收天线接收到雷达脉冲信号，前置放大器将信号进行放大，信号存储器的作用是把雷达信号按原样存储起来，到需要的时候再提取出来，以此提供精确的复制信号，复制信号可以延迟一定的时间再发射出去，造成距离欺骗。信号存储器可以改变原雷达信号的时间关系，所产生的假信号给敌方雷达造成距离欺骗。频率调制或幅度调制的作用是改变原雷达信号的周期关系，所产生的假信号给敌方雷达造成速度欺骗。控制器用来控制信号存储器、频率调制或幅度调制器的工作参数以及收、发状态的转换，工作参数通常在无人机起飞前确定，并加载到机载控制设备软件中。破坏雷达距离和速度跟踪的欺骗干扰信号形成后，经功率放大器输出，由机载干扰天线辐射出去。

随着电子科技不断发展，出现了导航对抗、石墨弹、反辐射导引头和战斗部等新型任务载荷，电子对抗无人机的作战能力逐步得到提升，作战领域也得到拓展。其中，导航对抗任务载荷主要对卫星导航信号实施干扰；石墨弹是由无人机携带至指定区域，投弹后对电力网实施攻击，以摧毁敌电力系统；反辐射导引头和战斗部是反辐射无人机的任务载荷，主要功能是搜索和接收敌雷达信号，按照预定的要求引导无人机攻击敌雷达系统。电子对抗无人机已成为现代化信息作战力量的重要组成部分。

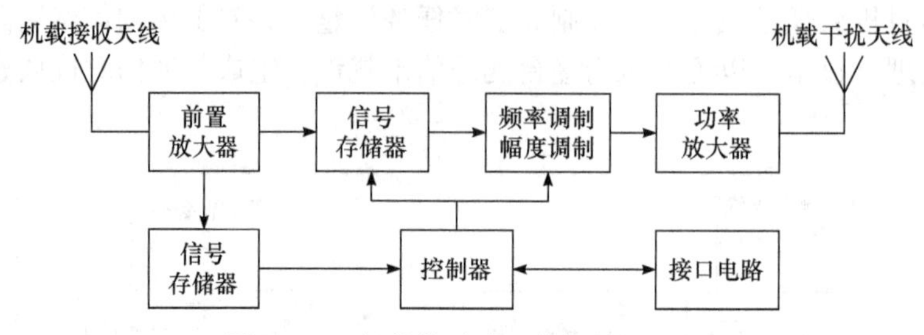

图 12.6.3　机载欺骗式干扰机的组成图

12.6.3　电子对抗无人机作战的运用

20 世纪 60 年代，美国就研制了电子侦察无人机用于越南战争，而 1982 年发生的贝卡谷地之战让电子对抗无人机声名鹊起。从 20 世纪 90 年代起爆发的海湾战争、阿富汗战争、伊拉克战争等历次战争中，电子对抗无人机在侦察监视、干扰敌方雷达通信系统和引导己方进攻武器等方面，都发挥了极其重要的作用。同时，战争也推动着电子对抗无人机不断升级改进，其性能越来越强大，在作战中发挥的作用也越来越大，世界各国都非常重视无人机作战力量的建设。

电子对抗无人机的典型作战运用包括战场侦察监视和干扰压制，可单机作战，也可多机编队作战。执行侦察监视任务时，无人机在指定作战区域内，沿跑道形航线或圆弧形航线往返飞行，对频段内的通信、雷达信号进行侦察和测向，并将结果实时回传至地面指控站，通过频率、时间、方位等侦察信息的融合关联，实现对作战目标的精确定位，生成初级电磁态势情报，为干扰决策提供数据支撑，为其他作战任务提供情报支援。执行电磁干扰任务时，可以根据战前侦察结果和作战实时情报支援，采用一架无人机或多架无人机编队飞行，对主要作战方向和佯动作战方向上重点频点或频段实施压制干扰，为突防和火力打击等军事行动提供信息作战支援。

电子对抗无人机遂行作战任务的过程大致分为作战准备、作战实施和作战结束三个阶段。

(1) 作战准备阶段。作战准备阶段主要是接收上级命令，根据作战任务和战场环境完成阵地选择、任务规划、确定飞行航线、装备技术检查和发射前准备、对无人机飞行航线及任务设备进行配置和装订等工作。电子对抗无人机在作战中一般需要明确技术阵地、发射阵地、回收场地，阵地间具有必要的车辆通行条件。技术阵地是装备存放、维修地，也是进行无人机组装、系统调试、拉距试验和内场机务等的技术准备地，一般要求阵地面积适当，有一定的隐蔽性。发射阵地是无人机执行作战任务的主要阵地，完成地面设备展开、无人机发射，一般也是无人机的回收场地，因此也称为发射回收阵地。另外，任务分队到达阵地后，应迅速建立与上级指挥所之间的通信联系。

(2) 作战实施阶段。作战发起后，根据飞行计划或任务情况，地面指控站控制单架或多架无人机发射升空，按预定航线飞行，到达任务区域后，人工或程序控制任务载荷开机，执行侦察测向或侦察干扰任务。完成任务后，任务设备关机，控制飞机返航着陆。

(3) 作战结束阶段。作战结束阶段主要完成无人机回收，并对飞行数据进行回放分析，对无人机进行检测、维护，准备再次起飞或根据上级指示撤离阵地。

现代战争日益向信息化、无人化、智能化发展，当前世界各国都在加大无人化武器装备的研发，无人机也向着长航时、高机动、强隐身、集群化、智能化快速发展，未来战争中无人机将扮演越来越重要的角色。

12.7　反辐射攻击

反辐射攻击(Anti-Radiation Attack)是利用敌方的电磁辐射信号导引反辐射武器对敌方电磁辐射源进行的攻击，其主要的攻击对象是敌方的雷达系统，故又称为反雷达武器。由于反辐射攻击的隐蔽、远程摧毁辐射源的特点和反辐射导引头技术的发展，近些年已经将反辐射攻击的对象扩展到雷达之外的辐射源，如卫星通信地面站、通信枢纽、干扰机等军事电子设备。

在现代化战争中，反辐射攻击武器是电子战领域不可缺少的“硬”杀伤武器，可摧毁、压制敌方辐射源，已成为一种重要的突防和掩护力量。按照组成方式的不同，反辐射攻击武器分为反辐射导弹、反辐射无人机和反辐射炸弹三大类。目前，反辐射攻击武器主要是反辐射导弹。

12.7.1　反辐射攻击的主要作用和特点

1. 主要作用

从第一代反辐射导弹“百舌鸟”服役起，雷达便成为反辐射武器的攻击目标。越南战争后，据美军统计，在使用反辐射导弹之前，平均 10 枚防空导弹能击落 1 架美国飞机，而使用反辐射导弹后，则需 70 枚防空导弹才能击落 1 架美国飞机。在两伊战争中，伊拉克的飞机装备了法国的“阿玛特”反辐射导弹，在攻击伊朗的美制改进型“霍克”地空导弹的制导雷达时，取得了 8 发 7 中的战果。在海湾战争中，多国部队发射了“标准”“百舌鸟”“哈姆”“阿拉姆”等各种反辐射导弹约 2000 枚，致使伊军 95%以上的雷达被摧毁，防空系统陷于瘫痪，战斗力基本丧失。反辐射武器甚至还可将各种干扰源、微波辐射源也纳入打击对象的行列。因此，反辐射武器的出现被誉为“第四维战场”，它对电子战的发展有着深刻的影响，使电子战的外延和内涵进一步拓宽，使电子战从电子侦察、电子干扰和反侦察、反干扰领域扩展到电子摧毁和电子反摧毁的领域，使电子战技术从软杀伤领域发展到硬杀伤领域。反辐射武器的出现为夺取战场电磁优势、充分发挥武器装备的效能提供了有力的保障。

反辐射武器在战争中的主要作用是压制防空、取得制空权，即摧毁防空武器系统中的雷达，使防空武器失灵，为发挥己方的空中优势扫清障碍，具体体现在以下几个方面。

1) 清理突防走廊

因为防空导弹采取多层次的纵深梯次配置，所以可首先用反辐射导弹摧毁多层次防空体系中的雷达，使防空体系因无目标位置信息而失去攻击能力，为攻击机扫清空中通道。

2) 压制防空

因为防空导弹对飞机威胁最大，所以首先用反辐射武器摧毁敌方防空武器系统中的雷达，使敌方失去防空能力，从而发挥己方后续的空中优势。

3) 空中自卫

在攻击性的飞机上携带反辐射武器，用于攻击和摧毁武器系统中的雷达，使武器系统失去攻击能力，从而达到自卫的目的。

4) 为突防飞机指示目标

在攻击机上装载带有烟雾战斗部的反辐射导弹，将这种反辐射导弹射向雷达阵地，攻击机可根据爆炸的烟雾指示进行攻击。

2. 主要特点

1) 反辐射攻击武器的优点

(1) 能对雷达实施实体摧毁。

电子干扰是对敌防空雷达实施电子欺骗和遮盖干扰，使敌雷达探测到虚假信息或暂时失去探测能力，从而掩护己方作战飞机(军舰)完成突防任务；而反辐射武器攻击则是直接对敌雷达辐射源实施攻击，使其完全毁坏，掩护己方飞机突防，其特点是对敌雷达的摧毁性打击。

(2) 隐蔽性能好，攻击速度快。

反辐射攻击武器采用被动搜索跟踪方式，本身并不辐射电磁信号，可从任何角度和方位对雷达目标进行攻击，同时其本身的雷达散射截面积比较小，因此不易被发现和干扰。发射后，不需要发射平台的配合，可自动跟踪、攻击目标雷达或辐射源。从发射到击中目标只需要短短 1min 左右的时间(反辐射导弹)，因而可能使敌雷达来不及关机就被摧毁。

(3) 攻击方式灵活多变。

反辐射武器有多种攻击方式。通常采用的工作方式是按预先规划装订的攻击目标直接攻击预定目标；也可以在载机飞行中随时攻击发现的目标；或在载机遇到防空导弹威胁时进行自卫，攻击防空导弹的导弹制导雷达；也可以使用诱饵诱惑雷达开机后进行反辐射攻击。现代反辐射武器可以从雷达的各个方位进行攻击，反辐射无人机甚至可以从雷达的顶空进行俯冲攻击。

(4) 可攻击多种目标类型。

导引头跟踪频率范围很宽，能够适应多种雷达或辐射源的波段及体制，还能从旁瓣和背瓣进行攻击。

(5) 先敌攻击优势。

导引头及其电子支援设备(Electronic Support Measures，ESM)接收单程电磁辐射波，探测距离比目标雷达探测距离远，可在目标雷达发现导弹之前就对目标进行攻击。射程达到几十千米到数百千米，可在敌方发射导弹之前或在敌防空火力范围之外实施攻击。

2) 反辐射攻击武器的弱点

(1) 对目标辐射源的依赖性强。

反辐射攻击武器以辐射源信号为制导信息，一旦地面雷达不开机，反辐射攻击武器就无法攻击。地面雷达即使开机，如果采取关天线、大角度转天线等手段，即便不能完全摆脱反辐射导弹，仍可降低其命中精度和毁伤效果。

(2) 导引头性能仍有一定局限性。

导引头采用单脉冲体制，难以对抗两点源相干干扰。导引头中的天线微波系统、接收机等部件存在非线性相频特性，影响导引头的精度。由于弹径的限制，天线孔径尺寸较小，对工作频率较低的雷达和高频雷达难以精确定向。导引头的接收灵敏度不高，一方面，由于导引头是宽频带，天线增益受限制；另一方面，导引头与辐射源信号不完全匹配，不能实现最佳接收。

12.7.2　反辐射导弹

1. 反辐射导弹组成

反辐射导弹是目前应用最广泛的一种对敌防空压制武器，它由攻击引导设备和反辐射导弹本身两部分组成。

1) 攻击引导设备

反辐射导弹攻击引导设备有机载型、陆基型和舰载型。这些攻击引导设备由以下几部分组成：测向定位设备、测频设备、信号处理、综合显示、发射控制、引导设备与导弹数据传输接口和引导设备与其他相关设备的接口，如图 12.7.1 所示。其核心技术是高精度的测向、定位技术。

攻击引导设备通常采用电子侦察设备，其自身不发射电磁波，而是通过接收辐射源辐射的电磁信号，测量其特征参数(如方位到达角、信号频率、脉冲宽度、重复周期、调制样式及雷达参数的变化范围和规律等)，确定攻击目标的类型和位置。

2) 反辐射导弹本身

反辐射导弹由宽带被动式导引头、导弹弹体(含飞行控制设备、发动机、电源等)、引信及战斗部和发射装置等构成，如图 12.7.2 所示。

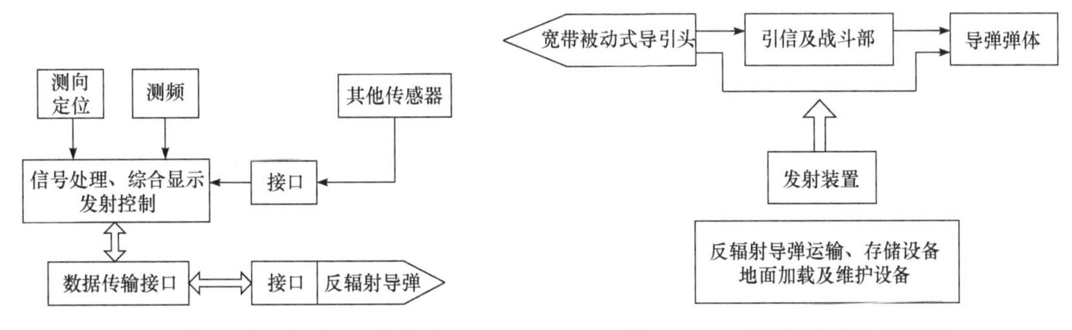

图 12.7.1　反辐射导弹攻击引导设备构成　　图 12.7.2　反辐射导弹构成简图

宽带被动式导引头用来接收雷达的辐射信号，测量其入射角及其他参数，并对接收到的信号进行分选、识别，选出需要攻击的目标，并进行跟踪攻击。反辐射导弹的导引头采用精度高、频带宽、动态范围大以及加载灵活的微波被动寻的导引头，通常应用两维单脉冲或者两维干涉仪高精度测向体制。

为了有效地对指定目标进行攻击，多数情况下都要在一定时刻为反辐射武器加载被攻击雷达的主要特征参数，如载频、载频类型及其容差，脉冲重复频率及其类型和容差等。

当敌雷达改变参数时，可根据加载的第二、第三等级的雷达参数寻找攻击目标。若还不能与现场敌雷达参数对应，可以在导引头加载数据库中继续查找，选择适当的敌雷达进行攻击。例如，英国的“阿拉姆”反辐射导弹，当在空中找不到目标时，导弹就爬升到预定高度(约 12000m)再搜索目标。一旦搜索到目标，就转入无动力滑翔攻击。

反辐射导弹的载体——导弹弹体具有完整的飞行动力、控制、导航等装置，对于远程反辐射导弹的飞行控制还采用 GPS 和惯导组合导航系统。导弹的发动机要保证导弹有足够的动力航程以满足各种发射距离的要求，同时导弹还应具有很好的机动性，保证对目标的灵活跟踪。

反辐射导弹一般采用近炸引信和触发碰炸引信相结合的引信装置，以最大限度地发挥战斗部的威力。同时采用小体积、高效率的破片式战斗部，尽量增加杀伤威力半径，提高反辐射导弹的命中概率和杀伤能力。

导弹发射设备由飞机内的火控系统及发射控制架组成，当攻击引导设备确定攻击目标并给导引头装订好参数时，飞行员就可以操纵火控系统中的导弹发射按钮发射反辐射导弹，导弹发射架将根据工作程序自动收回挂钩。

2. 反辐射导弹工作原理

以机载反辐射导弹为例来介绍反辐射导弹的工作原理。反辐射导弹的工作可分为三个阶段，即引导设备选择目标、导引头捕获目标和导弹发射攻击。

机载反辐射攻击武器引导设备灵敏度比较高，它发现地面雷达信号，测量参数并根据威胁确定需要攻击的雷达，然后给导弹导引头装订目标雷达的特征参数。参数装订后，导引头的测向设备和测频设备开始工作，对入射雷达信号进行侦收截获，并将得到的雷达信号的特征参数输入信号处理器进行分选识别。当获得的信号特征参数同装订的待攻击雷达特征参数相符合时，确定攻击目标已被截获，此时导引头通过音响或灯光等方式提示导弹操作员目标已被捕获，飞行员就可发射反辐射导弹。导弹发射后，导引头按一定的导引程序控制反辐射导弹的飞行姿态，完成将导弹导向目标雷达的过程。导引头对导弹的引导是一个非常复杂的过程，例如，不仅要完成雷达信号的方位测量，还要对每一瞬时测量到的方位值进行平滑、滤波和各种数字处理(以免在受到瞬间干扰时发出错误控制指令)，以完成对被攻击雷达信号的精确跟踪，并向导弹飞行控制系统送入飞行姿态调整参数；在引导反辐射导弹飞向目标的同时，为防止敌雷达关机，还需不停地对导弹当前的相对位置参数进行记录，以便在雷达关机后还能继续引导导弹攻击。

3. 反辐射导弹典型指标

反辐射导弹的型号很多，且装载平台多样化，因此其技术指标略有差异。下面以空地反辐射导弹为例作一简要介绍。

1) 攻击引导设备主要指标

攻击对象：炮瞄雷达、警戒雷达、制导雷达。

频率覆盖范围：2～18GHz。

方位覆盖范围：360°。

作用距离：大于雷达的作用距离。

测向精度：2°。

信号环境密度：能适应各种雷达信号，环境信号密度 50 万～100 万脉冲/s。

2) 反辐射导弹指标

导弹射程：大于 20km。

天线形式：平面螺旋天线和阵列天线。

最大速度：*Ma* 为 3 左右。

波束宽度：50°～60°。

有效杀伤半径：25～50m。

跟踪角：4°～8°。

动力装置：双推力固体火箭发动机。

战斗部：破片杀伤战斗部，质量为 66kg，采用激光近炸引信。

制导方式：被动雷达寻的。

接收机体制：超外差。

命中精度：5～10m(CEP)。

工作频段：2～18GHz。

导引头作用距离：大于雷达作用距离。

以哈姆/AGM-88 反辐射导弹为例，其具体指标如下。

频段：0.8～18GHz(扩展到 0.5～40GHz)。

瞬时带宽：500MHz。

接收机灵敏度：–70dBm(脉冲)或–90dBm(连续波)。

天线：平面螺旋天线。

角跟踪技术：相位干涉仪。

射程：大于 48km。

最大速度：*Ma* 为 4。

制导方式：被动雷达制导。

使用范围：空-地，视场角 ±30°，搜索角 ±4°。

12.7.3　反辐射无人机

1. 反辐射无人机组成

反辐射无人机是无人驾驶飞机在电子战领域中的应用之一，是“硬杀伤”电子进攻力量。反辐射无人机系统主要由三大部分组成：情报支援分系统、任务规划分系统和反辐射无人机平台。此外，还有运输、维护设备、电源等，其组成见图 12.7.3。

1) 情报支援分系统

情报支援分系统主要由电子对抗侦察设备获取作战区域敌防空雷达的部署和技术参数等情报，供制定作战任务时使用，经综合分析形成任务计划，生成作战数据由地面控制站加载至反辐射无人机的导引头中。

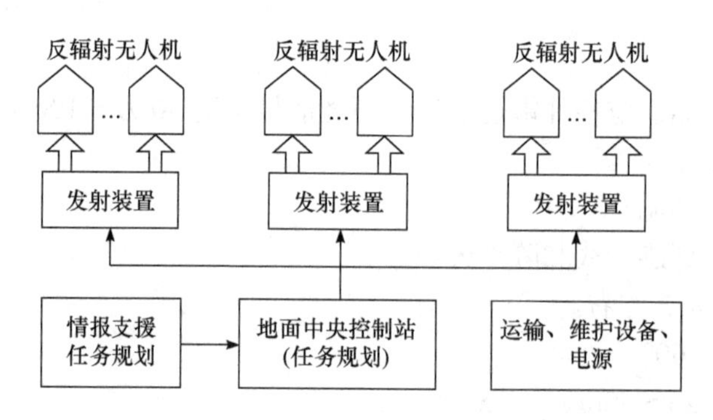

图 12.7.3　反辐射无人机系统组成

2) 任务规划分系统

通常配置在指挥机关内，用于完成作战任务规划、态势显示、回收控制、导引头参数加载等。在任务规划设备中有一个大屏幕彩色综合显示器，用于显示敌方雷达位置、反辐射无人机的位置、无人机飞行轨迹等作战环境态势。此外，在指挥中心还设有综合数据库，测控设备、发射车、反辐射无人机的状态则在另一显示器上显示。指挥员将根据现场敌雷达活动情报进行威胁等级判别，选择出需要攻击的敌目标雷达，通过操纵员对反辐射无人机下达作战命令。

3) 反辐射无人机平台

无人机平台由导引头、飞行控制设备、无人机飞行平台、引信及战斗部、发射车、地面控制站(包括供电、发射控制、遥测遥控等功能)等构成。

反辐射无人机导引头同反辐射导弹导引头一样，采用精度高、频带宽、动态范围大以及加载灵活的微波被动导引头，其加载方式是通过加载器直接对导引头进行加载，也可通过测控站对导引头进行发射前的加载或飞行中的加载。通常可按一定的优先顺序加载多个雷达的信号参数，反辐射无人机具有多目标攻击能力。当敌雷达开机时，导引头截获、跟踪敌雷达信号，引导无人机飞向敌目标。如果敌雷达关机，无人机爬升盘旋，保持对敌雷达的压制或选择适当的敌雷达进行攻击。无人机应具有完整的飞行动力、控制、导航、无源导引装置及GPS和惯导组合导航系统。反辐射无人机飞行过程的前期和中期为程控飞行，末期为制导飞行。除此之外，它还具有大角度俯冲后再拉起爬升的功能，在第一次丢失雷达信号时，可以进行二次搜索，再次搜索敌方目标雷达辐射的电磁信号。为了减少电磁辐射，要尽量减少无人机向测控站发送信息或是采用“发射后不管”的工作模式。因此无人机本身具有较高精度定位功能，从而能准确地进行程控飞行。

反辐射无人机通常也采用近炸引信和触发碰炸引信相结合的引信装置和小体积、高效率破片式战斗部，所以反辐射无人机应有较高的命中精度，以保证战斗部的毁伤效果。反辐射无人机的摧毁能力主要取决于制导精度和战斗部的装药量，命中精度提高一倍的杀伤效果相当于战斗部提高八倍的效果。

地面控制站由测控系统、供电系统和发射控制系统组成测控系统的功能是对反辐射无人机的发射、飞行进行测控。发射前各发射车、反辐射无人机的状态显示在状态显示器上，对反辐射导引头进行作战数据加载可由地面控制站实现。执行发射操作后，测控系统将对反辐射无人机进行测控，态势显示器上将显示战区地图、反辐射无人机的飞行轨迹和目标雷达的位置。同时测控系统还负责无人机需要返回时的回收指令控制。供电系统完成全武器系统的供电。发射控制系统与发射控制车构成反辐射无人机发射系统，负责将做好战斗准备的反辐射无人机发射到预定空域。在发射车上配备必要的外场检测设备和反辐射导引头的加载设备。发射控制系统与任务规划系统相连，根据送入的发射指令由操作员进行操作。

2. 反辐射无人机工作原理

反辐射无人机的工作原理及作战过程一般分为任务规划地面参数装订、发射并按编程航线飞行、搜索目标俯冲攻击三个阶段。

根据电子对抗侦察设备提供的情报确定了待攻击的目标后，由任务规划系统对导引头装订本次作战目标的相关参数——雷达数据(包括威胁等级、载频、脉冲宽度、脉冲重复周期以及特殊体制雷达的参数变化范围等)；同时对导航控制系统(GPS 及惯性导航设备)装订目标区域、飞行航线等坐标参数(坐标经纬度)等。参数装订通常分三个层次：任务规划系统对导引头装订参数，现场更换威胁数据库和现场用计算机进行参数装订。

无人机发射后，导航控制系统根据发射前装订的目标区和飞行航线坐标参数进行自主导航，控制无人机的飞行，直至到达目标区前沿。无人机到达预定目标区前沿后，按编程搜索航线进行巡航飞行，同时导引头开始对目标进行搜索，根据加载的目标数据确认攻击目标，当截获的信号特征同装订的待攻击目标信号特征相符合时，确定攻击目标已被截获，锁定目标，控制无人机进行跟踪和俯冲攻击。

导引头锁定目标后，无人机控制系统根据导引头输出的方位、俯仰数据控制无人机飞至目标顶空对目标进行俯冲攻击。如果敌雷达关机，控制系统根据无人机当时的高度情况确定是将无人机重新拉起进入巡航搜索还是按记忆(抗关机)继续攻击。

3. 反辐射无人机典型指标

1) 雷达情报侦察分系统主要指标

工作频段：0.5～18GHz(或更宽)。

测向精度：较高的测向定位精度。

工作灵敏度：较高的工作灵敏度。

侦察目标：能适应各种雷达信号，环境信号密度为 50 万～100 万脉冲/s。

2) 任务规划分系统主要指标

(1) 情报处理。汇集本武器系统内各雷达侦察分系统截取的情报信息，完成对各侦察设备所得到的雷达辐射源信息的综合处理，测定辐射源的信号参数，并分析其工作方式。

(2) 定位及态势综合与显示。利用各侦察设备得到的辐射源信号参数，完成交叉定位，定位精度一般优于目标到侦察设备距离的 2%～5%(CEP)。通过定位处理，得出每个辐射源的位置，并进行综合标绘，生成态势图。该系统具有大屏幕显示功能，目标位置、参数非常清晰地显示在上面。

(3) 威胁判别。根据侦察设备得到的信息及上级指挥部门的指示，完成辐射源威胁等级判别，做出作战规划。

(4) 参数装订。攻击目标确定后向导引头分系统装订本次作战攻击目标的区域、雷达参数及位置坐标、每架无人机的航线。

3) 地面控制站主要指标

(1) 具有对导弹发射车进行自检控制与结果显示的能力。

(2) 具有对无人机进行任务加载的能力。

(3) 具有控制无人机发射的能力。

4) 无人机分系统主要指标(举例)

翼展：2.10m。

机长：2.43m。

机高：0.55m。

最大起飞质量：120kg。

典型作战高度：4000m。

巡航速度：215km/h。

最大俯冲攻击速度：大于 462km/h。

最大俯冲攻击角：大于 80°。

待机速度：174km/h，其待机时间可达 2.5h。

攻击目标：警戒雷达、导弹制导雷达、炮瞄雷达等。

频率覆盖范围：0.5～40GHz。

攻击精度：5m(CEP)。

引信：激光近炸+触发碰炸。

战斗部：破片式战斗部。

有效杀伤半径：25～50m。

12.7.4 反辐射炸弹

1. 反辐射炸弹组成

反辐射炸弹以其低成本跻身于反辐射攻击武器家族，特别是通过导引头和弹翼控制装置与普通炸弹相结合可大大提高普通炸弹的命中精度，使得反辐射炸弹有较强的吸引力。反辐射炸弹与导弹类似，由攻击引导设备和反辐射炸弹两大部分组成。攻击引导设备与反辐射导弹中的攻击引导设备基本一样，可以通用。反辐射炸弹的组成包括宽带被动式导引头，炸弹弹体，引信及战斗部，反辐射炸弹运输、存储设备，地面加载及检测维护设备等，如图 12.7.4 所示。

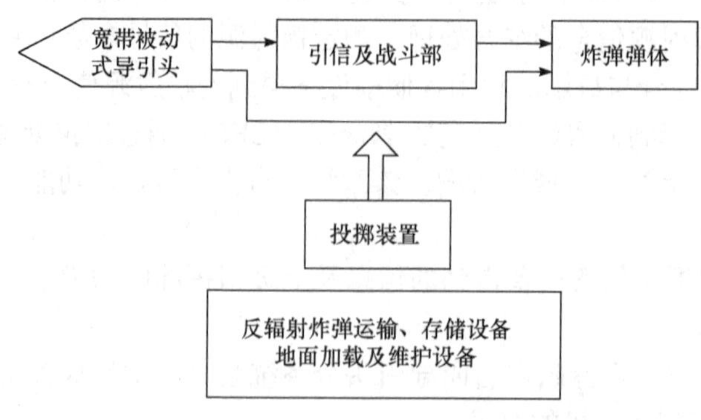

图 12.7.4　反辐射炸弹组成

2. 反辐射炸弹工作原理

反辐射炸弹的基本工作原理与反辐射导弹差不多，但要求反辐射炸弹成本低、造价便宜。因此，在导引精度、飞行控制方面的要求较低，采用提高战斗部(炸药及弹片)威力的方法来弥补命中精度的不足。

反辐射炸弹是在普通炸弹的弹身上安装可控弹翼、被动式导引头和控制装置构成的。由导引头输出的雷达信号角度信息控制弹翼偏转，引导炸弹飞向目标。反辐射炸弹分为无动力炸弹和有动力炸弹两种。在无动力反辐射炸弹的使用中，飞机需要飞至敌雷达阵地上空附近，飞机具有较大的危险，攻击方必须具有较大的制空权优势，才能采用这种反辐射炸弹；有动力的反辐射炸弹则类似于反辐射导弹，所不同的只是射程不一样，炸弹的动力航程相对较短，制导控制的方式简单，攻击命中的精度较低，但其最大的特点是战斗部大，足以弥补精度的不足，因而成本较低。典型的反辐射炸弹是 MK82 反辐射炸弹，其爆炸时弹片可飞至 300m 以外。

3. 反辐射炸弹典型指标

有效杀伤半径：50～500m。

导引头作用距离：大于雷达作用距离。

频率覆盖范围：0.5～18GHz(分段)。

导引头测向精度：由于反辐射炸弹有效杀伤半径较反辐射导弹大，因此一般反辐射炸弹的导引头测向精度比较低，以便尽量降低成本。

12.8　高功率微波与高能激光武器

定向能武器是电子对抗领域一直在探索和发展的新概念武器。顾名思义，定向能武器是一种沿着某一方向发射与传播高能射束去攻击目标的新原理武器，其能量可集中在很小的立体角内辐射出去。

定向能武器不同于现代武器的主要特征是：以光波传播的速度把高能量射束直接射向目标，攻击时不需要提前量，命中率极高；射束指向控制灵活，可快速改变指向同时攻击多个目标；射束能量高度集中，一般只对目标本身某一部位或目标内的电子设备造成破坏，而不像核武器那样，造成大范围的破坏或杀伤。

定向能武器既可攻也可守，已成为对付飞机、军舰、坦克、导弹乃至空间卫星等高价值目标的攻防兼备的电子战武器。它主要包括高功率微波武器、高能激光武器和粒子束武器三大类。其中，高功率微波武器、高能激光武器的研制在技术上最为成熟，并在军事上获得了应用。

本节简要介绍高功率微波武器和高能激光武器的基本概念、关键技术和杀伤破坏机理。

12.8.1　高功率微波武器

1. 基本概念

高功率微波武器是通过发射几百兆瓦甚至几十吉瓦的强微波脉冲功率来毁坏敌方电子设备、烧毁武器结构和杀伤作战人员的一类新机理武器系统。由于它以辐射强微波能量为主要特征，因此又称为微波辐射武器或射频武器。高功率微波(High Power Microwave，HPM)通常是工作频率为 1～300GHz 的电磁脉冲。

高功率微波武器的基本组成如图 12.8.1 所示。

初级能源(电能或化学能)经过脉冲功率系统转化为脉冲高电压，促使强流电子束产生器生成强流电子束；该电子束在高功率微波源器件内与电磁场相互作用，将能量交给电磁场，产生高功率的微波；然后该微波通过定向辐射天线辐射出去。

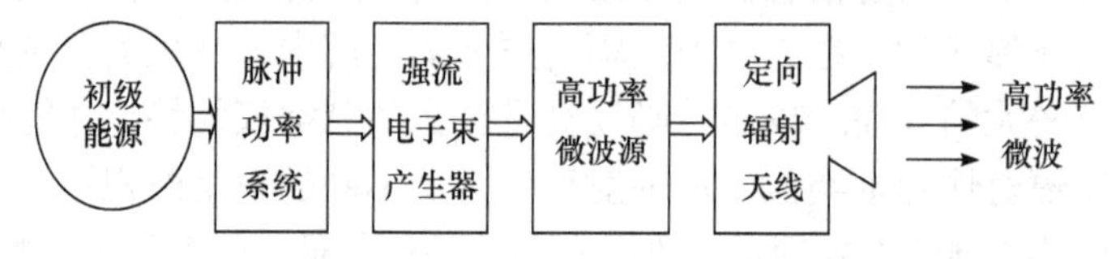

图 12.8.1　HPM 武器的基本组成

高功率微波武器按运行方式可分为一次性使用的高功率微波弹和可重复使用的高功率微波定向发射系统(也称微波炮)两种。

微波弹主要由电磁战斗部和点火装置两部分构成。前者是高功率发生器，基本部件包括电源、微波谐振装置和辐射微波波束的天线；后者视弹种而异，包括雷达高度表、气压计引信或 GPS/惯性制导炸弹使用的导航系统。微波弹的工作原理可简述为一种能量形式的转换，即先将炸药(或推进剂)的化学能转换成大功率低频电磁能，然后转换成高功率微波电磁脉冲。微波弹的杀伤力主要受到输出功率、能量耦合效率、爆炸高度、目标加固程度等诸多因素的制约。高功率微波弹的投射方式有机载空投、无人机载弹自主攻击、导弹运载投射、火炮发射和人力投射等。

高功率微波定向发射系统是指能产生数百兆瓦至数十吉瓦脉冲功率，脉宽为几纳秒至几百纳秒，重频为几赫兹至几千赫兹，能定向发射微波能量的系统。其最大的特点是以电源为能源，可快速、重复发射和多次重复使用，消耗的仅仅是电源。它可作防空武器对付飞机、巡航导弹、反舰导弹的攻击，还能对付激光、红外制导炸弹和隐身武器；可用作超级干扰机，采用与电子干扰相同的工作方式，干扰敌方各种电子设备；还可用作高功率微波雷达，提高雷达的功率和距离分辨率等。高功率微波定向发射系统由初级能源、脉冲功率系统(能量转换装置)、高功率微波器件、定向发射装置以及系统控制等配套设备组成。

高功率微波武器作战运用主要有两种形式：一种是地基固定式，以保护首脑机关的指挥中心、导弹发射阵地、重要城市、工厂、仓库、基地，配置若干个高功率微波武器系统，攻击来袭飞机、导弹，扰乱或摧毁这些来袭目标所使用的指挥、搜索、控制系统，使其丧失战斗力；另一种是机动式，可分为机载、舰载、车载和弹载等几种方式，前三种分别以飞机、舰艇、车辆为平台，攻击空中、陆地、海上的各种目标，弹载则以各种导弹、炸弹为载体，利用爆炸能量产生微波攻击各类目标。随着航天技术的快速发展，出现了微波武器的第三种作战形式，即将微波武器装备在航天器上，攻击卫星等太空目标或地面、海上乃至空中目标。

2. 关键技术

1) 脉冲功率源

脉冲功率源的核心技术是脉冲功率技术，也称为高功率脉冲技术。它把“慢”储存起来的具有较高密度的能量，进行快速压缩、转换或直接释放给负载的电物理技术。通俗地说，它是一门能够产生准确波形的纳秒高压脉冲技术。

通常，脉冲功率源主要包括初级能源、中间储能和脉冲形成系统、脉冲压缩系统，如图 12.8.2 所示。

初级能源的种类繁多，包括：以电场形式储能的电容器；具有磁能的电感器；具有一定转动惯量的各类机械能发电机；化学能装置、核能装置。采用何种装置，应视用途和中间储能、脉冲形成系统的性质以及本身成本而定。

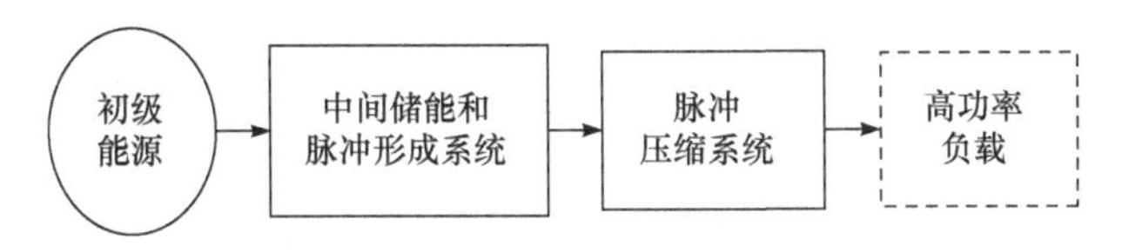

图 12.8.2　脉冲功率电源示意图

中间储能和脉冲形成系统具有储能和成形脉冲的功能，有时还起转化能量的作用，这与初级能源的类型有关。若初级能源是机械能，则它还应具有使用机械能的感应发电装置。

脉冲压缩系统是转换系统或高功率开关(即电源内各种转换开关)。它包括闭合开关和断路开关两类。实际上，它们可分布在脉冲电源的不同位置。视应用不同，有时只用闭合开关，有时仅用断路开关，有时联合使用。

高功率脉冲技术的实质是在空间和时间上增加能量密度的过程，可称为能量压缩。其特点是脉冲幅值高、脉冲功率大、脉冲上升时间短、脉宽小。具体的技术表征量大致是：电子能量为 0.3～15MeV；电子束流为 10kA～25MA；脉冲宽度为 20～100ns；束流功率为 0.1～100TW；总束能为 1kJ～15MJ。

2) 强流电子束产生器

强流电子束产生器是脉冲功率源装置的负载，按习惯统称为二极管。二极管是获得强脉冲带电粒子束、伽马射线、X 射线以及高功率微波、强激光等最关键的部件。真空二极管内有一个阴极、一个阳极，当在阴极和阳极之间加一高电压后，阴-阳极之间形成一个很强的电场，从而形成一束很强的电子束流。这个电子束流是用来产生 HPM 的。由二极管产生的电子束流通常用三个量来表征：电子能量或电压(kV 或 MV)、电子束流强度(kA)、电子束脉宽(ns)。

3) 高功率微波源

高功率微波源是高功率微波武器的核心组件。高功率微波武器用的高功率微波源产生的微波功率要比常规雷达用的微波源高几个量级。尽管雷达迄今已有几十年的历史，但是其微波源输出功率太低，因而只能作探测、侦察、通信用，而不能用作摧毁性杀伤武器。

随着脉冲功率技术的重大突破，利用强度在数百万安培、峰值功率达到千亿瓦以上的强流电子束激励出千兆瓦到数万兆瓦功率的微波脉冲成为现实，出现了新的微波产生机理，例如，基于诱导韧致辐射机制产生微波；用频率多普勒效应产生微波；用强流相对论电子束产生微波等。

HPM 主要有两种不同的产生原理：一种是由电能通过二极管转换成电子束，电子束通过束-波相互作用器件转换成微波，微波由天线发射出去，可实现高频率、高峰值功率、高能量和高平均功率；另一种是由电能在天线上直接转换为微波，再发射出去，通常用于产生宽带或超宽带微波。

目前，高功率微波源是用强流相对论电子束产生高功率微波的器件，即通过电子束与波的相互作用把电子束的能量(动能)转化为高频电磁波能量(电磁能)。从二极管阴极产生的电子束通过阴-阳极之间加速后穿过阳极，进入产生 HPM 的电磁波导结构中。由于波导结构的存在，电子和它激发的波同步一致起来，即电子被激发产生辐射波，电子把它所具有的能量转换成微波。如果 HPM 源发射的功率为 1～10GW，则它需要的强电子束将达到 1kA 到几十千安。在高功率微波源中，将电子的动能转换为波能是关键。

4) 高功率微波天线

高功率微波天线是定向辐射天线，是高功率微波源和自由空间的界面，它决定着能否将微波有效辐射出去，使大部分能量作用到目标上。

与常规天线技术不同，高功率微波天线具有两个基本特征：一是高功率，即天线应能辐射吉瓦级的电磁脉冲而不致击穿；二是短脉冲，即天线具有很宽的频带宽度。

为满足 HPM 武器系统的需要，天线应满足以下要求：很强的方向性、很高的增益、很大的功率容量、带宽较宽、较低的旁瓣电平以避免自毁，具有波束快速扫描的能力，并且天线重量、尺寸能满足机动性要求。

根据工作带宽，高功率微波天线可分为窄带天线和超宽带天线。高功率微波用的窄带天线基本是传统天线的简单外推，并在防止空气击穿等问题上加以改进。高增益、低色散的宽带天线是一个难以解决的课题。如果脉冲宽度为纳秒量级，天线的设计就更为困难。现在主要采用 TEM(Transverse Electric and Magnetic Field)喇叭天线，它可以发射 1ns 的脉冲信号，带宽约为 1GHz，但带宽内的增益不太均匀，远场的脉冲有畸变。

3. 破坏机理

高功率微波武器的杀伤破坏机理分为两类：一类是对无生命的物体，如信息系统、作战武器(如导弹、作战飞机)和弹药的毁伤；另一类是对有生命的对象(如人、动物)的毁伤。

HPM 对人员的杀伤分为非热效应和热效应两类。非热效应是由弱微波能量引起的，例如，3～13mW/cm^2 的微波能量会使作战人员神经混乱、记忆力衰退、行为错误，甚至致盲、致聋或使作战人员心脏功能衰竭、失去知觉等。热效应是由较强微波能量照射引起的，例如，0.5W/cm^2 的微波能量能造成人皮肤轻度烧伤；20W/cm^2 的微波能量在 2s 内即可造成人皮肤三度烧伤；80W/cm^2 的微波能量在 1s 内使人死亡。因此，利用 HPM 可使武器操作人员行为失控，发出错误指令或信息，导致战争机器失控、瘫痪并使战争以失败告终。

对于无生命的物体(主要为电子系统)而言，除了力学上(或机械上)的毁伤外，更重要的是“电磁应力”造成的电学功能上的“电磁毁伤”。“电磁应力”来源于外部强电磁场与电子系统的耦合。

电子系统由许多不同的电子元器件组成，但这些器件抗脉冲电压的能力较弱，一般几十伏的瞬间电压就会使器件损坏。另外，即使脉冲电压未达到毁坏器件的程度，也会降低器件工作的可靠性和稳定性，从而使系统失效。例如，通信系统中常用的高频双极晶体管的典型击穿电压为 15～65V，砷化镓场效应管的击穿电压一般为 10V 左右。在计算机或通信的供电系统或外部接口中采用的隔离变压器，其击穿电压为几百伏到 3000V，但当保护电路失效时，即使低至 50V 的冲击也会使受保护的计算机系统或通信系统受到致命的损坏。

目前，把 HPM 武器对具有电气或电子部件的目标系统产生的毁伤效应分为四种。

(1) 扰乱。这是一个或多个节点电气工作状态的暂时性变异，此时，它们不能再正常工作。但是，只要外加的射频信号一消失，就会恢复正常，不会产生永久性功能毁伤效果。

(2) 锁定。所产生的效果与扰乱的相同，但在外加射频信号消失后，需要对电气装置采取复位操作使其正常。例如，计算机在射频信号的辐照下死机，需要重新启动。

(3) 闭锁。闭锁是锁定的一个极端状态。此时，节点被永久性地毁坏，或者节点的电源被切断。例如，电路板受到微波辐照后产生过载，而使保险丝或电阻烧毁。

以上三种效应属于软杀伤效应，目前由电磁脉冲武器和雷电等产生的高功率微波束产生的毁伤多数为软杀伤。

(4) 烧毁。这是节点的物理性损坏。当以 1000～10000W/cm^2 功率密度的微波束照射到目标时，电流变得非常大，以至于熔化了导体。这种情况通常出现在很细小的导线或有多根导线的节点接头处，而且常常会产生电弧，如同闪电使家用电器烧毁。

在综合防空系统中，锁定、闭锁和烧毁效应完全能够破坏武器的制导系统，成功地抗击精确制导武器的攻击。即使只能产生扰乱效应，也可以有效地阻止精确打击武器接收导航信号，从而降低其命中精度。

总体来说，电磁脉冲是通过它与目标的相互作用过程中所产生的电效应(感应电流)和热效应来实现对目标的毁伤的。

大量实验表明：当目标处的微波功率密度为 0.01～1μW/cm^2 时，便可对雷达、通信、导航等电子设备形成强干扰，破坏其正常工作。当微波功率密度为 0.01～1W/cm^2 时，可使这类电子设备微波器件的性能降低、失效以致硬损伤，例如，使雷达、通信和导航系统中的电子元件失效，使小型计算机产生误码，抹掉记录信息，产生误操作。当微波功率密度达到 10～100W/cm^2 时，强微波功率感应的电流就可通过天线、导线接口、金属缝隙进入飞机、导弹、卫星、坦克等武器系统中的电子电路中，使系统功能紊乱，出现错码、中断数据，从而使整个电子装备和武器系统失效。当微波功率密度达到 10^3～10^{4}W/cm^2 时，能在瞬间烧毁隐身飞行器的涂层，引爆油箱、炸弹、导弹、核弹等武器。

12.8.2　高能激光武器

1. 基本概念

1) 激光武器的分类

激光武器是利用定向发射的激光束攻击目标，直接杀伤或破坏目标，使目标丧失作战效能的武器。激光束由于没有惯性，以光速飞行，发射时没有后坐力，打击目标不需要计算提前量，效费比极高等优点，引起世界各国竞相研制激光武器。早在 1996 年，美国陆军和以色列国防部就首次演示了“鹦鹉螺”战术高能激光武器。现在，激光武器已成为光电对抗技术与装备发展的重要方向。

根据作战对象的不同，激光武器分为战术激光武器和战略激光武器。战术激光武器的作战对象是军事装备上的光电装置、飞机、战术导弹、巡航导弹等，其作战范围小，对激光器的功率、光束质量等要求较低。而战略激光武器的作战对象则是敌方战略导弹、侦察卫星、天基作战平台等飞行器目标，要求激光器的功率更大，火力更强。

按杀伤效果来分，激光武器可分为低能激光武器和高能激光武器。低能激光武器以软杀伤为主，即以一定能量的激光束来作用和破坏光学窗口、光学薄膜、镜面、太阳能电池板、电子线路、电子元器件、光电探测器件等，致使系统的光、电或计算方面的功能丧失。软杀伤以破坏目标的信息采集、传输和处理能力为目的，不一定要求产生结构上的破坏，因此，其所需要的激光强度低。高能激光武器主要以硬杀伤为主，即高能激光通过热效应对目标产生力学上的破坏，例如，结构部件的强度或承载能力部分丧失乃至全部丧失，最终使目标部分或全部丧失功能，因此，其所需要的激光强度高。这两类激光武器并不是界限分明的，前者对于近距离目标有可能成为破坏性武器，后者对于更远距离的目标有可能成为干扰类武器。本节简介高能激光武器(也称为强激光武器)。

2) 高能激光武器的系统组成

高能激光武器系统的构成主要包括高能激光器、自适应光学系统、大口径发射系统、精密跟踪瞄准系统及指挥控制系统，如图 12.8.3 所示。

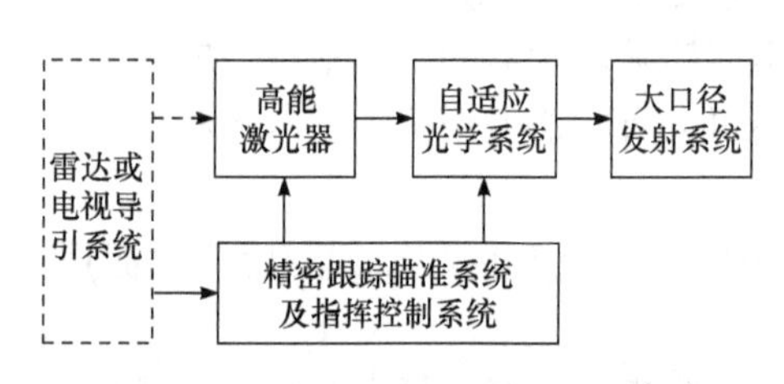

图 12.8.3　高能激光武器系统的一般构成

高能激光器是激光武器的核心部件，通常要求其功率足够大、光束质量好、大气传输性能佳、破坏靶材能力强、适于作战使用，以适应复合作战平台对武器系统重量和尺寸的限制。

自适应光学系统用于校正大气传输中由于湍流与热晕等效应所造成的光束畸变。

大口径发射系统用于把激光束发射到远场，并汇聚到目标上，形成功率密度尽可能高的光斑，以便在尽可能短的时间内破坏目标。

精密跟踪瞄准系统及指挥控制系统使发射望远镜始终跟踪瞄准飞行中的目标，并使光斑锁定在目标的某一固定部位，通常为易损位置，从而有效地摧毁或破坏之。

2. 关键技术

1) 高能激光器

高能激光器是激光武器的核心器件。对其要求是输出功率非常大、光束质量足够好、破坏靶材能力强。

激光武器所发射的激光束能量与通常的炮弹相比要小得多，很难用激光去摧毁一辆坦克或去烧毁一座桥梁。例如，1kgTNT 炸药含能约为 4MJ，而目前脉冲激光的单脉冲能量约为千焦级。

从使用的角度来看，激光武器的两个战术技术条件是非常重要的，即靶距和靶的破坏阈值。靶距是指被攻击目标与激光器的距离。靶的破坏阈值，也称为靶的硬度，是靶开始出现破坏现象所需要的最低激光功率密度(W/cm^2，对应连续激光)或最低激光能量密度(J/cm^2，对应脉冲激光)。破坏阈值是目标薄弱环节被破坏的难易度。

由靶距和靶的破坏阈值可大致确定高能激光器的技术指标，其最基本的表征量主要有系统的亮度、能量的定向辐射能力和光束质量。这三个量与激光器的性能参数输出波长 λ、输出功率 P 和激光束发散角 θ 等是直接相关的。因此，可以说激光器的 λ、P、θ 三个量是激光武器物理性能参数的另一种表述方式。

2) 自适应光学系统

在地面或低空使用激光武器时，光束必须穿过一定厚度的大气层才能达到目标。大气湍流将导致目标上的光斑扩大、漂移、强度起伏(闪烁)等，而且通路上的大气分子与气溶胶微粒吸收激光能量而温度升高，导致激光束横截面上的空气折射率变化，从而产生热晕效应。这些都将使激光束发生弯曲、畸变等。

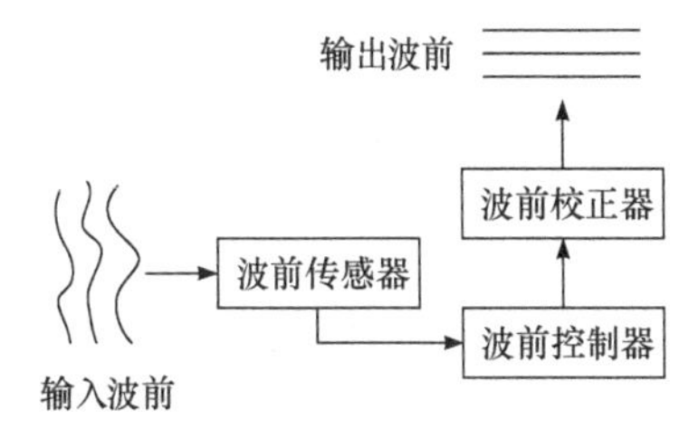

图 12.8.4　自适应光学系统工作示意图

激光武器的光束发射系统必须具有光学校正功能，通常是自适应光学系统，如图 12.8.4 所示。波前传感器实时探测出光学通道或光学系统的波前误差，经波前控制器处理后输出控制信号，加到波前校正器，产生与所探测到的波前畸变大小相等、符号相反的波前校正量，使光波波前由于受到动态干扰而产生的畸变得到实时补偿。

需要说明的是：采用自适应光学技术并不总是能够奏效的，例如，湍流和热晕同时存在时，自适应光学补偿可能使热晕不稳，甚至加强。

3) 精密跟踪控制技术

激光武器对目标的破坏，要求聚焦的激光束在一定的时间内持续地射到目标的同一小面积上。为此，光电跟踪瞄准系统应控制光束使其稳定在选定的瞄准点上，否则激光光束的焦点会在目标上抖动，不但使光束的能量分散，增加了破坏目标的沉积能量时间，也严重影响激光武器的杀伤概率。

战术激光武器的自动跟踪瞄准系统角跟踪精度要比一般反导武器高 1～2 个数量级，根据不同飞行目标，一般要求其跟踪精度在 1～20μrad。同时，对其光电跟踪瞄准系统的平稳性要求也是相当严格的。

精密跟踪瞄准系统的一个高难度课题就是稳定跟踪瞄准点的选取和定位问题。目前，国外都采用第一束激光跟踪点方法。一旦激光击中目标，将发生辐射反应，形成热点，可以把它取作稳定的目标跟踪点。激光到达目标的第一束脉冲的反向辐射作为光电传感器的跟踪基准，若第二束激光不能准确地到达第一脉冲点的位置就需要补偿调节，这就是热点跟踪控制的原理。

此外，精密跟踪瞄准系统由于受载体的摇摆、振动及光机结构变形和抖动的作用，还必须有视轴瞄准线的精确自稳定控制技术。

3. 破坏机理

高能激光武器的杀伤作用都是建立在强激光对材料的破坏机理之上的。强激光作用在目标上，会使其构成材料的特性和状态发生变化，如温升、膨胀、熔融、汽化、飞散、击穿和破裂等。强激光对材料的破坏主要表现为热作用破坏、力学破坏和辐射破坏。

1) 热作用破坏

(1) 加热。当激光功率密度小于 10^3W/cm^2 时，目标材料在吸收大量激光能量之后会升温，这是加热过程。

(2) 热熔融。当激光功率密度为 10^3～10^6W/cm^2 时，材料局部区域的温度会升高到融化温度。若激光继续以较高的速率沉积能量，则这个局部区域的材料就会发生熔融。

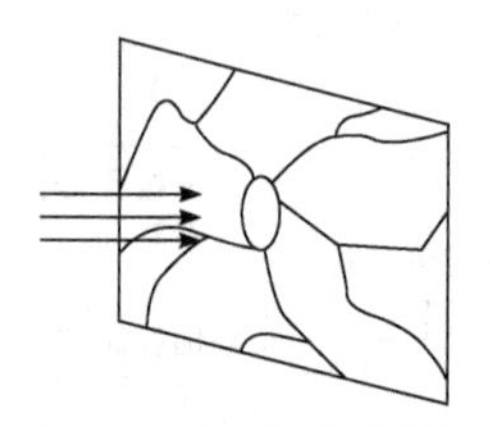

图 12.8.5 激光在玻璃中产生热应力造成破坏示意图

(3) 热应力。激光的照射将产生材料的非均匀温度场，势必引起不同区域材料的热膨胀量不同。固体材料各部分的膨胀量不同必将产生热应力。在热应力集中的部位可能形成裂纹，甚至发展为局部破坏，在脆性材料(如玻璃)中更是如此，如图 12.8.5 所示。

(4) 汽化。如果激光功率密度达到 10^6～10^8W/cm^2，吸收激光能量的材料就可能经历一系列过程达到汽化，即升温→达到熔融温度→吸收融化潜热并且熔融→再升温→达到汽化温度→吸收汽化潜热并发生汽化。材料必须吸收足够的能量才能汽化，能量的最低限度应是上述各环节吸收能量的总和。以铝为例，若使 1g 铝汽化(烧蚀掉)，至少需要 1.3×10^4J 的激光能量，其中绝大部分将消耗在汽化潜热这个环节上。

(5) 热烧蚀。当激光强度超过汽化阈值时，激光照射将使目标材料持续汽化，把这种过程称为激光热烧蚀。

2) 力学破坏

当激光功率密度达到 10^8～10^{10}W/cm^2 时，目标不仅发生汽化，还会形成等离子体。发生汽化时，汽化的物质高速喷出，将对材料表面产生反冲压力。同时，对于足够强的入射激光，等离子体会以超声速膨胀，对目标产生相应的压力。如果上述过程对目标产生的压力峰值足够高，就可能在目标材料中产生某些力学破坏效应，如层裂和剪切断裂等。

(1) 层裂。当用强激光照射金属板时，产生的压力会在金属板中形成压缩波，此波在目标板后表面反射时变成拉伸波，它与入射压缩波后沿相互作用。如果在目标内某处这两个波叠加后的净拉力超过材料的抗拉极限强度，则材料就将产生断裂。这种断裂方式称为层裂，一般认为，能产生层裂的激光强度应当在 10^{10}W/cm^2 以上。

(2) 剪切断裂。如果一束强度足够高、横向尺度较大的激光束照射在材料上，在被照射的区域将出现热烧蚀。在烧蚀区域将出现一个激光烧蚀“坑”，此坑在烧蚀过程中由浅而深地向材料内部推进。同时，由于材料汽化喷射的反冲压力和等离子体膨胀压力只作用于烧蚀区域，而烧蚀区域外侧不受反冲压力作用，这样一来，在激光束的边缘处沿着径向将产生压力梯度。这一压力梯度将在激光束的边缘处产生剪切作用。在激光脉冲作用时间内，如果径向弥散效应来不及把剪切应力分散开，材料就会出现剪切断裂。

3) 辐射破坏

当激光照射目标，能量达到一定积累时，目标上汽化的物质就会被电离，而形成一层特殊的高温等离子体云。等离子体一方面对激光起屏蔽作用，另一方面能发射紫外辐射，甚至 X 射线辐射，进而造成目标结构及其内部电子、光学元件等损伤。有研究人员试验发现，这种紫外线或 X 射线有可能比激光直接照射引起的破坏更有效。

激光武器使用的激光器运转方式不同，杀伤目标的破坏机理和毁伤效应也有所不同。连续波激光束对目标的杀伤以热效应破坏机制为主。连续激光功率通常较低，一般不能立即引起破坏，达到目标的破坏阈值可能需要几秒的时间。当连续波激光作用于目标的时间为秒级，激光强度介于 1～100kW/cm^2 时，大多数材料可温升到熔点温度，目标会被熔穿。与此同时，受很大机械应力作用的部件在完全熔化穿透之前，可能会被热应力效应所破坏。

在脉冲激光作用下，目标将出现力学破坏、热破坏乃至次级辐射破坏三种效应。脉冲激光传给目标以动量，这种冲击能引起目标结构的破坏。其破坏程度依赖于目标所在的大气环境、激光光斑大小、激光强度、激光脉宽、激光波长、目标材料种类和表面状况等。

12.9　认知电子战

随着以人工智能为代表的新技术广泛应用于各种军事领域，认知电子战(Cognitive Electronic Warfare)的概念得到了人们越来越多的关注，从萌芽到初步形成理论体系，认知电子战不断发展进步，成为解决现代复杂战争中各种电子战难题的最佳手段。经过早期项目林立的研究热潮，认知电子战逐渐进入实用阶段，各国将大力开展认知电子战装备研发和军事应用。学习认知电子战的发展和相关技术，可以更好地理解和认识人工智能技术与电子战领域的融合，以及理解未来电子战的发展方向。

目前，关于认知电子战的定义并没有统一标准，可将其定义为：以具备认知性能的电子战装备为基础，注重自主交互式的电磁环境学习能力与动态智能化的对抗任务处理能力的电子战作战行动，是电子战从“人工认知”向机器“自动认知”的升级。其中，装备认知能力的提升集中体现了认知电子战的根本属性，并作为显著特点区别于传统电子战。

12.9.1　传统电子战面临的挑战

随着信息技术的不断发展，信号环境的复杂化，对抗目标的智能化、网络化，以及抗截获、抗干扰新技术的发展应用，传统的电子战系统面临着严峻的挑战。

1. 复杂电磁环境下对目标信号的威胁感知难度增大

电磁信息是联系陆、海、空、天四维战场的信息纽带。随着现代军事电子技术的发展，电磁设备的种类与数量呈现指数级别发展。在现代战场环境中，雷达探测、光电探测、电子侦察、电子干扰等各类电子设备的使用，都极大地加剧了战场电磁环境的复杂性，一部电子战设备可能同时受到几十部甚至上百部电子设备的电磁辐射，要从这些海量信号中迅速截获、分选并识别威胁辐射源，并对威胁辐射源实施有效的电子攻击，对电子对抗系统而言是极大的挑战。

2. 人工智能、认知技术的发展推动电子信息设备的智能化程度不断提升

基于“认知”的自适应电子信息设备的研究成为当今的一个重要发展方向。新一代具有认知能力的自适应电子信息设备将充分利用其对环境感知的能力，在发射与接收之间形成一个闭环，使其可以根据环境(包括杂波、地理环境、干扰等)实时地对工作模式、发射参数、处理过程等进行调整，大大提高了系统各方面的性能。在人工智能、软件无线电、认知无线电等技术的推动下，对抗目标系统的智能化程度不断提高，更注重对电磁环境的自主感知能力与快速应变能力，由此逐渐拉开了电子战装备的技术差距。针对先进的具备认知能力的目标系统，传统的电子对抗设备的智能化水平与对抗目标存在着严重的不对等，对抗效果将会被极大地削弱甚至完全失去对抗能力。因此，如何有效对抗智能化的自适应电子信息系统，是目前电子对抗领域亟待解决的问题。

3. 对目标组网信息系统的对抗具有迫切需求

雷达、通信等战场信息系统组网化的趋势，对于发展新型电子对抗装备提出了更为急迫的需求。例如，传统的雷达干扰方式只能压制雷达网中的一部或部分雷达，而整个雷达网可通过多个雷达传感器的信息融合，消除干扰的影响；传统通信干扰方式只能压制通信网络中的部分链路，网络中的节点依靠链路迂回依然可正常通信。面对组网信息系统，迫切需要对抗方发展智能化的对抗技术对组网系统行为进行辨识，以便可有针对性地采取对抗措施，及时发现并攻击目标组网系统的关键节点和要害分系统。

综上所述，为了提高电子对抗系统的战场生存能力，要求新型电子对抗系统必须同样具备自适应与智能化的特点。电子战中对抗双方的博弈斗争是一个相互识别、相互躲避的动态过程，电子战装备只有具备“边对抗边学习”的能力，通过对对手反馈状态的辨识及时调整应对策略，才能掌握未来电子战中的主动权。基于认知理论的电子战技术，将成为电子对抗装备应对上述挑战的有效技术途径。

12.9.2 认知电子战发展概述

1. 认知电子战的出现

认知电子战是在认知无线电和认知雷达的基础上发展而来的。1999 年，瑞典皇家技术学院的 Joseph Mitola 博士提出认知无线电的概念，通过引入人工智能的学习能力，使得通信系统可以不断感知周围电磁环境，自适应改变工作参数已达到最佳的接收效果，确保无线通信的高效可靠。2006 年，加拿大 Simon Haykin 教授提出了认知雷达系统概念，并明确指出具有认知功能是新一代雷达系统的重要标志。2010 年，美国国防部高级研究计划局(Defense Advanced Research Projects Agency，DARPA)在报告中提出了“认知电子战”的概念，并在其后以提高装备认知能力为核心思想，陆续开展了一系列相关研究。其中，最具代表性的项目包括自适应雷达干扰(Adaptive Radar Countermeasure，ARC，作战对象为雷达)项目、自适应电子战行为学习(Behavioral Learning for Adaptive Electronic Warfare，BLADE，作战对象为通信和简易爆炸装置)项目、极端射频频谱条件下的通信(Communications Under Extreme RF Spectrum Conditions，CommEx，自适应抗干扰通信)项目。此外，美国空军开发的认知干扰机项目和空战演进(Air Combat Evolution，ACE)项目、美国陆军开发的“城市军刀”(Urban Saber)项目、美国海军开发的认知通信电子战项目、电子战技术项目(2013 年度)也属此类。

美国空军实验室在 2012 年 3 月的“老乌鸦”会议上提出了认知电子战的能力与特点，主要包括以下几种。

(1) 感知、学习和自适应的相互结合。

(2) 电子支援、电子攻击和电子防护的综合集成。

(3) 综合作用于雷达、通信和网络。

2. 认知电子战的发展阶段划分

认知电子战大致可划分为三个阶段。

第一阶段，基于手工化处理知识或狭义任务规则，对严格定义的问题具有较好的推理能力，缺乏自主学习能力，对不确定问题的处理能力差，典型代表是专家学习系统。

第二阶段，以统计学习为主要特征，依靠大量高质量的训练数据，可以提供有限的可靠性能保证，但缺乏解释和推理能力，无法适应不断变化的环境。

第三阶段，突破第一代和第二代人工智能系统的局限性，能够利用情境模型来感知、学习、抽象和推理，并具有很强的情境适应能力。

根据这个划分，当前绝大多数电子战系统是基于规则的推理和专家先验知识，在战时通过侦察引导辅助人工决策支持实施干扰，属于第一代人工智能系统；具有"智能化"处理能力的电子战系统已经出现，这些系统通过统计数据和模型来优化电子战信号处理、目标识别和特征提取，提高对复杂电磁环境的适应能力，实现对未知威胁的快速响应能力，符合第二代人工智能系统的部分特征；以认知电子战系统为代表的第三代人工智能电子战系统则是将机器学习、深度学习等人工智能关键技术运用到电子战领域，使其具有频谱感知、频谱推理、自适应对抗、评估反馈等能力。

12.9.3　认知电子战的关键技术

与传统电子战相比，认知电子战需要在侦察、分选、识别、干扰等流程中增加认知对抗的能力。在侦察环节引入认知技术，可以实现目标信号参数精确测量和目标行为状态的准确辨识，完成对环境的精确感知；合理分配干扰资源，可制定符合战场形势的最优干扰策略；通过实时动态的干扰效果评估，不断优化干扰策略，确保干扰有效性。因此，认知电子战的关键技术可以归纳为：更加精准的目标信号威胁感知、实时动态的干扰策略优化和及时准确的干扰效果评估技术。

1. 基于认知的目标信号威胁感知技术

在电子战领域，首要且关键的就是对目标的感知，如果侦察感知不充分，后续的一切工作都是无的放矢。因此只有快速、准确、全面地从战场周边环境中捕获有用信息，才能够为后续智能决策、对抗生成以及效能评估等过程提供必要的信息支撑。可以借助机器学习领域的神经网络、支持向量机等方法来展开对感知技术的研究，主要包括在高密度复杂信号环境下的威胁信号分选、识别和特征提取算法，这些算法的设计必须充分考虑实时性和准确度。自适应机器学习算法需要一定的先验知识作为训练的基础，并且在工作过程中还需要不断地积累所捕获的新威胁信号，通过持续地对动态数据库中积累的信号知识进行学习，从而达到提高认知能力的目的。

感知的内容主要是电磁行为与威胁自主识别，具体来说是指对抗系统对目标信号进行检测、处理，然后对目标状态及其行为特征进行辨识，进而估计目标威胁程度、判断威胁等级的过程。其中，目标状态是描述目标辐射源特征的一系列参数的综合表征，如波束指向、工作模式、发射信号参数等，不同的参数表征了辐射源的不同状态，而目标状态的一些有规律的转变即目标的行为特征。目标行为是指目标辐射源在工作过程中受到外界电磁环境(包括干扰、杂波等)的影响或者系统内部需要而使目标状态发生的一种转变，这种转变是有规律的，不是随机的。

2. 基于认知的干扰策略优化技术

基于认知的干扰策略优化是认知电子战系统进行自适应对抗的体现，也是认知电子战技术的核心优势。认知电子战中的干扰策略优化具体包括三方面的内容：干扰样式决策、干扰波形优化以及干扰资源调度。其中，干扰样式决策是指对抗系统能够通过对目标信号的威胁感知建立对抗目标多种状态与已有干扰样式之间的最佳对应关系，从而能够针对目标的不同状态形成一套最优干扰策略；干扰策略优化是指对抗系统能够根据外界电磁环境的变化，充分利用己方的干扰资源，自主地、动态地、实时地优化生成新的干扰波形，从而形成灵活多变的干扰样式，以适应现代电子战复杂的电磁环境；干扰资源调度则是在“多对多”对抗的条件下，合理分配干扰资源，使得对抗系统能够使己方既有的干扰资源在面对目标组网信息系统时发挥最大的作战效益。

3. 干扰效果评估技术

干扰效果的在线评估是认知电子战 OODA 环的关键，包含有效性度量方法和准则两部分内容，不同的作战环境和目的，评估方法和准则也是不同的。在电子对抗领域，干扰效果是指电子对抗装备实施电子干扰后，对被干扰对象(如雷达、通信设备等)所产生的干扰、损伤或破坏效应。

在真实的敌我双方对抗过程中，由于侦察设备只能间接获取敌方设备被干扰后的工作状态，而该状态和干扰效果之间并无准确的映射关系。因此，传统的干扰效果评估技术在时效性和准确性上都难以令人满意。而认知的本质是具有“激励—反馈—修正”的闭环过程。在认知对抗的过程中，通过融合感知目标的多种工作状态，详细分析各种状态的特征参数，结合被干扰方的信号在时间、空间、极化、频谱和能量域的变化情况，就能判别干扰对象在对应的干扰措施作用下，是否从工作参数、工作模式等方面向干扰方期望的方向变化。这些干扰效果直接反映了电子对抗系统所采取的干扰措施的好坏，也是认知电子对抗中实现干扰样式决策与波形优化的依据。

12.9.4 认知电子战技术的主要发展趋势

随着人工智能技术的普及与成熟，电子战领域内的个体智能化(单一系统层面的智能化)将初步实现，认知电子战有望初具作战能力。电子战系统在该阶段有望完全具备系统级人不在回路、机器自主、闭环处理的能力，实现系统级全局闭环。从系统角度来看，有望具备历史学习能力，以机器学习、人工智能为驱动，以知识为指导，实现人到机器、机器到机器的交互。从技术角度来看，主要体现在自适应/认知侦察处理及态势感知、自适应/认知资源调度以及对抗效果的闭环反馈优化上。

随着人工智能的进一步发展，以及个体智能的日益成熟，电子战领域有望在各自领域内实现由个体智能向群体化智能的转变。电子战领域有望完全具备网络级机器网络自主(系统概念淡化，网络概念突出)、网络化闭环群体处理能力，具备网络级全局闭环能力。从系统角度来讲，具备组网感知、知识共享能力，以网络化集成、云计算、大数据分析等技术为基础，构建起一个具备群体认知能力的认知电子战系统网络。

鉴于体系对抗已成为未来作战样式发展的必然趋势，可以从体系的视角分析认知电子战的研究方向和技术路线。

1. 融合化

在体系对抗的作战背景下，认知电子战装备类型多样，作战领域范围广，这造成对辐射源的认知信息多元化。为提高作战效能，应在认知电子战的感知和判断阶段对其进行有效融合。

电子频谱空间的融合可分为四个层次，自底向上分别为信号层、数据层、信息层和知识层。信号是侦收到的原始波形及其数字化采样；数据是信号经过初步处理得到的结果，只反映一个显性、具体的客观事实；信息是对数据进行深入加工处理所得的结论，例如，对目标辐射源的平台、型号、个体等的识别结果均属于信息范畴；知识是对信息的进一步归纳总结和抽象，得到的是可以直接指导实践的规律性的东西，以雷达对抗为例，其知识可表述为某型雷达在目标处于特定速度和位置时会采用何种工作模式、面对某类干扰时采用何种抗干扰措施等。

前两层融合近似于预处理，其意义在于交叉印证数据质量，并挖掘出有价值的信息，为更高层次的融合提供支撑；而后面两层融合则可以直接用于学习、推理和辅助决策。未来认知电子战的发展势必会不断地向更高层次的融合来聚焦。

2. 协同化

认知电子战覆盖范围涉及作战体系中的侦察情报体系和信息对抗体系。前者涵盖太空、邻近空间、空中、地面、海面、水下等多个维度的情报侦察系统，负责对威胁辐射源信号的侦察、分析和辨识；后者则包含电子干扰机、电子战无人机、机载干扰吊舱、弹载干扰等，用于根据认知结果采取相应的对抗措施。因此，对于认知电子战的 OODA 环，在前两者实现融合化的前提下，还应动态优化配置资源以便对认知结果做出有针对性的响应，即实现决策和行动的协同化。

协同决策在技术上主要涉及对抗措施选取、干扰参数设置等方面的协同，在战术上还应追求电子对抗战术运用方面的协同。协同行动不仅包括电子战系统，即电子攻击、电子支援、电子防护之间的协同，还包括电子战装备与作战体系中其他系统，如雷达传感器、通信、侦察情报、火力打击系统的密切协同。各电子战武器装备及其策略和战法的密切协同，能够实现电子对抗手段的优势互补，从而最大限度地发挥整体作战效能。

3. 实时化

在体系对抗的背景下，各子体系数据实时同步是实现融合和协同的前提条件，对威胁目标信号的实时化侦察、分析和动态决策也是认知电子战成为完全的自适应闭环的必然要求。

实时化包括实时感知、实时处理、实时决策和在线评估。在与威力日益强大、功能趋于完善的多功能雷达进行动态博弈的过程中，电子战系统必须具备及时准确地感知敌辐射源内部状态动态变化的能力，并对侦察数据进行实时处理，才能引导对抗装备敏捷地决策出最优的对抗策略。除此之外，还应对对抗效能进行在线评估，并实时反馈以便优化决策，不断提升认知电子战的作战效能。

实现途径上，一方面要最大限度地利用先验知识与侦察数据，构建针对典型辐射源目标和信号波形的动态威胁数据库和模型库，生成干扰策略预案集，并利用实时数据实现对先验知识库的动态更新，战时根据环境对预案稍加修正而作出决策；另一方面也要通过动态规划、Q-学习等强化学习方法，结合人在回路的控制，从多元化的海量数据中不断总结和积累经验性知识，从而逐步提高算法的时效性。

4. 智能化

随着有源相控阵雷达等装备的广泛应用，认知雷达将会成为战场态势感知网络中的关键节点，传统大功率压制干扰方式已无法满足功率、成本、隐蔽性、高效性等对抗需求，需要电子战系统以更加智能的方式自适应地决策并实施对抗措施。

体系对抗中，认知电子战系统必须具备对快速动态变化环境实时有效感知的能力，需要认知电子战系统具备自学习、自适应的能力，从而能够根据目标辐射源的型号类型、信号波形、行为模式等特征自主地决策出最优的对抗策略。因此，未来的认知电子战应以自主学习能力为核心，覆盖智能感知、智能推断和智能决策三个关键环节。

5. 泛在化

未来的体系作战中，争夺制信息权、控制电磁频谱的较量将存在于作战的各个物理域，因此认知电子战的博弈将无处不在，呈现出分布式、网络化的特点。另外，要实现认知从信号、数据到信息，再到知识的转变，也需要接入云端的泛在化计算能力作为支撑。

泛在的认知电子战各子系统之间不是孤立的，而是呈分布式布局。侦察系统将由众多不同类型的侦察装备以组网形式构成，通过信息链路的交互实现功能的优化组合，并根据战场环境和作战任务规划统一分配和使用侦察引导信息。干扰系统则将所属干扰资源按照一定的优化准则展开布设，对各干扰机进行协同引导和控制，制定最优干扰策略，达到协调、有序的干扰效果。因此，体系对抗下的电子战系统将具有较高的分布部署密度，能够在指定区域内实现对抗效能的最大化。

泛在的认知电子战侦收到的大量雷达辐射源和无线通信信号流，将在智能算法的辅助下成为可靠的数据源。在此基础上围绕大数据的采集存储、分析挖掘和可视化也将成为认知电子战能力建设的重要方向。

思考题和习题

1. 简述数据链与数字通信的区别和联系。
2. 根据 Link-4A、Link-11 和 Link-16 技术特点，分别简述其可采用的干扰方式。
3. 简述导航对抗侦察的主要任务。
4. 简述塔康、罗兰 C 导航系统的干扰手段，思考如何实施。
5. 试分析 GPS 对抗作战对象的类型、特点等。
6. GPS 用户终端接收的导航信号，其弱信号和动态特性表现特征是什么。
7. 简述 GPS 压制干扰的信号样式，并分析是否某一种样式较优。
8. 若 GPS 干扰机需要采用压制干扰方式干扰最远 60km 处的接收机，针对 CA 码和 P

码分别计算 GPS 干扰机需要辐射的等效干扰功率。

9. 简述战场敌我误判和误击误伤事件的启示与警示。
10. 简要分析敌我识别对抗的技术特点、难点与可行性。
11. 简述航天电子对抗按照作战对象的主要分类。
12. 链路对抗的作战对象主要包括哪几类卫星系统？
13. 传感器对抗的作战对象主要包括哪几类卫星系统？
14. 卫星光电姿态敏感器有哪几类，工作波段和精度如何？
15. 电子对抗无人机与地面电子对抗装备相比具有哪些优势？
16. 无人机的数据链系统具有哪些功能？
17. 反辐射攻击武器有什么优点和不足？
18. 简述机载反辐射导弹的工作原理。
19. 高功率微波武器的基本组成是怎样的？其核心技术是什么？
20. 高功率微波武器的破坏机理主要有哪些？
21. 激光武器是如何分类的？其破坏机理主要有哪些？
22. 激光武器系统的组成有哪些？其关键技术是什么？
23. 什么是认知电子战？
24. 认知电子战的发展经历了哪几个阶段？
25. 认知电子战的关键技术有哪些？
26. 简述未来认知电子战的发展方向和技术路线。

参考文献

ADAMY D W，2017. 电子战原理与应用[M]. 王燕，朱松，译. 北京：电子工业出版社.

安毓英. 曾晓东，2004. 光电探测原理[M]. 西安：西安电子科技大学出版社.

昂海松，周建江，黄国平，等，2020. 无人机系统关键技术[M]. 北京：航空工业出版社.

蔡晓霞，等，2011. 通信对抗原理[M]. 北京：解放军出版社.

承德保，2002. 现代雷达反对抗技术[M]. 北京：航空工业出版社.

程水英，2015. 敌我识别对抗若干问题研究[J]. 电子工程学院学报, 34, (2)：15-19.

程玉宝，2013. 光电器件与军用光电系统[M]. 北京：解放军出版社.

高稚允，高岳，张开华，1996. 军用光电系统[M]. 北京：北京理工大学出版社.

何明浩，2010. 雷达对抗信息处理[M]. 北京：清华大学出版社.

贺平，2016. 雷达对抗原理[M]. 北京：国防工业出版社.

胡以华，2009. 卫星对抗原理与技术[M]. 北京：解放军出版社.

军事科学院，2011. 中国人民解放军军语[M]. 北京：军事科学出版社.

李修和，2014. 战场电磁环境建模与仿真[M]. 北京：国防工业出版社.

李跃，2008. 导航与定位——信息化战争的北斗星[M]. 2 版. 北京：国防工业出版社.

林象平，冯献成，梁百川，等，1981. 电子对抗原理[M]. 北京：国防工业出版社.

刘德树，1989. 雷达反对抗的基本理论与技术[M]. 北京：北京理工大学出版社.

刘松涛，王龙涛，刘振兴，2019. 光电对抗原理[M]. 北京：国防工业出版社.

吕跃广，孙晓泉，2016. 激光对抗原理与应用[M]. 北京：国防工业出版社.

潘高峰，王李军，华军，2016. 卫星导航接收机抗干扰技术[M]. 北京：电子工业出版社.

POISEL R A，2013. 通信电子战原理[M]. 2 版. 聂皞，等译. 北京：电子工业出版社.

普赖斯，1977. 美国电子战史[M]. 中国人民解放军总参谋部第四部，译. 北京：解放军出版社.

曲长文，陈铁柱，2010. 机载反辐射导弹技术[M]. 北京：国防工业出版社.

SCHLESINGER R J，1965. 电子战原理[M]. 刘雄冠，王洪儒，张秀岐，译. 北京：国防工业出版社.

时家明，2010. 红外对抗原理与技术[M]. 北京：解放军出版社.

宋铮，张建华，黄冶，2015. 天线与电波传播[M]. 2 版. 西安：西安电子科技大学出版社.

汪连栋，申绪涧，韩慧，2015. 复杂电磁环境概论[M]. 北京：国防工业出版社.

王进国，2020. 无人机系统作战运用[M]. 北京：航空工业出版社.

王满玉，程柏林，2016. 雷达抗干扰技术[M]. 北京：国防工业出版社.

王汝群，1998. 战场电磁环境概论[M]. 北京：解放军出版社.

王沙飞，李岩，2018. 认知电子战原理与技术[M]. 北京：国防工业出版社.

吴利民，王满喜，陈功，2015. 认知无线电与通信电子战概论[M]. 北京：电子工业出版社.

徐祎，杨晓静，金虎，等，2012. 通信原理与系统[M]. 北京：国防工业出版社.

阎吉祥，1996. 激光武器[M]. 北京：国防工业出版社.

杨军，朱学平，张晓峰，等，2014. 反辐射制导技术[M]. 西安：西北工业大学出版社.

尹成友，2010. 复杂电磁环境基础知识[M]. 北京：解放军出版社.

曾芳玲，2016. 导航对抗原理及其运用[M]. 北京：解放军出版社.

张建奇，2013. 红外物理[M]. 2 版. 西安：西安电子科技大学出版社.

赵国庆，2012. 雷达对抗原理[M]. 2 版. 西安：西安电子科技大学出版社.

赵志勇，毛忠阳，张嵩，等，2014. 数据链系统与技术[M]. 北京：电子工业出版社.

《中国大百科全书》总编委会，2009. 中国大百科全书 [M]. 2 版. 北京：中国大百科全书出版社.

张玉钧，2009. 光电对抗原理与系统[M]. 北京：解放军出版社.

钟子发，2012. 通信对抗系统与技术[M]. 北京：解放军出版社.

周旭，2010. 电磁兼容基础及工程应用[M]. 北京：中国电力出版社.

周一宇，安玮，郭福成，2014. 电子对抗原理与技术[M]. 北京：电子工业出版社.